高等职业教育数学系列教材

高 等 数 学

（工科类）

（第二版）

主　编　赵佳因
副主编　吕　为　崔宝金
编　者　何　玲　刘　旭　彭明珠
　　　　屠宗萍　张晓良

北京大学出版社
PEKING UNIVERSITY PRESS

图书在版编目(CIP)数据

高等数学：工科类/赵佳因主编. —2版. —北京：北京大学出版社,2014.9
（高等职业教育数学系列教材）
ISBN 978-7-301-24738-9

Ⅰ. ①高… Ⅱ. ①赵… Ⅲ. ①高等数学－高等职业教育－教材 Ⅳ. ①O13

中国版本图书馆 CIP 数据核字(2014)第 192918 号

书　　　名：	高等数学(工科类)(第二版)
著作责任者：	赵佳因　主编
责 任 编 辑：	曾琬婷
标 准 书 号：	ISBN 978-7-301-24738-9/O・1001
出 版 发 行：	北京大学出版社
地　　　址：	北京市海淀区成府路 205 号　100871
网　　　址：	http://www.pup.cn　新浪官方微博:@北京大学出版社
电　　　话：	邮购部 62752015　发行部 62750672　编辑部 62767347　出版部 62754962
电 子 信 箱：	zpup@pup.pku.edu.cn
印　刷　者：	三河市北燕印装有限公司
经　销　者：	新华书店
	787mm×1092mm　16 开本　20.25 印张　490 千字
	2004 年 8 月第 1 版
	2014 年 9 月第 2 版　2022 年 9 月第 4 次印刷(总第 10 次印刷)
印　　　数：	28001—29000 册
定　　　价：	59.00 元

未经许可,不得以任何方式复制或抄袭本书之部分或全部内容。
版权所有,侵权必究
举报电话：010-62752024　电子信箱：fd@pup.pku.edu.cn

内 容 简 介

　　本书是"高等职业教育数学系列教材"之一的工科类"高等数学"课程的教材.本书按照教育部制定的工科类"高等数学课程教学基本要求"进行编写,反映了当前高等职业教育培养高素质实用型人才数学课程设置的发展趋势及教学理念.全书共分九章,内容包括:函数·极限·连续,导数与微分,中值定理·导数应用,不定积分,定积分,常微分方程,多元函数微积分,无穷级数,Mathematica 数学软件简介等.每节配有适量习题,每章设有综合练习题及自测题.对有专升本试题的章节,其每节的习题分为(A)、(B)两组,其中(A)组是基础题,(B)组是选自专升本的试题.书末附有习题答案或提示,供读者参考.

　　本书突出体现了作者在教学第一线积累的丰富教学经验,注重对学生基础知识的传授和基本能力的培养.对数学概念的引入强调几何背景和物理意义,对基础训练既强调对概念的理解又兼顾计算的基本技能.为此,对重点内容作者设计了"想一想""试一试""注意"等小标题,以启发读者思考.

　　本书自 2004 年出版第一版以来得到了广大读者的认可和欢迎.本次修订在保持第一版特色的基础上,以更适应学生实际水平、增加应用能力培养为原则,对书中讲授的内容及习题进行了必要的调整和修改,更新了专升本的试题,并增加了 Mathematica 数学软件的使用介绍.

　　本书可作为高等职业教育工科类大学生"高等数学"课程的教材或教学参考书,也可供成人教育相关专业的学生学习参考.

"高等职业教育数学系列教材"编委会

主 任　刘　林
副主任　胡丽琴
委　员　陈　红　侯明华　李　谨　刘雪梅
　　　　杨燕琼　赵佳因　张德实

序　言

　　为了适应我国高等职业教育迅速发展的需要,适应高等职业教育多层次办学的需要,我们编委会应北京大学出版社之邀规划、编写了"高等职业教育数学系列教材".

　　我国高等职业教育兴起于 20 世纪 90 年代中期,至今已得到迅速发展,受到人们的广泛关注.为了培养出具有一定科学素质和职业技能的优秀人才,无论是在专科教育还是在本科教育方面,我们都一直在进行艰辛的探索.高等职业教育的教材担负着教改的重任,在教学实践中,直接关系教学质量,在引导教学教法、理论联系实际、指导实践等方面具有重要作用,为此我们始终将教材建设作为教学工作的重要组成部分.

　　从高等职业教育培养技术型应用人才这一目标来看,高等职业教育的基础课教材应当体现积极的创造性思维的训练,以提高学生的科学素质和工作能力;内容不仅要体现该知识系统的精华,而且应具有系统的伸缩性和可选性,以适应不同层次教学的实际需要;教学内容与课后的训练应具有方便学生的自修性,以发挥学生作为学习主体的积极作用.专业课教材的内容应当具有工作实践的应用性,体现实际工作的规律性,理论印证性的推导内容在不影响今后实践需要的情况下,应代之以翻阅技术资料、查阅工程手册的实际应用能力的培养,只有这样,高等职业教育教材才能走出传统本科教材和专科压缩本科教材的编写模式.

　　教材归根结底是为学生服务的,是为学生今后从事工作打基础的,因此教材内容还需要体现该学科或该专业的科学性和先进性,以适应未来工作的实际需要;内容安排上必须循序渐进,由浅入深,把握好学生知识水平的可接受性;在陈述上必须通俗易懂,简练明了,注重化抽象为具体再由具体到抽象的过程,这样才能确保学生在学习中真正掌握知识.

　　编委会组织编写的教材力图体现上述编写原则,集优秀教师的教学经验认真编好每一部教材,为高等职业教育教改做出自己应有的贡献是我们的宗旨.

编委会
2004 年 7 月于北京

第二版前言

为了适应我国高等教育迅速发展及多层次办学的需要,我们在2004年9月出版了"高等职业教育数学系列教材"之《高等数学(工科类)》。十年来该教材得到了诸多高校老师、学生的普遍认可和高度评价,认为该教材最为显著的特色是"重点突出""难易适中""便于教师备课和学生自学"。十年间我国高等职业教育无论生源状况、培养途径,还是培养目标,都发生了一些变化,与此同时中学数学课程标准也做了比较大的调整。这势必改变了各高职院校对高等数学教学的要求。为了适应这些变化和要求,更好地服务于高等数学课程的教与学,我们在对部分高职院校进行调研的基础上,对原教材进行了全面梳理。这次修订本着更适应学生实际水平、增加应用能力培养的原则,重点做了如下调整和修改:

在第一章"函数·极限·连续"中加强了与中学数学课程标准相匹配的初等函数一般性质的讲解,在附录中补充了初等数学的相关基础知识。从第二章到第五章依次为"导数与微分"、"中值定理·导数应用""不定积分"与"定积分"。在这部分内容中弱化了涉及反三角函数的命题和例题,强化了幂函数、指数函数与对数函数的微积分基本运算。将原教材第七章"向量代数与空间解析几何"中的空间直角坐标系和空间曲面曲线概念并入第八章"多元函数微积分"中,删除了原教材中第七章的其他内容和第六章中的几种特殊的微分方程及第九章"傅里叶级数"。对各章节的部分例题和练习题进行了更新和补充。其中,附录Ⅲ由2005—2008年的专升本试题换成了2013年的专升本试题;每章习题的B组题由2009年之前的专升本试题换成了2010—2013年的专升本试题;部分习题也按照知识的渐进性调整了顺序;各章均增加了基本练习题。另外,将原教材中一些过于理论化的证明改为利于学生接受的直观解释,例如第一个重要极限的证明;同时对叙述不当及不足之处进行必要的修改,以更便于学生理解和掌握。考虑到各校"高等数学"课程目标的差异性及教材的实用性,对部分内容加标了星号"*",供使用者选用,例如第六章中的二阶常系数线性微分方程等。

为了适应时代发展,增强学生利用数学软件解决实际问题的能力,本次修订特意增加Mathematica数学软件简介作为第九章。这既可为想学习Mathematica数学软件的学生提供一些帮助,同时也可帮助学生利用数学软件理解本教材所涉及的高等数学内容。

本教材第二版由赵佳因担任主编,吕为、崔宝金担任副主编,编写分工如下:屠宗萍负责第一章和附录的修订;何玲负责第二章的修订;刘旭负责第三章的修订;赵佳因负责第四、六章的修订;张晓良负责第五章的修订;吕为负责第七章的修订;崔宝金负责第八章的修订及新增第九章的编写;全书由赵佳因、吕为统稿。

本次修订工作得到了北京城市学院校领导的大力支持及"高等职业教育数学系列教材"编委会的指导。兄弟院校的专家和教授也为本次修订提出了不少宝贵意见。在此表示衷心的感谢!

编 者

2014年4月

第一版前言

为了适应我国高等职业教育迅速发展及多层次办学的需要，我们以教育部制定的高等职业教育工科类"高等数学课程教学基本要求"为依据；以提高学生的科学素质为前提，以服务于后续专业课为目的，结合我们在教改中的经验编写了本教材。

本教材在保证科学性的基础上，注意讲清概念，力图使学生理解基本数学思想、掌握其思维方法。根据我们多年教学的实践，要达到这一教学目的，就必须在授课的基础上，强化学生对数学概念的思考与基本训练。因此，在许多章节中，我们对重点概念，以"**想一想**"的方式提示学生进行思考；对重点解题方法采取边讲解边让学生"**试一试**"的方法；对学生容易混淆的概念，用黑体字"**注意**"予以提醒。各节后的习题采用阶梯式分程度设计，(A)组题为基础内容，突出基本概念和基本解题方法的训练，力图通过这些训练使学生掌握教材的基本内容；(B)组题是提高题，选自近年来专升本的考题(并在各题后附有年号)，以适应不同层次的教学需要。每章之后还配有自测题和综合练习题，以便于学生自学。

本教材共分九章。第一章讲述函数与极限。虽然函数的基本内容在中学数学课中已经学过，但考虑高职教育具有不同层次学生入学的特点，因此这一章在简要复习的基础上，着重讲授中学没有重点学习的分段函数和后面各章要用到的复合函数。对于极限概念，本教材没有用精确的数学定义，而特地采用描述性定义，从最简单的数列极限引入、类比地给出当 $x \to +\infty$ 时函数的极限，从具体到抽象，最终使学生自然地接受函数在一点处的极限的概念。

第二、三、四、五章讲述一元函数微积分。在讲述导数及积分时，以讲解数学方法为主，尽可能选择简单的载体，略去了一些繁杂的公式，在例题和习题的选取上分类归纳，便于读者接受。考虑到大多数学生还将学习概率论，在此还编入了无穷区间上的广义积分。积分应用强调包含面积和体积计算在内的几何应用。

在第六章微分方程中，首先突出"可分离变量的微分方程"、"一阶线性微分方程"、"二阶常系数线性微分方程"这三种最基本的微分方程的解法，在此基础上把"齐次微分方程"、"伯努利方程"和"几种特殊的高阶微分方程"等可利用代数方法转化为以上三种类型的微分方程放到了一节，供有余力的学生学习。为方便工科类学生后继课的学习，还增加了"微分方程的应用"一节。

第七章通过建立空间直角坐标系讲述一些简单的曲面与曲线的方程，旨在培养空间概念，为多元函数的学习做准备。

第八章讲述多元微积分。对于多元微积分，着重体现它是一元函数微积分在几何空间上的推广，讲清思想和基本概念，使学生掌握基本方法。

在第九章级数中充分体现了实用性，给出了正项级数敛散性比值判别法的极限形式，避开了对幂级数在收敛区间端点的敛散性的讨论，为便于电类的学生后续课程学习的需要，还编写了"傅里叶级数"一节。

本教材主要供高等职业教育工科类、管理类一年级学生使用，也适合成人教育或学生自学使用。建议学时为100至140学时，标*号部分，供教师根据教学的需要及可利用学时数进行选讲。

本教材由赵佳因副教授担任主编，彭明珠副教授担任副主编。全书由赵佳因统稿，由彭明珠提供授课实践材料及大部分习题。参加本书编写的有：第一章：赵佳因，第二章：胡方富，第三章：何玲，第四、五章：吕为，第六、九章：崔宝金，第七章：刘旭，第八章：彭明珠。有关院校专家和教授为本教材的编写提出了不少宝贵意见，在此表示衷心的感谢！

本书不当之处，敬请读者批评指正，以便再版时加以改进。

编　者
2004年3月

目 录

第一章 函数·极限·连续 ……………………………………………………… (1)

§1.1 函数 ………………………………………………………………………… (1)
 一、函数的概念及其表示法 ………………………………………………… (1)
 二、函数的几种性态 ………………………………………………………… (3)
 三、反函数 …………………………………………………………………… (5)
 四、初等函数 ………………………………………………………………… (6)
 习题 1.1 ……………………………………………………………………… (8)

§1.2 极限的概念 ………………………………………………………………… (10)
 一、数列极限 ………………………………………………………………… (11)
 二、函数极限 ………………………………………………………………… (12)
 三、无穷小量与无穷大量 …………………………………………………… (17)
 习题 1.2 ……………………………………………………………………… (19)

§1.3 极限的运算 ………………………………………………………………… (20)
 一、极限的四则运算法则 …………………………………………………… (20)
 二、两个重要极限 …………………………………………………………… (23)
 三、无穷小量的比较 ………………………………………………………… (27)
 四、求函数极限的常用方法 ………………………………………………… (28)
 习题 1.3 ……………………………………………………………………… (28)

§1.4 函数的连续性 ……………………………………………………………… (31)
 一、函数在一点处的连续性及间断点 ……………………………………… (31)
 二、初等函数的连续性与闭区间上连续函数的性质 ……………………… (34)
 习题 1.4 ……………………………………………………………………… (36)

综合练习一 ………………………………………………………………………… (38)

自测题一 …………………………………………………………………………… (40)

第二章 导数与微分 ……………………………………………………………… (42)

§2.1 导数的概念 ………………………………………………………………… (42)
 一、两个引例 ………………………………………………………………… (42)
 二、导数的概念 ……………………………………………………………… (43)
 三、导数的几何意义 ………………………………………………………… (46)
 四、函数可导与连续的关系 ………………………………………………… (46)
 习题 2.1 ……………………………………………………………………… (47)

§2.2 初等函数的导数 …………………………………………………………… (48)
 一、基本初等函数的导数公式 ……………………………………………… (48)

二、导数的四则运算法则 …………………………………………… (48)
　　　三、反函数的求导法则 ……………………………………………… (50)
　　　四、复合函数的求导法则 …………………………………………… (50)
　　　五、高阶导数 ………………………………………………………… (52)
　　　习题 2.2 ……………………………………………………………… (53)
　§2.3　隐函数及由参数方程所确定的函数的导数 …………………… (55)
　　　一、隐函数的导数 …………………………………………………… (55)
　　　二、由参数方程所确定的函数的导数 ……………………………… (57)
　　　习题 2.3 ……………………………………………………………… (58)
　§2.4　微分 ……………………………………………………………… (59)
　　　一、微分的概念 ……………………………………………………… (59)
　　　二、微分的几何意义 ………………………………………………… (61)
　　　三、微分的运算 ……………………………………………………… (61)
　　　习题 2.4 ……………………………………………………………… (63)
　综合练习二 ……………………………………………………………… (64)
　自测题二 ………………………………………………………………… (65)
第三章　中值定理・导数应用 …………………………………………… (67)
　§3.1　中值定理 ………………………………………………………… (67)
　　　一、罗尔定理 ………………………………………………………… (67)
　　　二、拉格朗日中值定理 ……………………………………………… (68)
　§3.2　洛必达法则 ……………………………………………………… (69)
　　　一、洛必达法则Ⅰ（$\frac{0}{0}$ 型未定式）………………………………………… (69)
　　　二、洛必达法则Ⅱ（$\frac{\infty}{\infty}$ 型未定式）………………………………………… (70)
　　　习题 3.2 ……………………………………………………………… (72)
　§3.3　函数的单调性与极值 …………………………………………… (73)
　　　一、函数的单调性 …………………………………………………… (73)
　　　二、函数的极值 ……………………………………………………… (76)
　　　习题 3.3 ……………………………………………………………… (79)
　§3.4　函数的最值及其应用 …………………………………………… (80)
　　　一、函数的最大值与最小值 ………………………………………… (80)
　　　二、函数最大值与最小值的应用 …………………………………… (80)
　　　习题 3.4 ……………………………………………………………… (81)
　§3.5　曲线的凹向与拐点・函数作图 ………………………………… (82)
　　　一、曲线的凹向与拐点 ……………………………………………… (82)
　　　二、函数作图 ………………………………………………………… (84)
　　　习题 3.5 ……………………………………………………………… (86)
　综合练习三 ……………………………………………………………… (87)
　自测题三 ………………………………………………………………… (88)

第四章 不定积分 .... (90)

§4.1 不定积分的概念与性质 .... (90)
一、不定积分的概念 .... (90)
二、不定积分的性质 .... (92)
三、不定积分的几何意义 .... (93)
习题 4.1 .... (93)

§4.2 基本积分公式与直接积分法 .... (94)
一、基本积分公式 .... (94)
二、直接积分法 .... (95)
习题 4.2 .... (96)

§4.3 换元积分法 .... (98)
一、第一换元积分法 .... (98)
二、第二换元积分法 .... (104)
习题 4.3 .... (106)

§4.4 分部积分法 .... (108)
习题 4.4 .... (113)

综合练习四 .... (113)

自测题四 .... (115)

第五章 定积分 .... (117)

§5.1 定积分的概念与性质 .... (117)
一、两个引例 .... (117)
二、定积分的概念 .... (119)
三、定积分的几何意义 .... (120)
四、定积分的性质 .... (122)
习题 5.1 .... (124)

§5.2 定积分的计算 .... (125)
一、微积分学基本定理 .... (125)
二、定积分的换元积分法 .... (128)
三、定积分的分部积分法 .... (130)
习题 5.2 .... (131)

§5.3 定积分的应用 .... (133)
一、微元法的解题思路及用微元法求平面图形的面积 .... (133)
二、用微元法求旋转体的体积 .... (136)
三、定积分的其他应用 .... (138)
习题 5.3 .... (139)

§5.4 无穷区间上的广义积分 .... (140)
习题 5.4 .... (143)

综合练习五 .... (143)

自测题五 .... (145)

第六章　常微分方程 (147)
§6.1　微分方程的基本概念 (147)
习题 6.1 (149)
§6.2　一阶微分方程 (150)
一、一阶可分离变量的微分方程 (150)
二、一阶线性微分方程 (152)
习题 6.2 (155)
*§6.3　二阶常系数线性微分方程 (156)
一、二阶常系数线性微分方程解的结构 (156)
二、二阶常系数线性齐次微分方程的解法 (157)
三、二阶常系数线性非齐次微分方程的解法 (160)
习题 6.3 (163)
§6.4　微分方程的应用 (164)
习题 6.4 (167)
综合练习六 (168)
自测题六 (169)

第七章　多元函数微积分 (170)
§7.1　预备知识 (170)
一、空间直角坐标系 (170)
二、空间任意两点之间的距离 (171)
三、空间曲面及其方程 (172)
四、空间曲线及其方程 (175)
习题 7.1 (176)
§7.2　多元函数的基本概念 (177)
一、多元函数的概念 (177)
二、二元函数的几何意义 (179)
三、二元函数的极限 (179)
四、二元函数的连续性 (180)
习题 7.2 (181)
§7.3　偏导数 (182)
一、偏导数的概念 (182)
二、偏导数的几何意义 (184)
三、高阶偏导数 (184)
习题 7.3 (185)
§7.4　全微分 (187)
一、全微分的概念 (187)
二、全微分的计算 (187)
习题 7.4 (189)

§7.5 二元复合函数的求导法则 ……………………………………………… (190)
    一、二元复合函数的求导法则 …………………………………………… (190)
    二、隐函数的求导公式 …………………………………………………… (191)
    习题 7.5 …………………………………………………………………… (193)
§7.6 二元函数的极值与最值 ……………………………………………… (194)
    一、二元函数的极值 ……………………………………………………… (194)
    二、二元函数的最值及其应用 …………………………………………… (196)
    习题 7.6 …………………………………………………………………… (196)
§7.7 二重积分的概念与性质 ……………………………………………… (197)
    一、二重积分的概念 ……………………………………………………… (197)
    二、二重积分的性质 ……………………………………………………… (199)
    习题 7.7 …………………………………………………………………… (200)
§7.8 二重积分的计算与应用 ……………………………………………… (200)
    一、直角坐标系下二重积分的计算 ……………………………………… (200)
    *二、极坐标系下二重积分的计算 ………………………………………… (206)
    三、二重积分的应用 ……………………………………………………… (209)
    习题 7.8 …………………………………………………………………… (210)
综合练习七 ……………………………………………………………………… (212)
自测题七 ………………………………………………………………………… (214)

第八章 无穷级数 ……………………………………………………………… (216)
§8.1 数项级数 ……………………………………………………………… (216)
    一、数项级数 ……………………………………………………………… (216)
    二、收敛级数的性质与级数收敛的必要条件 …………………………… (219)
    三、正项级数的敛散性判别 ……………………………………………… (222)
    四、交错级数和莱布尼茨判别法 ………………………………………… (225)
    五、任意项级数的绝对收敛与条件收敛 ………………………………… (226)
    习题 8.1 …………………………………………………………………… (226)
§8.2 幂级数 ………………………………………………………………… (229)
    一、函数项级数 …………………………………………………………… (229)
    二、幂级数 ………………………………………………………………… (230)
    三、幂级数的运算 ………………………………………………………… (233)
    习题 8.2 …………………………………………………………………… (235)
§8.3 函数的幂级数展开 …………………………………………………… (237)
    一、泰勒级数 ……………………………………………………………… (237)
    二、函数的泰勒展开式 …………………………………………………… (239)
    习题 8.3 …………………………………………………………………… (243)
综合练习八 ……………………………………………………………………… (243)
自测题八 ………………………………………………………………………… (244)

第九章 Mathematica 数学软件简介 ……(246)

§9.1 Mathematica 简介 ……(246)
一、Mathematica 的启动与退出 ……(246)
二、建立文件与保存文件 ……(247)

§9.2 数值计算与函数使用 ……(248)
一、基本运算符号 ……(248)
二、近似值与精确值 ……(248)
三、Mathematica 中的常数、数学函数与常见的代数操作 ……(249)
四、面板介绍 ……(250)
五、变量赋值与自定义函数 ……(251)
习题 9.2 ……(252)

§9.3 解方程与绘图 ……(253)
一、解方程 ……(253)
二、绘图 ……(254)
习题 9.3 ……(257)

§9.4 利用 Mathematica 求极限、导数及微分 ……(258)
一、极限 ……(258)
二、导数与偏导数 ……(259)
三、微分与全微分 ……(261)
习题 9.4 ……(262)

§9.5 利用 Mathematica 求积分 ……(262)
一、不定积分 ……(262)
二、定积分 ……(263)
三、广义积分 ……(265)
四、二重积分 ……(265)
习题 9.5 ……(266)

§9.6 利用 Mathematica 解微分方程与将函数展开成幂级数 ……(266)
一、解微分方程 ……(266)
二、将函数展开成幂级数 ……(267)
习题 9.6 ……(268)

附录 Ⅰ 基本初等函数的图形及其主要性质 ……(269)
附录 Ⅱ 高等数学中常用的初等数学公式 ……(272)
附录 Ⅲ 2013 年成人高等学校专升本招生全国统一考试高等数学(一)
试题及答案与评分参考 ……(274)
习题参考答案 ……(277)

第一章 函数·极限·连续

"高等数学"是以函数为主要研究对象的一门课程. 在这门课程中,极限是一条主线,它是贯穿始终的一个重要概念,是深入研究函数和解决各种实际问题的基本思想方法. 连续性则是与极限紧密联系的另一个主要概念,用来刻画函数的性态. 连续函数是高等数学研究的重要对象.

§1.1 函 数

高等数学的主要研究对象是函数,而函数的概念及其性质,在中学里已做了比较详细的讨论. 在此,为了今后学习的需要,仅对相关内容做一个简要的回顾.

一、函数的概念及其表示法

我们在观察某一个现象或讨论某一个问题时,经常会遇到同时出现两个变量的情况. 这两个变量之间往往是相互联系、相互依赖的. 请看下面几个例子.

引例1 物体做自由落体运动时,物体下落的路程 s 与时间 t 的关系如下:

$$s = \frac{1}{2}gt^2 \quad (t > 0),$$

其中 g 是重力加速度.

引例2 我国现行个人所得税缴税额 y 元与个人月应税所得额 x 元之间有如下对应关系:

$$y = \begin{cases} 0, & 0 < x \leqslant 3500, \\ 0.3(x-3500), & 3500 < x \leqslant 5000, \\ 45 + 0.1(x-5000), & 5000 < x \leqslant 8000, \\ 345 + 0.2(x-8000), & 8000 < x \leqslant 12500, \\ 1245 + 0.25(x-12500), & 12500 < x \leqslant 38500, \\ 7745 + 0.3(x-38500), & 38500 < x \leqslant 58500, \\ 13745 + 0.35(x-58500), & 58500 < x \leqslant 83500, \\ 22495 + 0.45(x-83500), & x > 83500. \end{cases}$$

引例3 在股市中,某股票一天内的股票价格与时间的对应关系由图1-1所示的曲线来确定.

上述各例,虽然各自所包含的实际意义不同,表现的形式也不同,但其共同的本质是:当一个变量在某一范围内取定了一个数值时,按照某种确定的对应关系,就可以求得另一个变量的一个相应值. 由此我们引入函数的概念.

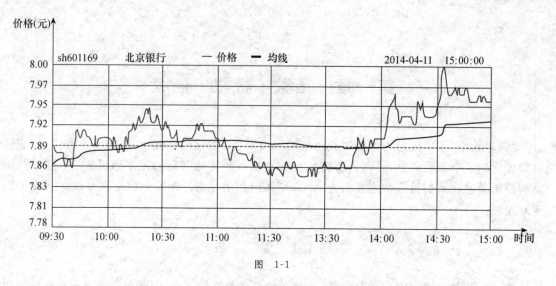

图 1-1

定义 1.1 设有两个变量 x 和 y，如果变量 x 任取一个属于某个非空数集 D 的数值时，变量 y 按照某一种对应规则 f，有唯一确定的实数与之相对应，则称变量 y 是变量 x 的函数，记为

$$y = f(x), \quad x \in D,$$

其中 x 称为**自变量**，y 称为**因变量**或 x 的**函数**，D 称为函数的**定义域**.

当 $x_0 \in D$ 时，称函数 $y = f(x)$ 在点 x_0 处有定义，与之对应的 y 值，记为 y_0 或 $f(x_0)$，$y\big|_{x=x_0}$，称为函数 $y = f(x)$ 在点 x_0 处的**函数值**. 全体函数值组成的集合称为函数的**值域**. 本书中我们通常用大写字母 W 表示函数的值域.

当 $x_0 \notin D$ 时，称函数 $y = f(x)$ 在点 x_0 处无定义，或称 $f(x_0)$ 无意义.

注意 决定函数的关键因素是定义域和对应规则.

例 1 下列式子中，y 是 x 的函数吗？如果是，指出它的定义域.

(1) $y = \sqrt{-x}$；(2) $y = C$（C 为常数）；(3) $y = \arcsin(3 + x^2)$；(4) $y = \ln(x^2 + x - 2)$.

解 (1) 对于 $(-\infty, 0]$ 中的每一个 x 值，都有唯一的一个实数 y 与它对应，所以 $y = \sqrt{-x}$ 是 x 的函数. 定义域为 $D = (-\infty, 0]$.

(2) 表面上看，$y = C$ 没有包含 x，但不论 x 取 $(-\infty, +\infty)$ 内的什么实数，y 总有唯一确定的值 C 与之对应，故 $y = C$ 是 x 的函数. 定义域为 $D = (-\infty, +\infty)$.

(3) 因为 $3 + x^2 \geqslant 3$，$\arcsin(3 + x^2)$ 无意义，所以，无论 x 取何值，在实数范围内找不到一个 y 与之相对应. 因此 $y = \arcsin(3 + x^2)$ 不是 x 的函数. 此时，我们不再谈函数的定义域，或者说定义域为空集 $\varnothing$.

(4) 由对数函数的定义，要求 $x^2 + x - 2 = (x + 2)(x - 1) > 0$，因此，对于 $(-\infty, -2)$ 或 $(1, +\infty)$ 内的每一个 x 值，都有唯一的一个实数 y 与它对应，所以 $y = \ln(x^2 + x - 2)$ 是 x 的函数. 定义域为 $D = (-\infty, -2) \cup (1, +\infty)$.

当我们知道 y 是 x 的函数时，有时需要明确地求出函数的定义域. 求定义域就是找能使解析式有意义的所有点的集合，对于应用问题还应结合问题的实际意义来确定.

例 2 求函数 $y=\lg(x-1)+\dfrac{1}{\sqrt{x+1}}$ 的定义域.

解 使上式有意义的 x 必须满足
$$\begin{cases} x-1>0, \\ x+1>0, \end{cases} \text{即} \begin{cases} x>1, \\ x>-1. \end{cases}$$
取上述两个不等式解的交集,故函数的定义域为 $(1,+\infty)$.

函数不一定都能用解析式来表达,如引例 3 就是用图形来表示的. 函数还可以用表格来表示,如函数表. 常用的函数表示法有三种：公式表示法、图形表示法和表格表示法.

在实际问题中,有时对应于自变量的不同取值范围,函数的解析表达式不同,如引例 2,我们称这种函数为**分段函数**.

例 3 设分段函数 $f(x)=\begin{cases} x, & 0\leqslant x<1, \\ 2, & 1\leqslant x<2, \\ x^2, & 2\leqslant x<3. \end{cases}$

(1) 指出分段点；
(2) 求函数的定义域；
(3) 求函数值 $f\left(\dfrac{1}{2}\right)$, $f[f(1)]$；
(4) 作函数的图形.

解 (1) 分段点是 $x=1$, $x=2$.
(2) 定义域是 $D=[0,1)\cup[1,2)\cup[2,3)=[0,3)$.
(3) $f\left(\dfrac{1}{2}\right)=x\big|_{x=1/2}=\dfrac{1}{2}$, $f(1)=2$,
$$f[f(1)]=f(2)=x^2\big|_{x=2}=4.$$
(4) 函数的图形如图 1-2 所示.

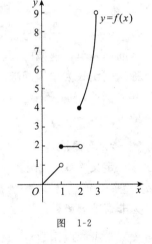

图 1-2

想一想 (1) 如何理解函数 $y=f(x)$ 在点 $x=x_0$ 处有定义？

(2) $y=x$ 与 $y=\sqrt{x^2}$ 表示的是同一个函数吗？$y=x$ 与 $y=\dfrac{x^2}{x}$ 呢？$y=x$ 与 $y=t$ 呢？应该从哪几个方面判断两个不同的解析式所表示的函数是否为同一个函数？

二、函数的几种性态

1. 单调性

定义 1.2 设函数 $f(x)$ 在区间 I 内有定义,若对于 I 中的任意两点 $x_1<x_2$,都有
$$f(x_1)\leqslant f(x_2) \quad (\text{或 } f(x_1)\geqslant f(x_2))$$
成立,则称函数 $f(x)$ 在区间 I 内**单调递增**(或**单调递减**). 区间 I 就称为函数 $f(x)$ 的**单调递增区间**(或**单调递减区间**).

若对于 I 中的任意两点 $x_1<x_2$,都有
$$f(x_1)<f(x_2) \quad (\text{或 } f(x_1)>f(x_2))$$
成立,则称函数 $f(x)$ 在区间 I 内**严格单调递增**(或**严格单调递减**). 区间 I 就称为函数 $f(x)$ 的

严格单调递增区间(或严格单调递减区间).

例如,函数

$$f(x)=\begin{cases} x, & x\leqslant 0, \\ 0, & 0<x<1, \\ x-1, & x\geqslant 1 \end{cases}$$

为单调递增函数(如图 1-3(a)),函数 $f(x)=x$ 为严格单调递增函数(如图 1-3(b)).

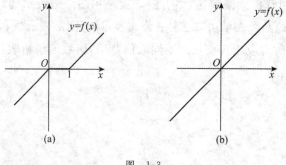

图 1-3

注意 单调性与自变量的取值范围有关.有的函数在某一区间内是单调递增的,而在另一区间内是单调递减的,只有当一个函数在其整个定义域内都是单调递增(或单调递减)的,才能称这个函数为**单调函数**.

例如,$y=x^2$ 在 $(-\infty,0)$ 内是严格单调递减的,在 $(0,+\infty)$ 内是严格单调递增的,在定义域 $(-\infty,+\infty)$ 内,它不是单调函数.

2. 奇偶性

定义 1.3 设函数 $f(x)$ 的定义域 D 关于原点对称,若对于任意一个 $x\in D$,总有 $f(-x)=f(x)$(或 $f(-x)=-f(x)$)成立,则称函数 $f(x)$ 为**偶函数**(或**奇函数**).除此之外的函数,称为**非奇非偶函数**.

常见的偶函数有 $y=x^2$, $y=\cos x$ 等.常见的奇函数有 $y=x$, $y=x^3$, $y=\dfrac{1}{x}$, $y=\sin x$, $y=\tan x$, $y=\arcsin x$, $y=\arctan x$ 等.偶函数的图形关于 y 轴对称(如图 1-4(a)),奇函数的图形关于原点对称(如图 1-4(b)).大量函数是非奇非偶函数.

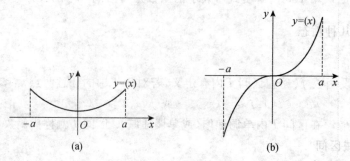

图 1-4

关于奇函数和偶函数的几个重要结论：
$$奇函数 + 奇函数 = 奇函数,$$
$$偶函数 + 偶函数 = 偶函数,$$
$$奇函数 + 偶函数 = 非奇非偶函数,$$
$$奇函数 \times 奇函数 = 偶函数,$$
$$偶函数 \times 偶函数 = 偶函数,$$
$$奇函数 \times 偶函数 = 奇函数.$$

3. 有界性

定义 1.4 设函数 $f(x)$ 在区间 I 内有定义,若存在正数 M,使得对于一切 $x \in I$,都有
$$|f(x)| \leqslant M \quad (或 < M)$$
成立,则称函数 $f(x)$ 在区间 I 内是**有界**的;否则,称函数 $f(x)$ 在区间 I 内是**无界**的. 当一个函数在其整个定义域内都有界时,称这个函数为**有界函数**.

常见的有界函数有 $y = \sin x, y = \cos x, y = \arctan x, y = c$ (c 为常数)等.

从直观上看,有界函数的图形在区间 I 上一定被夹在平行于 x 轴的两条平行线 $y = \pm M$ 之间.

想一想 (1) 若一函数在某一区间内有界,定义 1.4 中的正数 M 一定唯一吗?

(2) 有界性是对自变量取值范围的判断还是对因变量取值范围的判断?

4. 周期性

定义 1.5 设函数 $f(x)$ 的定义域为 D,若存在一个非零常数 T,使得对于一切 $x \in D$,都有
$$f(x + T) = f(x)$$
成立,则称函数 $f(x)$ 为**周期函数**,T 称为它的一个**周期**.

周期函数的周期不唯一,T 通常指的是最小正周期. 例如, $y = \sin x, y = \cos x$ 都是以 2π 为周期的周期函数; $y = \tan x, y = \cot x$ 都是以 π 为周期的周期函数.

三、反函数

我们知道,函数的本质是两个变量之间的对应关系,至于谁是自变量,谁是因变量,要依所研究的具体问题而定,并不是绝对的.

例如,在自由落体运动中,如果想从已知的时间 t 来确定路程 s,则 t 是自变量,s 是因变量,它们之间的关系为
$$s = \frac{1}{2} g t^2.$$

反过来,如果想从已知的路程 s 来确定下落的时间 t,则应从上式将 t 解出,即
$$t = \sqrt{2s/g},$$

这时 s 成了自变量,t 成了因变量. 这表明,在一定条件下,函数的自变量与因变量可以互相转化,自变量、因变量的位置发生变换后的函数称做原来那个函数的反函数. 例如,$t = \sqrt{2s/g}$ 是 $s = \frac{1}{2} g t^2$ 的反函数. 同样,我们也可以称 s 是 t 的反函数.

定义 1.6 对于给定的函数 $y = f(x), x \in D, y \in W$,如果对 W 中的每一个 y 值,D 中有唯

一的 x 值,使得 $y=f(x)$ 成立,于是得到一个定义在 W 上的以 y 为自变量,x 为因变量的新函数 $x=\varphi(y)$,称其为 $y=f(x)$ 的**反函数**,记为

$$x=f^{-1}(y), \quad y\in W.$$

我们已经习惯用 x 表示自变量,y 表示函数,所以今后 $y=f(x)$ 的反函数也记为

$$y=f^{-1}(x), \quad x\in W.$$

例如,函数 $y=x^3,x\in(-\infty,+\infty)$ 的反函数是

$$y=\sqrt[3]{x}.$$

在同一坐标系下,函数 $y=f(x)$ 与其反函数 $y=f^{-1}(x)$ 的图形关于 $y=x$ 对称(如图 1-5).

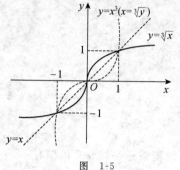

图 1-5

例 4 求函数 $y=3+\lg x$ 的反函数.

解 由 $y=3+\lg x$ 得 $y-3=\lg x$,则 $10^{y-3}=x$,故反函数为

$$y=10^{x-3}, \quad x\in(-\infty,+\infty).$$

想一想 $y=x^2(x\in(-\infty,+\infty))$ 有反函数吗? $y=x^2(x\in[0,+\infty))$ 呢?由此你能得出什么结论?

四、初等函数

1. 基本初等函数

以下六类函数统称为**基本初等函数**:

(1) 常值函数:

$y=C$(C 为常数),$x\in(-\infty,+\infty)$.

(2) 幂函数:

$y=x^\alpha$(α 为不等于零的实常数).

常见的幂函数有 $y=x,y=x^2,y=x^3,y=\dfrac{1}{x},y=\sqrt{x},y=\dfrac{1}{\sqrt[3]{x^2}}$ 等. α 不同幂函数的定义域、图形和性质也不同,但不论 α 为何值,x^α 在 $(0,+\infty)$ 内总有定义.

(3) 指数函数:

$y=a^x$($a>0$,且 $a\neq 1$,a 为实常数),$x\in(-\infty,+\infty)$.

特别地,$y=e^x$(其中 $e=2.71828\cdots$)称为以 e 为底的指数函数.

(4) 对数函数:

$y=\log_a x$($a>0$,且 $a\neq 1$,a 为实常数),$x\in(0,+\infty)$.

当 $a=e$ 时,$y=\log_e x$ 记为 $y=\ln x$,称为自然对数函数.

当 $a=10$ 时,$y=\log_{10} x$ 记为 $y=\lg x$,称为常用对数函数.

对数函数与指数函数互为反函数.

(5) 三角函数:

以下六种函数统称为三角函数:

① 正弦函数 $y=\sin x,x\in(-\infty,+\infty),y\in[-1,1]$;

② 余弦函数 $y=\cos x,x\in(-\infty,+\infty),y\in[-1,1]$;

③ 正切函数 $y=\tan x$, $x\neq \frac{\pi}{2}+k\pi$, $k\in \mathbf{Z}$, $y\in(-\infty,+\infty)$;

④ 余切函数 $y=\cot x$, $x\neq k\pi$, $k\in \mathbf{Z}$, $y\in(-\infty,+\infty)$;

⑤ 正割函数 $y=\sec x=\dfrac{1}{\cos x}$, $x\neq \frac{\pi}{2}+k\pi$, $k\in \mathbf{Z}$;

⑥ 余割函数 $y=\csc x=\dfrac{1}{\sin x}$, $x\neq k\pi$, $k\in \mathbf{Z}$.

(6) 反三角函数:

以下四种函数统称为反三角函数:

① 反正弦函数 $y=\arcsin x$, $x\in[-1,1]$, $y\in\left[-\frac{\pi}{2},\frac{\pi}{2}\right]$;

② 反余弦函数 $y=\arccos x$, $x\in[-1,1]$, $y\in[0,\pi]$;

③ 反正切函数 $y=\arctan x$, $x\in(-\infty,+\infty)$, $y\in\left(-\frac{\pi}{2},\frac{\pi}{2}\right)$;

④ 反余切函数 $y=\text{arccot}\,x$, $x\in(-\infty,+\infty)$, $y\in(0,\pi)$.

这些函数在初等数学中都已经介绍过,这里不再重复. 对基本初等函数尚不熟悉的读者,可查阅附录Ⅰ.

2. 复合函数

先看一个例子. 设有两个函数 $y=u^2$, $u=\sin x$, 前者的自变量为 u, 因变量为 y, 后者的自变量为 x, 因变量为 u. 如果将 $u=\sin x$ 代入 $y=u^2$ 中, 可得到 $y=(\sin x)^2$, 通常称这个以 x 为自变量, y 为因变量的函数为复合函数. 而这种将一个函数"代入"另一个函数的"运算"叫做两个函数的**复合运算**.

定义 1.7 设有两个函数 $y=f(u)$, $u=\varphi(x)$, 且函数 $u=\varphi(x)$ 的值域包含在函数 $y=f(u)$ 的定义域内, 那么 y 通过 u 的联系成为 x 的函数, 称 y 为 x 的**复合函数**, 记为
$$y=f[\varphi(x)],$$
其中 f 称为**外层函数**, φ 称为**内层函数**, u 称为**中间变量**.

注意 不是任何两个函数都可以复合成一个复合函数的. 例如, $y=\arcsin u$ 和 $u=3+x^2$ 就不能复合成一个复合函数, 因为 $y=\arcsin u$ 的定义域为 $[-1,1]$, 而 $u=3+x^2$ 的值域为 $[3,+\infty)$. 在例 1 中, 我们已讨论过 $y=\arcsin(3+x^2)$ 不是函数.

实际上, 只要内层函数 $u=\varphi(x)$ 的值域 W 与外层函数 $y=f(u)$ 的定义域 D 的交集非空, 这两个函数就能复合成复合函数 $y=f[\varphi(x)]$. 例如, $y=\sqrt{u}$ 的定义域为 $[0,+\infty)$, $u=1-x^2$ 的定义域为 $(-\infty,+\infty)$, 值域为 $(-\infty,+\infty)$, 后者的值域并不包含在前者的定义域内, 但二者的交集不空, 我们就可以将其复合. 复合后的函数为 $y=\sqrt{1-x^2}$, 定义域为 $[-1,1]$.

复合函数还可以由三个或更多个函数复合而成, 复合过程是由外层函数开始逐个代入的过程.

例 5 求由函数 $y=\sqrt{u}$, $u=1+\ln v$, $v=3+\cos x$ 构成的复合函数.

解 将这些函数复合起来就是
$$y=\sqrt{u}=\sqrt{1+\ln v}=\sqrt{1+\ln(3+\cos x)},$$
其中 u,v 是中间变量.

相对于复合函数,我们称基本初等函数及由基本初等函数经有限次的四则运算所得到的函数为**简单函数**. 例如,$y=x^3+x-7$,$y=\ln x$,$y=\sin x+e^x$,$y=x\tan x$ 等均是简单函数.

在今后的学习中,我们用到的更多的是将一个复合函数分解成若干个简单函数.

例 6　将下列复合函数分解为简单函数:

(1) $y=\ln(x^2+x-3)$;　　(2) $y=e^{\sin^2 x}$;　　(3) $y=(\arctan e^{-x})^2$.

解　(1) $y=\ln(x^2+x-3)$ 可以看成由 $y=\ln u$,$u=x^2+x-3$ 两个函数复合而成的函数.

(2) $y=e^{\sin^2 x}$ 可以看成由 $y=e^u$,$u=v^2$,$v=\sin x$ 三个函数复合而成的函数.

(3) $y=(\arctan e^{-x})^2$ 可以看成由 $y=u^2$,$u=\arctan v$,$v=e^w$,$w=-x$ 四个函数复合而成的函数.

将复合函数分解为简单函数是求复合函数的逆过程,我们一般是由外向内层层分解,直至为简单函数.

3. 初等函数

定义 1.8　由基本初等函数经有限次四则运算及有限次复合运算所得到,并由一个解析式表示的函数称为**初等函数**.

例 5 和例 6 中的函数均为初等函数.

有的初等函数仅仅是由基本初等函数经四则运算得到的,有的仅仅是由基本初等函数经复合运算得到的,有的则是经四则运算与复合运算混合而得到的.

例如,多项式函数 $y=x^2+x-3$,有理函数 $y=\dfrac{2x-3}{x^2+x+2}$ 均是基本初等函数经有限次四则运算得到的,也就是我们在前面提到过的简单函数;

函数 $y=(\arctan e^{-x})^2$ 和 $y=e^{\sin^2 x}$ 均是由基本初等函数经有限次复合运算得到的;

函数 $y=\ln\cos x(x^2+x-3)$ 则是由基本初等函数经有限次四则运算与有限次复合运算混合而得到的,而函数 $y=\ln(x+\sqrt{1+x^2})$ 就更为复杂一些,可分解为

$$y=\ln u,\quad u=s+t,\quad \begin{cases} s=x, \\ t=\sqrt{w},\ w=1+x^2. \end{cases}$$

弄清初等函数的构成,对今后的学习会有很大帮助.

试一试　将下列初等函数分解为简单函数:

(1) $y=\ln(-x)$;　　(2) $y=\tan\dfrac{1}{x}$;　　(3) $y=\sqrt{\cos(3x)}$;　　(4) $y=\sin^2\dfrac{1}{2x-1}$;

(5) $y=(\arctan 2^x)^2$;　　(6) $y=\sqrt[3]{1+\cos 6x}$.

习　题　1.1

一、选择题

1. 下列函数 $f(x)$ 与 $g(x)$ 为相同函数的是(　　).

A. $f(x)=x$ 与 $g(x)=(\sqrt{x})^2$　　　　B. $f(x)=\sqrt{x^2}$ 与 $g(x)=|x|$

C. $f(x)=\lg x^2$ 与 $g(x)=2\lg x$　　　　D. $f(x)=x-1$ 与 $g(x)=\dfrac{(x-1)^2}{x-1}$

2. 函数 $f(x)=\dfrac{1}{\lg|x-5|}$ 的定义域是( ).

   A. $(-\infty,5)\cup(5,+\infty)$ B. $(-\infty,6)\cup(6,+\infty)$

   C. $(-\infty,4)\cup(4,+\infty)$ D. $(-\infty,4)\cup(4,5)\cup(5,6)\cup(6,+\infty)$

3. 函数 $f(x)=\dfrac{\sqrt{x+2}}{x-1}$ 的定义域为( ).

   A. $(-\infty,-2)\cup(-2,1)\cup(1,+\infty)$ B. $(1,+\infty)$

   C. $[-2,+\infty)$ D. $[-2,1)\cup(1,+\infty)$

4. 下列函数为非奇非偶函数的是( ).

   A. $y=1+x^2$ B. $y=x+x^3$ C. $y=e^{x^2}$ D. $y=|x+1|$

5. 下列函数为奇函数的是( ).

   A. $y=|x|$ B. $y=x^4\sin x$ C. $y=e^{-x}$ D. $y=x^3-3$

6. 下列函数为偶函数的是( ).

   A. $y=\ln\dfrac{1-x}{1+x}$ B. $y=\dfrac{e^x+e^{-x}}{2}$ C. $y=(x^2+1)\tan x$ D. $y=x\cos x$

7. 函数 $y=1+\sin x$ 是( ).

   A. 无界函数 B. 单调减少函数 C. 单调增加函数 D. 有界函数

8. 下列函数无界的是( ).

   A. $y=\sin\dfrac{1}{x}$ B. $y=1000\arctan x$ C. $y=\tan x$ D. $y=\sin x+\cos x$

9. 下列函数有界的是( ).

   A. $y=\dfrac{1}{x}$ B. $y=C$ C. $y=\ln x$ D. $y=2^x$

10. 函数 $y=x^3$ 与其反函数 $y=\sqrt[3]{x}$ 的图形对称于直线( ).

    A. $y=0$ B. $x=0$ C. $y=x$ D. $y=-x$

11. 下列各组函数可以复合成一个函数的是( ).

    A. $y=\ln u, u=-x^2$ B. $y=\arcsin u, u=2+x^2$

    C. $y=\sin u, u=\arccos x$ D. $y=\sqrt{u}, u=-(x^2+1)$

12. 函数 $y=1+x+x^2+\cdots+x^n(n\in\mathbf{N}^+)$ 为( ).

    A. 基本初等函数 B. 复合函数 C. 简单函数 D. 分段函数

13. 下列函数为基本初等函数的是( ).

    A. $y=2x^2$ B. $y=\tan\dfrac{1}{x}$ C. $y=\sqrt{x}$ D. $y=\ln(-x)$

二、填空题

1. 函数 $y=\dfrac{\sqrt{x^2-4}}{x-2}$ 的定义域是_____.

2. 函数 $y=\dfrac{-4a}{x^2+4}$ 的定义域是_____,$f(-2a)=$ _____.

3. 函数 $f(x)=\begin{cases}\cos x, & -2<x<0,\\ 1+x^2, & 0\leqslant x\leqslant 2\end{cases}$ 的定义域是_____,$f\left(\dfrac{\pi}{2}\right)=$ _____.

4. 函数 $f(x)=\begin{cases}\dfrac{\sin x}{x}, & x\neq 0,\\ 0, & x=0\end{cases}$ 的定义域是_____，$f(0)=$_____.

5. 设函数 $f(x)=\begin{cases}3x+1, & x\leqslant 0,\\ x-2, & x>0,\end{cases}$ 则 $f[f(0)]=$_____.

6. 设函数 $f(x)=\dfrac{1}{1-x}$，则 $f[f(x)]=$_____.

7. 设函数 $f(x)=x^2$，$\varphi(x)=2^x$，则 $f[\varphi(x)]=$_____，$\varphi[f(x)]=$_____.

8. 若 $y=u^2$，$u=\log_a x$，则将 y 表示成 x 的函数为_____.

9. 若 $y=\sqrt{u}$，$u=2+v^2$，$v=\cos x$，则将 y 表示成 x 的函数为_____.

10. 设 $f(x)=3x^3+2x$，$\varphi(t)=\lg(1+t)$，则 $f[\varphi(t)]=$_____.

三、解答题

1. 求下列函数的定义域：

(1) $y=\dfrac{\ln(x+2)}{\sqrt{3-x}}$；　　(2) $y=\dfrac{1}{1-x^2}+\sqrt{x+2}$；　　(3) $y=\arcsin\dfrac{x-1}{2}$.

2. 设分段函数 $f(x)=\begin{cases}x, & x<0,\\ x^2, & 0\leqslant x<1,\\ 1-2x, & 1\leqslant x\leqslant 2.\end{cases}$

(1) 指出分段点；(2) 求函数的定义域；(3) 求 $f[f(2)]$；(4) 画出函数的图形.

3. 下列函数哪些是有界函数？

(1) $y=\sin x$；　　(2) $y=2^x$；　　(3) $y=\dfrac{1}{x^2+1}$；　　(4) $y=\cos\dfrac{1}{x}$.

4. 将下列复合函数分解为简单函数：

(1) $y=\sqrt{3x-1}$；　　(2) $y=\sin 3x$；　　(3) $y=e^{x^2}$；

(4) $y=2^{\ln x}$；　　(5) $y=\cos^3(5-2x)$；　　(6) $y=(1+\ln x)^5$；

(7) $y=\sqrt{\ln\sqrt{x}}$；　　(8) $y=\sqrt{\cos(3x-1)}$；　　(9) $y=[\ln\arccos x^3]^2$；

(10) $y=\sin^2(\ln x)$；　　(11) $y=\ln(x+\sqrt{x^2-a^2})$.

5. 作出下列函数的草图：

(1) $y=x^2$；　　(2) $y=\sqrt{x}$；　　(3) $xy=4$；　　(4) $2x-3y=6$；

(5) $y=e^x$；　　(6) $y=\ln x$；　　(7) $y=|x|$；　　(8) $y=\begin{cases}x-1, & x\leqslant 0,\\ x^2, & x>0.\end{cases}$

6. 根据引例 2 中所给对应关系式，求月收入分别为 3000 元，4800 元，13000 元时应缴纳的个人所得税.

§1.2　极限的概念

极限的概念与理论是高等数学的基础，是研究导数、积分、级数的基本工具．极限概念涉及数列的极限与函数的极限，我们给出它们的描述性定义，并通过举例以加深对极限概念的理解．

一、数列极限

1. 数列的有关基础知识

在初等数学中,我们把数列定义为"按照一定的顺序排列的一列数". 数列分为有穷数列和无穷数列. 在本教材中,我们只研究无穷数列(以下简称**数列**),并强调数列实质上是一类特殊的函数,它被看做定义在正整数集上的函数,记为 $\{x_n\}=\{f(n)\}(n=1,2,\cdots)$,也可以记为

$$x_1, x_2, \cdots, x_n, \cdots,$$

其中 x_n 称为数列的**通项**或**一般项**. 例如:

(1) $1, \dfrac{1}{2}, \dfrac{1}{4}, \dfrac{1}{8}, \cdots, \dfrac{1}{2^{n-1}}, \cdots$;   (2) $C, C, C, C, \cdots, C, \cdots$;

(3) $1, -\dfrac{1}{2}, \dfrac{1}{4}, -\dfrac{1}{8}, \cdots, \dfrac{(-1)^{n-1}}{2^{n-1}}, \cdots$;   (4) $\dfrac{1}{2}, \dfrac{2}{3}, \dfrac{3}{4}, \dfrac{4}{5}, \cdots, \dfrac{n}{n+1}, \cdots$;

(5) $1, \dfrac{1}{2}, 1, \dfrac{1}{3}, 1, \dfrac{1}{4}, \cdots$;   (6) $1, 2, 3, 4, 5, \cdots, n, \cdots$.

数列的图形可以表示为一维数轴上的点,也可以表示为平面直角坐标系上一串分离的点. 例如,数列 $\{f(n)\}=\left\{\dfrac{(-1)^{n-1}}{2^n}\right\}$ 的图形如图 1-6(a)或图 1-6(b)所示.

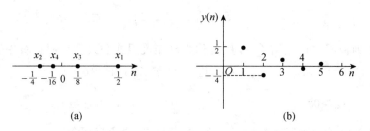

图 1-6

在初等数学中,我们学习过等差数列($x_{n+1}-x_n=$常数)和等比数列 $\left(\dfrac{x_{n+1}}{x_n}=\text{常数}\neq 0\right)$. 有了函数的单调性与有界性的定义后,我们很容易给出单调数列和有界数列的定义.

如果数列 $\{x_n\}$ 满足 $x_1 \leqslant x_2 \leqslant x_3 \leqslant \cdots \leqslant x_n \leqslant x_{n+1} \leqslant \cdots$,则称数列 $\{x_n\}$ 为**单调递增数列**;反之,如果数列 $\{x_n\}$ 满足 $x_1 \geqslant x_2 \geqslant x_3 \geqslant \cdots \geqslant x_n \geqslant x_{n+1} \geqslant \cdots$,则称数列 $\{x_n\}$ 为**单调递减数列**. 单调递增数列和单调递减数列统称为**单调数列**.

如果存在正数 M,对于一切 x_n,都有 $|x_n| \leqslant M$ 成立,则称数列 $\{x_n\}$ 为**有界数列**.

想一想 上述数列(1)~(6)中,哪些是单调数列?哪些是有界数列?哪些是单调有界数列?

2. 数列极限

《庄子·天下篇》中有这样一句话:"一尺之棰,日取其半,万世不竭."说的是:一根一尺长的竹棒,每天截取它的一半,不断地截下去,永远也截不完. "日取其半"说明这根竹棒第 n 天的长度正好是数列(1)的通项 $\dfrac{1}{2^n}$,它随着天数的增加而不断减少,是一个递减数列. "万世不竭"又描述了"长度永远也不可能为零"这一事实. 二者结合起来,对于数列 $\{f(n)\}=\left\{\dfrac{1}{2^n}\right\}$ 来

说就是：当 n 无限增大时，数列的通项无限趋近于零，但又永远不等于零.

同样情况的还有数列(3)；而数列(4)当 n 无限增大时，通项 $f(n)$ 无限趋近于 1，但又不等于 1；数列(5)当 n 无限增大时，通项 $f(n)$ 交替地趋近于 1 和 0；数列(6)当 n 无限增大时，通项 $f(n)$ 也无限增大.

我们就"当自变量 n 无限增大时，函数 $f(n)$ 的某种确定的变化状态"给出如下定义：

定义 1.9 给定一个数列 $\{x_n\}$，如果当 n 无限增大时，数列的通项 x_n 的值无限趋近于一个确定的常数 A，则称当 n 趋向于无穷大时，**数列 $\{x_n\}$ 的极限为 A**，记为

$$\lim_{n\to+\infty} x_n = A \quad \text{或} \quad x_n \to A \; (n\to+\infty).$$

如果一个数列的极限存在，我们就称这个数列是**收敛数列**，也称数列收敛于 A；否则，称这个数列是**发散数列**.

例如，$\lim\limits_{n\to+\infty}\dfrac{1}{2^n}=0$，$\lim\limits_{n\to+\infty}C=C$（$C$ 为常数），$\lim\limits_{n\to+\infty}\dfrac{(-1)^{n-1}}{2^n}=0$，$\lim\limits_{n\to+\infty}\dfrac{n}{n+1}=1$.

有通项的数列如果极限不存在，一般有两种情形：一种是通项的绝对值无限增大而不趋近于一个固定的数值. 实际上，这个数列一定是无界数列，如数列(6). 另一种是通项来回振荡而不趋近于一个固定的数值，如数列(5). 数列(5),(6)均为发散数列.

试一试 (1) 通过观察数列的变化趋势求下列极限：

① $\lim\limits_{n\to+\infty}\dfrac{1}{n^2}$； ② $\lim\limits_{n\to+\infty} 2^n$； ③ $\lim\limits_{n\to+\infty}\dfrac{(-1)^{n-1}}{n}$； ④ $\lim\limits_{n\to+\infty} 7$.

(2) 理解下列极限并记住结论(今后可作为已知极限或公式在极限运算中直接使用)：

① $\lim\limits_{n\to+\infty} q^n = 0$ ($|q|<1$)； ② $\lim\limits_{n\to+\infty} q^n$ 不存在 ($|q|>1$)；

③ $\lim\limits_{n\to+\infty}\dfrac{1}{n^\alpha}=0$ ($\alpha>0$)； ④ $\lim\limits_{n\to+\infty} C=C$ (C 为常数).

(3) 根据上述结论判断下列极限是否存在，若存在，求出极限值：

① $\lim\limits_{n\to+\infty}(-1)^n\cdot 3^n$； ② $\lim\limits_{n\to+\infty}\dfrac{1}{\sqrt{n}}$；

③ $\lim\limits_{n\to+\infty}\left(\dfrac{2}{3}\right)^n$； ④ $\lim\limits_{n\to+\infty}\dfrac{(-1)^n}{2^n}$.

想一想 (1) 单调数列一定有极限吗？有界数列一定有极限吗？单调有界数列呢？
(2) 不单调的数列一定没有极限吗？无界数列一定没有极限吗？

二、函数极限

1. 当 $x\to+\infty, x\to-\infty$ 时，函数 $f(x)$ 的极限

前面我们讨论了数列极限的问题. 从函数的观点看，数列 $\{x_n\}=\{f(n)\}$ 的极限为 A，也就是当自变量 n 取正整数而无限增大时，对应的函数值 $f(n)$ 无限趋近于一个确定的常数 A. 撇开数列的特殊性，我们可以给出当自变量 x 沿 x 轴正向无限增大时(记做 $x\to+\infty$)，函数极限的定义.

定义 1.10 给定一个函数 $y=f(x)$，如果当自变量 x 沿 x 轴正向无限增大时，函数 $f(x)$ 无限趋近于一个确定的常数 A，则称当 $x\to+\infty$ 时，**函数 $f(x)$ 的极限为 A**，记为

$$\lim_{x\to+\infty} f(x) = A \quad \text{或} \quad f(x)\to A \; (x\to+\infty);$$

否则,称 $x \to +\infty$ 时,函数 $f(x)$ 的极限不存在.

例如,$\lim\limits_{x \to +\infty}\left(1+\dfrac{1}{x}\right)=1$(如图 1-7),$\lim\limits_{x \to +\infty}\arctan x = \dfrac{\pi}{2}$(如图 1-8),$\lim\limits_{x \to +\infty} e^x$ 不存在(如图 1-9),$\lim\limits_{x \to +\infty}\sin x$ 不存在(如图 1-10).

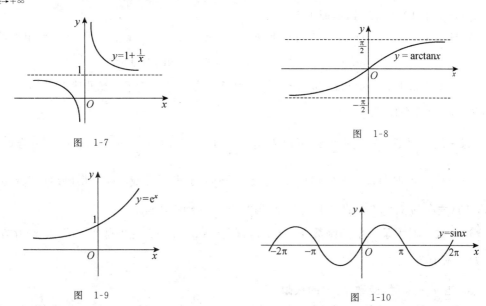

图 1-7 　　　　　　　　　　图 1-8

图 1-9 　　　　　　　　　　图 1-10

类似地,可给出当自变量 x 沿 x 轴负向绝对值无限增大时(记做 $x \to -\infty$)函数极限的定义.

定义 1.11　给定一个函数 $y=f(x)$,如果当自变量 x 沿 x 轴负向绝对值无限增大时,函数 $f(x)$ 无限趋近于一个确定的常数 A,则称当 $x \to -\infty$ 时,**函数 $f(x)$ 的极限为 A**,记为
$$\lim_{x \to -\infty} f(x) = A \quad \text{或} \quad f(x) \to A \ (x \to -\infty);$$
否则,称当 $x \to -\infty$ 时,函数 $f(x)$ 的极限不存在.

例如,$\lim\limits_{x \to -\infty}\left(1+\dfrac{1}{x}\right)=1$(如图 1-7),$\lim\limits_{x \to -\infty}\arctan x = -\dfrac{\pi}{2}$(如图 1-8),$\lim\limits_{x \to -\infty} e^x = 0$(如图 1-9),$\lim\limits_{x \to -\infty}\sin x$ 不存在(如图 1-10).

2. 当 $x \to \infty$ 时,函数 $f(x)$ 的极限

我们用 $x \to \infty$ 表示自变量 x 沿 x 轴正向和 x 轴负向绝对值同时无限增大. 在前面的例子中,无论 $x \to +\infty$ 还是 $x \to -\infty$,$f(x)=1+\dfrac{1}{x}$ 都无限地趋近于 1,可以综合地描述为"当 $x \to \infty$ 时,函数 $f(x)=1+\dfrac{1}{x}$ 无限地趋近于 1". 而函数 $f(x)=\arctan x$,当 $x \to +\infty$ 时,趋近于 $\dfrac{\pi}{2}$,当 $x \to -\infty$ 时,趋近于 $-\dfrac{\pi}{2}$. 从图形上也可以看出,当 $x \to \infty$ 时,函数 $f(x)=\arctan x$ 不趋近于任何一个确定的常数.

定义 1.12　给定一个函数 $y=f(x)$,如果当自变量 x 沿 x 轴正向和负向绝对值同时无限增大时,函数 $f(x)$ 都无限趋近于同一个确定的常数 A,则称当 $x \to \infty$ 时,**函数 $f(x)$ 的极限为 A**,记为

$$\lim_{x\to\infty}f(x)=A \quad \text{或} \quad f(x)\to A\ (x\to\infty);$$

否则,称当 $x\to\infty$ 时,函数 $f(x)$ 的极限不存在.

例如,$\lim\limits_{x\to\infty}\left(1+\dfrac{1}{x}\right)=1$,$\lim\limits_{x\to\infty}\arctan x$ 不存在,$\lim\limits_{x\to\infty}e^x$ 不存在,$\lim\limits_{x\to\infty}\sin x$ 不存在.

由定义 1.12 不难得到定理 1.1.

定理 1.1 $\lim\limits_{x\to\infty}f(x)=A$ 的充分必要条件是 $\lim\limits_{x\to+\infty}f(x)$ 及 $\lim\limits_{x\to-\infty}f(x)$ 都存在且相等,即
$$\lim_{x\to\infty}f(x)=A \Longleftrightarrow \lim_{x\to+\infty}f(x)=\lim_{x\to-\infty}f(x)=A.$$

定理 1.1 说明,$\lim\limits_{x\to+\infty}f(x)$ 和 $\lim\limits_{x\to-\infty}f(x)$ 中只要有一个不存在,或虽然二者都存在但不相等,$\lim\limits_{x\to\infty}f(x)$ 就不存在.

想一想 从图 1-7(图 1-8)可以看出:$\lim\limits_{x\to\infty}\left(1+\dfrac{1}{x}\right)=1\left(\lim\limits_{x\to+\infty}\arctan x=\dfrac{\pi}{2}\right)$ 恰好表示当 $x\to\infty(x\to+\infty)$ 时曲线 $y=f(x)$ 以 $y=1\left(y=\dfrac{\pi}{2}\right)$ 为水平渐近线. 你能得出结论"若 $\lim\limits_{x\to\infty}f(x)=A$,则 $y=A$ 为 $y=f(x)$ 的水平渐近线"吗? $\lim\limits_{x\to+\infty}f(x)=A$ 呢?

试一试 对附录 Ⅰ 中的函数 $y=f(x)$,哪些 $\lim\limits_{x\to+\infty}f(x)$ 存在?哪些 $\lim\limits_{x\to-\infty}f(x)$ 存在?哪些 $\lim\limits_{x\to\infty}f(x)$ 存在?

3. 当 $x\to x_0$ 时,函数 $f(x)$ 的极限

这里 x_0 是一个有限值,所谓 $x\to x_0$ 是指自变量 x 沿 x 轴从 x_0 的左、右两侧同时向 x_0 无限趋近,但 x 始终不等于 x_0.

引例 1 考查函数 $f(x)=-x+1$ 当 $x\to-1$ 时的变化趋势.

首先应该明确的是:虽然函数在 $x=-1$ 处有定义,但我们不是求函数值 $f(-1)$,而是考查 $x\to-1$ 时函数 $f(x)$ 的变化趋势.

由图 1-11(a)可以看出:当 $x\to-1$ 时,$f(x)=-x+1$ 对应的函数值无限趋近于常数 2,即 $f(x)\to 2$.

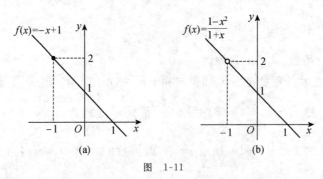

图 1-11

引例 2 考查函数 $f(x)=\dfrac{1-x^2}{1+x}$ 当 $x\to-1$ 时的变化趋势.

与引例 1 不同的是,此函数在点 $x=-1$ 处无定义(见图 1-11(b)). 但在 $x\to-1$ 的变化过程中,x 始终取不到 -1,即 $x\neq-1$,此时
$$f(x)=\dfrac{1-x^2}{1+x}=-x+1.$$

由引例 1 知,当 $x\to -1$ 时,$f(x)\to 2$.

引例 3 考查函数 $f(x)=\begin{cases}1/x, & x\neq 0 \\ 0, & x=0\end{cases}$ 当 $x\to 0$ 时的变化趋势.

此函数在点 $x=0$ 处有定义 $f(0)=0$,但从图 1-12 观察,当 $x\to 0$ 时,$f(x)$ 不趋近于任何确定的常数.

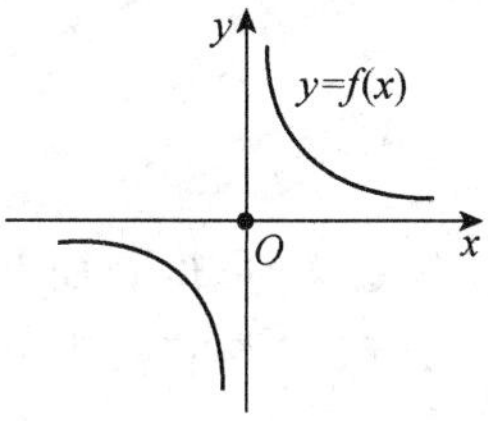

图 1-12 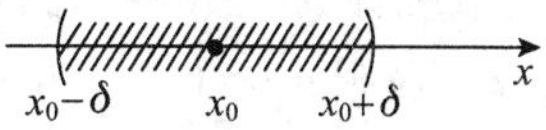　　　　　　　　　　　图 1-13

为了给出函数在一点的极限定义,我们引入邻域的概念.

称开区间 $(x_0-\delta,x_0+\delta)$ 为以 x_0 为中心,$\delta(\delta>0)$ 为半径的**邻域**,简称为点 x_0 的 δ **邻域**(如图 1-13),记为 $U(x_0,\delta)$;称 $(x_0-\delta,x_0)\bigcup(x_0,x_0+\delta)$ 为点 x_0 的 δ **去心邻域**,记为 $\overset{\circ}{U}(x_0,\delta)$.

定义 1.13 设函数 $f(x)$ 在点 x_0 的某去心邻域内有定义(在点 x_0 处可以有定义,也可以无定义),如果当 x 无限趋近于 x_0 (但始终不等于 x_0)时,函数 $f(x)$ 无限地趋近于某一个确定的常数 A,则称 $x\to x_0$ 时,**函数 $f(x)$ 的极限为 A**,记为

$$\lim_{x\to x_0}f(x)=A \quad \text{或} \quad f(x)\to A\ (x\to x_0);$$

否则,称当 $x\to x_0$ 时,函数 $f(x)$ 的极限不存在.

例如,$\lim\limits_{x\to -1}(-x+1)=2$,$\lim\limits_{x\to -1}\dfrac{1-x^2}{1+x}=2$,而对引例 3 中的函数有 $\lim\limits_{x\to 0}f(x)$ 不存在.

试一试 借助于基本初等函数的图形求下列函数的极限:

$$\lim_{x\to 0}e^x, \quad \lim_{x\to 1}\ln x, \quad \lim_{x\to 0}\sin x, \quad \lim_{x\to 0}\cos x, \quad \lim_{x\to 1}\frac{5}{2}.$$

注意　(1) 在定义 1.13 中,我们特别强调了"x 无限趋近于 x_0,但始终不等于 x_0". 这是因为:考查函数在一点的极限,就是观察函数在这一点附近的变化趋势,并不是关心函数在这一点本身的情况,即函数 $f(x)$ 在点 x_0 处有无极限与 $f(x)$ 在点 x_0 本身的定义无关.

(2) 即使函数 $f(x)$ 在点 x_0 处有定义,也有极限,但极限值与函数值也未必相等.

例如,函数 $f(x)=\begin{cases}1, & x\neq 0 \\ 0, & x=0\end{cases}$ 在点 $x=0$ 处有定义 $f(0)=0$,也有极限 $\lim\limits_{x\to 0}f(x)=\lim\limits_{x\to 0}1=1$,但 $\lim\limits_{x\to 0}f(x)\neq f(0)$ (如图 1-14).

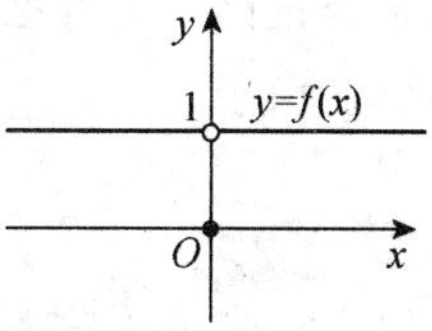

图 1-14

4. 当 $x\to x_0^-$,$x\to x_0^+$ 时,函数 $f(x)$ 的极限

前面提到过,$x\to x_0$ 是指自变量 x 沿 x 轴从点 x_0 的左、右两侧同时向 x_0 无限趋近. 但有时候需要分以下两种情况考虑:

(1) x 只从小于 x_0 (但始终不等于 x_0)的方向趋近于 x_0,记做 $x\to x_0^-$;

(2) x 只从大于 x_0 (但始终不等于 x_0)的方向趋近于 x_0,记做 $x\to x_0^+$.

显然，$x \to x_0$ 是指以上两种情况同时发生.

定义 1.14 如果当 $x \to x_0^-$ 时，函数 $f(x)$ 无限地趋近于一个确定常数 A，则称函数 $f(x)$ 在点 $x = x_0$ 处的**左极限**为 A，记为

$$\lim_{x \to x_0^-} f(x) = A \quad \text{或} \quad f(x_0 - 0) = A.$$

如果当 $x \to x_0^+$ 时，函数 $f(x)$ 无限趋近于一个确定的常数 A，则称函数 $f(x)$ 在点 $x = x_0$ 处的**右极限**为 A，记为

$$\lim_{x \to x_0^+} f(x) = A \quad \text{或} \quad f(x_0 + 0) = A.$$

左、右极限统称为函数的**单侧极限**. 根据函数在一点的极限定义，可得到如下定理：

定理 1.2 极限 $\lim_{x \to x_0} f(x) = A$ 的充分必要条件是左极限 $\lim_{x \to x_0^-} f(x)$ 与右极限 $\lim_{x \to x_0^+} f(x)$ 都存在且都等于 A，即

$$\lim_{x \to x_0} f(x) = A \iff \lim_{x \to x_0^-} f(x) = \lim_{x \to x_0^+} f(x) = A.$$

例 1 设函数 $f(x) = \begin{cases} x-1, & x<0, \\ 0, & x=0, \\ x+1, & x>0, \end{cases}$ 求：

(1) $\lim_{x \to 0} f(x)$；　　(2) $\lim_{x \to 1} f(x)$.

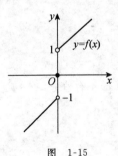

图 1-15

解 (1) 由于 $x = 0$ 是函数 $f(x)$ 的分段点（如图 1-15），且函数在它左、右两侧的表达式不同，因此要根据函数在一点极限存在的充分必要条件进行讨论. 因为

$$\lim_{x \to 0^-} f(x) = \lim_{x \to 0^-} (x-1) = -1, \quad \lim_{x \to 0^+} f(x) = \lim_{x \to 0^+} (x+1) = 1,$$

即 $\lim_{x \to 0^-} f(x) \neq \lim_{x \to 0^+} f(x)$，所以 $\lim_{x \to 0} f(x)$ 不存在.

(2) 由于 $f(x)$ 在点 $x = 1$ 左、右两侧的表达式相同，所以

$$\lim_{x \to 1} f(x) = \lim_{x \to 1} (x+1) = 2.$$

想一想 (1) 设函数 $f(x) = \begin{cases} -x+1, & x \leq 0, \\ x^2+1, & 0 < x \leq 1, \\ 2/x, & x > 1, \end{cases}$ 下列关于 $x \to 1$ 时 $f(x)$ 的极限的讨论是否正确？为什么？

由于

$$\lim_{x \to 1} (-x+1) = 0, \quad \lim_{x \to 1} (x^2+1) = 2, \quad \lim_{x \to 1} \frac{2}{x} = 2,$$

以上三个值不相等，因此 $\lim_{x \to 1} f(x)$ 不存在.

(2) 求函数在一点的极限时，什么情况下要分左、右极限考虑？什么情况下不用分左、右极限考虑？

试一试 设函数 $f(x) = \begin{cases} 0, & x \leq 0, \\ 1-x, & x > 0, \end{cases}$ 求 $\lim_{x \to 0} f(x), \lim_{x \to 1} f(x)$.

三、无穷小量与无穷大量

在自变量的某一变化趋势下,函数的绝对值可能无限变小或无限变大,这两种情形都时常会遇到,而且在函数的极限中有着特殊的作用.为此,我们引入无穷小量和无穷大量的概念及相关性质.

1. 无穷小量

定义 1.15 如果当 $x \to x_0 (x \to \infty)$ 时,函数 $f(x)$ 的极限为零,则称 $f(x)$ 为 $x \to x_0 (x \to \infty)$ 时的**无穷小量**,简称为**无穷小**,记做 $\lim\limits_{x \to x_0} f(x) = 0 \left(\lim\limits_{x \to \infty} f(x) = 0 \right)$.

例 2 (1) 因为 $\lim\limits_{x \to 0} x = 0$,$\lim\limits_{x \to 0} x^2 = 0$,所以 x 和 x^2 都是 $x \to 0$ 时的无穷小量;

(2) 因为 $\lim\limits_{x \to \infty} \dfrac{1}{x} = 0$,$\lim\limits_{x \to \infty} \dfrac{1}{x^2} = 0$,所以 $\dfrac{1}{x}$ 和 $\dfrac{1}{x^2}$ 都是 $x \to \infty$ 时的无穷小量;

(3) 因为 $\lim\limits_{x \to -\infty} e^x = 0$,所以 e^x 是 $x \to -\infty$ 时的无穷小量;

(4) 因为 $\lim\limits_{x \to 1}(x-1) = 0$,所以 $x-1$ 为 $x \to 1$ 时的无穷小量.

注意 (1) 无穷小量不是指函数沿 y 轴负向无限延伸,而是指函数的绝对值与零无限接近.

(2) 无穷小量是变量,它不是表示量的大小,而是表示量的变化趋势为零.因此,再小的非零常数也不是无穷小量."零"可被看做无穷小量,因为此时将零理解为常值函数 $y=0$.

(3) 一个变量是否为无穷小量是与自变量的变化趋势紧密相关的.例如,由 $\lim\limits_{x \to 0} \sin x = 0$ 可知,$\sin x$ 是 $x \to 0$ 时的无穷小量;又由 $\lim\limits_{x \to \pi/2} \sin x = 1$ 及 $\lim\limits_{x \to \infty} \sin x$ 不存在可知,$\sin x$ 既不是 $x \to \dfrac{\pi}{2}$ 时的无穷小量,也不是 $x \to \infty$ 时的无穷小量.为了方便起见,有时候我们简单地说"$f(x)$ 是无穷小量"或"$f(x)$ 不是无穷小量",这里总暗含着自变量的某一个特定的变化过程.

无穷小是函数极限存在的一种特殊形式.同时,任何一个函数若极限存在,它都与无穷小有着密切的联系.

定理 1.3 $\lim\limits_{x \to x_0} f(x) = A$ 的充分必要条件是 $f(x) = A + \alpha$,其中 α 为 $x \to x_0$ 时的无穷小量,即

$$\lim_{x \to x_0} f(x) = A \iff \lim \alpha = \lim [f(x) - A] = 0.$$

此定理同样适合于 $x \to \infty, x \to x_0^+$ 等其他的自变量变化过程.定理 1.3 说明,若函数 $f(x)$ (在自变量一定的变化状态下)以 A 为极限,则(在这个变化状态下)$f(x)$ 与 A 仅相差一个无穷小量,反之也成立.这恰好揭示了函数与它的极限之间的关系.

无穷小量具有下述运算性质:

性质 1 有限个无穷小量的代数和仍为无穷小量.

性质 2 有限个无穷小量的乘积仍为无穷小量.

性质 3 有界变量与无穷小量的乘积仍为无穷小量.

例 3 利用无穷小量的运算性质求下列极限:

(1) $\lim\limits_{x \to 0}(x^3 + 7x)$;   (2) $\lim\limits_{x \to \infty} \dfrac{1}{x} \sin x$.

解 (1) 因为 $\lim\limits_{x\to 0}x^3=0$, $\lim\limits_{x\to 0}7x=0$, 所以 x^3 和 $7x$ 都是 $x\to 0$ 时的无穷小量. 由性质 1 可知, x^3+7x 也是 $x\to 0$ 时的无穷小量. 再由无穷小量的定义可得 $\lim\limits_{x\to 0}(x^3+7x)=0$.

(2) 因为 $\lim\limits_{x\to\infty}\dfrac{1}{x}=0$, 所以当 $x\to\infty$ 时, $\dfrac{1}{x}$ 为无穷小量. 又因为 $|\sin x|\leqslant 1$, 所以 $\sin x$ 为有界变量. 由性质 3 可知, $\dfrac{1}{x}\sin x$ 是 $x\to\infty$ 时的无穷小量. 因此 $\lim\limits_{x\to\infty}\dfrac{1}{x}\sin x=0$.

想一想 (1) 无穷多个无穷小量之和一定是无穷小量吗？

(2) 无穷多个无穷小量之积一定是无穷小量吗？

(3) 两个无穷小量之商一定是无穷小量吗？

2. 无穷大量

定义 1.16 当 $x\to x_0(x\to\infty)$ 时, 如果函数 $f(x)$ 的绝对值无限增大, 则称函数 $f(x)$ 为 $x\to x_0(x\to\infty)$ 时的**无穷大量**, 简称为**无穷大**, 记为 $\lim\limits_{x\to x_0}f(x)=\infty$ $(\lim f(x)=\infty)$.

例 4 (1) 因为 $\lim\limits_{x\to\infty}x=\infty$, $\lim\limits_{x\to\infty}x^2=\infty$, 所以 x 和 x^2 都是 $x\to\infty$ 时的无穷大量.

(2) 因为 $\lim\limits_{x\to +\infty}\mathrm{e}^x=\infty$, 所以 e^x 是 $x\to +\infty$ 时的无穷大量.

(3) 对于函数 $f(x)=\dfrac{1}{x}$, 当 $x\to 0^+$ 时, $\dfrac{1}{x}\to +\infty$; 当 $x\to 0^-$ 时, $\dfrac{1}{x}\to -\infty$. 也就是说, 当 $x\to 0$ 时, $f(x)=\dfrac{1}{x}$ 的绝对值无限增大, $\lim\limits_{x\to 0}\dfrac{1}{x}=\infty$. 所以 $\dfrac{1}{x}$ 是 $x\to 0$ 时的无穷大量.

(4) 因为 $\lim\limits_{x\to 1}\dfrac{1}{x-1}=\infty$, 所以 $\dfrac{1}{x-1}$ 是 $x\to 1$ 时的无穷大量.

注意 (1) 无穷大量不能被看做"一个很大很大的数", 它是绝对值无限增大的变量.

(2) 符号"$\lim\limits_{x\to x_0}f(x)=\infty$"被叙述为"当 $x\to x_0$ 时, 函数的极限为无穷大". 此时函数的变化趋势是确定的（绝对值无限增大）, 而且我们也借用了极限的记号. 但必须注意的是：此时函数 $f(x)$ 是没有极限的, 而"∞"只是一个记号, 不表示一个确定的数. 读者可参考定义 1.13 进行思考.

想一想 (1) 下列函数在自变量的何种变化状态下为无穷大或无穷小？

① $f(x)=\mathrm{e}^x$; ② $f(x)=\ln x$.

(2) 当 $x\to\infty$ 时, $f(x)=x\cos x$ 是无穷大吗？

3. 无穷大量与无穷小量之间的关系

定理 1.4 在自变量的同一变化状态下,

(1) 如果 $f(x)$ 为无穷大量, 则 $\dfrac{1}{f(x)}$ 为无穷小量；

(2) 如果 $f(x)$ 为无穷小量, 且 $f(x)\neq 0$, 则 $\dfrac{1}{f(x)}$ 为无穷大量.

例如, 当 $x\to 1$ 时, $f(x)=x-1$ 为无穷小量, 而 $\dfrac{1}{f(x)}=\dfrac{1}{x-1}$ 为无穷大量.

习 题 1.2

一、选择题

1. 下列数列其极限不存在的是( ).

   A. $10, 10, 10, 10, \cdots$
   B. $0, 1, 0, \dfrac{1}{2}, 0, \dfrac{1}{3}, \cdots$
   C. $\sqrt{1}, \sqrt{2}, \sqrt{3}, \sqrt{4}, \cdots$
   D. $1, -\dfrac{1}{2}, \dfrac{1}{3}, -\dfrac{1}{4}, \dfrac{1}{5}, -\dfrac{1}{6}, \cdots$

2. 函数 $f(x)$ 在点 $x = x_0$ 处有定义,是 $f(x)$ 当 $x \to x_0$ 时有极限的( ).

   A. 无关条件   B. 必要条件   C. 充分条件   D. 充分必要条件

3. 若极限 $\lim\limits_{x \to x_0} f(x)$ 存在,则函数 $f(x)$ 在点 x_0 处( ).

   A. 一定有定义
   B. 一定无定义
   C. 可以有定义,也可以无定义
   D. 有定义,且 $\lim\limits_{x \to x_0} f(x) = f(x_0)$

4. $\lim\limits_{x \to x_0^-} f(x) = \lim\limits_{x \to x_0^+} f(x) = A$ 是 $\lim\limits_{x \to x_0} f(x) = A$ 的( ).

   A. 充分条件   B. 必要条件   C. 充分必要条件   D. 无关条件

5. 设函数 $f(x) = e^{1/x}$,则 $f(x)$ 在点 $x = 0$ 处( ).

   A. 有定义   B. 极限存在   C. 左极限存在   D. 右极限存在

6. 下列变量在给定变化过程中为无穷小量的是( ).

   A. $2^{-x} - 1 \ (x \to 0)$ B. $e^{1/x} \ (x \to \infty)$ C. $\ln x \ (x \to 0^+)$ D. $e^{1/x} \ (x \to 0^+)$

7. 下列变量在给定变化状态下为无穷大量的是( ).

   A. $\dfrac{1}{x+1} \ (x \to \infty)$ B. $e^{1/x} \ (x \to 0^-)$ C. $\ln x \ (x \to +\infty)$ D. $\dfrac{1}{x-1} \ (x \to 0)$

8. 设函数 $f(x) = \begin{cases} 1, & x \neq 1, \\ 0, & x = 1, \end{cases}$ 则 $\lim\limits_{x \to 1} f(x) = ($).

   A. 不存在   B. 0   C. 1   D. ∞

9. 函数 $y = x \sin x$ ( ).

   A. 在 $x \to \infty$ 时为无穷大量
   B. 在 $(-\infty, +\infty)$ 内为有界函数
   C. 在 $(-\infty, +\infty)$ 内为单调函数
   D. 在 $(-\infty, +\infty)$ 内为无界函数

10. $\lim\limits_{x \to 0} \dfrac{|x|}{x}$ ( ).

    A. 等于 1   B. 等于 -1   C. 等于 0   D. 不存在

二、填空题(若极限存在,计算出极限值;若极限不存在,根据各题的情况填写"∞"或"不存在")

1. $\lim\limits_{x \to 7} 5$ _____ ; $\lim\limits_{x \to x_0} x$ _____ ; $\lim\limits_{x \to 0} |x|$ _____ .

2. $\lim\limits_{x \to 0} \sin x$ _____ ; $\lim\limits_{x \to 0} \cos x$ _____ ; $\lim\limits_{x \to 0} e^x$ _____ .

3. $\lim\limits_{x \to +\infty} \cos x$ _____ ; $\lim\limits_{x \to -\infty} \cos x$ _____ ; $\lim\limits_{x \to \infty} \cos x$ _____ .

4. $\lim\limits_{x \to +\infty} \arctan x$ _____ ; $\lim\limits_{x \to -\infty} \arctan x$ _____ ; $\lim\limits_{x \to \infty} \arctan x$ _____ .

5. $\lim\limits_{x\to+\infty}\ln x$ _____ ; $\lim\limits_{x\to 1}\ln x$ _____ ; $\lim\limits_{x\to 0^+}\ln x$ _____ .

6. $\lim\limits_{x\to+\infty}2^x$ _____ ; $\lim\limits_{x\to-\infty}2^x$ _____ ; $\lim\limits_{x\to\infty}2^x$ _____ .

7. $\lim\limits_{x\to+\infty}e^{-x}$ _____ ; $\lim\limits_{x\to-\infty}e^{-x}$ _____ ; $\lim\limits_{x\to\infty}e^{-x}$ _____ .

8. $\lim\limits_{x\to 0^+}e^{1/x}$ _____ ; $\lim\limits_{x\to 0^-}e^{1/x}$ _____ ; $\lim\limits_{x\to 0}e^{1/x}$ _____ .

三、解答与作图题

1. 作函数 $f(x)=\begin{cases} x, & x<3 \\ 3x-1, & x\geqslant 3 \end{cases}$ 的图形,并求 $\lim\limits_{x\to 1}f(x)$ 和 $\lim\limits_{x\to 3}f(x)$.

2. 设函数 $f(x)=\begin{cases} 3x+2, & x\leqslant 0, \\ x^2+1, & 0<x\leqslant 1, \\ 2/x, & 1<x, \end{cases}$ 分别讨论 $x\to 0$ 及 $x\to 1$ 时 $f(x)$ 的极限是否存在, 并求 $\lim\limits_{x\to-\infty}f(x)$ 及 $\lim\limits_{x\to+\infty}f(x)$.

3. 设函数 $f(x)=\begin{cases} 2x^2, & x<1, \\ 0, & x=1, \\ kx+1, & x>1, \end{cases}$ 且 $\lim\limits_{x\to 1}f(x)$ 存在, 求 k.

4. 指出下列各题中哪些是无穷小,哪些是无穷大:

(1) 当 $x\to 3$ 时, $\dfrac{1+2x}{x^2-9}$; (2) 当 $x\to 0$ 时, $\dfrac{1+2x}{x^2}$;

(3) 当 $x\to 0$ 时, $2^{-x}-1$; (4) 当 $x\to\infty$ 时, $\sin\dfrac{1}{x}$;

(5) 当 $x\to 0^+$ 时, $\tan x$; (6) 当 $x\to 0$ 时, e^{-1/x^2}.

四、计算题

1. 利用无穷小的性质求下列极限:

(1) $\lim\limits_{x\to 0}x^2\cos\dfrac{1}{x}$; (2) $\lim\limits_{x\to\infty}\dfrac{\sin x}{x}$.

2. 利用无穷大与无穷小的关系计算下列极限:

(1) $\lim\limits_{x\to 0}\dfrac{1}{\sin x}$; (2) $\lim\limits_{x\to+\infty}\dfrac{\sin x+\cos x}{e^x}$.

§1.3 极限的运算

由极限的定义并观察基本初等函数的图形,读者很容易得到基本初等函数自变量在其定义域内任一变化状态下的极限. 为了得到比较复杂的函数的极限,在这一节,我们分别介绍"极限的四则运算法则"和"两个重要极限".

一、极限的四则运算法则

在极限的四则运算定理中,为了讨论方便,记号"lim"下面省去了自变量的变化过程. 下面的定理对 $n\to+\infty$, $x\to\infty$, $x\to-\infty$, $x\to+\infty$, $x\to x_0$, $x\to x_0^-$, $x\to x_0^+$ 七种情形均成立.

定理 1.5 在自变量某一变化状态下,如果 $\lim f(x)=A, \lim g(x)=B$, 则

(1) $\lim[f(x)\pm g(x)]=A\pm B=\lim f(x)\pm \lim g(x)$;

(2) $\lim[f(x)g(x)]=AB=\lim f(x)\cdot \lim g(x)$，特别地，
$$\lim[Cf(x)]=C\lim f(x) \quad (C\text{ 为常数});$$

(3) $\lim\dfrac{f(x)}{g(x)}=\dfrac{A}{B}=\dfrac{\lim f(x)}{\lim g(x)}(B\neq 0)$.

证明 这里仅给出(2)的证明.

因为 $\lim f(x)=A$，$\lim g(x)=B$，根据无穷小量与极限的关系，有
$$f(x)=A+\alpha,\quad g(x)=B+\beta \quad (\text{其中 }\alpha,\beta\text{ 均为无穷小量}),$$
于是
$$f(x)g(x)=(A+\alpha)(B+\beta)=AB+(A\beta+B\alpha+\alpha\beta),$$
其中 AB 为常量，$A\beta+B\alpha+\alpha\beta$ 仍为无穷小量(无穷小量与有界变量的乘积仍为无穷小量)，故
$$\lim[f(x)g(x)]=AB.$$

对其他情况，读者可类似地加以证明.

想一想 定理 1.5 中，如果改为三个或更多个有极限函数的和或积，它们的极限运算将如何表示？$\lim[f(x)]^n$（n 为正整数）呢？

推论 1 如果 $\lim f(x)=A$，则 $\lim[f(x)]^\alpha=[\lim f(x)]^\alpha=A^\alpha$（其中 α 为使 $[f(x)]^\alpha$ 有意义的任意实数）.

例 1 设多项式函数 $f(x)=a_0 x^n+a_1 x^{n-1}+\cdots+a_n$，求 $\lim\limits_{x\to x_0}f(x)$.

解
$$\lim_{x\to x_0}f(x)=\lim_{x\to x_0}(a_0 x^n+a_1 x^{n-1}+\cdots+a_n)=\lim_{x\to x_0}a_0 x^n+\lim_{x\to x_0}a_1 x^{n-1}+\cdots+\lim_{x\to x_0}a_n$$
$$=a_0(\lim_{x\to x_0}x)^n+a_1(\lim_{x\to x_0}x)^{n-1}+\cdots+a_n=a_0 x_0^n+a_1 x_0^{n-1}+\cdots+a_n=f(x_0),$$
即
$$\lim_{x\to x_0}f(x)=f(x_0).$$

例 1 告诉我们：求多项式函数在某一点的极限可转化为求多项式在该点的函数值. 我们称这种求极限的方法为**代入求值法**. 在 §1.4 中，我们将证明：求初等函数 $f(x)$ 在其定义区间内任意一点 x_0 处的极限时，均可采用代入求值法，即 $\lim\limits_{x\to x_0}f(x)=f(x_0)$. 例如，有
$$\lim_{x\to 1}\sqrt{2x-1}=\sqrt{2\times 1-1}=1,\quad \lim_{x\to 0}\sin x=\sin 0=0.$$

例 2 求极限 $\lim\limits_{x\to 1}\dfrac{x^2+1}{x^2-3x-2}$.

解 因为分子的极限为 $\lim\limits_{x\to 1}(x^2+1)=2$，分母的极限为 $\lim\limits_{x\to 1}(x^2-3x-2)=-4\neq 0$，所以由定理 1.5(3)得
$$\lim_{x\to 1}\dfrac{x^2+1}{x^2-3x-2}=\dfrac{\lim\limits_{x\to 1}(x^2+1)}{\lim\limits_{x\to 1}(x^2-3x-2)}=\dfrac{1+1}{1^2-3\times 1-2}=\dfrac{2}{-4}=-\dfrac{1}{2}.$$

例 3 求极限 $\lim\limits_{x\to 1}\dfrac{x^2+1}{x^2-3x+2}$.

解 因为分母的极限为 $\lim\limits_{x\to 1}(x^2-3x+2)=0$，所以不能直接用定理 1.5. 由于分子的极限为 $\lim\limits_{x\to 1}(x^2+1)=2\neq 0$，若求 $\lim\limits_{x\to 1}\dfrac{x^2-3x+2}{x^2+1}$，则符合定理 1.5(3)的条件，不妨先求它：
$$\lim_{x\to 1}\dfrac{x^2-3x+2}{x^2+1}=\dfrac{\lim\limits_{x\to 1}(x^2-3x+2)}{\lim\limits_{x\to 1}(x^2+1)}=\dfrac{0}{2}=0.$$

所以 $\dfrac{x^2-3x+2}{x^2+1}$ 为 $x\to 1$ 时的无穷小. 再根据无穷大与无穷小的关系, 有

$$\lim_{x\to 1}\dfrac{x^2+1}{x^2-3x+2}=\infty.$$

今后我们可以把以下结论作为定理 1.5 的推论直接使用.

推论 2 若 $\lim f(x)=A\ (A\neq 0)$, $\lim g(x)=0\ (g(x)\neq 0)$, 则 $\lim\dfrac{f(x)}{g(x)}=\infty$.

例 3 可叙述为：因为 $\lim\limits_{x\to 1}(x^2-3x+2)=0$, $\lim\limits_{x\to 1}(x^2+1)=2$, 所以

$$\lim_{x\to 1}\dfrac{x^2+1}{x^2-3x+2}=\infty.$$

例 4 求极限 $\lim\limits_{x\to 1}\dfrac{x^2-1}{x^2-3x+2}$.

解 因为分母的极限为 $\lim\limits_{x\to 1}(x^2-3x+2)=0$, 分子的极限为 $\lim\limits_{x\to 1}(x^2-1)=0$, 所以不能直接用定理 1.5, 也不能用推论 2. 由于当 $x\to 1$ 时, $x\neq 1$, 所以

$$\dfrac{x^2-1}{x^2-3x+2}=\dfrac{(x+1)(x-1)}{(x-2)(x-1)}=\dfrac{x+1}{x-2}.$$

因此 $\lim\limits_{x\to 1}\dfrac{x^2-1}{x^2-3x+2}=\lim\limits_{x\to 1}\dfrac{(x+1)(x-1)}{(x-2)(x-1)}=\lim\limits_{x\to 1}\dfrac{x+1}{x-2}=\dfrac{\lim\limits_{x\to 1}(x+1)}{\lim\limits_{x\to 1}(x-2)}=\dfrac{1+1}{1-2}=-2.$

我们称分子、分母都趋于零的分式为 $\dfrac{0}{0}$ 型未定式. 例 4 告诉我们：对于 $\dfrac{0}{0}$ 型未定式求极限的问题, 可以考虑先约去极限为零的因子, 再求极限.

试一试 求下列极限：

(1) $\lim\limits_{x\to 1}\dfrac{x^2+3}{x-2}$;   (2) $\lim\limits_{x\to 2}\dfrac{x^2+x-2}{x^2-x-2}$;   (3) $\lim\limits_{x\to 1}\dfrac{x^2-1}{x^2-4x+3}$.

例 5 求极限 $\lim\limits_{x\to -3}\left(\dfrac{6}{9-x^2}-\dfrac{1}{3+x}\right)$.

解 因为 $\lim\limits_{x\to -3}\dfrac{6}{9-x^2}=\infty$, $\lim\limits_{x\to -3}\dfrac{1}{3+x}=\infty$, 所以不能直接用定理 1.5. 通分得到

$$\lim_{x\to -3}\left(\dfrac{6}{9-x^2}-\dfrac{1}{3+x}\right)=\lim_{x\to -3}\dfrac{6-3+x}{(3-x)(3+x)}=\lim_{x\to -3}\dfrac{1}{3-x}=\dfrac{1}{6}.$$

我们称例 5 为求 $\infty-\infty$ **型未定式**的极限. 通分是解决这类求极限问题的一个有效办法.

想一想 下列推理中哪一步是错误的？从中你能得出什么结论？

(1) $\lim\limits_{x\to 2}\dfrac{x^2-3}{x-2}=\dfrac{\lim\limits_{x\to 2}(x^2-3)}{\lim\limits_{x\to 2}(x-2)}=\dfrac{1}{0}=\infty$;

(2) $\lim\limits_{x\to 2}\left(\dfrac{1}{2-x}-\dfrac{4}{4-x^2}\right)=\lim\limits_{x\to 2}\dfrac{1}{2-x}-\lim\limits_{x\to 2}\dfrac{4}{4-x^2}=\infty-\infty=0$;

(3) $\lim\limits_{x\to 0}x^2\cos\dfrac{1}{x}=\lim x^2\cdot\lim\cos\dfrac{1}{x}=0\cdot\lim\cos\dfrac{1}{x}=0$.

例 6 求极限 $\lim\limits_{x\to\infty}\dfrac{x^2+5x-1}{3x^2-2x+1}$.

解 因为 $\lim\limits_{x\to\infty}(x^2+5x-1)=\infty$, $\lim\limits_{x\to\infty}(3x^2-2x+1)=\infty$, 所以不能直接用定理 1.5. 考虑

分子、分母同时除以趋于无穷大的因子 x^2，得

$$\lim_{x\to\infty}\frac{x^2+5x-1}{3x^2-2x+1}=\lim_{x\to\infty}\frac{1+\dfrac{5}{x}-\dfrac{1}{x^2}}{3-\dfrac{2}{x}+\dfrac{1}{x^2}}=\frac{\lim_{x\to\infty}\left(1+\dfrac{5}{x}-\dfrac{1}{x^2}\right)}{\lim_{x\to\infty}\left(3-\dfrac{2}{x}+\dfrac{1}{x^2}\right)}=\frac{1}{3}.$$

我们称分子、分母均趋于无穷大的分式为 $\dfrac{\infty}{\infty}$ 型未定式. 例 6 告诉我们：可先对未定式做适当恒等变形，消除趋于无穷大的因子，再利用定理 1.5.

例 7 求下列极限：

(1) $\lim\limits_{x\to\infty}\dfrac{3x^2-x+3}{4x^3+2x-1}$；   (2) $\lim\limits_{x\to\infty}\dfrac{x^2+3}{x-2}$.

解 (1) $\lim\limits_{x\to\infty}\dfrac{3x^2-x+3}{4x^3+2x-1}\xlongequal{\frac{\infty}{\infty}}\lim\limits_{x\to\infty}\dfrac{\dfrac{3}{x}-\dfrac{1}{x^2}+\dfrac{3}{x^3}}{4+\dfrac{2}{x^2}-\dfrac{1}{x^3}}=\dfrac{\lim\limits_{x\to\infty}\left(\dfrac{3}{x}-\dfrac{1}{x^2}+\dfrac{3}{x^3}\right)}{\lim\limits_{x\to\infty}\left(4+\dfrac{2}{x^2}-\dfrac{1}{x^3}\right)}=\dfrac{0}{4}=0;$

(2) $\lim\limits_{x\to\infty}\dfrac{x^2+3}{x-2}\xlongequal{\frac{\infty}{\infty}}\lim\limits_{x\to\infty}\dfrac{1+\dfrac{3}{x^2}}{\dfrac{1}{x}-\dfrac{2}{x^2}}$，分母的极限为 $\lim\limits_{x\to\infty}\left(\dfrac{1}{x}-\dfrac{2}{x^2}\right)=0$，而分子的极限为 $\lim\limits_{x\to\infty}\left(1+\dfrac{3}{x^2}\right)=1\neq 0$，根据定理 1.5 的推论 2，有

$$\lim_{x\to\infty}\frac{x^2+3}{x-2}=\infty.$$

想一想 例 6 和例 7 中涉及的三个函数都是两个多项式的商，注意分子、分母多项式的次数之间的关系以及这个函数的极限值. 从中你能得到什么结论？

今后，下列结论可直接使用：

$$\lim_{x\to\infty}\frac{a_0x^n+a_1x^{n-1}+\cdots+a_n}{b_0x^m+b_1x^{m-1}+\cdots+b_m}=\begin{cases}\dfrac{a_0}{b_0},&n=m,\\ 0,&n<m,\\ \infty,&n>m,\end{cases}\quad(a_0,b_0\neq 0).$$

试一试 求下列极限：

(1) $\lim\limits_{x\to\infty}\dfrac{x^2+x-3}{4(x-1)^2}$；   (2) $\lim\limits_{n\to+\infty}\dfrac{2n^2-3n+4}{3n^3+n-5}$；   (3) $\lim\limits_{x\to\infty}\dfrac{x^2-3x+4}{x+3}$.

二、两个重要极限

利用极限 $\lim\limits_{x\to 0}\dfrac{\sin x}{x}=1$ 和 $\lim\limits_{x\to\infty}\left(1+\dfrac{1}{x}\right)^x=\mathrm{e}$ 不仅可以求另外一些函数的极限，而且它们还是导出三角函数和对数函数导数公式的基础，因此称它们为两个重要极限. 讨论这两个重要极限要用到极限存在的下述两个准则.

1. 极限存在的两个准则

准则 1 如果数列 $\{x_n\},\{y_n\},\{z_n\}$ 在某项之后满足 $x_n\leqslant z_n\leqslant y_n$，且 $\lim\limits_{n\to+\infty}x_n=\lim\limits_{n\to+\infty}y_n=A$，则

$$\lim_{n\to+\infty} z_n = A;$$

如果在点 x_0 的某去心邻域内总有 $g(x) \leqslant f(x) \leqslant h(x)$，且 $\lim_{x\to x_0} g(x) = \lim_{x\to x_0} h(x) = A$，则

$$\lim_{x\to x_0} f(x) = A.$$

准则 2　单调有界数列必有极限．

2. 第一个重要极限 $\lim\limits_{x\to 0}\dfrac{\sin x}{x}=1$

利用准则 1，我们可以证明重要极限 $\lim\limits_{x\to 0}\dfrac{\sin x}{x}=1$．但由于证明过于烦琐，在此我们仅以列表的形式直接观察．

极限 $\lim\limits_{x\to 0}\dfrac{\sin x}{x}$ 是 $\dfrac{0}{0}$ 型未定式极限．尽管 $x\to 0$ 包括 $x\to 0^-$ 与 $x\to 0^+$，但由于函数 $\dfrac{\sin x}{x}$ 是偶函数，因而只需考虑当 $x\to 0^+$ 时函数 $\dfrac{\sin x}{x}$ 的变化情况，列表如表 1-1．

表　1-1

x	0.5	0.2	0.1	0.05	0.02	0.01	0.005	0.002	⋯
$\dfrac{\sin x}{x}$	0.958851	0.993347	0.998334	0.999583	0.999933	0.999983	0.999996	0.999999	⋯

由表 1-1 看出：当 $x\to 0^+$ 时，对应的函数 $\dfrac{\sin x}{x}$ 的值无限接近于常数 1．可以证明这个判断是正确的．于是得到第一个重要极限

$$\lim_{x\to 0}\frac{\sin x}{x}=1.$$

例 8　求极限 $\lim\limits_{x\to 0}\dfrac{x}{\sin x}$．

解　$\lim\limits_{x\to 0}\dfrac{x}{\sin x}=\lim\limits_{x\to 0}\dfrac{1}{\dfrac{\sin x}{x}}=\dfrac{1}{\lim\limits_{x\to 0}\dfrac{\sin x}{x}}=\dfrac{1}{1}=1.$

例 9　求极限 $\lim\limits_{x\to 0}\dfrac{\tan x}{x}$．

解　$\lim\limits_{x\to 0}\dfrac{\tan x}{x}=\lim\limits_{x\to 0}\left(\dfrac{\sin x}{x}\cdot\dfrac{1}{\cos x}\right)=\lim\limits_{x\to 0}\dfrac{\sin x}{x}\cdot\lim\limits_{x\to 0}\dfrac{1}{\cos x}=1\cdot 1=1.$

例 10　求极限 $\lim\limits_{x\to 0}\dfrac{\sin 3x}{x}$．

解　令 $3x=u, x=u/3$．当 $x\to 0$ 时，$u\to 0$，因此

$$\lim_{x\to 0}\frac{\sin 3x}{x}=\lim_{u\to 0}\frac{\sin u}{u/3}=3\lim_{u\to 0}\frac{\sin u}{u}=3\cdot 1=3.$$

例 11　求极限 $\lim\limits_{x\to\infty} x\sin\dfrac{1}{x}$．

解　变形：$x\sin\dfrac{1}{x}=\dfrac{\sin(1/x)}{1/x}$．令 $u=\dfrac{1}{x}$，当 $x\to\infty$ 时，$u\to 0$，于是

$$\lim_{x\to\infty} x\sin\frac{1}{x}=\lim_{u\to 0}\frac{\sin u}{u}=1.$$

注意 第一个重要极限的使用范围是计算含有三角函数的 $\dfrac{0}{0}$ 型未定式的极限,除了公式中原有的形式 $\lim\limits_{x\to 0}\dfrac{\sin x}{x}=1$ 外,公式还可以变形为 $\lim\limits_{x\to 0}\dfrac{\sin kx}{kx}=1(k\neq 0)$,$\lim\limits_{x\to 0}\dfrac{x}{\sin x}=1$ 和 $\lim\limits_{x\to\infty}\dfrac{\sin(1/x)}{1/x}=1$ 等. 公式的实质是求一个形如 $\dfrac{\sin\varphi(x)}{\varphi(x)}$ 的 $\dfrac{0}{0}$ 型未定式的极限,求极限过程必须满足 $\varphi(x)\to 0$,则此时有

$$\lim_{\varphi(x)\to 0}\dfrac{\sin\varphi(x)}{\varphi(x)}=1.$$

例 12 求下列极限:

(1) $\lim\limits_{x\to 0}\dfrac{\sin(\tan x)}{x}$;　　(2) $\lim\limits_{x\to 2}\dfrac{\sin(x^2-4)}{x-2}$;　　(3) $\lim\limits_{x\to 0}\dfrac{x^2}{2(1-\cos x)}$.

解 (1) $\lim\limits_{x\to 0}\dfrac{\sin(\tan x)}{x}=\lim\limits_{x\to 0}\dfrac{\sin(\tan x)}{\tan x}\cdot\dfrac{\tan x}{x}=\lim\limits_{x\to 0}\dfrac{\sin(\tan x)}{\tan x}\cdot\dfrac{\tan x}{x}$

$=\lim\limits_{x\to 0}\dfrac{\sin(\tan x)}{\tan x}\cdot\lim\limits_{x\to 0}\dfrac{\tan x}{x}=1$ (把 $\tan x$ 看成 $\varphi(x)$).

(2) $\lim\limits_{x\to 2}\dfrac{\sin(x^2-4)}{x-2}=\lim\limits_{x\to 2}\left[\dfrac{\sin(x^2-4)}{(x-2)(x+2)}(x+2)\right]=\lim\limits_{x\to 2}\left[\dfrac{\sin(x^2-4)}{(x^2-4)}(x+2)\right]$

$=\lim\limits_{x\to 2}\dfrac{\sin(x^2-4)}{x^2-4}\cdot\lim\limits_{x\to 2}(x+2)=1\cdot 4=4$ (把 x^2-4 看成 $\varphi(x)$).

(3) $\lim\limits_{x\to 0}\dfrac{x^2}{2(1-\cos x)}=\lim\limits_{x\to 0}\dfrac{x^2}{4\left(\sin\dfrac{x}{2}\right)^2}=\lim\limits_{x\to 0}\dfrac{\left(\dfrac{x}{2}\right)^2}{\left(\sin\dfrac{x}{2}\right)^2}=1$ (把 $\dfrac{x}{2}$ 看成 $\varphi(x)$).

从例 12 中读者可以体会到,对比较复杂的题目,有效地观察并准确凑出 $\varphi(x)$ 是灵活运用第一个重要极限的关键. 对这个重要极限的运用还不太熟悉的读者在例 12 中可令 $\varphi(x)=u$,变量代换后,题目显得更清晰.

想一想 能用第一个重要极限计算 $\lim\limits_{x\to\infty}\dfrac{\sin x}{x}$ 吗?为什么?由此你得出什么结论?并计算极限 $\lim\limits_{x\to\infty}\dfrac{\sin x}{x}$.

3. 第二个重要极限 $\lim\limits_{x\to\infty}\left(1+\dfrac{1}{x}\right)^x=\mathrm{e}$

利用准则 2,我们可以证明重要极限

$$\lim_{x\to\infty}\left(1+\dfrac{1}{x}\right)^x=\mathrm{e}.$$

但证明过程过于冗长,在此我们仅就 $x=n$ (其中 n 为正整数)以列表(见表 1-2)的形式,使读者直接观察到 $n\to+\infty$ 时,$y_n=\left(1+\dfrac{1}{n}\right)^n$ 的变化趋势.

表 1-2

n	1	2	5	10	100	1000	10000	100000	1000000	...
y_n	2.00000	2.25000	2.48832	2.59374	2.70481	2.71692	2.71815	2.71827	2.71828	...

由表 1-2 看出，数列 $\{y_n\}$ 是单调增加的，并且是有界的，$0 < y_n < 3$. 事实上，我们也可以严格证明 y_n 单调有界. 根据准则 2，该数列有极限. 我们用 e 表示这个极限值，即

$$\lim_{n \to +\infty} \left(1 + \frac{1}{n}\right)^n = e.$$

将该极限中的 n 换成实数 x，同样有

$$\lim_{x \to \infty} \left(1 + \frac{1}{x}\right)^x = e.$$

注意 第二个重要极限适用于计算 1^∞ 型未定式的极限，除公式本身的形式 $\lim\limits_{x \to \infty}\left(1 + \frac{1}{x}\right)^x = e$ 外，还可以变形为 $\lim\limits_{x \to \infty}\left(1 + \frac{1}{\alpha x}\right)^{\alpha x} = e$ 及 $\lim\limits_{x \to 0}(1 + x)^{1/x} = e$. 该公式的实质是求一个形如 $\left[1 + \frac{1}{\varphi(x)}\right]^{\varphi(x)}$ 的 1^∞ 型未定式的极限，求极限过程必须保证 $\varphi(x) \to \infty$，则此时有

$$\lim_{\varphi(x) \to \infty}\left[1 + \frac{1}{\varphi(x)}\right]^{\varphi(x)} = e.$$

例 13 求下列极限：

(1) $\lim\limits_{x \to \infty}\left(1 + \frac{1}{x}\right)^{2x}$； (2) $\lim\limits_{x \to \infty}\left(1 + \frac{3}{x}\right)^x$； (3) $\lim\limits_{x \to \infty}\left(1 - \frac{1}{x}\right)^x$.

解 (1) $\left(1 + \frac{1}{x}\right)^{2x} = \left[\left(1 + \frac{1}{x}\right)^x\right]^2$. 根据定理 1.5 的推论 1，有

$$\lim_{x \to \infty}\left[\left(1 + \frac{1}{x}\right)^x\right]^2 = \left[\lim_{x \to \infty}\left(1 + \frac{1}{x}\right)^x\right]^2 = e^2,$$

所以 $\lim\limits_{x \to \infty}\left(1 + \frac{1}{x}\right)^{2x} = e^2$.

(2) $\lim\limits_{x \to \infty}\left(1 + \frac{3}{x}\right)^x = \lim\limits_{x \to \infty}\left(1 + \frac{1}{x/3}\right)^x = \lim\limits_{x \to \infty}\left[\left(1 + \frac{1}{x/3}\right)^{x/3}\right]^3 = \left[\lim\limits_{x \to \infty}\left(1 + \frac{1}{x/3}\right)^{x/3}\right]^3 = e^3$.

(3) $\lim\limits_{x \to \infty}\left(1 - \frac{1}{x}\right)^x = \lim\limits_{x \to \infty}\left[\left(1 + \frac{1}{-x}\right)^{(-x)}\right]^{(-1)} = \left[\lim\limits_{-x \to \infty}\left(1 + \frac{1}{-x}\right)^{(-x)}\right]^{-1} = e^{-1}$.

想一想 极限 $\lim\limits_{x \to \infty}\left(1 + \frac{\alpha}{x}\right)^{\beta x}$ 的计算方法.

例 14 求极限 $\lim\limits_{x \to 0}\left(1 - \frac{x}{2}\right)^{1/x}$.

解法 1 $\lim\limits_{x \to 0}\left(1 - \frac{x}{2}\right)^{1/x} = \lim\limits_{x \to 0}\left[1 + \left(-\frac{x}{2}\right)\right]^{1/x} = \lim\limits_{x \to 0}\left\{\left[1 + \left(-\frac{x}{2}\right)\right]^{\left(\frac{1}{-\frac{x}{2}}\right)}\right\}^{-1/2}$

$$= \left\{\lim_{x \to 0}\left[1 + \left(-\frac{x}{2}\right)\right]^{\left(\frac{1}{-\frac{x}{2}}\right)}\right\}^{-1/2} = e^{-1/2}.$$

解法 1 虽然很灵活地运用了第二个重要极限，但是对指数函数运算性质尚不熟悉的读者会显得力不从心. 为此，我们介绍变量代换法：

解法 2 令 $-\frac{x}{2} = u$，则 $x = -2u$，$\frac{1}{x} = -\frac{1}{2u}$，当 $x \to 0$ 时，$u \to 0$. 于是

$$\lim_{x \to 0}\left(1 - \frac{x}{2}\right)^{1/x} = \lim_{u \to 0}(1 + u)^{-1/(2u)} = \lim_{u \to 0}[(1 + u)^{1/u}]^{-1/2}$$

$$= \left[\lim_{u\to 0}(1+u)^{1/u}\right]^{-1/2} = e^{-1/2}.$$

上述变量代换法虽然步骤多一些，但是显得清晰．读者可以根据自己的情况选择适当的方法．例 13 也可以用变量代换法求解．

例 15 求极限 $\lim\limits_{x\to\infty}\left(\dfrac{x}{x+1}\right)^x$．

解法 1 由于 $\dfrac{x}{x+1}=\dfrac{x+1-1}{x+1}=1+\dfrac{1}{-(x+1)}$，因此，令 $u=-(x+1)$，则 $x=-u-1$，当 $x\to\infty$ 时，$u\to\infty$．于是

$$\lim_{x\to\infty}\left(\frac{x}{x+1}\right)^x = \lim_{u\to\infty}\left(1+\frac{1}{u}\right)^{-u-1} = \lim_{u\to\infty}\left(1+\frac{1}{u}\right)^{-u}\left(1+\frac{1}{u}\right)^{-1}$$

$$= \lim_{u\to\infty}\left[\left(1+\frac{1}{u}\right)^u\right]^{-1} \cdot \lim_{u\to\infty}\left(1+\frac{1}{u}\right)^{-1} = \frac{1}{e}.$$

解法 2 $\lim\limits_{x\to\infty}\left(\dfrac{x}{x+1}\right)^x = \lim\limits_{x\to\infty}\left(\dfrac{\frac{x}{x}}{\frac{x+1}{x}}\right)^x = \lim\limits_{x\to\infty}\dfrac{1}{\left(1+\frac{1}{x}\right)^x} = \dfrac{1}{\lim\limits_{x\to\infty}\left(1+\frac{1}{x}\right)^x} = \dfrac{1}{e}.$

试一试 求下列极限：

(1) $\lim\limits_{x\to\infty}\left(1-\dfrac{2}{x}\right)^x$； (2) $\lim\limits_{x\to\infty}\left(\dfrac{x+1}{x-3}\right)^x$．

三、无穷小量的比较

我们已经知道，在自变量的同一变化状态下，两个无穷小的和、差仍然是无穷小，两个无穷小的积也是无穷小．那么，两个无穷小的商还是无穷小吗？

引例 变量 $x,x^2,\sin x,\sin 3x$ 当 $x\to 0$ 时均为无穷小，而

$$\lim_{x\to 0}\frac{x^2}{x}=0,\quad \lim_{x\to 0}\frac{x}{x^2}=\infty,\quad \lim_{x\to 0}\frac{\sin x}{x}=1,\quad \lim_{x\to 0}\frac{\sin 3x}{x}=3.$$

两个无穷小之比的极限有各种不同的情况，这反映了不同的无穷小趋于零的"快慢"程度不同．就上面的例子而言，在 $x\to 0$ 的过程中，x^2 比 x 趋于零的速度快，x 比 x^2 趋于零的速度慢，$\sin 3x$ 与 x 趋于零的速度相差不大，而 $\sin x$ 与 x 趋于零的速度是一样的．为此，我们引入下面的概念．

定义 1.17 在自变量的某种变化状态下，设 $\lim\alpha=0$，$\lim\beta=0$．

(1) 如果 $\lim\dfrac{\alpha}{\beta}=0$，则称 α 是 β 的**高阶无穷小**，记为 $\alpha=o(\beta)$；

(2) 如果 $\lim\dfrac{\alpha}{\beta}=\infty$，则称 α 是 β 的**低阶无穷小**，记为 $\beta=o(\alpha)$；

(3) 如果 $\lim\dfrac{\alpha}{\beta}=C$（$C$ 为非零常数），则称 α 与 β 是**同阶无穷小**；

(4) 如果 $\lim\dfrac{\alpha}{\beta}=1$，则称 α 与 β 是**等价无穷小**，记为 $\alpha\sim\beta$．

例如，当 $x\to 0$ 时，x^2 是 x 的高阶无穷小，记为 $x^2=o(x)$；x 是 x^2 的低阶无穷小；$\sin 3x$ 与 x 是同阶无穷小；$\sin x$ 与 x 是等价无穷小，记为 $\sin x\sim x$．

由定义很容易证明,当 $x \to 0$ 时,以下无穷小之间是等价的,即

$$\sin x \sim \tan x \sim \arcsin x \sim \arctan x \sim e^x - 1 \sim \ln(1+x) \sim x, \quad 1 - \cos x \sim \frac{1}{2}x^2.$$

上述等价式子中的 x 均可换为 $\varphi(x)$,只需保证求极限过程中有 $\varphi(x) \to 0$. 例如,当 $x \to 0$ 时,$\ln(1+5x) \sim 5x$;当 $x \to 0$ 时,$e^{x^2} - 1 \sim x^2$;当 $x \to 1$ 时,$\sin(x^2 - 1) \sim x^2 - 1$.

四、求函数极限的常用方法

在本节最后,归纳一下前面例题和习题中出现的求函数极限的常用方法.

(1) 利用极限的四则运算法则. 例如:

① $\lim\limits_{x \to -2}(3x^2 - 5x + 2)$;   ② $\lim\limits_{x \to 1}\dfrac{x^2+1}{x^2-3x-2}$.

(2) 利用两个重要极限. 例如:

① $\lim\limits_{x \to 0}\dfrac{\sin 3x}{x}$;   ② $\lim\limits_{x \to \infty}\left(1+\dfrac{1}{x}\right)^{2x}$.

(3) 利用无穷小的性质. 例如:

① $\lim\limits_{x \to \infty}\dfrac{\sin x}{x}$;   ② $\lim\limits_{x \to 0}x^2\cos\dfrac{1}{x}$.

(4) 利用无穷小和无穷大之间的关系. 例如:

① $\lim\limits_{x \to 2}\dfrac{1}{x-2}$;   ② $\lim\limits_{x \to 1}\dfrac{x^2+1}{x^2-3x+2}$.

(5) 利用极限存在的充分必要条件. 例如:

① $\lim\limits_{x \to 0}\dfrac{|x|}{x}$;   ② 设 $f(x) = \begin{cases} 2x & 0 \le x < 1 \\ 3-x & 1 \le x \le 2 \end{cases}$,求 $\lim\limits_{x \to 1}f(x)$.

(6) 利用初等数学的恒等变形方法(因式分解、分式有理化、三角公式等). 例如:

① $\lim\limits_{x \to 1}\dfrac{x^2-1}{x^2-3x+2}$;   ② $\lim\limits_{x \to 0}\dfrac{\sqrt{1+x}-1}{x}$;   ③ $\lim\limits_{x \to 0}\dfrac{\tan x}{x}$.

习 题 1.3

(A)

一、选择题

1. 下列极限存在的有(   ).

A. $\lim\limits_{x \to \infty}\dfrac{x(x+1)}{x^2}$ B. $\lim\limits_{x \to 0}\dfrac{1}{2^x-1}$ C. $\lim\limits_{x \to 0}e^{1/x}$ D. $\lim\limits_{x \to \infty}\sqrt{\dfrac{x^2+1}{x}}$

2. 下列各式正确的是(   ).

A. $\lim\limits_{x \to 0}\dfrac{x}{\sin x} = 0$ B. $\lim\limits_{x \to 0}\dfrac{x}{\sin x} = 1$ C. $\lim\limits_{x \to \infty}\dfrac{x}{\sin x} = 1$ D. $\lim\limits_{x \to \infty}\dfrac{\sin x}{x} = 1$

3. $\lim\limits_{x \to 1}\dfrac{\sin(x^2-1)}{x-1} = ($ $)$.

A. 1   B. 0   C. 2   D. 1/2

4. 当 $x \to 0^+$ 时,( )与 x 是等价无穷小.

A. $\dfrac{\sin x}{\sqrt{x}}$ B. $\tan x$ C. $\sqrt{1+x}-\sqrt{1-x}$ D. $x^2(x+1)$

5. 已知 $\lim\limits_{x\to\infty}\dfrac{ax-1}{2x+1}=4$,则常数 $a=$( ).

A. 2   B. 4   C. 6   D. 8

6. 设 $\lim\limits_{x\to 3}\dfrac{x+a}{x^2-2x-3}=\dfrac{1}{4}$,则常数 $a=$( ).

A. 3   B. -3 C. -1 D. 1

7. 下列等式成立的是( ).

A. $\lim\limits_{x\to\infty}\left(1+\dfrac{1}{x}\right)^{2x}=e$ B. $\lim\limits_{x\to\infty}\left(1+\dfrac{2}{x}\right)^{x}=e$

C. $\lim\limits_{x\to\infty}\left(1+\dfrac{1}{x}\right)^{x+2}=e$ D. $\lim\limits_{x\to\infty}\left(1+\dfrac{1}{2x}\right)^{x}=e$

8. 下列等式不成立的是( ).

A. $\lim\limits_{x\to 0}\sin x\sin\dfrac{1}{x}=0$ B. $\lim\limits_{x\to\infty}x\sin\dfrac{1}{x}=1$

C. $\lim\limits_{x\to\infty}\dfrac{x}{1+x^2}(2+\sin x)=0$ D. $\lim\limits_{x\to\infty}\dfrac{\sin x}{x}=1$

二、填空题

1. $\lim\limits_{x\to 2}\dfrac{x-2}{\sqrt{x+2}}=$ _____ ; $\lim\limits_{x\to 3}\dfrac{x+9}{x^2-5}=$ _____ ; $\lim\limits_{x\to\infty}(2x^2-x+1)=$ _____ .

2. $\lim\limits_{x\to\infty}\dfrac{1-2x}{3+x}=$ _____ ; $\lim\limits_{x\to\infty}\dfrac{1-x}{1+x^2}=$ _____ ; $\lim\limits_{x\to\infty}\dfrac{x^2}{3+x}=$ _____ .

3. $\lim\limits_{x\to -1}\dfrac{x}{x+1}=$ _____ ; $\lim\limits_{x\to 2}\dfrac{3}{(x-2)^2}=$ _____ ; $\lim\limits_{x\to 1}\dfrac{x}{x+1}=$ _____ .

4. $\lim\limits_{x\to 0}\dfrac{\tan 7x}{x}=$ _____ ; $\lim\limits_{x\to 0}\dfrac{x}{\sin 3x}=$ _____ ; $\lim\limits_{x\to 0}\dfrac{\sin^2 x}{x}=$ _____ .

5. $\lim\limits_{x\to 0}\dfrac{\sin x^2}{x}=$ _____ ; $\lim\limits_{x\to\infty}x\sin\dfrac{2}{x}=$ _____ ; $\lim\limits_{x\to 0}\dfrac{x+\sin x}{x}=$ _____ .

6. $\lim\limits_{x\to\infty}\left(1+\dfrac{2}{x}\right)^{2x}=$ _____ ; $\lim\limits_{x\to -1}\dfrac{x+1}{x^3+1}=$ _____ ; $\lim\limits_{x\to 0}\dfrac{\sin x}{x^2+2x}=$ _____ .

7. $\lim\limits_{n\to +\infty}\left(1+\dfrac{1}{n}\right)^{n}=$ _____ ; $\lim\limits_{n\to +\infty}\left(1+\dfrac{1}{n}\right)^{2n}=$ _____ ; $\lim\limits_{x\to\infty}\left(1-\dfrac{1}{x}\right)^{x}=$ _____ .

8. 已知 a,b 为常数,$\lim\limits_{x\to\infty}\dfrac{ax^2+bx-1}{2x+1}=2$,则 $a=$ _____ ,$b=$ _____ .

9. $\lim\limits_{n\to +\infty}\dfrac{\sqrt{4n^2+1}}{n}=$ _____ ; $\lim\limits_{n\to +\infty}\dfrac{\sqrt{n+2}}{n}=$ _____ ; $\lim\limits_{n\to +\infty}\dfrac{\sqrt{n^3+1}}{n}=$ _____ .

三、计算题

1. 求下列极限:

(1) $\lim\limits_{x\to -2}(3x^2-5x+2)$;

(2) $\lim\limits_{x\to\sqrt{3}}\dfrac{x^2-3}{x^4+x^2+1}$;

(3) $\lim\limits_{x\to 0}\left(1-\dfrac{2}{x-3}\right)$;

(4) $\lim\limits_{x\to 2}\dfrac{x^2-3}{x-2}$;

(5) $\lim\limits_{x\to 1}\dfrac{x^2-3x+2}{x^2-1}$;

(6) $\lim\limits_{x\to 1}\dfrac{x^2-2x+1}{x^3-x}$;

(7) $\lim\limits_{x\to 2}\dfrac{x^2-5x+6}{x^2-4x+4}$;

(8) $\lim\limits_{x\to\infty}\dfrac{2x+3}{6x-1}$;

(9) $\lim\limits_{x\to\infty}\dfrac{1000x}{1+x^2}$;

(10) $\lim\limits_{x\to\infty}\dfrac{x^3+x+1}{x^2+1}$;

(11) $\lim\limits_{x\to\infty}\dfrac{(2x+1)^{10}(3x-2)^{20}}{(6x+1)^{30}}$.

2. 求下列极限:

(1) $\lim\limits_{x\to 0}\dfrac{\sin 5x}{x}$;

(2) $\lim\limits_{x\to 0}\dfrac{\sin 2x}{\sin 3x}$;

(3) $\lim\limits_{x\to 0}\dfrac{\tan x-\sin x}{x}$;

(4) $\lim\limits_{x\to 0}\dfrac{\tan 2x\cdot\sin 3x}{x^2}$;

(5) $\lim\limits_{x\to 0}\dfrac{x-\sin x}{x+\sin x}$;

(6) $\lim\limits_{x\to 1}\dfrac{\sin(x-1)}{x^2-1}$;

(7) $\lim\limits_{x\to 0}\dfrac{x^2}{\sin^2\dfrac{x}{2}}$;

(8) $\lim\limits_{x\to 0}\dfrac{1-\cos x}{x^2}$;

(9) $\lim\limits_{x\to 0^+}\dfrac{x}{\sqrt{1-\cos x}}$.

3. 求下列极限:

(1) $\lim\limits_{x\to 0}\left(\dfrac{2-x}{2}\right)^{2/x}$;

(2) $\lim\limits_{x\to\infty}\left(1+\dfrac{2}{x}\right)^{2x+3}$;

(3) $\lim\limits_{x\to\infty}\left(1-\dfrac{2}{x}\right)^{\frac{x}{2}-1}$;

(4) $\lim\limits_{x\to\infty}\left(1-\dfrac{2}{3x}\right)^{4x+1}$;

(5) $\lim\limits_{x\to 0}(1+3\sin x)^{\csc x}$;

(6) $\lim\limits_{x\to\infty}\left(\dfrac{x}{1+x}\right)^{-2x+1}$;

(7) $\lim\limits_{x\to\infty}\left(\dfrac{x+1}{x-1}\right)^x$;

(8) $\lim\limits_{x\to\infty}\left(\dfrac{2x+1}{2x-3}\right)^x$;

(9) $\lim\limits_{x\to\infty}\left(\dfrac{x^2+1}{x^2-1}\right)^{x^2}$.

(B)

一、选择题

1. $\lim\limits_{x\to 0}e^{x-1}=(\quad)$. (2013 年)

A. e   B. 1   C. e^{-1} D. $-e$

2. $\lim\limits_{x\to 0}\dfrac{\sin x}{2x}=(\quad)$. (2012 年)

A. $\dfrac{1}{2}$ B. 1   C. 2   D. 不存在

3. $\lim\limits_{x\to 0}(x^2+1)=(\quad)$. (2010 年)

A. 3   B. 2   C. 1   D. 0

二、填空题

1. $\lim\limits_{x\to 0}2(1+x)^{1/x}=$ _____. (2013 年)

2. $\lim\limits_{x\to 1}\dfrac{x^3-1}{x+1}=$ _____. (2012 年)

3. $\lim\limits_{x\to\infty}\left(1+\dfrac{4}{x}\right)^x=$ _____. (2011 年)

4. $\lim\limits_{x\to\infty}\left(1-\dfrac{3}{x}\right)^x=$ _____. (2010 年)

§1.4 函数的连续性

连续性是函数的重要性态之一. 它不仅是函数研究的重要内容,也为计算极限开辟了新途径. 本节将运用极限的概念对它加以描述和研究,并在此基础上解决更多极限计算的问题.

一、函数在一点处的连续性及间断点

1. 函数在一点处连续的概念

先引入函数增量的概念.

定义 1.18 设变量 u 从 u_1 变化到 u_2,称差 $u_2 - u_1$ 为变量 u 的**增量**或**改变量**,记为 Δu,即
$$\Delta u = u_2 - u_1.$$

Δu 可以大于零,可以小于零,也可以等于零.

设函数 $f(x)$ 在点 x_0 的某邻域内有定义. 当自变量由 x_0 变到 $x_0 + \Delta x$ 时,函数相应地由 $f(x_0)$ 变到 $f(x_0 + \Delta x)$,此时,**函数的增量**(或函数的改变量)为
$$\Delta y = f(x_0 + \Delta x) - f(x_0),$$
其中 Δx 称为**自变量的增量**(或自变量的改变量).

日常生活中的经验告诉我们,"连续"就是"不断". 若函数 $f(x)$ 在点 x_0 无定义,在该点处的连续性也就无从谈起. 因此,我们在假设函数 $f(x)$ 在点 x_0 的某邻域内有定义的前提下考查函数 $f(x)$ 在点 x_0 处连续的特征. 从图 1-16 看,曲线在点 x_1 处断开了,在 x_0 处是连续的. 在点 x_1 处,当自变量从 x_1 的左侧变化到右侧时,函数值有一个跳跃,即函数值在 x_1 附近发生了显著的变化. 而在点 x_0 处及其附近,函数值是逐渐变化的,即当自变量在 x_0 处有一微小的改变量 Δx 时,函数的改变量 Δy 也极其微小. 换句话说,当自变量的改变量趋于零时,函数的改变量也趋于零. 由此,我们得到函数在一点处连续的定义.

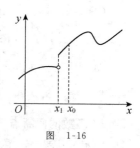

图 1-16

定义 1.19 设函数 $y = f(x)$ 在点 x_0 的某邻域内有定义,若有
$$\lim_{\Delta x \to 0} \Delta y = \lim_{\Delta x \to 0} [f(x_0 + \Delta x) - f(x_0)] = 0,$$
则称函数 $f(x)$ **在点** x_0 **处连续**,并称点 x_0 为函数 $f(x)$ 的**连续点**.

若令 $x_0 + \Delta x = x$,则 $f(x_0 + \Delta x) = f(x)$,当 $\Delta x \to 0$ 时,$x \to x_0$,$f(x) \to f(x_0)$. 于是,可得到定义 1.19 的如下等价定义:

定义 1.20 设函数 $y = f(x)$ 在点 x_0 的某邻域内有定义,若有
$$\lim_{x \to x_0} f(x) = f(x_0),$$
则称函数 $f(x)$ **在点** x_0 **处连续**,并称点 x_0 为函数 $f(x)$ 的**连续点**.

由函数 $f(x)$ 在点 x_0 单侧极限的定义,立即可以得到函数 $f(x)$ 在点 x_0 处单侧连续的定义:

若 $\lim\limits_{x \to x_0^-} f(x) = f(x_0)$,则称 $f(x)$ 在点 x_0 处**左连续**(如图 1-17(a));

若 $\lim\limits_{x \to x_0^+} f(x) = f(x_0)$,则称 $f(x)$ 在点 x_0 处**右连续**(如图 1-17(b)).

定理 1.6 函数 $f(x)$ 在点 x_0 处连续的充分必要条件是 $f(x)$ 在点 x_0 处左连续且右连续,即

$$\text{函数 } f(x) \text{ 在点 } x_0 \text{ 处连续} \Longleftrightarrow \lim_{x \to x_0^-} f(x) = \lim_{x \to x_0^+} f(x) = f(x_0).$$

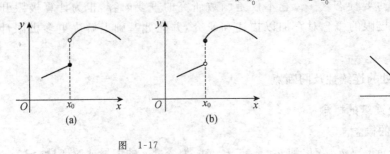

图 1-17　　　　　　　　　　图 1-18

例 1 讨论函数 $y = |x| = \begin{cases} -x, & x < 0, \\ x, & x \geqslant 0 \end{cases}$ 在点 $x = 0$ 处的连续性.

解 由于 $x = 0$ 是分段点,且在它的左、右两侧函数的表达式不同,因此需根据函数在一点处连续的充分必要条件进行讨论.

(1) $f(0) = x \big|_{x=0} = 0$;

(2) $\lim\limits_{x \to 0^-} f(x) = \lim\limits_{x \to 0^-} (-x) = 0$ (即 $f(x)$ 在点 $x = 0$ 处左连续),
$\lim\limits_{x \to 0^+} f(x) = \lim\limits_{x \to 0^+} x = 0$ (即 $f(x)$ 在点 $x = 0$ 处右连续);

(3) 因为 $\lim\limits_{x \to 0^-} f(x) = \lim\limits_{x \to 0^+} f(x) = f(0)$,所以函数 $y = |x|$ 在点 $x = 0$ 处连续(如图 1-18).

想一想 函数在一点处的极限存在与函数在该点处连续两者之间是什么关系?

2. 函数的间断点

由定义 1.20 知,函数 $f(x)$ 在点 x_0 处连续,必须满足三个条件:

(1) 函数 $f(x)$ 在点 x_0 处有定义;

(2) $\lim\limits_{x \to x_0} f(x)$ 存在 ($\lim\limits_{x \to x_0^-} f(x), \lim\limits_{x \to x_0^+} f(x)$ 都存在且相等);

(3) $\lim\limits_{x \to x_0} f(x) = f(x_0)$.

以上三个条件只要有一个不满足,就称函数 $f(x)$ 在点 x_0 处不连续.

定义 1.21 设函数 $f(x)$ 在点 x_0 的某去心邻域内有定义,如果函数 $f(x)$ 有下列三种情形之一:

(1) 在点 x_0 处没有定义;

(2) 虽在点 x_0 处有定义,但 $\lim\limits_{x \to x_0} f(x)$ 不存在;

(3) 虽在点 x_0 处有定义,且 $\lim\limits_{x \to x_0} f(x)$ 存在,但 $\lim\limits_{x \to x_0} f(x) \neq f(x_0)$,

则函数 $f(x)$ 在点 x_0 处**不连续**或**间断**,并称点 x_0 为函数 $f(x)$ 的**不连续点**或**间断点**.

例 2 讨论下列函数在指定点处的连续性:

(1) $f(x) = \dfrac{1 - x^2}{1 + x}$,在点 $x = -1$ 处;　　(2) $f(x) = \begin{cases} 1, & x \neq 0, \\ 0, & x = 0, \end{cases}$ 在点 $x = 0$ 处.

解 (1) $f(x)=\dfrac{1-x^2}{1+x}$ 在点 $x=-1$ 处无定义,显然 $x=-1$ 是它的间断点.由§1.2引例2知,函数 $f(x)$ 在点 $x=-1$ 处有极限 $\lim\limits_{x\to -1}\dfrac{1-x^2}{1+x}=2$.

(2) $f(x)$ 在点 $x=0$ 处有定义,$f(0)=0$,$f(x)$ 在点 $x=0$ 处的极限为
$$\lim_{x\to 0}f(x)=\lim_{x\to 0}1=1,$$
但 $\lim\limits_{x\to 0}f(x)\neq f(0)$,显然 $x=0$ 是 $f(x)$ 的间断点.

例2中的两个函数在点 x_0 处的极限都存在,只是因为 $f(x_0)$ 不存在或虽然存在但 $f(x_0)\neq\lim\limits_{x\to x_0}f(x)$,而使 $f(x)$ 在点 x_0 处间断.直观上看,函数的图形在这种间断点处有一个"洞"(如图1-19和图1-20).

例3 讨论函数 $f(x)=\begin{cases}x-1, & x\leqslant 1,\\ x, & x>1\end{cases}$ 在点 $x=1$ 处的连续性.

解 $f(1)=(x-1)\big|_{x=1}=0$.因为
$$\lim_{x\to 1^-}f(x)=\lim_{x\to 1^-}(x-1)=0,\quad \lim_{x\to 1^+}f(x)=\lim_{x\to 1^+}x=1,$$
所以 $\lim\limits_{x\to 1}f(x)$ 不存在.故函数 $f(x)$ 在点 $x=1$ 处不连续.

此题中 $\lim\limits_{x\to 1^-}f(x)$ 及 $\lim\limits_{x\to 1^+}f(x)$ 都存在但不相等,从直观上看,函数值在点 $x=1$ 处有一个跳跃(如图1-21).

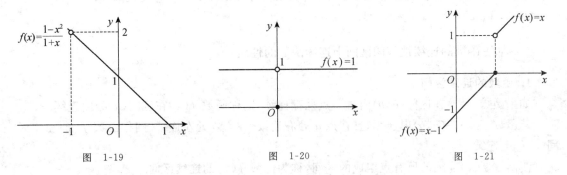

图 1-19   图 1-20   图 1-21

例4 讨论函数 $f(x)=\begin{cases}1/x, & x\neq 0,\\ 1, & x=0\end{cases}$ 在点 $x=0$ 处的连续性.

解 因为 $f(0)=1$,$\lim\limits_{x\to 0}\dfrac{1}{x}=\infty$,不符合函数在一点处连续的定义,所以 $x=0$ 为 $f(x)$ 的间断点(如图1-22).

我们还会遇到另一种情况,如函数 $y=\sin\dfrac{1}{x}$ 在点 $x=0$ 处极限既不存在也不是无穷大.从图1-23中可以看出它是来回振荡的.

我们称左极限和右极限都存在的间断点为**第一类间断点**,如例3中 $x=1$ 是第一类间断点;其余的间断点称为**第二类间断点**,如例4中 $x=0$ 是第二类间断点.

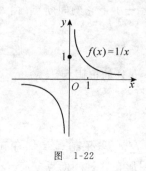
图 1-22

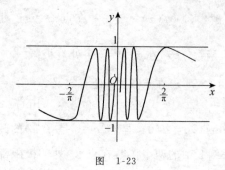
图 1-23

3. 函数在一点处连续的运算性质

由函数在一点处连续的定义和极限的四则运算法则不难得到以下定理：

定理 1.7 若函数 $f(x)$ 和 $g(x)$ 均在点 x_0 处连续，则它们的代数和 $f(x)\pm g(x)$，乘积 $f(x)\cdot g(x)$，商 $\dfrac{f(x)}{g(x)}$ $(g(x_0)\neq 0)$ 也都在 x_0 处连续．

定理 1.8 设函数 $y=f(u)$ 在点 $u=u_0$ 处连续，函数 $u=\varphi(x)$ 在点 $x=x_0$ 处连续，且 $u_0=\varphi(x_0)$，则复合函数 $y=f[\varphi(x)]$ 在点 x_0 处连续，即

$$\lim_{x\to x_0}f[\varphi(x)]=f[\lim_{x\to x_0}\varphi(x)].$$

上式表明，函数在其连续点处取极限时，极限符号可以和函数符号交换顺序．

例如，$\lim\limits_{x\to 0}e^{\sin x}=e^{\lim\limits_{x\to 0}\sin x}=e^0=1$.

二、初等函数的连续性与闭区间上连续函数的性质

1. 函数的连续区间

如果函数 $f(x)$ 在区间 (a,b) 内每一点处都连续，则称函数 $f(x)$ 在区间 (a,b) 内连续．

若函数 $f(x)$ 在 (a,b) 内连续，且在点 a 处右连续，在点 b 处左连续，则称函数 $f(x)$ 在闭区间 $[a,b]$ 上连续．

使函数 $f(x)$ 连续的所有点组成的区间，称为函数 $f(x)$ 的**连续区间**．

我们可以证明：基本初等函数在其定义域内的每一点处都是连续的．由初等函数的定义及定理1.7和定理1.8可得到如下结论：

定理 1.9 一切初等函数在其定义区间内均连续．

也就是说，初等函数的定义区间就是它的连续区间．

例 5 求函数 $f(x)=\dfrac{x-1}{x^2+x-2}$ 的连续区间和间断点．

解 先求定义域．由 $x^2+x-2\neq 0$，即 $x\neq 1$ 且 $x\neq -2$ 知，函数的定义域为

$$(-\infty,-2)\cup(-2,1)\cup(1,+\infty),$$

所以函数 $f(x)$ 的连续区间为 $(-\infty,-2)$，$(-2,1)$ 和 $(1,+\infty)$，间断点是 $x=1$ 和 $x=-2$．

由于初等函数的定义区间就是它的连续区间，而函数在其连续点 x_0 处均满足 $\lim\limits_{x\to x_0}f(x)=f(x_0)$，因此，今后求初等函数在其定义区间内点的极限时，都可采用代入求值法．

想一想 分段函数在其定义区间内的每一点都一定连续吗？

例 6 求极限 $\lim\limits_{x \to 0} \dfrac{\sqrt{1+x}-1}{x}$.

解 因为初等函数 $f(x) = \dfrac{\sqrt{1+x}-1}{x}$ 在点 $x=0$ 处无定义,所以 $f(x)$ 在点 $x=0$ 处不连续,不能直接用代入求值法求极限.但由于它是 $\dfrac{0}{0}$ 型未定式,因此可先考虑约去零因子再求极限:

$$\lim_{x \to 0} \frac{\sqrt{1+x}-1}{x} \xlongequal{\text{分子有理化}} \lim_{x \to 0} \frac{1+x-1}{x(\sqrt{1+x}+1)} = \lim_{x \to 0} \frac{1}{\sqrt{1+x}+1}.$$

而 $\dfrac{1}{\sqrt{1+x}+1}$ 在 $x=0$ 处是连续的,用代入求值法得

$$\lim_{x \to 0} \frac{1}{\sqrt{1+x}+1} = \frac{1}{2}, \quad 即 \quad \lim_{x \to 0} \frac{\sqrt{1+x}-1}{x} = \frac{1}{2}.$$

试一试 求下列极限:

(1) $\lim\limits_{x \to 0} \sqrt{e^{2x}+2+\sin x}$; (2) $\lim\limits_{x \to 0} e^{\frac{\sin x}{x}}$.

2. 闭区间上连续函数的性质

闭区间上连续函数有一些重要的性质,它们是分析和讨论某些问题的理论依据.这些性质的几何意义都很明显,在这里只给出结论和几何意义,证明从略.

定理 1.10(最大值和最小值定理) 若函数 $f(x)$ 在闭区间 $[a,b]$ 上连续,则必存在 $\xi_1(a \leqslant \xi_1 \leqslant b)$,对 $[a,b]$ 上的一切 x,均有 $f(\xi_1) \leqslant f(x)$;同时还存在 $\xi_2(a \leqslant \xi_2 \leqslant b)$,对 $[a,b]$ 上的一切 x,均有 $f(\xi_2) \geqslant f(x)$. $f(\xi_1)$ 和 $f(\xi_2)$ 分别称为函数 $f(x)$ 在闭区间 $[a,b]$ 上的**最小值**和**最大值**,统称为**最值**.

该定理说明,在闭区间 $[a,b]$ 上,连续函数一定存在最大值 M 和最小值 m. 这是我们在高等数学中接触到的第一个存在性定理.这种定理的特点是:只说明最大(小)值"存在",而不说明这些值"是什么"、"有多少"和"如何求得".

这个定理的几何意义如图 1-24 所示,即闭区间 $[a,b]$ 上的连续曲线 $y=f(x)$ 必存在最低点 $(\xi_1, f(\xi_1))$ 和最高点 $(\xi_2, f(\xi_2))$.

定理 1.10 中的"闭区间"和"连续"两个条件缺一不可.例如,函数 $y=\tan x$ 在开区间 $\left(-\dfrac{\pi}{2}, \dfrac{\pi}{2}\right)$ 内连续,但在开区间 $\left(-\dfrac{\pi}{2}, \dfrac{\pi}{2}\right)$ 内并没有最大值和最小值(如图 1-25). 又如,函数 $y=1/x$ 在闭区间 $[-1,1]$ 内不连续,在闭区间 $[-1,1]$ 内也无最大值和最小值(如图 1-26).

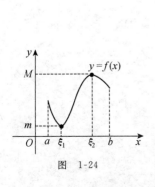

图 1-24

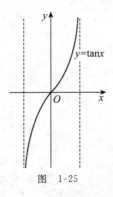

图 1-25

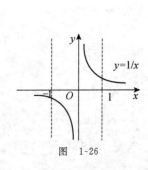

图 1-26

定理 1.11（介值定理） 若函数 $f(x)$ 在闭区间 $[a,b]$ 上连续，且 $f(a)=A$，$f(b)=B$ $(A\neq B)$，那么，不论 C 是 A 与 B 之间怎样一个数，在开区间 (a,b) 内至少存在一点 ξ，使得

$$f(\xi)=C.$$

这个定理的几何意义如图 1-27 所示，即闭区间 $[a,b]$ 上的连续曲线 $y=f(x)$ 与直线 $y=C$ $(A<C<B$ 或 $B<C<A)$ 至少有一个交点。特别地，当 A,B 异号时，函数 $f(x)$ 与 $y=0$（即 x 轴）至少有一个交点。

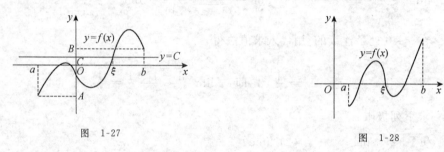

图 1-27   图 1-28

推论 1（根的存在定理） 若函数 $f(x)$ 在闭区间 $[a,b]$ 上连续，且 $f(a)\cdot f(b)<0$，则在开区间 (a,b) 内至少存在一点 ξ，使得 $f(\xi)=0$（如图 1-28）。

例 7 证明：方程 $x^5-5x-1=0$ 在区间 $(1,2)$ 内至少有一个实根。

证明 因为函数 $f(x)=x^5-5x-1$ 在闭区间 $[1,2]$ 上连续，而且 $f(1)=-5<0$，$f(2)=21>0$，故由推论 1 知，在区间 $(1,2)$ 内至少存在一点 ξ，使得 $f(\xi)=0$，即方程 $x^5-5x-1=0$ 在区间 $(1,2)$ 内至少有一个实根。

推论 2 在闭区间上的连续函数必取得最大值 M 和最小值 m 之间的任何值。

事实上，由定理 1.10 知，连续函数 $f(x)$ 在闭区间 $[a,b]$ 上一定存在最大值 M 和最小值 m。假设 $f(x_1)=m$，$f(x_2)=M$，$x_1,x_2\in[a,b]$，在闭区间 $[x_1,x_2]$ 上应用介值定理，即可得到推论 2。

习 题 1.4

（A）

一、选择题

1. 函数 $f(x)$ 在点 x_0 处有定义，是 $f(x)$ 在点 x_0 处连续的（　　）。
   A. 必要条件　　B. 充分条件　　C. 充分必要条件　　D. 无关条件

2. 函数 $f(x)$ 在点 x_0 处极限存在，是 $f(x)$ 在点 x_0 处连续的（　　）。
   A. 必要条件　　B. 充分条件　　C. 充分必要条件　　D. 无关条件

3. 设函数 $f(x)=\begin{cases}\dfrac{\ln(1+x)}{x}, & x\neq 0,\\ k, & x=0\end{cases}$ 连续，则 $k=$（　　）。
   A. 0　　B. e　　C. -1　　D. 1

4. 函数 $f(x)=\dfrac{x-4}{x^2-3x-4}$ 的间断点个数是（　　）。
   A. 0　　B. 2　　C. 3　　D. 1

二、填空题

1. 函数 $f(x)=\dfrac{1}{x^2-2x-3}$ 的连续区间是_____.

2. 函数 $f(x)=\dfrac{x^2-9}{x(x-3)}$ 的间断点是_____.

3. $x=0$ 是函数 $f(x)=\dfrac{\sin x}{x}$ 的_____间断点.

4. 若 $\lim\limits_{x\to\infty}u(x)=a$（$a$ 为常数），则 $\lim\limits_{x\to\infty}e^{u(x)}=$_____.

5. 若 $\lim\limits_{x\to 0}\dfrac{\sqrt{1+x}-1}{\sin kx}=2$，则 $k=$_____.

三、解答题

1. 讨论函数 $f(x)=\begin{cases} x-1, & x\leqslant 0, \\ x^2, & x>0 \end{cases}$ 在点 $x=0$ 处是否连续，并作出 $f(x)$ 的图形.

2. 设函数 $f(x)=\begin{cases} x\sin\dfrac{1}{x}+a, & x<0, \\ b+1, & x=0, \\ x^2-1, & x>0. \end{cases}$ 试问：

(1) 当 a,b 为何值时，$f(x)$ 在点 $x=0$ 处的极限存在？

(2) 当 a,b 为何值时，$f(x)$ 在点 $x=0$ 处连续？

3. 讨论函数 $f(x)=\begin{cases} 2x, & 0\leqslant x\leqslant 1, \\ 3-x, & 1<x\leqslant 2 \end{cases}$ 在点 $x=1$ 处是否连续，并作出 $f(x)$ 的图形.

四、计算题

利用函数连续性求下列极限：

1. $\lim\limits_{x\to 2}\sqrt{x^2-2x+5}$. 2. $\lim\limits_{x\to 0}e^{2\cos 2x}$. 3. $\lim\limits_{x\to 0}\ln\dfrac{\sin x}{x}$. 4. $\lim\limits_{x\to\infty}\ln\left(1+\dfrac{1}{x}\right)^{x/2}$.

(B)

一、选择题

1. 设函数 $f(x)=\begin{cases} x^2-1, & x\neq 0, \\ a, & x=0 \end{cases}$ 在点 $x=0$ 处连续，则 $a=$（   ）.（2012 年）

A. 1   B. 0   C. -1 D. -2

2. $\lim\limits_{x\to 1}\dfrac{x^2+x+1}{x^2-3x+3}=$（   ）.（2011 年）

A. 0   B. 1   C. 2   D. 3

二、填空题

设函数 $f(x)=\begin{cases} x^2+1, & x\leqslant 0, \\ 2a+x, & x>0 \end{cases}$ 在点 $x=0$ 处连续，则 $a=$_____.（2011 年）

三、解答题

1. 设函数 $f(x)=\begin{cases} x^2-2x+3, & x\neq 1, \\ a, & x=1 \end{cases}$ 在点 $x=1$ 处连续，求 a 的值.（2013 年）

2. 设函数 $f(x)=\begin{cases} x^2+2a, & x\leqslant 0, \\ \dfrac{\sin x}{2x}, & x>0 \end{cases}$ 在点 $x=0$ 处连续，求 a 的值.（2010 年）

综合练习一

一、选择题

1. 函数 $f(x)$ 在点 x_0 处连续是 $f(x)$ 在点 x_0 处极限存在的（　　）条件.
   A. 充分　　　　　　B. 必要　　　　　　C. 充分必要　　　　D. 无关

2. 若 $\lim\limits_{x\to 2}\dfrac{\sin k(x-2)}{x-2}=\dfrac{1}{2}$，则 $k=$（　　）.
   A. 1/2　　　　　　B. 1　　　　　　　　C. 2　　　　　　　　D. 0

3. 若 $\lim\limits_{x\to 0}(1-ax)^{2/x}=e^3$，则 $a=$（　　）.
   A. 3/2　　　　　　B. $-3/2$　　　　　C. 2/3　　　　　　　D. $-2/3$

4. $\lim\limits_{x\to 2}\dfrac{|x-2|}{x-2}=$（　　）.
   A. 1　　　　　　　B. -1　　　　　　C. 0　　　　　　　　D. 不存在

5. 函数 $f(x)=\begin{cases} \dfrac{1}{x}\sin x, & x<0, \\ 0, & x=0, \\ 1+x\sin\dfrac{1}{x}, & x>0 \end{cases}$，在点 $x=0$ 处（　　）.
   A. 极限不存在　　　B. 极限$=0$　　　　C. 极限$=1$　　　　D. 连续

6. 当 $x\to\infty$ 时，下列变量不是无穷小量的是（　　）.
   A. $\dfrac{2x^2-x}{x^3+1}$　　B. $x\sin\dfrac{1}{x}$　　C. $e^{-x^2}\sin x$　　D. $\dfrac{1}{x}\sin\dfrac{1}{x}$

7. 下列各式正确的是（　　）.
   A. $\lim\limits_{x\to 1}\dfrac{x}{x-1}=\dfrac{\lim\limits_{x\to 1}x}{\lim\limits_{x\to 1}(x-1)}=\infty$　　B. $\lim\limits_{x\to 0}\dfrac{1}{x}\sin x=0$
   C. $\lim\limits_{x\to\infty}\dfrac{1}{x}\sin x=\lim\limits_{x\to\infty}\dfrac{1}{x}\lim\limits_{x\to\infty}\sin x=0$　　D. $\lim\limits_{x\to\infty}x\sin\dfrac{1}{x}=\lim\limits_{x\to\infty}\dfrac{\sin\dfrac{1}{x}}{\dfrac{1}{x}}=1$

8. 若 $\lim\limits_{x\to\infty}f(x)=\infty$，$\lim\limits_{x\to\infty}g(x)=\infty$，则下列式子成立的是（　　）.
   A. $\lim\limits_{x\to\infty}[f(x)+g(x)]=\infty$　　B. $\lim\limits_{x\to\infty}[f(x)-g(x)]=0$
   C. $\lim\limits_{x\to\infty}\dfrac{f(x)}{g(x)}=1$　　　　　D. $\lim\limits_{x\to\infty}\dfrac{1}{f(x)}=0$

9. $\lim\limits_{x\to\infty}\left(x\sin\dfrac{1}{x}+2\dfrac{\sin x}{x}\right)=$（　　）.
   A. 0　　　　　　　B. 1　　　　　　　　C. 2　　　　　　　　D. 3

10. 函数 $f(x)=\dfrac{x-2}{x(x^2-4)}$ 间断点的个数是( ).

A. 0   B. 1   C. 2   D. 3

二、填空题

1. $\lim\limits_{x\to\infty}\dfrac{1}{x-2}=$ _____ ;$\lim\limits_{x\to 0}\dfrac{1}{x-2}=$ _____ ;$\lim\limits_{x\to 2}\dfrac{1}{x-2}=$ _____ .

2. $\lim\limits_{x\to\infty}\dfrac{x^2-3x+2}{1+x-2x^2}=$ _____ ;$\lim\limits_{x\to\infty}\dfrac{x^2-3x+2}{1+x-2x^3}=$ _____ ;$\lim\limits_{x\to\infty}\dfrac{x^3-3x+2}{1+x-2x^2}=$ _____ .

3. $\lim\limits_{x\to 0}\dfrac{\sin kx}{x}=$ _____ ;$\lim\limits_{x\to 0}\dfrac{\sin ax}{\sin bx}=$ _____ ;$\lim\limits_{x\to 0}\dfrac{\tan kx}{x}=$ _____ ;

$\lim\limits_{x\to 0}\dfrac{\tan ax}{\tan bx}=$ _____ ;$\lim\limits_{x\to 0}\dfrac{\tan ax}{\sin bx}=$ _____ .

三、计算题

计算下列极限:

1. $\lim\limits_{x\to 1}\dfrac{2x^2-1}{3x^2-6x+5}$.
   2. $\lim\limits_{x\to 1}\dfrac{x^2-3x+1}{2x^2+4x-6}$.
   3. $\lim\limits_{x\to 5}\dfrac{x^2-5x}{x^2-25}$.

4. $\lim\limits_{x\to 2}\left(\dfrac{1}{2-x}-\dfrac{4}{4-x^2}\right)$.
   5. $\lim\limits_{x\to 0}\dfrac{x^3-2x^2+3x}{2x^4+x^3+x}$.
   6. $\lim\limits_{x\to\infty}\dfrac{x^3-2x^2+3x}{2x^4+x^3+x}$.

7. $\lim\limits_{x\to 1}\dfrac{\sin(1-x)}{x^2-4x+3}$.
   8. $\lim\limits_{x\to 0}(1-3x)^{\frac{1}{x-1}}$.
   9. $\lim\limits_{x\to\infty}\left(\dfrac{2x+3}{2x-5}\right)^{4x-1}$.

10. $\lim\limits_{x\to +\infty}x(\sqrt{x^4+x}-x^2)$.
   11. $\lim\limits_{x\to 0}\dfrac{\sqrt{1+\sin x}-\sqrt{1-\sin x}}{x}$.

12. $\lim\limits_{x\to\infty}\dfrac{x^2+1}{x^3-2}(2-\sin x)$.
   13. $\lim\limits_{x\to 0}\dfrac{x^2\sin\dfrac{1}{x}}{\sin x}$.

14. $\lim\limits_{x\to 0}\dfrac{\ln(1-2x)}{x}$.
   15. $\lim\limits_{x\to +\infty}x[\ln(x+3)-\ln x]$.

四、解答题

1. 确定下列待定系数的值:

(1) 设 $\lim\limits_{x\to 0}\dfrac{k\sin 2x-x^2\sin\dfrac{1}{x}}{x}=1$,求 k 的值;   (2) 若 $\lim\limits_{x\to 3}\dfrac{x^2+ax+b}{x-3}=4$,求 a,b 的值;

(3) 若 $\lim\limits_{x\to\infty}\left(\dfrac{x^2+1}{x+1}-ax-b\right)=0$,求 a,b 的值.

2. 求函数 $f(x)=\begin{cases}1+x, & x>0, \\ e^{1/x}+1, & x<0\end{cases}$ 在点 $x=0$ 处的极限.

3. 已知函数 $f(x)=\begin{cases}\dfrac{\sqrt{1+x}-\sqrt{1-x}}{x}, & x\neq 0, \\ a, & x=0,\end{cases}$ a 为何值时,$f(x)$在点 $x=0$ 处连续?

4. 已知函数 $f(x)=\begin{cases}\dfrac{\tan 2x}{x}, & -\dfrac{\pi}{4}<x<0, \\ k+1, & x=0, \\ x\sin\dfrac{1}{x}+2, & x>0.\end{cases}$

(1) k 为何值时，$f(x)$ 在点 $x=0$ 处的极限存在？

(2) k 为何值时，$f(x)$ 在点 $x=0$ 处连续？

5. 求函数 $f(x)=\sin x\cos\dfrac{1}{x}$ 的间断点.

6. 求函数 $y=\dfrac{x+1}{x^2-3x-4}$ 的间断点.

五、证明题

证明：方程 $x^3+2x=6$ 在 1 与 3 之间至少有一个实根.

自 测 题 一

一、选择题（每题 2 分，共 10 分）

1. 设函数 $f(x)=\dfrac{x^2-1}{x-1}$ 和 $g(x)=x+1$，则（　　）.

A. $f(x)$ 与 $g(x)$ 为同一个函数

B. $f(x)$ 与 $g(x)$ 都无间断点

C. $f(x)$ 与 $g(x)$ 不是同一个函数，但当 $x\to 1$ 时，它们的极限值相同

D. 因为 $f(x)$ 在点 $x=1$ 处无定义，所以 $\lim\limits_{x\to 1}f(x)$ 不存在

2. 下列函数为奇函数的是（　　）.

A. $y=|x|$ 　　　　B. $y=x\sin x$ 　　　　C. $y=x^2\arctan x$ 　　　　D. $y=x^3-3$

3. $\lim\limits_{x\to x_0^+}f(x)=\lim\limits_{x\to x_0^-}f(x)=A$ 是 $\lim\limits_{x\to x_0}f(x)=A$ 的（　　）.

A. 充分条件 　　　B. 必要条件 　　　C. 充分必要条件 　　　D. 无关条件

4. 当 $x\to 0^+$ 时，下列变量为无穷小的是（　　）.

A. $\ln x$ 　　　　B. $\dfrac{\sin x}{x}$ 　　　　C. $x\sin\dfrac{1}{x}$ 　　　　D. e^x

5. 函数 $f(x)$ 在点 x_0 处有定义是 $f(x)$ 在点 x_0 处连续的（　　）.

A. 充分条件 　　　B. 必要条件 　　　C. 充分必要条件 　　　D. 无关条件

二、填空题（6～11 题，每题 2 分，12～16 题每题 6 分，共 42 分）

6. 设函数 $f(x)=\begin{cases}2x^2+1,&x\leqslant 0,\\ x^2-2,&x>0,\end{cases}$ 则 $f[f(0)]=$ _____，$f(x)$ 的定义域为 _____
（用区间表示）.

7. 已知 $f(x)=x^2$，则 $f(x+h)-f(x)=$ _____.

8. 设 $y=3^u,u=v^2,v=\tan x$，则复合函数 $y=f(x)=$ _____.

9. 已知 a,b 为常数，$\lim\limits_{x\to\infty}\dfrac{ax^2+bx-1}{2x+1}=5$，则 $a=$ _____，$b=$ _____.

10. 函数 $f(x)=\dfrac{x-4}{x^2-3x-4}$ 的连续区间是 _____.

11. 已知函数 $f(x)=\begin{cases}a+(1-x)^{2/x},&x>0,\\ e^x,&x\leqslant 0,\end{cases}$ 在点 $x=0$ 处极限存在，则 $a=$ _____.

12. $\lim\limits_{x\to 3}\ln 2 =$ _____ ; $\lim\limits_{x\to x_0} x =$ _____ ; $\lim\limits_{x\to\infty}|x| =$ _____ ;
    $\lim\limits_{x\to\infty}(x^3-2x+1) =$ _____ .

13. $\lim\limits_{x\to +\infty} e^{-x} =$ _____ ; $\lim\limits_{x\to -\infty} e^{-x} =$ _____ ; $\lim\limits_{x\to\infty} e^{-x} =$ _____ ;
    $\lim\limits_{x\to\infty} e^{1/x} =$ _____ .

14. $\lim\limits_{x\to 0}\dfrac{\sin x}{x} =$ _____ ; $\lim\limits_{x\to\infty}\dfrac{\sin x}{x} =$ _____ ; $\lim\limits_{x\to\infty} x\sin\dfrac{1}{3x} =$ _____ ;
    $\lim\limits_{x\to 0} x\sin\dfrac{1}{x} =$ _____ .

15. $\lim\limits_{x\to 0}\dfrac{\sin 5x}{x} =$ _____ ; $\lim\limits_{x\to 0}\dfrac{\tan 7x}{\sin 2x} =$ _____ ; $\lim\limits_{n\to\infty}\left(1+\dfrac{1}{n}\right)^{2n} =$ _____ ;
    $\lim\limits_{x\to 0}(1-x)^{1/x} =$ _____ .

16. $\lim\limits_{x\to 1}\dfrac{x}{x+1} =$ _____ ; $\lim\limits_{x\to 2}\dfrac{3}{(x-2)^2} =$ _____ ; $\lim\limits_{x\to 2}\dfrac{x-2}{\sqrt{x+2}} =$ _____ ;
    $\lim\limits_{x\to\infty}\dfrac{1}{x-2} =$ _____ .

三、解答与作图题

17. 画出下列函数的草图：(每小题2分，共6分)
    (1) $y=\sqrt{x}$； (2) $y=\dfrac{x^2-1}{x-1}$； (3) $y=\arctan x$.

18. 下列函数哪些是基本初等函数、简单函数、复合函数？(每小题1分，共8分)
    (1) $y=\sqrt[3]{x}$； (2) $y=-x$； (3) $y=2x-1$； (4) $y=\ln x$；
    (5) $y=2^x$； (6) $y=\sin^2 x$； (7) $y=\dfrac{1}{x+1}$； (8) $y=e^{-x}$.

19. 把下列初等函数分解为简单函数：(每小题1分，共6分)
    (1) $y=(2x+1)^{10}$； (2) $y=e^{-2x}$； (3) $y=\cos x^2$； (4) $y=\sin^3 x$；
    (5) $y=e^{\sqrt{2x+1}}$； (6) $y=\ln[\arctan(1+x^2)]$.

20. 求函数 $y=\sin\dfrac{1}{x^2}$ 的连续区间及间断点. (4分)

21. 设函数 $f(x)=\begin{cases} x^2+1, & x<0, \\ 0, & x=0, \\ x+1, & x>0, \end{cases}$ 问：(每小题3分，共6分)
    (1) $f(x)$在点$x=0$处的极限是否存在？ (2) $f(x)$在$x=0$处是否连续？

四、计算题

22. 求下列极限：(每小题3分，共18分)
    (1) $\lim\limits_{x\to 3}\dfrac{x^2-2x-3}{x^2-5x+6}$；
    (2) $\lim\limits_{x\to 1}\dfrac{x^2-1}{x^2-2x+1}$；
    (3) $\lim\limits_{x\to\infty}\dfrac{3x^2+2x-4}{5x^2-3x+1}$；
    (4) $\lim\limits_{x\to 0}\dfrac{\sin 5x+\tan 2x}{x}$；
    (5) $\lim\limits_{x\to 0}\left(\dfrac{2-x}{2}\right)^{2/x}$；
    (6) $\lim\limits_{x\to\infty}\left(\dfrac{x}{1+x}\right)^{-3x+2}$.

第二章 导数与微分

导数和微分是微分学的基本概念,在理论上和实践中都有着广泛的应用.本章首先介绍导数与微分的概念,然后研究它们的计算公式、运算法则以及在几何上的应用.

§2.1 导数的概念

一、两个引例

在许多实际问题中,我们除了需要了解变量之间的函数关系外,有时还需要研究它们之间的动态关系,如求物体的运动速度、劳动生产率、国民经济发展速度等. 这些问题在数学上归结为函数随自变量的变化而变化的快慢程度,也就是求函数的变化率,即求导数问题. 下面我们来考察两个实际问题.

引例 1 自由落体下落的速度.

物体做自由落体运动时,物体下落的路程随着时间的变化逐渐增大,下落的速度每个时刻都在变化,那么如何求自由落体每个时刻的速度呢?

设某物体做自由落体运动,其运动规律为

$$s = \frac{1}{2}gt^2,$$

求该物体在 t_0 时刻的瞬时速度 v_0.

对匀速直线运动,速度 $= \dfrac{\text{路程}}{\text{时间}} = \dfrac{s}{t}$.

但是,自由落体运动是一种变速运动,此时该公式不适用了. 事实上,路程除以时间只能得出这段时间内的平均速度,而不可能得出这段时间内每个时刻的速度. 这就是矛盾,即速度的"变"与"不变"的矛盾.

我们可以把速度的"变"与"不变"互相转化. 在整段时间内,速度是变的,但在很短的一段时间内,速度可以近似地看成不变,换句话说,可以近似地"以匀速代替变速".

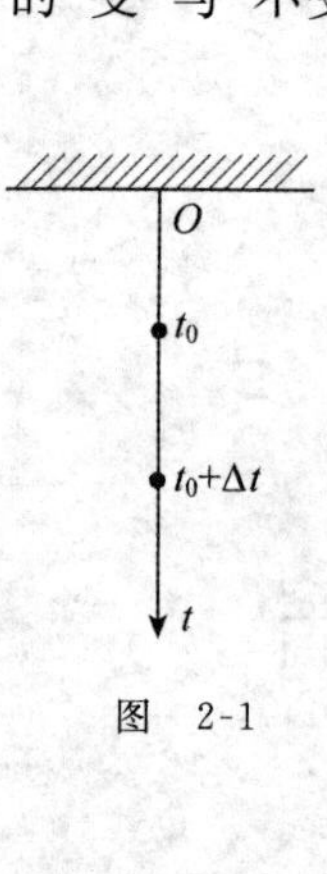

下面我们就按上述想法来进行计算.

我们考察从 t_0 时刻到 $t_0 + \Delta t$ 时刻这一段时间内的运动(如图 2-1). 这时,物体所走的路程是

$$\Delta s = \frac{1}{2}g(t_0 + \Delta t)^2 - \frac{1}{2}gt_0^2 = gt_0 \Delta t + \frac{1}{2}g(\Delta t)^2,$$

图 2-1

平均速度是

$$\bar{v} = \frac{\Delta s}{\Delta t} = \frac{gt_0 \Delta t + \dfrac{1}{2}g(\Delta t)^2}{\Delta t} = gt_0 + \frac{1}{2}g\Delta t.$$

当 Δt 很小时,可以用这个平均速度 $\bar{v}$ 来近似代替 t_0 时刻的瞬时速度 v_0,而且 Δt 越小,近似的程度越高. 当 $\Delta t \to 0$ 时,如果极限 $\lim\limits_{\Delta t \to 0} \dfrac{\Delta s}{\Delta t}$ 存在,则称此极限值为物体在 t_0 时刻的瞬时速度 v_0,即

$$v_0 = \lim_{\Delta t \to 0} \bar{v} = \lim_{\Delta t \to 0} \frac{\Delta s}{\Delta t} = \lim_{\Delta t \to 0}\left(gt_0 + \frac{1}{2}g\Delta t\right) = gt_0.$$

利用这种思想方法可求出一般变速直线运动的瞬时速度:如果一般变速直线运动的路程函数为 $s=f(t)$,则在 $t=t_0$ 时刻的瞬时速度是

$$v(t_0) = \lim_{\Delta t \to 0} \frac{f(t_0+\Delta t)-f(t_0)}{\Delta t}.$$

引例 2 平面曲线的切线斜率.

我们已经学过几类曲线(如圆、椭圆、双曲线等)的切线. 对于一般曲线的切线定义如下:

设 PQ 是连续曲线 $y=f(x)$ 的一条割线(如图 2-2),当点 Q 沿着曲线无限趋近于点 P 时,割线 PQ 的极限位置 PT 称为曲线 $f(x)$ 在点 P 处的**切线**.

设曲线 $y=f(x)$ 上点 P 的横坐标为 x_0,而点 Q 的横坐标为 $x_0+\Delta x$ $(\Delta x \neq 0)$,于是点 P 的纵坐标为 $f(x_0)$,点 Q 的纵坐标为 $f(x_0+\Delta x)$,那么割线 PQ 的斜率为

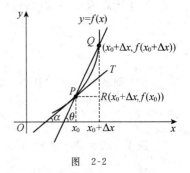

图 2-2

$$k_{PQ} = \tan\theta = \frac{QR}{PR} = \frac{f(x_0+\Delta x)-f(x_0)}{\Delta x}.$$

当点 Q 沿曲线 $y=f(x)$ 无限趋近于点 P 时,割线 PQ 也随之变动而无限趋近于极限位置,即得切线 PT. 此时 $\theta \to \alpha$,且 $\Delta x \to 0$ (如图 2-2),于是得到切线 PT 的斜率为

$$k_{PT} = \tan\alpha = \lim_{\theta \to \alpha}\tan\theta = \lim_{\Delta x \to 0}\frac{f(x_0+\Delta x)-f(x_0)}{\Delta x}.$$

上面两个问题的实际意义虽然各不相同,但是从数量关系来看,它们的实质都是求函数的变化率问题. 由此我们引入导数的概念.

二、导数的概念

定义 2.1 设函数 $y=f(x)$ 在点 x_0 的某邻域内有定义,当自变量在点 x_0 处取得改变量 Δx $(\Delta x \neq 0)$ 时,函数 $f(x)$ 相应的改变量为

$$\Delta y = f(x_0+\Delta x) - f(x_0).$$

如果极限

$$\lim_{\Delta x \to 0}\frac{\Delta y}{\Delta x} = \lim_{\Delta x \to 0}\frac{f(x_0+\Delta x)-f(x_0)}{\Delta x} \tag{2-1}$$

存在,则称函数 $f(x)$ 在点 x_0 处**可导**,并称此极限值为函数 $f(x)$ 在点 x_0 处的**导数**(或**变化率**),记为 $f'(x_0)$,$y'\big|_{x=x_0}$,$\dfrac{\mathrm{d}y}{\mathrm{d}x}\bigg|_{x=x_0}$ 或 $\dfrac{\mathrm{d}f(x)}{\mathrm{d}x}\bigg|_{x=x_0}$,即

$$f'(x_0) = \lim_{\Delta x \to 0}\frac{\Delta y}{\Delta x} = \lim_{\Delta x \to 0}\frac{f(x_0+\Delta x)-f(x_0)}{\Delta x}.$$

如果(2-1)式所表示的极限不存在,则称函数 $f(x)$ 在点 x_0 处**不可导**或**导数不存在**. 特别

地,如果极限 $\lim\limits_{\Delta x \to 0} \dfrac{\Delta y}{\Delta x}$ 为无穷大,这时导数是不存在的. 对于这种情况,也可以称函数在点 x_0 处的导数为无穷大.

导数的定义式也可表示为其他不同的形式:

若记 $h = \Delta x$,则
$$f'(x_0) = \lim_{h \to 0} \frac{f(x_0 + h) - f(x_0)}{h};$$

若记 $x_0 + \Delta x = x$,有 $\Delta x = x - x_0$,且 $\Delta x \to 0$ 时,$x \to x_0$,则
$$f'(x_0) = \lim_{x \to x_0} \frac{f(x) - f(x_0)}{x - x_0}.$$

根据导数的定义,两个引例的结论可以叙述为:

(1) 变速直线运动的物体在 t_0 时刻的瞬时速度是路程函数 $s = f(t)$ 在 t_0 时刻处的导数,即
$$v(t_0) = \frac{ds}{dt}\bigg|_{t=t_0}.$$

(2) 曲线 $y = f(x)$ 在点 $(x_0, f(x_0))$ 处切线的斜率是函数 $f(x)$ 在点 x_0 处的导数,即
$$k = \frac{dy}{dx}\bigg|_{x=x_0}.$$

例 1 求函数 $y = x^2$ 在点 $x = 2$ 处的导数 $\dfrac{dy}{dx}\bigg|_{x=2}$.

解 当自变量从 2 变到 $2 + \Delta x$ 时,函数改变量为
$$\Delta y = (2 + \Delta x)^2 - 2^2 = 4\Delta x + (\Delta x)^2,$$
因此
$$\frac{\Delta y}{\Delta x} = 4 + \Delta x,$$
$$\frac{dy}{dx}\bigg|_{x=2} = \lim_{\Delta x \to 0} \frac{\Delta y}{\Delta x} = \lim_{\Delta x \to 0}(4 + \Delta x) = 4.$$

可以看出,导数研究的是函数在一点处的变化率问题. 如果函数 $f(x)$ 在开区间 (a, b) 内每一点处都可导,则称函数 $f(x)$ 在开区间 (a, b) 内可导. 这时,对于每一个 $x \in (a, b)$,都有唯一确定的导数值与之对应. 这样就构成一个新的函数,称之为函数 $f(x)$ 的**导函数**,简称为**导数**,记为 $f'(x)$,y',$\dfrac{dy}{dx}$ 或 $\dfrac{df(x)}{dx}$,即
$$f'(x) = \lim_{\Delta x \to 0} \frac{f(x + \Delta x) - f(x)}{\Delta x}, \quad x \in (a, b).$$

注意 函数的导函数 $f'(x)$ 和函数在一点 x_0 处的导数 $f'(x_0)$ 是两个不同的概念. 前者仍然是一个函数,而后者则是一个常数;函数在一点 x_0 处的导数 $f'(x_0)$ 正是其导函数 $f'(x)$ 在 x_0 处的函数值,即
$$f'(x_0) = f'(x)\big|_{x=x_0}.$$

根据导数的定义求函数 $f(x)$ 在任一点 x 处的导数可按以下步骤进行:

(1) 求函数的改变量:$\Delta y = f(x + \Delta x) - f(x)$;

(2) 求比值:$\dfrac{\Delta y}{\Delta x} = \dfrac{f(x + \Delta x) - f(x)}{\Delta x}$;

(3) 求比值的极限：$\lim\limits_{\Delta x\to 0}\dfrac{\Delta y}{\Delta x}=\lim\limits_{\Delta x\to 0}\dfrac{f(x+\Delta x)-f(x)}{\Delta x}$.

下面我们利用导数的定义演算一些基本初等函数的导数.

例 2 设 $y=C$（C 为常数），求 y'.

解 (1) 求函数的改变量：$\Delta y=f(x+\Delta x)-f(x)=C-C=0$；

(2) 求比值：$\dfrac{\Delta y}{\Delta x}=0$；

(3) 求比值的极限：$y'=\lim\limits_{\Delta x\to 0}\dfrac{\Delta y}{\Delta x}=0$，即 $(C)'=0$.

例 3 设 $f(x)=x^n$（$n\in \mathbf{N}^*$），求 $f'(x)$.

解 (1) $\Delta y=f(x+\Delta x)-f(x)=(x+\Delta x)^n-x^n$

$\qquad = x^n+nx^{n-1}\Delta x+\dfrac{n(n-1)}{2}x^{n-2}(\Delta x)^2+\cdots+(\Delta x)^n-x^n$

$\qquad = nx^{n-1}\Delta x+\dfrac{n(n-1)}{2}x^{n-2}(\Delta x)^2+\cdots+(\Delta x)^n$；

(2) $\dfrac{\Delta y}{\Delta x}=nx^{n-1}+\dfrac{n(n-1)}{2}x^{n-2}\Delta x+\cdots+(\Delta x)^{n-1}$；

(3) $f'(x)=\lim\limits_{\Delta x\to 0}\dfrac{\Delta y}{\Delta x}=\lim\limits_{\Delta x\to 0}\left[nx^{n-1}+\dfrac{n(n-1)}{2}x^{n-2}\Delta x+\cdots+(\Delta x)x^{n-1}\right]=nx^{n-1}$，即

$$(x^n)'=nx^{n-1}.$$

在 §2.2 中，我们将证明对任意实常数 α，都有

$$(x^\alpha)'=\alpha x^{\alpha-1}.$$

例如，有

$$(x^2)'=2x, \qquad (\sqrt{x})'=(x^{\frac{1}{2}})'=\dfrac{1}{2}x^{\frac{1}{2}-1}=\dfrac{1}{2\sqrt{x}},$$

$$(x)'=1\cdot x^{1-1}=1, \quad \left(\dfrac{1}{x}\right)'=(x^{-1})'=-1\cdot x^{-1-1}=-\dfrac{1}{x^2}.$$

试一试 利用幂函数导数公式求下列函数的导数 y'：

(1) $y=x^3$；　(2) $y=\sqrt[3]{x}$；　(3) $y=\dfrac{1}{x^2}$；　(4) $y=x\sqrt{x}$；　(5) $y=\dfrac{1}{\sqrt{x}}$.

以上我们根据导数的定义推导出了几个基本初等函数的导数公式，类似地，还可推导出

$$(\sin x)'=\cos x, \quad (\cos x)'=-\sin x, \quad (\log_a x)'=\dfrac{1}{x\ln a}.$$

有了这些公式可以很容易地求出 $f(x)$ 在某一点 x_0 处的导数 $f'(x_0)$：先用公式求出 $f'(x)$，再把 $x=x_0$ 代入其中. 如例 1，$f'(x)=(x^2)'=2x$，再把 $x=2$ 代入 $f'(x)=2x$ 中，得到 $f'(2)=4$.

例 4 设 $y=\lg x$，求 $y'\big|_{x=1}$.

解 (1) 求导函数：$y'=(\lg x)'=\dfrac{1}{x\ln 10}$；

(2) 求一点处的导数：$y'\big|_{x=1}=\dfrac{1}{x\ln 10}\bigg|_{x=1}=\dfrac{1}{1\cdot \ln 10}=\lg e$.

三、导数的几何意义

由前面的引例 2 我们可以看到：函数 $f(x)$ 在点 x_0 处的导数 $f'(x_0)$ 在几何上表示曲线 $y=f(x)$ 在点 $(x_0,f(x_0))$ 处的切线斜率.

由导数的几何意义可知：若 $f'(x_0)>0$，则切线的斜率大于 0；若 $f'(x_0)<0$，则切线的斜率小于 0；若 $f'(x_0)=0$，则切线的斜率等于 0，即切线与 x 轴平行，此时切线的方程为 $y=f(x_0)$；若 $f'(x_0)$ 为无穷大，即 $\lim\limits_{x\to x_0}f'(x)=\infty$，则切线的斜率不存在，即切线与 x 轴垂直，此时切线的方程为 $x=x_0$.

由导数的几何意义及直线的点斜式方程可知，若导数 $f'(x_0)$ 存在，则曲线 $y=f(x)$ 在点 $(x_0,f(x_0))$ 处的**切线方程**为

$$y-f(x_0)=f'(x_0)(x-x_0).$$

想一想 若曲线 $y=f(x)$ 在点 $(x_0,f(x_0))$ 处有切线，则函数 $f(x)$ 在点 x_0 处一定可导吗？

例 5 求曲线 $y=x^3$ 在点 $(1,1)$ 处的切线方程.

解 (1) 求导数：$y'=3x^2$；

(2) 求斜率：$k=y'|_{x=1}=3\times 1^2=3$；

(3) 求切线方程：$y-1=3(x-1)$，即 $3x-y-2=0$.

四、函数可导与连续的关系

从函数连续的定义可以看出，若 $\Delta y=f(x+\Delta x)-f(x)$ 在 $\Delta x\to 0$ 时不趋近于零，那么函数 $f(x)$ 在点 x 处一定不连续，此时 $\lim\limits_{\Delta x\to 0}\dfrac{\Delta y}{\Delta x}$ 不存在. 这就是说，不连续一定不可导；或者说，可导一定连续. 于是得到下面的定理.

定理 2.1 若函数 $f(x)$ 在点 x_0 处可导，则函数 $f(x)$ 在点 x_0 处连续.

证明 因为函数 $f(x)$ 在点 x_0 处可导，因此可设 $\lim\limits_{\Delta x\to 0}\dfrac{\Delta y}{\Delta x}=A$. 根据极限存在与无穷小量之间的关系，有 $\dfrac{\Delta y}{\Delta x}=A+\alpha$（其中 α 为 $\Delta x\to 0$ 时的无穷小量），即

$$\Delta y=A\Delta x+\alpha\Delta x,$$

所以
$$\lim_{\Delta x\to 0}\Delta y=\lim_{\Delta x\to 0}(A\Delta x+\alpha\Delta x)=0.$$

故函数 $f(x)$ 在点 x_0 处连续.

然而，函数 $f(x)$ 在点 x_0 处连续却未必可导. 例如，函数 $y=|x|=\begin{cases}x, & x\geqslant 0,\\ -x, & x<0,\end{cases}$ 在点 $x=0$ 处是连续的，但在点 $x=0$ 处却是不可导的. 因为

$$\lim_{\Delta x\to 0}\frac{f(0+\Delta x)-f(0)}{\Delta x}=\lim_{\Delta x\to 0}\frac{|\Delta x|}{\Delta x},$$

当 $\Delta x<0$ 时，$\lim\limits_{\Delta x\to 0^-}\dfrac{|\Delta x|}{\Delta x}=\lim\limits_{\Delta x\to 0^-}\dfrac{-\Delta x}{\Delta x}=\lim\limits_{\Delta x\to 0^-}(-1)=-1$，

当 $\Delta x>0$ 时，$\lim\limits_{\Delta x\to 0^+}\dfrac{|\Delta x|}{\Delta x}=\lim\limits_{\Delta x\to 0^+}\dfrac{\Delta x}{\Delta x}=\lim\limits_{\Delta x\to 0^+}1=1$，

所以 $\lim\limits_{\Delta x \to 0} \dfrac{f(0+\Delta x)-f(0)}{\Delta x}$ 不存在,即函数 $y=|x|$ 在点 $x=0$ 处不可导(如图 2-3).

一般地,我们把

$$\lim_{\Delta x \to 0^-} \frac{f(x_0+\Delta x)-f(x_0)}{\Delta x} = \lim_{x \to x_0^-} \frac{f(x)-f(x_0)}{x-x_0}$$

和

$$\lim_{\Delta x \to 0^+} \frac{f(x_0+\Delta x)-f(x_0)}{\Delta x} = \lim_{x \to x_0^+} \frac{f(x)-f(x_0)}{x-x_0}$$

分别称为函数 $f(x)$ 在点 x_0 处的**左导数**和**右导数**,记做 $f'_-(x_0)$ 和 $f'_+(x_0)$.

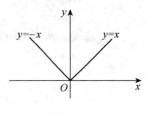

图 2-3

定理 2.2 函数 $f(x)$ 在点 x_0 处可导的充分必要条件是函数 $f(x)$ 在点 x_0 处的左导数和右导数都存在且相等,即

$$\text{函数 } f(x) \text{ 在点 } x_0 \text{ 处可导} \Longleftrightarrow f'_-(x_0) = f'_+(x_0).$$

例 6 讨论函数 $f(x)=\begin{cases} x^2, & x \leqslant 1, \\ 2x-1, & x>1 \end{cases}$ 在点 $x=1$ 处的连续性与可导性.

解 (1) 讨论连续性.

① $f(1)=x^2\big|_{x=1}=1$;

② $\lim\limits_{x \to 1^-} f(x) = \lim\limits_{x \to 1^-} x^2 = 1$, $\lim\limits_{x \to 1^+} f(x) = \lim\limits_{x \to 1^+} (2x-1) = 1$;

③ 因为 $\lim\limits_{x \to 1^-} f(x) = \lim\limits_{x \to 1^+} f(x) = f(1)$,所以函数 $f(x)$ 在点 $x=1$ 处连续.

(2) 讨论可导性.

① $f'_-(1) = \lim\limits_{x \to 1^-} \dfrac{f(x)-f(1)}{x-1} = \lim\limits_{x \to 1^-} \dfrac{x^2-1}{x-1} = \lim\limits_{x \to 1^-}(x+1) = 2$,

$f'_+(1) = \lim\limits_{x \to 1^+} \dfrac{f(x)-f(1)}{x-1} = \lim\limits_{x \to 1^+} \dfrac{2x-1-1}{x-1} = \lim\limits_{x \to 1^+} 2 = 2$;

② 因为 $f'_-(1) = f'_+(1)$,所以函数 $f(x)$ 在点 $x=1$ 处可导.

想一想 函数在点 x_0 处极限存在、连续、可导之间是什么关系?

习 题 2.1

一、选择题

1. 函数 $f(x)$ 在点 x_0 处连续是它在该点处可导的( ).
   A. 必要条件　　　B. 充分必要条件　　C. 充分条件　　　D. 无关条件

2. 若函数 $f(x)$ 在点 x_0 处不可导,则曲线 $y=f(x)$ 在点 $(x_0, f(x_0))$ 处的切线( ).
   A. 一定不存在　　　　　　　　B. 不一定不存在
   C. 一定存在　　　　　　　　　D. 一定平行于 y 轴

3. 函数 $y=|x|$ 在点 $x=0$ 处( ).
   A. 无定义　　　　B. 无极限　　　　C. 不连续　　　　D. 不可导

二、填空题

1. 若函数 $f(x)$ 在点 x_0 处可导,则曲线 $y=f(x)$ 在点 $(x_0, f(x_0))$ 处的切线方程是

2. 若函数 $f(x)$ 在点 x_0 处可导,且曲线 $y=f(x)$ 在点 $(x_0,f(x_0))$ 处的切线平行于 x 轴,则 $f'(x_0)=$ _____.

3. 曲线 $y=\dfrac{1}{\sqrt{x}}$ 在点 $(1,1)$ 处切线的斜率是 _____.

4. 设 $y=\ln\sqrt{3}$,则 $y'=$ _____,$y'(0)=$ _____.

5. 设 $f(x)=\cos x$,则 $f'(x)=$ _____,$f'\left(\dfrac{\pi}{4}\right)=$ _____.

三、解答题

1. 设函数 $f(x)=x^2$,利用导数的定义求 $f'(x)$.

2. 讨论函数 $f(x)=\begin{cases}\sin x, & x<0,\\ x, & x\geqslant 0\end{cases}$ 在点 $x=0$ 处的连续性与可导性.

3. 利用导数公式求下列函数在指定点处的导数:

(1) $y=\sin x$,求 $y'\big|_{x=\frac{\pi}{4}}$,$y'\big|_{x=\pi}$; (2) $y=\cos x$,求 $f'(0)$,$f'\left(\dfrac{\pi}{2}\right)$.

4. 求曲线 $y=\ln x$ 在点 $(1,0)$ 处的切线方程.

§2.2 初等函数的导数

基本初等函数的导数公式是进行导数运算的基础,在 §2.1 中已用导数的定义得到了常值函数 $y=C$,幂函数 $y=x^n$(n 是正整数)的导数公式. 类似地,还可推导出其他一些基本初等函数的导数公式. 还有一些基本初等函数的导数公式是由导数的四则运算法则推导出来的,有一些是用反函数的求导法则与复合函数的求导法则得到的. 为了便于使用,我们把所有基本初等函数的导数公式全部列举出来,不再给予一一证明.

一、基本初等函数的导数公式

(1) $(C)'=0$ (C 为常数); (2) $(x^\alpha)'=\alpha x^{\alpha-1}$ (α 为实常数);

(3) $(a^x)'=a^x\ln a$ ($a>0,a\neq 1$); (4) $(e^x)'=e^x$;

(5) $(\log_a x)'=\dfrac{1}{x\ln a}$ ($a>0,a\neq 1$); (6) $(\ln x)'=\dfrac{1}{x}$;

(7) $(\sin x)'=\cos x$; (8) $(\cos x)'=-\sin x$;

(9) $(\tan x)'=\dfrac{1}{\cos^2 x}=\sec^2 x$; (10) $(\cot x)'=-\dfrac{1}{\sin^2 x}=-\csc^2 x$;

(11) $(\sec x)'=\sec x\tan x$; (12) $(\csc x)'=-\csc x\cot x$;

(13) $(\arcsin x)'=\dfrac{1}{\sqrt{1-x^2}}$; (14) $(\arccos x)'=-\dfrac{1}{\sqrt{1-x^2}}$;

(15) $(\arctan x)'=\dfrac{1}{1+x^2}$; (16) $(\operatorname{arccot} x)'=-\dfrac{1}{1+x^2}$.

二、导数的四则运算法则

定理 2.3 设 $u(x),v(x)$ 均在点 x 处可导,则 $u(x)\pm v(x)$,$u(x)v(x)$,$\dfrac{u(x)}{v(x)}$ ($v(x)\neq 0$)

在点 x 处也可导,且
$$[u(x)\pm v(x)]'=u'(x)\pm v'(x), \quad [u(x)v(x)]'=u'(x)v(x)+u(x)v'(x),$$
$$\left[\frac{u(x)}{v(x)}\right]'=\frac{u'(x)v(x)-u(x)v'(x)}{v^2(x)} \quad (v(x)\neq 0).$$

特别地,有
$$[Cu(x)]' = Cu'(x) \quad (C \text{ 为常数}).$$

注意 (1) $[u(x)v(x)]'\neq u'(x)v'(x)$; (2) $\left[\dfrac{u(x)}{v(x)}\right]'\neq \dfrac{u'(x)}{v'(x)}$.

想一想 (1) 若 $u_1(x), u_2(x), \cdots, u_n(x)$ 均在点 x 处可导,$[u_1(x)+u_2(x)+\cdots+u_n(x)]'=?$
(2) 若 $u(x), v(x), w(x)$ 均在点 x 处可导,$[u(x)v(x)w(x)]'=?$

例 1 设 $y=\dfrac{x^3}{3}-\dfrac{x^2}{2}+x-5$,求 y'.

解 $y'=\left(\dfrac{x^3}{3}-\dfrac{x^2}{2}+x-5\right)'=\dfrac{1}{3}(x^3)'-\dfrac{1}{2}(x^2)'+(x)'-(5)'$
$=\dfrac{1}{3}\cdot 3x^2-\dfrac{1}{2}\cdot 2x+1-0=x^2-x+1.$

例 1 告诉我们:n 次多项式 $y=a_0x^n+a_1x^{n-1}+\cdots+a_{n-1}x+a_n(a_0\neq 0)$,其导数为
$$y'=a_0nx^{n-1}+a_1(n-1)x^{n-2}+\cdots+a_{n-1},$$
是 $n-1$ 次的多项式.

例 2 设 $y=\sin x+\ln x+\dfrac{1}{\sqrt[3]{x}}$,求 y'.

解 $y'=\left(\sin x+\ln x+\dfrac{1}{\sqrt[3]{x}}\right)'=(\sin x)'+(\ln x)'+(x^{-\frac{1}{3}})'$
$=\cos x+\dfrac{1}{x}-\dfrac{1}{3}x^{-\frac{4}{3}}=\cos x+\dfrac{1}{x}-\dfrac{1}{3\sqrt[3]{x^4}}.$

试一试 求下列函数的导数:
(1) $y=\cos x+3\sin x-\cos\pi$; (2) $y=x^5+\log_5 x+\sqrt[5]{5}$; (3) $y=2x+\dfrac{1}{x}+\ln x$.

例 3 设 $f(x)=(x+1)\ln x$,求 $f'(x)$.

解 $f'(x)=[(x+1)\ln x]'=(x+1)'\ln x+(x+1)(\ln x)'$
$=(1+0)\ln x+(x+1)\dfrac{1}{x}=\ln x+\dfrac{1}{x}+1.$

试一试 求下列函数的导数:
(1) $y=x^3\sin x$; (2) $y=5x^6\ln x$; (3) $y=x(x+1)(2-x)$; (4) $y=x^2\left(\dfrac{x}{3}+\dfrac{1}{2}\right)$.

例 4 设 $f(x)=\dfrac{a+x}{a-x}$,求 $f'(x)$.

解 $f'(x)=\left(\dfrac{a+x}{a-x}\right)'=\dfrac{(a+x)'(a-x)-(a+x)(a-x)'}{(a-x)^2}$
$=\dfrac{(0+1)(a-x)-(a+x)(0-1)}{(a-x)^2}=\dfrac{2a}{(a-x)^2}.$

试一试 求下列函数的导数：

(1) $y = \dfrac{x}{x^2+1}$; (2) $y = \dfrac{\ln x}{x}$; (3) $y = \dfrac{\cos x}{\ln x}$.

例 5 设 $y = \tan x$，求 y'.

解 因为 $\tan x = \dfrac{\sin x}{\cos x}$，所以我们可应用商的求导法则来求 $(\tan x)'$:

$$y' = \left(\dfrac{\sin x}{\cos x}\right)' = \dfrac{(\sin x)' \cos x - \sin x (\cos x)'}{\cos^2 x}$$

$$= \dfrac{\cos^2 x + \sin^2 x}{\cos^2 x} = \dfrac{1}{\cos^2 x} = \sec^2 x,$$

即

$$(\tan x)' = \sec^2 x.$$

类似地，有

$$(\cot x)' = -\csc^2 x, \quad (\sec x)' = \sec x \tan x, \quad (\csc x)' = -\csc x \cot x.$$

这样，借助于商的求导法则，我们又得到了四个三角函数的导数公式.

三、反函数的求导法则

定理 2.4 若函数 $x = \varphi(y)$ 在区间 J 内单调可导，且 $\varphi'(y) \neq 0$，则在对应区间 I 内，其反函数 $y = f(x)$ 也可导，且有

$$f'(x) = \dfrac{1}{\varphi'(y)} \quad \text{或} \quad \dfrac{\mathrm{d}y}{\mathrm{d}x} = \dfrac{1}{\dfrac{\mathrm{d}x}{\mathrm{d}y}},$$

即反函数的导数等于原来函数的导数之倒数.

利用反函数的求导法则，可以求出反三角函数和指数函数的导数.

四、复合函数的求导法则

定理 2.5 若函数 $u = \varphi(x)$ 在点 x 处可导，函数 $y = f(u)$ 在相应的点 u 处可导，则复合函数 $y = f[\varphi(x)]$ 在点 x 处可导，且

$$\dfrac{\mathrm{d}y}{\mathrm{d}x} = \dfrac{\mathrm{d}y}{\mathrm{d}u} \cdot \dfrac{\mathrm{d}u}{\mathrm{d}x},$$

即复合函数对自变量 x 的导数等于该函数对中间变量 u 的导数乘以中间变量 u 对自变量 x 的导数.

复合函数的求导法则在导数的计算中是十分重要的，仅仅弄懂还很不够，务必做到熟练运用.

例 6 设 $y = (2x^2 + 1)^5$，求 y'.

解 将 $y = (2x^2 + 1)^5$ 看做 $y = u^5$ 和 $u = 2x^2 + 1$ 的复合函数，于是

$$\dfrac{\mathrm{d}y}{\mathrm{d}x} = \dfrac{\mathrm{d}y}{\mathrm{d}u} \cdot \dfrac{\mathrm{d}u}{\mathrm{d}x} = 5u^4 \cdot (2x^2 + 1)' = 5u^4 \cdot 4x = 20x(2x^2 + 1)^4.$$

例 7 设 $y = \sin x^2$，求 y'.

解 将 $y = \sin x^2$ 看成 $y = \sin u$ 和 $u = x^2$ 的复合函数，于是

$$\dfrac{\mathrm{d}y}{\mathrm{d}x} = \dfrac{\mathrm{d}y}{\mathrm{d}u} \cdot \dfrac{\mathrm{d}u}{\mathrm{d}x} = \cos u \cdot (x^2)' = \cos u \cdot 2x = 2x \cos x^2.$$

例 8 设 $y=2^{\tan x}$,求 y'.

解 将 $y=2^{\tan x}$ 看成 $y=2^u$ 和 $u=\tan x$ 的复合函数,于是
$$\frac{dy}{dx}=\frac{dy}{du}\cdot\frac{du}{dx}=2^u\ln 2(\tan x)'=2^u\ln 2\cdot\sec^2 x=\ln 2\cdot\sec^2 x\cdot 2^{\tan x}.$$

试一试 求下列函数的导数:

(1) $y=\sin(3x-5)$;　　(2) $y=\ln(1-x)$;　　(3) $y=\tan\dfrac{1}{x}$.

由以上例子看出:应用复合函数的求导法则时,最关键的是要弄清函数的复合关系,即首先要分析所给函数由哪些简单函数复合而成,中间变量是什么,初学者最好先将它们列出以免丢"层",然后利用法则求导数,最后应将结果中的中间变量回代为自变量的函数.

当对复合函数的分解比较熟练后,就不必再写出中间变量,可直接按复合函数的构成,由外层向内层逐层求导,直到对自变量求导数为止. 例如,设 $y=\ln\cos x$,则
$$y'=\frac{1}{\cos x}(\cos x)'=\frac{1}{\cos x}(-\sin x)=-\tan x.$$

试一试 求下列函数的导数:

(1) $y=(x^2-3x-2)^4$;　　(2) $y=10^{\sqrt{x}}$;　　(3) $y=\sqrt{1-x^2}$.

例 9 设 $y=x^\alpha$(α 为实常数,$x>0$),求 y'.

解 $y=x^\alpha=e^{\ln x^\alpha}=e^{\alpha\ln x}$,于是
$$y'=e^{\alpha\ln x}(\alpha\ln x)'=e^{\alpha\ln x}\cdot\frac{\alpha}{x}=x^\alpha\cdot\frac{\alpha}{x}=\alpha x^{\alpha-1}.$$

复合函数的求导法则可以推广到**多个中间变量**的情形. 例如,设 $y=f(u)$,$u=\varphi(v)$,$v=\psi(x)$,则复合函数 $y=f\{\varphi[\psi(x)]\}$ 的导数为
$$\frac{dy}{dx}=\frac{dy}{du}\cdot\frac{du}{dv}\cdot\frac{dv}{dx}.$$

例 10 设 $y=\arctan e^{-x}$,求 y'.

解 $y'=\dfrac{1}{1+(e^{-x})^2}\cdot(e^{-x})'=\dfrac{1}{1+(e^{-x})^2}\cdot(-e^{-x})=-\dfrac{e^{-x}}{1+e^{-2x}}.$

试一试 求下列函数的导数:

(1) $y=\cos^2(3x)$;　　(2) $y=5^{\arctan\sqrt{x}}$;　　(3) $y=\ln\sqrt{2x-1}$.

由于初等函数是基本初等函数经有限次四则运算以及有限次复合运算而得到的函数,所以利用基本初等函数的导数公式和导数的四则运算法则以及复合函数的求导法则,我们就可以计算出任何初等函数的导数.

例 11 求下列函数的导数:

(1) $y=\dfrac{x}{\sqrt{a^2+x^2}}$;　　(2) $y=e^{-t}\cos 3t$;　　(3) $y=\ln(x+\sqrt{a^2+x^2})$.

解 (1) $y'=\dfrac{(x)'\sqrt{a^2+x^2}-x(\sqrt{a^2+x^2})'}{(\sqrt{a^2+x^2})^2}=\dfrac{1\cdot\sqrt{a^2+x^2}-x\cdot\dfrac{1}{2\sqrt{a^2+x^2}}\cdot 2x}{a^2+x^2}=\dfrac{a^2}{\sqrt{(a^2+x^2)^3}}.$

(2) $y'=(e^{-t})'\cos 3t+e^{-t}(\cos 3t)'=e^{-t}\cdot(-1)\cos 3t+e^{-t}(-\sin 3t)\cdot 3$
　　$=-e^{-t}(\cos 3t+3\sin 3t).$

(3) $y' = \dfrac{1}{x+\sqrt{a^2+x^2}}(x+\sqrt{a^2+x^2})' = \dfrac{1}{x+\sqrt{a^2+x^2}}\left(1+\dfrac{1}{2\sqrt{a^2+x^2}}\cdot 2x\right)$

$\qquad = \dfrac{1}{x+\sqrt{a^2+x^2}}\left(1+\dfrac{x}{\sqrt{a^2+x^2}}\right) = \dfrac{1}{\sqrt{a^2+x^2}}.$

试一试 求下列函数的导数:

(1) $y = e^{-2x}\sin 3x$;   (2) $y = (x^2-x+3)e^{-x}$;   (3) $y = \sqrt{x-e^{-x}}$.

例 12 设 $y = \ln|x|$, 求 y'.

解 由于 $y = \begin{cases} \ln x, & x > 0, \\ \ln(-x), & x < 0, \end{cases}$ 于是

(1) 当 $x > 0$ 时, $y' = (\ln x)' = \dfrac{1}{x}$;

(2) 当 $x < 0$ 时, $y' = [\ln(-x)]' = \dfrac{1}{-x}(-1) = \dfrac{1}{x}$.

综合(1),(2),得

$$(\ln|x|)' = \dfrac{1}{x}.$$

五、高阶导数

设物体做变速直线运动,其运动方程是 $s = f(t)$,则物体运动的速度 v 是路程 s 对时间 t 的导数,即

$$v = s'_t = f'(t).$$

如果速度 v 仍是时间 t 的函数,那么,由物理学知识知道,速度 v 对时间 t 的导数就是物体运动的加速度 a,即

$$a = v' = (s'_t)' = [f'(t)]'.$$

s'_t 对 t 的导数叫做 s 对 t 的二阶导数.

一般来说,函数 $y = f(x)$ 的导函数 $f'(x)$ 仍然是 x 的函数,如果 $f'(x)$ 仍然可导,则 $f'(x)$ 的导数 $[f'(x)]'$ 称为函数 $f(x)$ 的**二阶导数**,记为 $f''(x)$, y'', $\dfrac{d^2y}{dx^2}$ 或 $\dfrac{d^2f(x)}{dx^2}$,即

$$f''(x) = [f'(x)]', \quad y'' = (y')', \quad \dfrac{d^2y}{dx^2} = \dfrac{d}{dx}\left(\dfrac{dy}{dx}\right), \quad \dfrac{d^2f(x)}{dx^2} = \dfrac{d}{dx}\left[\dfrac{df(x)}{dx}\right].$$

类似地,二阶导数的导数称为**三阶导数**,三阶导数的导数称为**四阶导数**,$\cdots$,$n-1$ 阶导数的导数称为 n **阶导数**,分别记做 $f'''(x)$, $f^{(4)}(x)$, $\cdots$, $f^{(n)}(x)$,或者 y''', $y^{(4)}$, $\cdots$, $y^{(n)}(x)$,或者 $\dfrac{d^3y}{dx^3}$, $\dfrac{d^4y}{dx^4}$, $\cdots$, $\dfrac{d^ny}{dx^n}$,或者 $\dfrac{d^3f(x)}{dx^3}$, $\dfrac{d^4f(x)}{dx^4}$, $\cdots$, $\dfrac{d^nf(x)}{dx^n}$,即

$$f^{(n)}(x) = [f^{(n-1)}(x)]'.$$

函数 $f(x)$ 在点 x_0 处的 n 阶导数记为

$$f^{(n)}(x_0), \quad y^{(n)}\Big|_{x=x_0}, \quad \dfrac{d^ny}{dx^n}\bigg|_{x=x_0} \quad \text{或} \quad \dfrac{d^nf(x)}{dx^n}\bigg|_{x=x_0}.$$

二阶和二阶以上的导数统称为**高阶导数**. 相对于高阶导数而言,函数 $f(x)$ 的导数 $f'(x)$ 称为**一阶导数**.

根据高阶导数的定义可知,求函数的高阶导数不需要新的方法,只要对函数一次一次地求导数就行了.

例 13 设 $y=x^3-3x^2+5x+7$,求 $y^{(4)}$.

解 $y'=3x^2-6x+5$,$y''=6x-6$,$y'''=6$,$y^{(4)}=0$.

例 14 设 $y=(3x+1)e^{-2x}$,求 y''.

解 (1) $y'=(3x+1)'e^{-2x}+(3x+1)(e^{-2x})'=3e^{-2x}+(3x+1)e^{-2x}\cdot(-2)=(1-6x)e^{-2x}$;

(2) $y''=(1-6x)'e^{-2x}+(1-6x)(e^{-2x})'=-6e^{-2x}+(1-6x)e^{-2x}\cdot(-2)=4(3x-2)e^{-2x}$.

例 15 设 $y=\ln(2+x^2)$,求 y'',$y''\big|_{x=0}$.

解 (1) $y'=\dfrac{2x}{2+x^2}$,$y''=\dfrac{2(2+x^2)-2x\cdot 2x}{(2+x^2)^2}=\dfrac{2(2-x^2)}{(2+x^2)^2}$;

(2) $y''\big|_{x=0}=\dfrac{2(2-x^2)}{(2+x^2)^2}\big|_{x=0}=\dfrac{2\times 2}{2^2}=1$.

试一试 求下列函数的二阶导数 y'' 及 $y''(1)$:

(1) $y=1+\sqrt[3]{x}$;   (2) $y=x\ln x$;   (3) $y=\sin x^2$;   (4) $y=e^{\sqrt{x}}$.

习 题 2.2

(A)

一、选择题

1. $(\cos x^2)'=(\quad)$.

    A. $\sin x^2$ B. $-\sin x^2$ C. $2x\sin x^2$ D. $-2x\sin x^2$

2. 设 $y=x^3 e^{-x}$,则 $y'=(\quad)$.

    A. $3x^2 e^{-x}$ B. $-3x^2 e^{-x}$ C. $(3x^2+x^3)e^{-x}$ D. $(3x^2-x^3)e^{-x}$

3. 设 $f(x)=a_0 x^n+a_1 x^{n-1}+\cdots+a_{n-1}x+a_n$,则 $[f(0)]'=(\quad)$.

    A. a_n B. a_{n-1} C. $a_0 n!$ D. 0

4. 设 $y=x(x-1)(x-2)(x-3)$,则 $y'(0)=(\quad)$.

    A. 0   B. 1   C. 3   D. -6

5. 设 $y=\dfrac{2^x}{x^2}$,则 $y'=(\quad)$.

    A. $\dfrac{2^x \ln 2}{2x}$ B. $\dfrac{x^2 \cdot 2^x \ln x-2x\cdot 2^x}{x^4}$

    C. $\dfrac{2x\cdot 2^x-x^2\cdot 2^x \ln 2}{x^4}$ D. $\dfrac{x^2\cdot 2^x \ln 2-2x\cdot 2^x}{x^4}$

6. 设 $y=\sqrt{x^2+e^{-2x}}$,则 $y'=(\quad)$.

    A. $\dfrac{(2x+e^{-2x})(-2x)'}{2\sqrt{x^2+e^{-2x}}}$ B. $\dfrac{(2x-2e^{-2x})(-2x)'}{2\sqrt{x^2+e^{-2x}}}$

    C. $\dfrac{2x+e^{-2x}(-2x)'}{2\sqrt{x^2+e^{-2x}}}$ D. $\dfrac{2x-2e^{-2x}(-2x)'}{2\sqrt{x^2+e^{-2x}}}$

7. 设曲线 $y=x^2+x-2$ 在点 M 处的切线斜率为 3,则点 M 的坐标为($\quad$).

    A. (0,1)   B. (1,0)   C. (0,0)   D. (1,1)

二、填空题

1. $(x^{100})' = $ _____ ; $(\sqrt[3]{x^2})' = $ _____ ; $(\sqrt[5]{5})' = $ _____ .
2. $(\sin 3x)' = $ _____ ; $\left(\cos \dfrac{1}{x}\right)' = $ _____ ; $[\cos(3-x)]' = $ _____ .
3. $(\sqrt{x^2+a^2})' = $ _____ ; $(3^{\tan x})' = $ _____ ; $(\ln|x|)' = $ _____ .
4. $(e^{4x})' = $ _____ ; $(e^{-x^2})' = $ _____ ; $(e^{\sqrt{x}}) = $ _____ .
5. $(x\ln x)' = $ _____ ; $[\ln(2-x)]' = $ _____ ; $[\ln(x^2+1)]' = $ _____ .

三、计算题

1. 求下列函数的导数：

   (1) $y = 3x^2 - x + 5$；
   (2) $y = (x+1)\sqrt{2x}$；
   (3) $y = \dfrac{x^2}{2} + \dfrac{2}{x^2}$；
   (4) $y = \dfrac{1-x^3}{\sqrt{x}}$；
   (5) $y = x^9 + 9^x + \ln 9$；
   (6) $y = x^3 \cdot 3^x$；
   (7) $y = x\sin x + \cos x$；
   (8) $y = e^x(\sin x - \cos x)$；
   (9) $y = \dfrac{x+1}{x-1}$；
   (10) $y = \dfrac{1+\cos x}{\sin x}$；
   (11) $y = \dfrac{x}{1-\cos x}$；
   (12) $y = \dfrac{x\sin x}{1+\cos x}$.

2. 求下列函数的导数（其中 a 为常数）：

   (1) $y = 2^{2x+1}$；
   (2) $y = \sin \dfrac{x}{2}$；
   (3) $y = \sqrt{x^2 - a^2}$；
   (4) $y = e^{-x^2+2x-1}$；
   (5) $y = \ln \sqrt{x^2 + a^2}$；
   (6) $y = \cos^3(5-2x)$；
   (7) $y = \ln[\ln(\ln x)]$；
   (8) $y = \ln(x + \sqrt{x^2 - a^2})$.

3. 求下列函数的导数：

   (1) $y = \sin x^2 - \cos^2 x$；
   (2) $y = (x+1)^{\frac{2}{3}}(x-5)^2$；
   (3) $y = x^2 \sin \dfrac{1}{x}$；
   (4) $y = e^{-x}\cos 3x$；
   (5) $y = (x^2 - 3x + 1)e^{3x}$；
   (6) $y = x^2 e^{-2x} \ln x$.

4. 求下列函数的二阶导数：

   (1) $y = 2x^3 - 9x^2 + 12x - 3$；
   (2) $y = e^x - e^{-x} - 2x$；
   (3) $y = x(1 + \sqrt[3]{x^2})$；
   (4) $y = (x^2 - 1)^3 + 1$；
   (5) $y = x + \dfrac{1}{x}$；
   (6) $y = \dfrac{x}{x^2 + 1}$；
   (7) $y = x^4 - 6x^3 + 12x^2 - 10x + 4$；
   (8) $f(x) = (x-4)^{5/3}$，求 $f''(0)$.

(B)

一、选择题

1. 设 $y = 3 + x^2$，则 $y' = ($). (2013 年)

   A. $2x$ B. $3 + 2x$ C. 3 D. x^2

2. 设 $y = -2e^x$，则 $y' = ($). (2013 年)

   A. e^x B. $2e^x$ C. $-e^x$ D. $-2e^x$

3. 设 $y = 3 + \sin x$，则 $y' = ($). (2013 年)

A. $-\cos x$ B. $\cos x$ C. $1-\cos x$ D. $1+\cos x$

4. 设 $y=x^2$,则 $y'=($). (2012 年)

A. x^3 B. x C. $\frac{1}{2}x$ D. $2x$

5. 设 $y=2-\cos x$,则 $y'(0)=($). (2012 年)

A. 1   B. 0   C. -1 D. -2

6. 设 $y=x^4$,则 $y'=($). (2011 年)

A. $\frac{1}{5}x^5$ B. $\frac{1}{4}x^3$ C. $4x^3$ D. $x^4\ln x$

7. 设 $y=\sin x$,则 $y''=($). (2011 年)

A. $-\sin x$ B. $\sin x$ C. $-\cos x$ D. $\cos x$

8. 设 $y=x+\sin x$,则 $y'=($). (2010 年)

A. $\sin x$ B. x C. $x+\cos x$ D. $1+\cos x$

9. 设 $y=5^x$,则 $y'=($). (2010 年)

A. 5^{x-1} B. 5^x C. $5^x\ln 5$ D. 5^{x+1}

二、填空题

1. 设 $y=(x+3)^2$,则 $y'=$ _____ . (2013 年)
2. 设 $y=2e^{x-1}$,则 $y''=$ _____ . (2013 年)
3. 设 $y=\sin(x+2)$,则 $y'=$ _____ . (2012 年)
4. 曲线 $y=x^2-x$ 在点 $(1,0)$ 处的切线斜率为 _____ . (2012 年)
5. 设 $y=x^3+2$,则 $y''=$ _____ . (2012 年)
6. 曲线 $y=2x^2$ 在点 $(1,2)$ 处的切线方程为 _____ . (2011 年)
7. 设 $y=e^{2x}$,则 $y'\big|_{x=1}=$ _____ . (2011 年)
8. 曲线 $y=e^{-x}$ 在点 $(0,1)$ 处的切线斜率为 $k=$ _____ . (2010 年)
9. 设 $y=x^2e^x$,则 $y'=$ _____ . (2010 年)
10. 设 $y=\cos x$,则 $y'=$ _____ . (2010 年)

三、计算题

设 $y=xe^x$,求 y'. (2012 年)

§2.3　隐函数及由参数方程所确定的函数的导数

一、隐函数的导数

前面我们都是针对因变量 y 已写成自变量 x 的明显表达式 $y=f(x)$ 讨论求导数的方法. 我们还会遇到这样的情形:两个变量之间的对应关系是由一个方程确定的,函数关系隐含在这个方程中. 例如,方程 $x+y^3-1=0$,当变量 x 在 $(-\infty,+\infty)$ 内每取定一个值时,根据该方程都有唯一确定的 y 值与之对应. 可见,方程 $x+y^3-1=0$ 确定了一个函数,我们称它为隐函数. 在隐函数中,两个变量 x 和 y 的地位是平等的. 若以 x 作为自变量,由方程解出 y 来,便得到函数

$$y = \sqrt[3]{1-x}.$$

这个求解过程叫做将隐函数显化.

一般地,由方程 $F(x,y)=0$ 在一定条件下所确定的函数称为 **隐函数**. 相应地,函数 $y=f(x)$ 称为 **显函数**.

但并不是所有的隐函数都容易显化或能够显化,如由方程 $y+x-e^{xy}=0$ 确定的隐函数就不能显化. 而在实际问题中,又需要求这些隐函数的导数. 因此,我们希望找到一种方法,能直接由方程 $F(x,y)=0$ 计算出它所确定的隐函数的导数.

下面我们通过具体例子来说明隐函数的求导数方法.

例 1 方程 $x^2+y^2=1$ 确定 y 是 x 的函数,求 $\dfrac{dy}{dx}$.

解 这里 x^2 是 x 的函数,而 y^2 可看成 x 的复合函数. 方程两边同时对 x 求导数,得
$$(x^2)' + (y^2)'_x = (1)',$$
$$2x + 2yy' = 0.$$
解出 y',即得
$$\frac{dy}{dx} = -\frac{x}{y}.$$

隐函数求导数的结果中可能含有 y,这是正常的.

试一试 方程 $y^3+3y-x=0$ 确定 y 是 x 的函数,求 $\dfrac{dy}{dx}$.

例 2 方程 $y+x-e^{xy}=0$ 确定 y 是 x 的函数,求 $\dfrac{dy}{dx}$.

解 方程两边同时对 x 求导数,得
$$(y)'_x + (x)' - (e^{xy})'_x = (0)',$$
$$\frac{dy}{dx} + 1 - e^{xy}(xy)'_x = 0,$$
$$\frac{dy}{dx} + 1 - e^{xy}\left(y + x\frac{dy}{dx}\right) = 0.$$
解出 $\dfrac{dy}{dx}$,得
$$\frac{dy}{dx} = \frac{ye^{xy}-1}{1-xe^{xy}}.$$

试一试 下列方程确定 y 是 x 的函数,求 $\dfrac{dy}{dx}$:

(1) $y=\sin(x+y)$; (2) $\ln y = xy + \cos x$.

例 3 求曲线 $x^2+y^4=17$ 在点 $x=4$ 处的切线方程.

解 (1) 求切点:当 $x=4$ 时,$4^2+y^4=17$,即 $y=\pm 1$;

(2) 求导数:方程两边同时对 x 求导数,得
$$2x+4y^3y'=0, \quad 即 \quad y'=-\frac{x}{2y^3};$$

(3) 求斜率:$k_1 = y'\big|_{\substack{x=4\\y=1}} = -2$, $k_2 = y'\big|_{\substack{x=4\\y=-1}} = 2$;

(4) 求切线方程:$y-1=-2(x-4)$ 或 $y+1=2(x-4)$,即
$$2x+y-9=0 \quad 或 \quad 2x-y-9=0.$$

隐函数求导数的方法的实质是：方程两边同时对 x 求导数，遇到 x 的函数 $f(x)$，求出 $f'(x)$；遇到 y，写成 y'；遇到 y 的函数 $\varphi(y)$，看成 x 的复合函数，$[\varphi(y)]'=\varphi'_y(y)\cdot y'$．这种方法也可用于求显函数导数．在计算幂指函数(形如 $y=u(x)^{v(x)}(u(x)>0)$ 的函数称为**幂指函数**)的导数以及某些因式的乘方、开方、连乘积的导数时，就可以采用先将所给显函数 $y=f(x)$ 两边取对数，得到隐函数 $\ln y=\ln f(x)$，然后再借助于隐函数求导法的思路求出 y 对 x 的导数．这种方法简称为**对数求导法**．

例 4 求函数 $y=\sqrt{\dfrac{(x-1)(x-2)}{(x-3)(x-4)}}$ 的导数．

解 两边取对数，得

$$\ln y=\frac{1}{2}[\ln(x-1)+\ln(x-2)-\ln(x-3)-\ln(x-4)]. \tag{2-2}$$

上式两边同时对 x 求导数(注意 y 是 x 的函数)，得

$$\frac{1}{y}\cdot y'=\frac{1}{2}\left(\frac{1}{x-1}+\frac{1}{x-2}-\frac{1}{x-3}-\frac{1}{x-4}\right),$$

故

$$y'=\frac{y}{2}\left(\frac{1}{x-1}+\frac{1}{x-2}-\frac{1}{x-3}-\frac{1}{x-4}\right)$$

$$=\frac{1}{2}\sqrt{\frac{(x-1)(x-2)}{(x-3)(x-4)}}\left(\frac{1}{x-1}+\frac{1}{x-2}-\frac{1}{x-3}-\frac{1}{x-4}\right).$$

这种取对数的方法给求导数带来了很大方便，但取对数后(2-2)式的取值范围会受到一定的限制．可以证明，这并不影响最终求导结果．因此，在解题过程中可暂不考虑．

例 5 求幂指函数 $y=(1+x)^x$ 的导数．

解 两边取对数，得

$$\ln y=x\ln(1+x).$$

上式两边同时对 x 求导数(注意 y 是 x 的函数)，得

$$\frac{1}{y}\cdot y'=\ln(1+x)+\frac{x}{1+x},$$

故

$$y'=y\left[\ln(1+x)+\frac{x}{1+x}\right]=(1+x)^x\left[\ln(1+x)+\frac{x}{1+x}\right].$$

*二、由参数方程所确定的函数的导数

在平面解析几何中，我们学过圆的参数方程为

$$\begin{cases}x=R\cos t,\\ y=R\sin t,\end{cases}(0\leqslant t\leqslant 2\pi),$$

椭圆的参数方程为

$$\begin{cases}x=a\cos t,\\ y=b\sin t,\end{cases}(0\leqslant t\leqslant 2\pi).$$

一般地，若参数方程

$$\begin{cases}x=\varphi(t),\\ y=\psi(t),\end{cases}(a\leqslant t\leqslant b), \tag{2-3}$$

确定 y 与 x 之间的函数关系，则称此函数关系所表达的函数为由参数方程(2-3)所表示的函数．

设函数 $\varphi(t)$ 与 $\psi(t)$ 都是 t 的可导函数，且 $\varphi(t)$ 有单调、连续的反函数 $t=\varphi^{-1}(x)$，此时，y

与 x 之间的函数关系可表示为复合函数 $y=\psi[\varphi^{-1}(x)]$. 当 $\varphi'(t)\neq 0$ 时,由复合函数求导法则及反函数的导数公式可得到

$$\frac{dy}{dx}=\frac{dy}{dt}\cdot\frac{dt}{dx}=\frac{\dfrac{dy}{dt}}{\dfrac{dx}{dt}}=\frac{\psi'(t)}{\varphi'(t)}. \tag{2-4}$$

由此可见,我们不必建立 y 对于 x 的直接关系,由参数方程(2-3)就可求出 y 对于 x 的导数. (2-4)式就是由参数方程(2-3)所确定的函数 y 对 x 的导数公式.

例 6 设 $\begin{cases} x=a\cos^3 t, \\ y=a\sin^3 t, \end{cases}$ 求 $\dfrac{dy}{dx}$.

解 (1) $\dfrac{dy}{dt}=3a\sin^2 t\cdot\cos t, \dfrac{dx}{dt}=-3a\cos^2 t\cdot\sin t$;

(2) $\dfrac{dy}{dx}=\dfrac{\dfrac{dy}{dt}}{\dfrac{dx}{dt}}=\dfrac{3a\sin^2 t\cdot\cos t}{-3a\cos^2 t\cdot\sin t}=-\tan t$.

例 7 求椭圆 $\begin{cases} x=a\cos t, \\ y=b\sin t \end{cases}$ 在 $t=\dfrac{\pi}{4}$ 处的切线方程.

解 (1) 求切点:$x=a\cos t\Big|_{t=\pi/4}=\dfrac{\sqrt{2}}{2}a, y=b\sin t\Big|_{t=\pi/4}=\dfrac{\sqrt{2}}{2}b$;

(2) 求导数:$\dfrac{dy}{dt}=b\cos t, \dfrac{dx}{dt}=-a\sin t, \dfrac{dy}{dx}=-\dfrac{b\cos t}{a\sin t}=-\dfrac{b}{a}\cot t$;

(3) 求斜率:$k=y'\Big|_{t=\pi/4}=-\dfrac{b}{a}$;

(4) 求切线方程:$y-\dfrac{\sqrt{2}}{2}b=-\dfrac{b}{a}\left(x-\dfrac{\sqrt{2}}{2}a\right)$,即

$$bx+ay-\sqrt{2}ab=0.$$

习 题 2.3

(A)

一、选择题

1. 设函数 $y=y(x)$ 由方程 $xy+\ln y=0$ 所确定,则 $\dfrac{dy}{dx}=($).

A. $-\dfrac{\ln y}{x}$ B. $-\dfrac{1}{xy}$ C. $\dfrac{-y^2}{xy+1}$ D. $-\dfrac{y^2+1}{xy}$

2. 圆 $\begin{cases} x=\cos t, \\ y=\sin t \end{cases}$ 在 $t=\dfrac{\pi}{4}$ 处的切线方程为( ).

A. $x-y=\sqrt{2}$ B. $x+y=\sqrt{2}$ C. $x+y=0$ D. $x-y=0$

二、计算题

1. 下列方程确定 y 是 x 的函数,求 $\dfrac{dy}{dx}$(其中 a,b 为常数):

(1) $x^2+y^2-xy=1$;   (2) $y^2-2axy+b=0$;   (3) $y=x+\ln y$;

(4) $xy = e^{x+y}$;　　　　(5) $xy - \sin(\pi y^2) = 0$，求 $y'\big|_{\substack{x=0\\y=1}}$．

2．利用对数求导法求下列各函数的导数：

(1) $y = x^x$;　　　　(2) $y = \dfrac{x(x^2+1)}{\sqrt{1-x^2}}$;　　　　(3) $y = (\sin x^2)^{\cos x}$．

3．求由下列参数方程所确定的函数 $y = f(x)$ 的导数 $\dfrac{dy}{dx}$：

(1) $\begin{cases} x = 2t, \\ y = 4t^2; \end{cases}$　　(2) $\begin{cases} x = te^{-t}, \\ y = e^t; \end{cases}$　　(3) $\begin{cases} x = a(t - \sin t), \\ y = a(1 - \cos t) \end{cases}$ $(0 < t < 2\pi)$．

三、解答题

求曲线 $\begin{cases} x = 2e^t, \\ y = e^{-t} \end{cases}$ 在 $t = 0$ 相应的点处的切线方程．

(B)

计算题

1．设函数 $y = f(x)$ 由方程 $x^2 + 3y^4 + x + 2y = 1$ 所确定，求 $\dfrac{dy}{dx}$．（2011年）

2．设 $\begin{cases} x = t^2, \\ y = t^3 \end{cases}$（$t$ 为参数），求 $\dfrac{dy}{dx}\bigg|_{t=1}$．（2010年）

§2.4　微　分

一、微分的概念

用导数可以描述函数在某点变化的快慢程度．但有时还需要了解函数自变量在某一点取得微小改变量时，函数相应的改变量大小．我们先来考察下面的例子．

引例　设某正方形的边长为 x，则其面积为 $S = x^2$．当边长 x 在 x_0 处有一改变量 Δx 时（如图 2-4），面积 S 相应的改变量为

$$\Delta S = (x_0 + \Delta x)^2 - x_0^2 = 2x_0 \Delta x + (\Delta x)^2.$$

可见，面积的改变量 ΔS 能够分成两部分：

第一部分：$2x_0 \Delta x$，它是关于 Δx 的线性函数；

第二部分：$(\Delta x)^2$，它是 Δx 的高阶无穷小，即

$$(\Delta x)^2 = o(\Delta x) \quad (\Delta x \to 0).$$

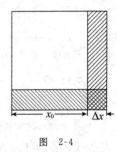

图 2-4

于是

$$\Delta S = 2x_0 \Delta x + o(\Delta x) \quad (\Delta x \to 0).$$

因此，当 $|\Delta x|$ 很小时，$\Delta S \approx 2x_0 \Delta x$．显然，$2x_0 \Delta x$ 是 ΔS 的主要部分，称其为 ΔS 的**线性主部**．

在上述例子中，ΔS 可近似取为 $2x_0 \Delta x$，即 $S'(x_0)\Delta x$，其误差为 Δx 的高阶无穷小．那么，对一般的可导函数 $y = f(x)$，用 $f'(x_0)\Delta x$ 近似代替 Δy，是否也能保证误差为 Δx 的高阶无穷小呢？回答是肯定的，这种近似代替具有一般性．

定义 2.2　设函数 $y = f(x)$ 在点 x_0 的某邻域内有定义，当自变量 x 在点 x_0 处有一改变

量 Δx 时,如果函数相应的改变量 $\Delta y = f(x_0 + \Delta x) - f(x_0)$ 可以表示为
$$\Delta y = A\Delta x + o(\Delta x) \quad (\Delta x \to 0),$$
其中 A 是仅与 x_0 有关而与 Δx 无关的常量,则称函数 $f(x)$ 在点 x_0 处**可微**,且 Δy 的线性主部 $A\Delta x$ 称为函数 $f(x)$ 在点 x_0 处的**微分**,记为 $\mathrm{d}y\big|_{x=x_0}$,即
$$\mathrm{d}y\big|_{x=x_0} = A\Delta x.$$

注意 函数 $f(x)$ 在点 x_0 处的微分有两个特点:

(1) $\mathrm{d}y\big|_{x=x_0} = A\Delta x$ 是改变量 Δx 的线性函数,因此它容易计算;

(2) 当 $\Delta x \to 0$ 时,函数的改变量 Δy 与 $\mathrm{d}y\big|_{x=x_0}$ 之差 $\Delta y - \mathrm{d}y\big|_{x=x_0} = o(\Delta x)$ 是 Δx 的高阶无穷小,因此,当 $|\Delta x|$ 很小时,忽略高阶无穷小,可用 $\mathrm{d}y\big|_{x=x_0}$ 作为 Δy 的近似值.

定理 2.6 函数 $f(x)$ 在点 x_0 处可微的充分必要条件是函数 $f(x)$ 在点 x_0 处可导,并且
$$f'(x_0) = A.$$

证明 **必要性** 设函数 $f(x)$ 在点 x_0 处可微,则
$$\Delta y = f(x_0 + \Delta x) - f(x_0) = A\Delta x + o(\Delta x);$$
$$\frac{\Delta y}{\Delta x} = \frac{f(x_0 + \Delta x) - f(x_0)}{\Delta x} = \frac{A\Delta x + o(\Delta x)}{\Delta x} = A + \frac{o(\Delta x)}{\Delta x};$$
$$\lim_{\Delta x \to 0} \frac{\Delta y}{\Delta x} = \lim_{\Delta x \to 0} \frac{A\Delta x + o(\Delta x)}{\Delta x} = \lim_{\Delta x \to 0} \left[A + \frac{o(\Delta x)}{\Delta x} \right] = A.$$
故函数 $f(x)$ 在点 x_0 处可导,并且 $f'(x_0) = A$.

充分性 设函数 $f(x)$ 在点 x_0 处可导,即 $\lim\limits_{\Delta x \to 0} \frac{\Delta y}{\Delta x} = f'(x_0)$,因而
$$\frac{\Delta y}{\Delta x} = f'(x_0) + \alpha,$$
其中 $\lim\limits_{\Delta x \to 0} \alpha = 0$,于是
$$\Delta y = f'(x_0)\Delta x + \alpha \Delta x.$$
由于 $f'(x_0)$ 与 Δx 无关,而 $\lim\limits_{\Delta x \to 0} \frac{\alpha \Delta x}{\Delta x} = \lim\limits_{\Delta x \to 0} \alpha = 0$,故函数 $f(x)$ 在点 x_0 处可微.

函数 $y = f(x)$ 在任意可导点 x 处的微分记为 $\mathrm{d}y$ 或 $\mathrm{d}f(x)$,且有
$$\mathrm{d}y = f'(x)\Delta x \quad \text{或} \quad \mathrm{d}f(x) = f'(x)\Delta x.$$

当 $y = x$ 时,由微分的定义有 $\mathrm{d}y = \mathrm{d}x = (x)'\Delta x = \Delta x$,即 $\Delta x = \mathrm{d}x$. 因此,今后也可把微分表达式 $\mathrm{d}y = f'(x)\Delta x$ 记为
$$\mathrm{d}y = f'(x)\mathrm{d}x,$$
即函数的微分等于函数的导数乘以自变量的微分,进而有
$$\frac{\mathrm{d}y}{\mathrm{d}x} = f'(x).$$

这就是说,在导数的定义中作为一个整体符号出现的 $\frac{\mathrm{d}y}{\mathrm{d}x}$,在引入了微分的概念之后,可以看做函数的微分与自变量的微分之比.因此,导数也称做**微商**.

二、微分的几何意义

设函数 $y=f(x)$ 在点 x_0 处可微,微分为 $\mathrm{d}y\big|_{x=x_0}=f'(x_0)\Delta x$,如图 2-5 所示,有

$$MN = \Delta x\tan\alpha = f'(x_0)\Delta x = \mathrm{d}y\big|_{x=x_0},$$

即当 x 从 x_0 变到 $x_0+\Delta x$ 时,曲线 $y=f(x)$ 在点 $(x_0,f(x_0))$ 处的切线纵坐标的改变量 MN 就是函数 $f(x)$ 在点 x_0 处的微分.

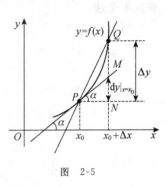

图 2-5

从直观看,当 $|\Delta x|$ 很小时,$\Delta y\approx \mathrm{d}y\big|_{x=x_0}$,即

$$f(x_0+\Delta x) - f(x_0) \approx f'(x_0)\Delta x$$

或

$$f(x_0+\Delta x) \approx f(x_0) + f'(x_0)\Delta x.$$

若令 $x_0+\Delta x=x$,则 $\Delta x=x-x_0$. 于是

$$f(x) \approx f(x_0) + f'(x_0)(x-x_0).$$

上式的几何意义是:当 x 与 x_0 很接近时,可以用切线近似地代替曲线,或者说可以用点 P 处切线上的增量 $\mathrm{d}y$ 近似地代替曲线上的增量 Δy. 还可以用线段 PQ 近似代替弧段 $\overset{\frown}{PQ}$.

三、微分的运算

1. 基本初等函数的微分公式

因为函数的微分等于函数的导数乘以自变量的微分,所以由基本初等函数的导数公式可得到基本初等函数的微分公式:

(1) $\mathrm{d}C=0$(C 为常数);
(2) $\mathrm{d}x^\alpha=\alpha x^{\alpha-1}\mathrm{d}x$($\alpha$ 为实常数);
(3) $\mathrm{d}a^x=a^x\ln a\,\mathrm{d}x$($a>0,a\neq 1$);
(4) $\mathrm{d}e^x=e^x\mathrm{d}x$;
(5) $\mathrm{d}\log_a x=\dfrac{1}{x\ln a}\mathrm{d}x$($a>0,a\neq 1$);
(6) $\mathrm{d}\ln x=\dfrac{1}{x}\mathrm{d}x$;
(7) $\mathrm{d}\sin x=\cos x\,\mathrm{d}x$;
(8) $\mathrm{d}\cos x=-\sin x\,\mathrm{d}x$;
(9) $\mathrm{d}\tan x=\sec^2 x\,\mathrm{d}x$;
(10) $\mathrm{d}\cot x=-\csc^2 x\,\mathrm{d}x$;
(11) $\mathrm{d}\sec x=\sec x\tan x\,\mathrm{d}x$;
(12) $\mathrm{d}\csc x=-\csc x\cot x\,\mathrm{d}x$;
(13) $\mathrm{d}\arcsin x=\dfrac{1}{\sqrt{1-x^2}}\mathrm{d}x$;
(14) $\mathrm{d}\arccos x=-\dfrac{1}{\sqrt{1-x^2}}\mathrm{d}x$;
(15) $\mathrm{d}\arctan x=\dfrac{1}{1+x^2}\mathrm{d}x$;
(16) $\mathrm{d}\text{arccot}\,x=-\dfrac{1}{1+x^2}\mathrm{d}x$.

2. 微分的四则运算法则

(1) $\mathrm{d}(u\pm v)=\mathrm{d}u\pm\mathrm{d}v$;
(2) $\mathrm{d}(uv)=v\mathrm{d}u+u\mathrm{d}v$,特别地,$\mathrm{d}(Cu)=C\mathrm{d}u$($C$ 为常数);
(3) $\mathrm{d}\dfrac{u}{v}=\dfrac{v\mathrm{d}u-u\mathrm{d}v}{v^2}$($v\neq 0$).

3. 一阶微分形式不变性

我们知道,如果函数 $y=f(u)$ 对 u 是可导的,则

(1) 当 u 是自变量时,函数的微分为 $\mathrm{d}y=f'(u)\mathrm{d}u$;
(2) 当 u 是中间变量,即 $u=\varphi(x),y=f[\varphi(x)]$ 时,有

$$\{f[\varphi(x)]\}' = f'[\varphi(x)]\varphi'(x), \quad du = \varphi'(x)dx,$$

于是
$$dy = \{f[\varphi(x)]\}'dx = f'[\varphi(x)]\varphi'(x)dx = f'(u)du.$$

可见,不论 u 是自变量还是中间变量,微分都有相同的形式. 我们称这一性质为**一阶微分形式不变性**.

例 1 设 $y = e^{2x}\cos x$,求 dy.

解法 1 (1) $y' = (e^{2x})' \cdot \cos x + e^{2x} \cdot (\cos x)' = 2e^{2x}\cos x - e^{2x}\sin x = e^{2x}(2\cos x - \sin x)$;

(2) $dy = y'dx = e^{2x}(2\cos x - \sin x)dx$.

解法 2 $dy = d(e^{2x}\cos x) = \cos x de^{2x} + e^{2x}d\cos x = 2e^{2x}\cos x dx + e^{2x} \cdot (-\sin x)dx$
$= e^{2x}(2\cos x - \sin x)dx.$

例 2 设 $y = \arctan\sqrt{x}$,求 dy.

解法 1 (1) $\dfrac{dy}{dx} = \dfrac{1}{1+(\sqrt{x})^2} \cdot (\sqrt{x})' = \dfrac{1}{1+x} \cdot \dfrac{1}{2\sqrt{x}} = \dfrac{1}{2\sqrt{x}(1+x)}$;

(2) $dy = y'dx = \dfrac{1}{2\sqrt{x}(1+x)}dx$.

解法 2 $dy = d\arctan\sqrt{x} = \dfrac{1}{1+(\sqrt{x})^2}d\sqrt{x} = \dfrac{1}{1+x} \cdot \dfrac{1}{2\sqrt{x}}dx = \dfrac{1}{2\sqrt{x}(1+x)}dx.$

上述解法 1 借助了函数的求导法则和微分定义,解法 2 直接利用微分运算法则和一阶微分形式不变性,两种方法都可用来求微分. 为了方便学习积分,建议读者熟练掌握解法 2.

试一试 用一阶微分形式不变性求下列函数的微分:

(1) $y = 2x^3 - x^4$;　　(2) $y = xe^{x^2}$;　　(3) $y = \sin^2(3x+1)$.

注意 (1) 微分与导数是两个不同的概念,微分是研究函数改变量 Δy 的,而导数是研究函数平均变化率 $\dfrac{\Delta y}{\Delta x}$ 的;

(2) 微分 $dy = f'(x)\Delta x$ 与 x 和 Δx 均有关,而导数 $f'(x)$ 只与 x 有关;

(3) 因为一阶微分具有形式不变性,所以提到微分可以不说明是关于哪个变量的微分,但是提到导数则必须说清是对哪个变量的导数.

例 3 方程 $x^3 + y^3 - 3xy = 0$ 确定 y 是 x 的函数,求 dy.

解法 1 方程两边对 x 求导数,得
$$(x^3)' + (y^3)'_x - (3xy)'_x = 0,$$
$$3x^2 + 3y^2 y' - 3(y + xy') = 0,$$
$$3x^2 + 3y^2 y' - 3y - 3xy' = 0.$$

解出 y',得
$$y' = \dfrac{y - x^2}{y^2 - x}, \quad 故 \quad dy = \dfrac{y - x^2}{y^2 - x}dx.$$

解法 2 方程两边微分,得
$$dx^3 + dy^3 - d(3xy) = d0,$$
$$3x^2 dx + 3y^2 dy - 3(ydx + xdy) = 0,$$
$$(y^2 - x)dy = (y - x^2)dx,$$

故
$$dy = \dfrac{y - x^2}{y^2 - x}dx.$$

习 题 2.4

(A)

一、选择题

1. 函数 $f(x)$ 在点 $x=x_0$ 处可导是函数 $f(x)$ 在该点处可微的（　　）.
   A. 必要条件　　　B. 充分必要条件　　　C. 充分条件　　　D. 无关条件

2. 函数 $y=|x+2|$ 在点 $x=-2$ 处（　　）.
   A. 极限不存在　　　　　　　　　　B. 极限存在但不连续
   C. 连续但不可导　　　　　　　　　D. 可导且可微

3. 设 $f(x)=\ln\dfrac{1}{x}-\ln 2$，则 $df(x)=$（　　）.
   A. $\left(x-\dfrac{1}{x}\right)dx$　　B. xdx　　C. $\left(-\dfrac{1}{x}-\dfrac{1}{2}\right)dx$　　D. $-\dfrac{1}{x}dx$

4. 设 $f(x)=\arctan e^x$，则 $df(x)=$（　　）.
   A. $\dfrac{1}{1+e^{2x}}dx$　　B. $\dfrac{e^x}{1+e^{2x}}dx$　　C. $\dfrac{1}{\sqrt{1-e^{2x}}}dx$　　D. $\dfrac{e^x}{\sqrt{1-e^{2x}}}dx$

二、填空题

将适当的函数填入下列括弧内，使等式成立：

1. $d(\quad)=3dx$；$d(\quad)=2xdx$；$d(\quad)=\cos x dx$.

2. $d(\quad)=-\dfrac{1}{x^2}dx$；$d(\quad)=\dfrac{1}{2\sqrt{x}}dx$.

3. $d(\quad)=\sin 3x dx$；$d(\quad)=e^{2x}dx$；$d(\quad)=(1+e^{2x})dx$.

4. $d\sin^2 x=(\quad)d\sin x=(\quad)dx$.

5. $d\ln(2x-1)=(\quad)d(2x-1)=(\quad)dx$；$d(\quad)=\dfrac{1}{x}dx$.

6. $de^{\cos x^2}=e^{\cos x^2}d(\quad)=(\quad)dx^2=(\quad)dx$.

三、计算题

1. 求下列函数的微分 dy：
   (1) $y=3x^2-\ln\dfrac{1}{x}$；　　(2) $y=e^{-x}\cos x$.

2. 下列方程确定 y 是 x 的函数，求 dy：
   (1) $x+y^3-1=0$；　　(2) $2x^2y-xy^2+y^3=0$；　　(3) $y=1-xe^{xy}$.

(B)

一、选择题

1. 设 $y=2x^3$，则 $dy=$（　　）.（2013 年）
   A. $2x^2 dx$　　B. $6x^2 dx$　　C. $3x^2 dx$　　D. $x^2 dx$

2. 设 $y=3\ln x$，则 $dy=$（　　）.（2012 年）
   A. $\dfrac{3}{x}dx$　　B. $3e^x dx$　　C. $\dfrac{1}{3x}dx$　　D. $\dfrac{1}{3}e^x dx$

3. 设 $y=x+\ln x$，则 $dy=(\quad)$。（2011年）

A. $(1+e^x)dx$ B. $\left(1+\dfrac{1}{x}\right)dx$ C. $\dfrac{1}{x}dx$ D. dx

4. 设 $y=e^{2x}$，则 $dy=(\quad)$。（2010年）

A. $e^{2x}dx$ B. $2e^{2x}dx$ C. $\dfrac{1}{2}e^{2x}dx$ D. $2e^x dx$

二、填空题

1. 设 $y=5+\ln x$，则 $dy=$ _____．（2013年）

2. 设 $y=e^{x-3}$，则 $dy=$ _____．（2012年）

综合练习二

一、选择题

1. 下列命题正确的是（　　）．

A. 初等函数在其定义域内必可导

B. 若函数 $f(x)$ 在点 x_0 处可导，则 $f(x)$ 在点 x_0 处必连续

C. 若函数 $f(x)$ 在点 x_0 处连续，则 $f(x)$ 在点 x_0 处必可导

D. 若函数 $f(x)$ 在点 x_0 处不可导，则 $f(x)$ 在点 x_0 处必不连续

2. 函数 $y=e^{\sqrt{x}}+e^{-\sqrt{x}}$ 满足的方程是（　　）．

A. $xy''+\dfrac{1}{2}y'-\dfrac{1}{4}y=0$ B. $xy''-\dfrac{1}{2}y'-\dfrac{1}{4}y=0$

C. $xy''+\dfrac{1}{2}y'+\dfrac{1}{4}y=0$ D. $xy''-\dfrac{1}{2}y'+\dfrac{1}{4}y=0$

3. 函数 $y=|\sin x|$ 在点 $x=0$ 处（　　）．

A. 无极限 B. 有极限但不连续

C. 连续但不可导 D. 可导且可微

4. 曲线 $y=xe^{-x}$ 上平行于 x 轴的切线方程为（　　）．

A. $y=1/e$ B. $x=1/e$ C. $x=1$ D. $y=1$

5. 设 $y=x^n+a_1x^{n-1}+a_2x^{n-2}+\cdots+a_{n-1}x+a_n$，则 $y^{(n+1)}=(\quad)$．

A. $n!$ B. n C. 0 D. $(n+1)!$

二、填空题

1. $(e^{1/x})'=$ _____； $[\ln(x^2+2)]'=$ _____； $(\cos x^2)'=$ _____；
   $(\sqrt{3x-1})'=$ _____．

2. $d(x^2+a^2)=$ _____； $d\dfrac{1}{x}=$ _____； $d\sqrt{x}=$ _____； $d\ln x=$ _____．

3. $de^{-x}=$ _____； $de^{3x}=$ _____； $de^{x^2}=$ _____； $de^{\sqrt{x}}=$ _____．

4. $d\sin x^2=$ _____； $d\cos(3x+1)=$ _____； $d\sin(x-1)=$ _____；
   $d\arcsin(2x-1)=$ _____．

5. $2x\mathrm{d}x = \mathrm{d}(\underline{\qquad})$; $\dfrac{1}{x}\mathrm{d}x = \mathrm{d}(\underline{\qquad})$; $\dfrac{1}{x^2}\mathrm{d}x = \mathrm{d}(\underline{\qquad})$; $\dfrac{1}{\sqrt{x}}\mathrm{d}x = \mathrm{d}(\underline{\qquad})$.

6. $\cos x\mathrm{d}x = \mathrm{d}(\underline{\qquad})$; $\sin x\mathrm{d}x = \mathrm{d}(\underline{\qquad})$; $\mathrm{e}^x\mathrm{d}x = \mathrm{d}(\underline{\qquad})$;
   $\mathrm{e}^{-x}\mathrm{d}x = \mathrm{d}(\underline{\qquad})$.

三、计算题

1. 求下列函数的导数：
   (1) $y = \dfrac{\mathrm{e}^x - \mathrm{e}^{-x}}{\mathrm{e}^x + \mathrm{e}^{-x}}$; (2) $y = \sqrt{1 + \ln^2 x}$; (3) $y = \ln[\ln(\ln x)]$;
   (4) $y = \sin^2 x \sin x^2$; (5) $y = \ln\cos\dfrac{1}{x}$; (6) $y = \sqrt{x + \sqrt{x}}$.

2. 利用对数求导法求下列函数的导数：
   (1) $y = x^{\sin x}$; (2) $y = (x+1)(x+2)^2(x+3)^3$.

3. 下列方程确定 y 是 x 的函数，求 $\dfrac{\mathrm{d}y}{\mathrm{d}x}$：
   (1) $x^2 + xy + y^2 = 4$ (2) $\mathrm{e}^y = 2xy$; (3) $\cos(x^2 + y) = x$.

4. 求下列参数方程所确定的函数 $y = f(x)$ 的导数 $\dfrac{\mathrm{d}y}{\mathrm{d}x}$：
   (1) $\begin{cases} x = 3t^2, \\ y = 2t^3; \end{cases}$ (2) $\begin{cases} x = \mathrm{e}^t \sin t, \\ y = \mathrm{e}^t \cos t. \end{cases}$

5. 求下列函数的二阶导数：
   (1) $y = x\mathrm{e}^{x^2}$; (2) $y = x\ln x$; (3) $y = x^x$.

6. 求下列函数的微分：
   (1) $y = \ln(2x+1)$; (2) $y = \mathrm{e}^{\sin x^2}$; (3) $y = \mathrm{e}^{-x}\sin 2x$.

四、解答题

1. 求曲线 $xy = a^2$ 上任一点 $x_0 (x > 0)$ 处的切线与两坐标轴构成的三角形面积.

2. 讨论函数 $f(x) = \begin{cases} x\sin\dfrac{1}{x}, & x \neq 0, \\ 0, & x = 0 \end{cases}$ 在点 $x = 0$ 处的连续性与可导性.

自 测 题 二

一、选择题（每小题 2 分，共 10 分）

1. 函数 $f(x)$ 在点 x_0 处可导是函数 $f(x)$ 在点 x_0 处连续的（ ）.
   A. 必要条件 B. 充分必要条件 C. 充分条件 D. 无关条件

2. 设函数 $f(x)$ 在点 x_0 处不连续，则（ ）.
   A. $f'(x_0)$ 必存在 B. $f'(x_0)$ 必不存在
   C. $\lim\limits_{x \to x_0} f(x)$ 必存在 D. $\lim\limits_{x \to x_0} f(x)$ 必不存在

3. 函数 $y = |x|$ 在点 $x = 0$ 处（ ）.
   A. 无极限 B. 有极限但不连续 C. 连续但不可导 D. 可导且可微

4. 函数 $f(x)$ 在点 x_0 处可微是 $f(x)$ 在点 x_0 处可导的（　　）.
   A. 必要条件　　　B. 充分必要条件　　　C. 充分条件　　　D. 无关条件

5. 设 $y=\dfrac{3^x}{x^2}$，则 $y'=(\quad)$.

   A. $\dfrac{3^x\ln 3}{2x}$　　　　　　　　　　B. $\dfrac{x^2\cdot 3^x\ln x-2x\cdot 3^x}{x^4}$

   C. $\dfrac{2x\cdot 3^x-x^2\cdot 3^x\ln 3}{x^4}$　　　D. $\dfrac{x^2\cdot 3^x\ln 3-2x\cdot 3^x}{x^4}$

二、填空题（每空 2 分，共 40 分）

6. 若函数 $f(x)$ 在点 $x=x_0$ 处的瞬时变化率为 2，则 $f'(x_0)=$ _____.

7. 设某物体做变速直线运动，其运动规律为 $s=6-2t^2$，则该物体在 $t=1$ 时刻的速度 $v=$ _____.

8. 设函数 $f(x)$ 在点 $x=x_0$ 处的导数为 $f'(x_0)$，则曲线 $y=f(x)$ 在点 $x=x_0$ 处的切线斜率为 $k=$ _____.

9. 曲线 $y=\ln x$ 上点 $(1,0)$ 处的切线方程是 _____.

10. $(e^{\sqrt{x}})'=$ _____；$[\sin(3x-1)]'=$ _____；$[\ln(1-x)]'=$ _____；$(\sqrt{1-x^2})'=$ _____.

11. $d(5x+3)=$ _____；$d\cos 5x=$ _____；$3dx=d(\text{_____})$；$\sin(3x-2)dx=d(\text{_____})$.

12. $\dfrac{1}{2\sqrt{x}}dx=d(\text{_____})$；$-\dfrac{1}{x^2}dx=d(\text{_____})$.

13. $\dfrac{1}{x+1}dx=d(\text{_____})$；$e^{-u}du=d(\text{_____})$；$2xe^{x^2}dx=d(\text{_____})$；

    $\dfrac{x}{x^2+1}dx=d(\text{_____})$.

14. 设 $x^3+y^3=1$，则 $\dfrac{dy}{dx}=$ _____；设 $\begin{cases}x=2t\\y=e^t\end{cases}$，则 $\dfrac{dy}{dx}=$ _____.

三、计算题

15. 求下列函数的导数或微分：（每小题 4 分，共 32 分）

    (1) $y=2x^3-9x^2+12x-3$，求 y' 和 $y''(3)$；　(2) $y=\sqrt{1-x^2}$，求 y'；

    (3) $y=x\ln x$，求 y' 和 y''；　　　　　　　(4) $y=(3x-1)e^{2x}$，求 y' 和 y''；

    (5) $y=\cos^2(3x-2)$，求 y'，y''；　　　　　(6) $y=e^{-x}\cos 3x$，求 dy；

    (7) $e^y+xy-e^2=0$，求 dy；　　　　　　　　(8) $y=\ln(x+\sqrt{x^2+a^2})$，求 dy.

四、解答题（每题 9 分，共 18 分）

16. 已知曲线 $x-y+\dfrac{1}{2}\sin y=0\left(y\in\left[-\dfrac{\pi}{2},\dfrac{\pi}{2}\right]\right)$ 上某点处的切线与直线 $y=2x-1$ 平行，求该点处的切线方程.

17. 讨论函数 $f(x)=\begin{cases}x^2, & -1\leqslant x\leqslant 0,\\ \dfrac{\sin x}{x}, & 0<x\leqslant 2\end{cases}$ 在点 $x=0$ 处的连续性与可导性.

第三章　中值定理·导数应用

在第二章中，我们引入了导数的概念及导数的运算法则．本章将利用导数研究未定式的极限和函数的一些性态（如单调性、极值、凹向性、拐点等），并解决一些有关的实际问题．为此，首先介绍微分学的基本定理——中值定理及其推论．

§3.1　中值定理

中值定理是微分学的基础理论，它为应用导数研究未定式的极限和函数的性态提供了理论依据．许多定理的证明都建立在中值定理的基础之上．本节所述的中值定理包括罗尔定理、拉格朗日中值定理及柯西中值定理，其中拉格朗日中值定理是中值定理的核心，罗尔定理是拉格朗日中值定理的特例，柯西中值定理是拉格朗日中值定理的推广．下面我们直接给出中值定理的结论和几何解释．

一、罗尔定理

定理 3.1(罗尔定理)　若函数 $f(x)$ 满足：
(1) 在闭区间 $[a,b]$ 上连续；
(2) 在开区间 (a,b) 内可导；
(3) $f(a)=f(b)$，

则在区间 (a,b) 内至少存在一点 ξ，使得
$$f'(\xi) = 0 \quad (a<\xi<b).$$

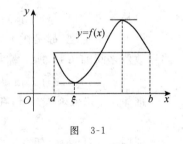

图　3-1

罗尔定理的几何意义是：如果连续曲线 $y=f(x)$ 除端点外处处有不垂直于 x 轴的切线，且曲线两端点的高度一样，那么在这曲线上至少存在一点，使曲线在该点的切线与 x 轴平行（如图 3-1）．

罗尔定理要求函数 $f(x)$ 应同时满足三个条件，若不能同时满足这三个条件，则结论就可能不成立．图 3-2(a)($y=f(x)$ 在 $[a,b]$ 上不连续)，图 3-2(b)($y=f(x)$ 在点 c 处不可导)，图 3-2(c)($f(a)\neq f(b)$)中均不存在 ξ，使得 $f'(\xi)=0$．

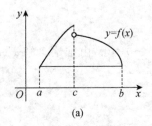
(a)

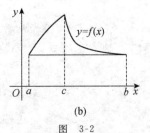
(b)

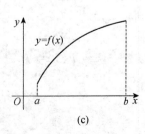
(c)

图　3-2

二、拉格朗日中值定理

定理 3.2(拉格朗日中值定理) 若函数 $f(x)$ 满足:
(1) 在闭区间 $[a,b]$ 上连续;
(2) 在开区间 (a,b) 内可导,

则在区间 (a,b) 内至少存在一点 ξ,使得

$$f'(\xi) = \frac{f(b)-f(a)}{b-a}$$

或

$$f(b)-f(a) = f'(\xi)(b-a) \quad (a<\xi<b).$$

拉格朗日中值定理的几何意义是:如果连续曲线 $y=f(x)$ 除端点外处处有不垂直于 x 轴的切线,那么在这曲线上至少存在一点,使曲线在该点的切线与两端点的连线 AB 平行(如图 3-3).

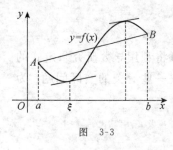

图 3-3

当 $f(a)=f(b)$ 时,拉格朗日中值定理就转化为罗尔定理.

定理 3.3(柯西中值定理) 若函数 $f(x),g(x)$ 满足:
(1) 在闭区间 $[a,b]$ 上连续;
(2) 在开区间 (a,b) 内可导;
(3) 在开区间 (a,b) 内任意一点处 $g'(x)$ 都不等于零,

则在区间 (a,b) 内至少存在一点 ξ,使得

$$\frac{f'(\xi)}{g'(\xi)} = \frac{f(b)-f(a)}{g(b)-g(a)}.$$

容易看出拉格朗日中值定理是柯西中值定理当 $g(x)=x$ 时的特殊情形.

以上一组定理,都是讨论函数在某个区间端点的函数值和这个函数在该区间内某一点处的导数值之间的关系,所以称它们为**微分中值定理**,简称为**中值定理**.

下面根据拉格朗日中值定理来推导微积分学中的两个重要结论.

推论 1 如果函数 $f(x)$ 在区间 (a,b) 内满足 $f'(x) \equiv 0$,则在 (a,b) 内有

$$f(x) = C \quad (C \text{ 为常数}).$$

证明 在 (a,b) 中任意取定一点 x_0,对于任意的 $x \in (a,b)$,$x \neq x_0$,在区间 $[x_0,x]$(或 $[x,x_0]$)上应用拉格朗日中值定理,得

$$f(x) - f(x_0) = f'(\xi)(x-x_0),$$

其中 ξ 是介于 x_0,x 之间的一点.根据假定有 $f'(\xi)=0$,故 $f(x)=f(x_0)$(如图 3-4).由于 x 是区间 (a,b) 中任意的点,x_0 是取定的点,这表明 $f(x)$ 是一个常数函数 C.

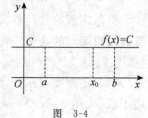

图 3-4

推论 2 如果函数 $f(x)$ 和 $g(x)$ 在区间 (a,b) 内满足 $f'(x) \equiv g'(x)$,则在 (a,b) 内,有

$$f(x) = g(x) + C \quad (C \text{ 为常数}).$$

证明 令函数 $F(x)=f(x)-g(x)$,则 $F'(x)=f'(x)-g'(x) \equiv 0$.由推论 1 知 $F(x)=C$,即

$$f(x) = g(x) + C, \quad x \in (a,b).$$

§3.2 洛必达法则

在学习极限时,我们曾经遇到过求 $\dfrac{0}{0}$ 型和 $\dfrac{\infty}{\infty}$ 型未定式的极限,知道这类极限是不能直接用商的极限运算法则去确定其极限值的. 而洛必达法则是求 $\dfrac{0}{0}$ 型和 $\dfrac{\infty}{\infty}$ 型未定式极限的有效方法.

未定式除了 $\dfrac{0}{0}$ 型和 $\dfrac{\infty}{\infty}$ 型外,常见的其他类型还有 $0 \cdot \infty$ 型, $\infty - \infty$ 型, 1^{∞} 型, 0^0 型, ∞^0 型等.

过去我们只能解决某些特殊的 $\dfrac{0}{0}$ 型和 $\dfrac{\infty}{\infty}$ 型未定式的极限,这一节我们介绍求未定式极限的一般方法——**洛必达法则**. 用柯西中值定理可以证明洛必达法则,下面我们直接给出结论.

一、洛必达法则 I $\left(\dfrac{0}{0}\text{型未定式}\right)$

定理 3.4 如果函数 $f(x)$ 和 $g(x)$ 满足:

(1) $\lim\limits_{x \to x_0} f(x) = 0$, $\lim\limits_{x \to x_0} g(x) = 0$;

(2) 在点 x_0 的某去心邻域内可导,且 $g'(x) \neq 0$;

(3) $\lim\limits_{x \to x_0} \dfrac{f'(x)}{g'(x)} = A$ (或 ∞),

则

$$\lim_{x \to x_0} \frac{f(x)}{g(x)} = \lim_{x \to x_0} \frac{f'(x)}{g'(x)} = A \quad (\text{或} \infty).$$

说明 定理 3.4 对于 $x \to x_0^-$, $x \to x_0^+$, $x \to \infty$, $x \to -\infty$, $x \to +\infty$ 时的 $\dfrac{0}{0}$ 型未定式同样适用.

例 1 求下列极限:

(1) $\lim\limits_{x \to 0} \dfrac{\mathrm{e}^x - 1}{x}$; (2) $\lim\limits_{x \to 0} \dfrac{1 - \cos x}{x^2}$; (3) $\lim\limits_{x \to 1} \dfrac{\ln x}{(x-1)^2}$.

解 (1) $\lim\limits_{x \to 0} \dfrac{\mathrm{e}^x - 1}{x} \xlongequal{\frac{0}{0}} \lim\limits_{x \to 0} \dfrac{\mathrm{e}^x}{1} = 1.$

(2) $\lim\limits_{x \to 0} \dfrac{1 - \cos x}{x^2} \xlongequal{\frac{0}{0}} \lim\limits_{x \to 0} \dfrac{\sin x}{2x} = \dfrac{1}{2} \lim\limits_{x \to 0} \dfrac{\sin x}{x} = \dfrac{1}{2}.$

(3) $\lim\limits_{x \to 1} \dfrac{\ln x}{(x-1)^2} \xlongequal{\frac{0}{0}} \lim\limits_{x \to 1} \dfrac{\dfrac{1}{x}}{2(x-1)} = \lim\limits_{x \to 1} \dfrac{1}{2x(x-1)} = \infty.$

试一试 求下列极限：

(1) $\lim\limits_{x\to 0}\dfrac{e^x-1}{x^2-x}$； (2) $\lim\limits_{x\to 0}\dfrac{\ln(1+x)}{x}$； (3) $\lim\limits_{x\to 2}\dfrac{\sqrt{x+2}-2}{x-2}$.

例2 求极限 $\lim\limits_{x\to 1}\dfrac{x^3-3x+2}{x^3-x^2-x+1}$.

解 $\lim\limits_{x\to 1}\dfrac{x^3-3x+2}{x^3-x^2-x+1}\xlongequal{\frac{0}{0}}\lim\limits_{x\to 1}\dfrac{3x^2-3}{3x^2-2x-1}\xlongequal{\frac{0}{0}}\lim\limits_{x\to 1}\dfrac{6x}{6x-2}=\dfrac{3}{2}$.

本例告诉我们：如果使用了一次洛必达法则后，所求极限仍然是 $\dfrac{0}{0}$ 型未定式的极限，那么仍可再次使用洛必达法则，直至求出其极限.

试一试 求极限 $\lim\limits_{x\to 0}\dfrac{e^x-e^{-x}-2x}{x^3}$.

例3 求极限 $\lim\limits_{x\to \pi/2}\dfrac{\ln\sin x}{(\pi-2x)^2}$.

解 $\lim\limits_{x\to \pi/2}\dfrac{\ln\sin x}{(\pi-2x)^2}\xlongequal{\frac{0}{0}}\lim\limits_{x\to \pi/2}\dfrac{\frac{\cos x}{\sin x}}{2(\pi-2x)(-2)}=-\dfrac{1}{4}\lim\limits_{x\to \pi/2}\dfrac{\cos x}{(\pi-2x)\sin x}$

$\xlongequal{\text{化简、分离非未定式}} -\dfrac{1}{4}\lim\limits_{x\to \pi/2}\dfrac{1}{\sin x}\cdot\lim\limits_{x\to \pi/2}\dfrac{\cos x}{(\pi-2x)}$

$\xlongequal{\frac{0}{0}} -\dfrac{1}{4}\cdot 1\cdot \lim\limits_{x\to \pi/2}\dfrac{-\sin x}{-2}=-\dfrac{1}{8}$.

二、洛必达法则 II（$\dfrac{\infty}{\infty}$ 型未定式）

定理 3.5 如果函数 $f(x)$ 和 $g(x)$ 满足：

(1) $\lim\limits_{x\to x_0}f(x)=\infty$，$\lim\limits_{x\to x_0}g(x)=\infty$；

(2) 在点 x_0 的某去心邻域内可导，且 $g'(x)\neq 0$；

(3) $\lim\limits_{x\to x_0}\dfrac{f'(x)}{g'(x)}=A$（或 ∞），

则

$$\lim\limits_{x\to x_0}\dfrac{f(x)}{g(x)}=\lim\limits_{x\to x_0}\dfrac{f'(x)}{g'(x)}=A\text{（或 }\infty\text{）}.$$

说明 定理 3.5 对于 $x\to x_0^-,x\to x_0^+,x\to\infty,x\to-\infty,x\to+\infty$ 时的 $\dfrac{\infty}{\infty}$ 型未定式同样适用.

例4 求下列极限：

(1) $\lim\limits_{x\to +\infty}\dfrac{\ln x}{\sqrt{x}}$； (2) $\lim\limits_{x\to 0^+}\dfrac{\ln 3x}{\ln\sin x}$.

解 (1) $\lim\limits_{x\to +\infty}\dfrac{\ln x}{\sqrt{x}}\xlongequal{\frac{\infty}{\infty}}\lim\limits_{x\to +\infty}\dfrac{\frac{1}{x}}{\frac{1}{2\sqrt{x}}}=\lim\limits_{x\to +\infty}\dfrac{2}{\sqrt{x}}=0$.

(2) $\lim\limits_{x\to 0^+}\dfrac{\ln 3x}{\ln\sin x} \xlongequal{\frac{\infty}{\infty}} \lim\limits_{x\to 0^+}\dfrac{\frac{3}{3x}}{\frac{\cos x}{\sin x}} = \lim\limits_{x\to 0^+}\dfrac{\sin x}{x}\cdot\lim\limits_{x\to 0^+}\dfrac{1}{\cos x}=1.$

试一试 求极限 $\lim\limits_{x\to+\infty}\dfrac{x^3}{e^{2x}}.$

例 5 求极限 $\lim\limits_{x\to\infty}\dfrac{x-\sin x}{x+\sin x}.$

解 这是 $\dfrac{\infty}{\infty}$ 型未定式的极限,但分子、分母分别对 x 求导数后得到

$$\lim\limits_{x\to\infty}\dfrac{1-\cos x}{1+\cos x},$$

此极限不存在,也不是无穷大,所以不满足洛必达法则的使用条件,即洛必达法则失效.

此题可用下面的方法计算:

$$\lim\limits_{x\to\infty}\dfrac{x-\sin x}{x+\sin x}=\lim\limits_{x\to\infty}\dfrac{1-\dfrac{\sin x}{x}}{1+\dfrac{\sin x}{x}}=1.$$

例 5 告诉我们:洛必达法则并不是万能的,有失效的时候,此时不能对所求极限下任何结论,应改用其他方法求极限.

想一想 用洛必达法则失效,能说明函数的极限不存在吗?

只有 $\dfrac{0}{0}$ 型和 $\dfrac{\infty}{\infty}$ 型未定式的极限才能直接用洛必达法则来求,当遇到其他类型的未定式时,必须通过适当变换将它们转化为 $\dfrac{0}{0}$ 型或 $\dfrac{\infty}{\infty}$ 型未定式,才可以用洛必达法则求极限.

例 6 求极限 $\lim\limits_{x\to 1}(1-x)\tan\dfrac{\pi}{2}x.$

解 这是求 $0\cdot\infty$ 型未定式的极限.

$$\lim\limits_{x\to 1}(1-x)\tan\dfrac{\pi}{2}x \xlongequal{0\cdot\infty} \lim\limits_{x\to 1}\dfrac{1-x}{\cos\dfrac{\pi}{2}x}\cdot\sin\dfrac{\pi}{2}x = \lim\limits_{x\to 1}\dfrac{1-x}{\cos\dfrac{\pi}{2}x}\cdot\lim\limits_{x\to 1}\sin\dfrac{\pi}{2}x$$

$$=\lim\limits_{x\to 1}\dfrac{1-x}{\cos\dfrac{\pi}{2}x} \xlongequal{\frac{0}{0}} \lim\limits_{x\to 1}\dfrac{-1}{-\sin\dfrac{\pi}{2}x\cdot\dfrac{\pi}{2}} = \dfrac{2}{\pi}.$$

试一试 求极限 $\lim\limits_{x\to 0}x\cot x.$

例 7 求极限 $\lim\limits_{x\to 0}\left(\dfrac{1}{x}-\dfrac{1}{e^x-1}\right).$

解 这是 $\infty-\infty$ 型未定式的极限.

$$\lim\limits_{x\to 0}\left(\dfrac{1}{x}-\dfrac{1}{e^x-1}\right) \xlongequal{\infty-\infty} \lim\limits_{x\to 0}\dfrac{e^x-1-x}{x(e^x-1)} \xlongequal{\frac{0}{0}} \lim\limits_{x\to 0}\dfrac{e^x-1}{e^x-1+xe^x} \xlongequal{\frac{0}{0}} \lim\limits_{x\to 0}\dfrac{e^x}{e^x+e^x+xe^x}=\dfrac{1}{2}.$$

对 0^0 型、∞^0 型、1^∞ 型未定式的极限问题,均可用下述例题的方法求解.

例8 求极限 $\lim\limits_{x\to 0^+} x^x$.

解 这是 0^0 型未定式的极限. 应用对数恒等式,有 $x^x = e^{\ln x^x} = e^{x\ln x}$,由此有

$$\lim\limits_{x\to 0^+} x^x = \lim\limits_{x\to 0^+} e^{x\ln x} = e^{\lim\limits_{x\to 0^+} x\ln x}.$$

因为

$$\lim\limits_{x\to 0^+} x\ln x \xlongequal{0\cdot\infty} \lim\limits_{x\to 0^+} \frac{\ln x}{\frac{1}{x}} \xlongequal{\frac{\infty}{\infty}} \lim\limits_{x\to 0^+} \frac{\frac{1}{x}}{-\frac{1}{x^2}} = \lim\limits_{x\to 0^+} (-x) = 0,$$

所以

$$\lim\limits_{x\to 0^+} x^x = e^{\lim\limits_{x\to 0^+} x\ln x} = e^0 = 1.$$

试一试 求下列极限:

(1) $\lim\limits_{x\to 0^+} (\cot x)^{\frac{1}{\ln x}}$; (2) $\lim\limits_{x\to 1} x^{\frac{1}{1-x}}$.

注意 在使用洛必达法则时,应注意以下几点:

(1) 每次使用洛必达法则时,必须检验所求极限是否属于 $\frac{0}{0}$ 型或 $\frac{\infty}{\infty}$ 型未定式的极限,如果不是这种未定式的极限,就不能直接使用该法则.

(2) 如果使用洛必达法则之后,其极限仍是 $\frac{0}{0}$ 型或 $\frac{\infty}{\infty}$ 型未定式的极限,可继续使用洛必达法则,直至可求得极限.

(3) 若有可约因子或有非零极限值的乘积因子,则应先约去或提出因子,再利用洛必达法则,以简化演算步骤(如例3,例4和例6).

(4) 如果所求极限中的未定式属于 $0\cdot\infty, \infty-\infty, 0^0, \infty^0, 1^\infty$ 等类型的未定式,则可以通过适当变换将它们转化为 $\frac{0}{0}$ 型或 $\frac{\infty}{\infty}$ 型未定式,再用洛必达法则求极限.

(5) 使用洛必达法则过程中,如出现振荡无极限的情况,则此法则失效,即

$$\lim \frac{f'(x)}{g'(x)} \text{ 存在} \underset{\not\Leftarrow}{\Rightarrow} \lim \frac{f(x)}{g(x)} \text{ 存在}.$$

此时,应使用其他方法求极限(如例5).

习 题 3.2

(A)

一、选择题

1. 下列求极限问题能够使用洛必达法则的是( ).

A. $\lim\limits_{x\to 0} \dfrac{x^2 \sin\frac{1}{x}}{\sin x}$ B. $\lim\limits_{x\to 1} \dfrac{1-x}{1-\sin x}$

C. $\lim\limits_{x\to\infty} \dfrac{x-\sin x}{x\sin x}$ D. $\lim\limits_{x\to+\infty} x\left(\dfrac{\pi}{2} - \arctan x\right)$

2. 下列求极限问题不能够使用洛必达法则的是( ).

A. $\lim\limits_{x\to\infty}\dfrac{x-\sin x}{x+\sin x}$ B. $\lim\limits_{x\to 0}\dfrac{\sin 2x}{x}$ C. $\lim\limits_{x\to 1}\dfrac{\ln x}{x-1}$ D. $\lim\limits_{x\to 0}\dfrac{x(\mathrm{e}^x-1)}{\cos x-1}$

3. 下列求极限问题能够使用洛必达法则的有( ).

A. $\lim\limits_{x\to\infty}\dfrac{x+\cos x}{x}$ B. $\lim\limits_{x\to 0}\dfrac{\sin x-x\cos x}{x^3}$ C. $\lim\limits_{x\to 0^+}\dfrac{\ln x}{x}$ D. $\lim\limits_{x\to 0}\dfrac{\cos x}{\sin x}$

二、计算题

利用洛必达法则求下列极限：

1. $\lim\limits_{x\to 0}\dfrac{\mathrm{e}^x-\mathrm{e}^{-x}}{x}$. 2. $\lim\limits_{x\to 0}\dfrac{\ln(1-2x)}{\sin x}$. 3. $\lim\limits_{x\to 2}\dfrac{\sqrt{x+7}-3}{x-2}$.

4. $\lim\limits_{x\to 0}\dfrac{\sin x}{x^2}$. 5. $\lim\limits_{x\to 0}\dfrac{\mathrm{e}^x+\mathrm{e}^{-x}-2}{x^2}$. 6. $\lim\limits_{x\to 0}\dfrac{1-\cos 2x}{x^2}$.

7. $\lim\limits_{x\to 0}\dfrac{\mathrm{e}^x-1}{x\mathrm{e}^x+\mathrm{e}^x-1}$. 8. $\lim\limits_{x\to +\infty}\dfrac{\ln x}{x^2}$. 9. $\lim\limits_{x\to +\infty}\dfrac{(\ln x)^2}{x}$.

10. $\lim\limits_{x\to 0^+}\dfrac{\ln\sin x}{\ln x}$. 11. $\lim\limits_{x\to +\infty} x^2\mathrm{e}^{-3x}$. 12. $\lim\limits_{x\to 0^+} x\ln x$.

13. $\lim\limits_{x\to 2}\left(\dfrac{4}{x^2-4}-\dfrac{1}{x-2}\right)$. 14. $\lim\limits_{x\to 1}\left(\dfrac{x}{x-1}-\dfrac{1}{\ln x}\right)$.

(B)

计算题

1. 求 $\lim\limits_{x\to 0}\dfrac{\mathrm{e}^x-x-1}{x}$. (2013 年)

2. 求 $\lim\limits_{x\to 0}\dfrac{\mathrm{e}^x-1}{2x}$. (2012 年)

3. 求 $\lim\limits_{x\to 0}\dfrac{x^2}{1-\cos x}$. (2011 年)

4. 求 $\lim\limits_{x\to 0}\dfrac{\mathrm{e}^{-x}-\mathrm{e}^x}{\sin x}$. (2010 年)

§3.3 函数的单调性与极值

一、函数的单调性

前面我们已经给出了函数单调性的定义，对于比较复杂的函数，应用定义来判断其单调性是十分麻烦的.

从直观来看，单调递增函数的图形为自左至右上升的曲线，其上各点处的切线斜率是非负的(如图 3-5(a)，(b))；而单调递减函数的图形为自左至右下降的曲线，其上各点处的切线斜率是非正的(如图 3-5(c)，(d)).

由此可见，函数的单调性与导数的符号有着密切的联系. 能否用导数的符号来判定函数的单调性呢？回答是肯定的，即有如下定理：

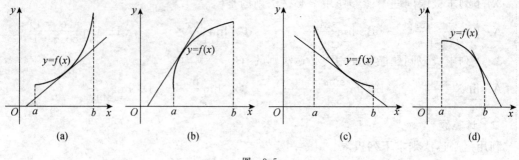

图 3-5

定理 3.6 设函数 $f(x)$ 在闭区间 $[a,b]$ 上连续,在开区间 (a,b) 内可导.
(1) 若在 (a,b) 内 $f'(x)>0$,则函数 $f(x)$ 在 $[a,b]$ 上单调递增;
(2) 若在 (a,b) 内 $f'(x)<0$,则函数 $f(x)$ 在 $[a,b]$ 上单调递减.

证明 (1) 任取两点 $x_1,x_2\in[a,b]$,不妨设 $x_1<x_2$,则 $f(x)$ 在 $[x_1,x_2]$ 上连续,在 (x_1,x_2) 内可导. 根据拉格朗日中值定理,有
$$f(x_2)-f(x_1)=f'(\xi)(x_2-x_1),\quad \xi\in(x_1,x_2)\subseteq(a,b).$$
因为在 (a,b) 内 $f'(x)>0$,当然 $f'(\xi)>0$,而 $x_2-x_1>0$,所以
$$f(x_2)-f(x_1)>0,\quad 即\quad f(x_1)<f(x_2).$$
故 $f(x)$ 在 $[a,b]$ 上单调递增.

(2) 同理可证.

如果把定理 3.6 中的闭区间换成其他各类区间(包括无穷区间),结论仍成立.
例如,函数 $f(x)=\mathrm{e}^x,x\in(-\infty,+\infty)$,因为 $f'(x)=\mathrm{e}^x>0$,所以函数 $f(x)=\mathrm{e}^x$ 在区间 $(-\infty,+\infty)$ 内单调递增.

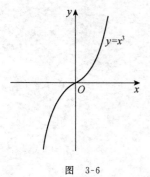

图 3-6

例 1 判定函数 $y=x^3$ 的单调性.

解 函数 $y=x^3$ 的定义域是 $(-\infty,+\infty)$,$y'=3x^2>0$(当 $x\neq 0$ 时). 由定理 3.6 知,$y=x^3$ 在区间 $(-\infty,0)$ 和 $(0,+\infty)$ 内均是单调递增的.

又因 $y=x^3$ 在点 $x=0$ 处连续,故函数 $y=x^3$ 在区间 $(-\infty,+\infty)$ 内单调递增(如图 3-6).

例 1 告诉我们:当 $f'(x)$ 在某区间内的有限个孤立点处为零,而在其余各点处均为正(或负)时,函数 $f(x)$ 在该区间内仍是单调递增(或单调递减)的.

想一想 在 (a,b) 内 $f'(x)>0$ 是 $f(x)$ 在 $[a,b]$ 上单调递增的什么条件?

例 2 判定函数 $y=x^2$ 的单调性.

解 函数 $y=x^2$ 的定义域是 $(-\infty,+\infty)$,$y'=2x$. 当 $x<0$ 时,$y'<0$;当 $x>0$ 时,$y'>0$. 所以,函数 $y=x^2$ 在区间 $(-\infty,0)$ 内单调递减,在 $(0,+\infty)$ 内单调递增(如图 3-7).

例 2 告诉我们:有时函数在其整个定义域上并不具有单调性. 所谓研究函数的单调性,就是要确定函数在哪些区间上是单调递增的,

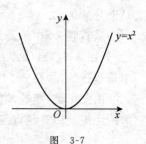

图 3-7

在哪些区间上是单调递减的. 通常称这些区间为单调区间. 那么, 如何寻找单调区间的分界点呢?

如图 3-8 所示, 对于连续函数 $f(x)$, 在其单调区间分界点 x_0, x_1, x_2, x_3 两侧近旁, $f'(x)$ 要变号. 因此, 若 x_0 是单调区间的分界点, 则或者 $f'(x_0)=0$, 或者 $f'(x_0)$ 不存在.

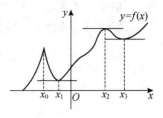

图 3-8

想一想 若 $f'(x_0)=0$ 或 $f'(x_0)$ 不存在, 则 x_0 一定是函数 $f(x)$ 的单调区间的分界点吗? 请考察图 3-9(a),(b),(c),(d).

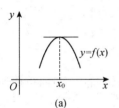 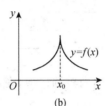 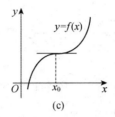 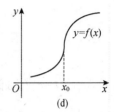

(a)　　　　　(b)　　　　　(c)　　　　　(d)

图 3-9

总之, 在点 x_0 处, 若 $f'(x_0)=0$ 或 $f'(x_0)$ 不存在, 且当 x 经过 x_0 变化时, $f'(x)$ 变号, 则 x_0 便是单调区间的分界点; 若 $f'(x)$ 不变号, 则 x_0 不是单调区间的分界点.

通常称满足 $f'(x)=0$ 的点 x 为函数 $f(x)$ 的**驻点**.

求单调区间的思路是: 先找出可能的单调区间的分界点, 再判断这些可能的分界点两侧导数 $f'(x)$ 的符号. 具体步骤如下:

(1) 求函数 $f(x)$ 的定义域;
(2) 求出驻点和导数 $f'(x)$ 不存在的点(即可能的单调区间的分界点);
(3) 用上述点将函数 $f(x)$ 的定义域划分成若干个小区间;
(4) 在每个小区间上判别导数 $f'(x)$ 的符号, 从而判断出函数 $f(x)$ 在此区间上的单调性.

上述步骤(3)和(4)也可通过列表完成.

例 3 求函数 $f(x)=x^3-3x^2-9x+1$ 的单调区间.

解 (1) 函数 $f(x)$ 的定义域是 $(-\infty,+\infty)$.

(2) $f'(x)=3x^2-6x-9=3(x^2-2x-3)=3(x-3)(x+1)$. 令 $f'(x)=0$, 得驻点 $x=-1$, $x=3$. 由于 $f'(x)$ 的定义域也为 $(-\infty,+\infty)$, 故没有 $f'(x)$ 不存在的点.

(3) 列表讨论如下:

x	$(-\infty,-1)$	$(-1,3)$	$(3,+\infty)$
$f'(x)$	$+$	$-$	$+$
$f(x)$	↗	↘	↗

其中符号"↗"表示单调递增, "↘"表示单调递减. 由表可知, 函数 $f(x)$ 在区间 $(-\infty,-1)$ 和 $(3,+\infty)$ 内单调递增, 在区间 $(-1,3)$ 内单调递减.

试一试 求下列函数的单调区间:

(1) $y=x-\ln(1+x)$; 　　　(2) $f(x)=(x-1)^2(x-2)^3$.

例 4 求函数 $f(x)=(x-1)x^{2/3}$ 的单调区间.

解 (1) 函数 $f(x)$ 的定义域是 $(-\infty,+\infty)$.

(2) $f'(x)=x^{2/3}+(x-1)\cdot\dfrac{2}{3}x^{-1/3}=\dfrac{5x-2}{3\cdot\sqrt[3]{x}}$. 令 $f'(x)=0$, 得驻点 $x=\dfrac{2}{5}$. $f'(x)$ 不存在的点为 $x=0$.

(3) 列表讨论如下:

x	$(-\infty,0)$	$\left(0,\dfrac{2}{5}\right)$	$\left(\dfrac{2}{5},+\infty\right)$
$f'(x)$	$+$	$-$	$+$
$f(x)$	↗	↘	↗

由表可知,函数 $f(x)$ 在区间 $(-\infty,0)$ 和 $\left(\dfrac{2}{5},+\infty\right)$ 内单调递增,在区间 $\left(0,\dfrac{2}{5}\right)$ 内单调递减.

例 5 证明: $x>\ln(1+x)\ (x>0)$.

证明 设 $f(x)=x-\ln(1+x)$,则 $f'(x)=1-\dfrac{1}{1+x}=\dfrac{x}{1+x}$. 当 $x>0$ 时,$f'(x)>0$,所以 $f(x)$ 在区间 $(0,+\infty)$ 内单调递增. 又 $f(0)=0$,故当 $x>0$ 时,$f(x)>f(0)=0$,即
$$x>\ln(1+x)\quad(x>0).$$

二、函数的极值

我们知道,闭区间上的连续函数一定有最大值和最小值. 那么,这些最值会出现在什么地方呢? 如图 3-10 所示,函数的最值或者出现在区间端点处,或者出现在区间内部的波峰和波谷处. 于是,针对这种波峰和波谷,我们给出如下定义:

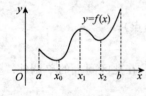

图 3-10

定义 3.1 设函数 $f(x)$ 在点 x_0 的某邻域内有定义,若对该邻域内任一点 $x\ (x\neq x_0)$ 均有
$$f(x)<f(x_0)\quad(\text{或}\ f(x)>f(x_0))$$
成立,则称 $f(x_0)$ 为函数 $f(x)$ 的一个**极大值**(或**极小值**),并称 x_0 为**极大值点**(或**极小值点**).

极大值与极小值统称为**极值**,极大值点与极小值点统称为**极值点**.

注意 (1) 极值与最值是两个不同的概念,最值的概念是整体性的,而极值的概念是局部性的;

(2) 最值可能会在区间端点处取得,而极值一定是在区间内部取得;

(3) 最值具有唯一性,极值不具有唯一性.

想一想 (1) 函数的极大值一定是最大值吗? 极大值一定比极小值大吗?

(2) 函数在某闭区间上的最小值唯一吗? 极小值唯一吗?

显然,如果函数的最值是在区间内部取得,则它一定是在极值点处取得. 那么,如何求函数的极值呢?

连续函数的极值点正是其单调区间的分界点(如图 3-11). 因此,若 $f(x)$ 在点 x_0 处取得极值,则或者 $f'(x_0)=0$,或者 $f'(x_0)$ 不

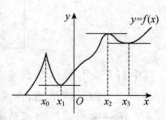

图 3-11

存在. 于是有下面的定理.

定理 3.7 如果函数 $f(x)$ 在点 x_0 处可导,且在点 x_0 处取得极值,则一定有 $f'(x_0)=0$.

定理 3.7 告诉我们:可导函数 $f(x)$ 的极值点一定是驻点.

想一想 (1) 函数 $f(x)$ 的驻点一定是极值点吗?

(2) 对可导函数 $f(x)$, x_0 为驻点是 x_0 为极值点的什么条件?

由函数单调性的讨论知,驻点和一阶导数不存在的点都是可能的极值点. 那么,如何判定这些点是否为极值点呢? 有如下定理:

定理 3.8(极值第一判别法) 设函数 $f(x)$ 在点 x_0 处连续,在点 x_0 的某去心邻域内可导. 当 x 在该邻域内由小增大经过 x_0 时,

(1) 如果 $f'(x)$ 由正变负,则 $f(x_0)$ 是 $f(x)$ 的极大值;

(2) 如果 $f'(x)$ 由负变正,则 $f(x_0)$ 是 $f(x)$ 的极小值;

(3) 如果 $f'(x)$ 不变号,则 $f(x_0)$ 不是 $f(x)$ 的极值.

例 6 求函数 $f(x)=x^4-4x^3$ 的极值.

解 (1) 函数 $f(x)$ 的定义域是 $(-\infty,+\infty)$.

(2) $f'(x)=4x^3-12x^2=4x^2(x-3)$. 令 $f'(x)=0$,得驻点 $x=0$, $x=3$. 定义域内没有 $f'(x)$ 不存在的点.

(3) 列表讨论如下:

x	$(-\infty,0)$	0	$(0,3)$	3	$(3,+\infty)$
$f'(x)$	$-$	0	$-$	0	$+$
$f(x)$	↘	无极值	↘	极小值	↗

(4) 由表可知,函数有极小值 $f(3)=(x^4-4x^3)\big|_{x=3}=-27$,无极大值.

由例 6 可以看出,利用极值第一判别法,**求函数极值的步骤**可归结如下:

(1) 求函数的定义域;

(2) 在定义域内求出函数的驻点和一阶导数不存在的点;

(3) 根据定理 3.8 对这些点进行判别;

(4) 求出各极值点的函数值,便得到全部极值.

如果 $f'(x_0)=0$,而 $f''(x_0)\neq 0$,那么我们也可以用 $f''(x_0)$ 的符号来判断 $f(x_0)$ 是否为极值. 有如下定理:

定理 3.9(极值第二判别法) 设函数 $f(x)$ 在点 x_0 处具有二阶导数,并且 $f'(x_0)=0$,则

(1) 当 $f''(x_0)<0$ 时,$f(x_0)$ 是极大值;

(2) 当 $f''(x_0)>0$ 时,$f(x_0)$ 是极小值;

(3) 当 $f''(x_0)=0$ 时,判别法失效.

例 7 求函数 $f(x)=x^2-\ln(2x)^2$ 的极值.

解 (1) 函数 $f(x)$ 的定义域是 $(-\infty,0)\cup(0,+\infty)$.

(2) $f'(x)=2x-\dfrac{2}{x}=\dfrac{2(x^2-1)}{x}$. 令 $f'(x)=0$,得驻点 $x=1$, $x=-1$. 定义域内没有 $f'(x)$

不存在的点.

(3) $f''(x)=2+\dfrac{2}{x^2}$. 因为 $f''(1)=4>0$, $f''(-1)=4>0$, 所以 $x=1$ 和 $x=-1$ 都是极小值点.

(4) 函数 $f(x)$ 有极小值 $f(\pm 1)=[x^2-\ln(2x)^2]\big|_{x=\pm 1}=1-\ln 4=1-2\ln 2$, 无极大值.

想一想 在例 7 中, $x=0$ 是函数 $f(x)$ 的一阶不可导点吗？

试一试 求函数 $f(x)=x^3-3x$ 的极值.

例 8 求函数 $f(x)=(x^3-1)^2+1$ 的极值.

解 (1) 函数 $f(x)$ 的定义域是 $(-\infty,+\infty)$.

(2) $f'(x)=2(x^3-1)\cdot 3x^2=6x^2(x^3-1)$. 令 $f'(x)=0$, 得驻点 $x=0$, $x=1$. 定义域内没有 $f'(x)$ 不存在的点.

(3) $f''(x)=12x(x^3-1)+6x^2\cdot 3x^2=6x(5x^3-2)$. 因为 $f''(1)=18>0$, 所以 $x=1$ 是函数的极小值点. 由于 $f''(0)=0$, 因此定理 3.9 对 $x=0$ 失效. 故改用定理 3.8 判别, 如下表：

x	$(-\infty,0)$	0	$(0,1)$
$f'(x)$	$-$	0	$-$
$f(x)$	↘	无极值	↘

(4) 函数 $f(x)$ 有极小值 $f(1)=[(x^3-1)^2+1]\big|_{x=1}=1$, 无极大值.

例 9 求函数 $f(x)=x-\dfrac{3}{2}\sqrt[3]{x^2}$ 的极值.

解 (1) 函数 $f(x)$ 的定义域是 $(-\infty,+\infty)$.

(2) $f'(x)=1-\dfrac{3}{2}\cdot\dfrac{2}{3}x^{-1/3}=\dfrac{\sqrt[3]{x}-1}{\sqrt[3]{x}}$. 令 $f'(x)=0$, 得驻点 $x=1$. $f'(x)$ 不存在的点为 $x=0$.

(3) 因为 $x=0$ 是一阶不可导点, 所以只能根据定理 3.8 判别. 列表讨论如下：

x	$(-\infty,0)$	0	$(0,1)$	1	$(1,+\infty)$
$f'(x)$	$+$	不存在	$-$	0	$+$
$f(x)$	↗	极大值	↘	极小值	↗

(4) 由表可知, 函数 $f(x)$ 有极大值 $f(0)=0-0=0$, 极小值 $f(1)=1-\dfrac{3}{2}=-\dfrac{1}{2}$.

对于 $x=1$ 这一点, 我们也可以根据定理 3.9 来判断：因为 $y''=\dfrac{1}{3}x^{-4/3}=\dfrac{1}{3\sqrt[3]{x^4}}$, 当 $x=1$ 时, $y''=\dfrac{1}{3}>0$, 所以可判定 $f(x)$ 在点 $x=1$ 处有极小值.

极值判别法有两种, 第一判别法适用范围广, 然而它操作起来较繁琐；第二判别法操作容易, 但有失效的时候. 所以它们各有利弊. 因此, 要根据不同情况适当选择使用两种判别法.

试一试 用两种方法求函数 $f(x)=(x-1)\sqrt[3]{x^4}$ 的极值.

习 题 3.3

(A)

一、选择题

1. $f'(x)<0$ $(x\in(a,b))$ 是函数 $y=f(x)$ 在区间 (a,b) 内单调递减的( ).
   A. 必要条件　　　B. 充分条件　　　C. 充分必要条件　　D. 无关条件

2. 若函数 $y=ax^2+c$ 在区间 $(0,+\infty)$ 内单调递增，则 a,c 应满足( ).
   A. $a<0$，且 $c=0$　　　　　　　B. $a>0$，且 c 是任意常数
   C. $a<0$，且 $c\neq 0$　　　　　　D. $a<0$，且 c 是任意常数

3. 函数 $y=x^2+1$ 在区间 $[-1,1]$ 上( ).
   A. 单调递增　　　B. 单调递减　　　C. 不减不增　　　D. 有减有增

4. 函数 $y=\dfrac{1}{2}(e^x+e^{-x})$ 的极小值点为( ).
   A. 0　　　　　　B. -1　　　　　C. 1　　　　　　D. 不存在

5. 若函数 $y=f(x)$ 在点 $x=x_0$ 处取得极大值，则必有( ).
   A. $f'(x_0)=0$　　　　　　　　　B. $f'(x_0)=0$ 且 $f''(x_0)<0$
   C. $f''(x_0)<0$　　　　　　　　　D. $f'(x_0)=0$ 或 $f'(x_0)$ 不存在

二、填空题

函数 $f(x)$ 的极值点可能是_____点和_____点．

三、解答题

1. 求下列函数的单调区间和极值：
   (1) $y=x^4-2x^3-5$；　　(2) $y=2x^2-\ln x$；　　(3) $y=2-(x-1)^{2/3}$．

2. 求下列函数的极值：
   (1) $y=x^3-3x^2+7$；　　(2) $y=\dfrac{1}{4}x^4-\dfrac{1}{3}x^3-x^2$；　　(3) $y=xe^{-x}$；
   (4) $y=1-\sqrt[3]{(x-2)^2}$；　　(5) $y=x+\dfrac{1}{x}$；　　(6) $y=e^x-e^{-x}$．

(B)

一、填空题

函数 $y=\dfrac{1}{3}x^3-x$ 的单调递减区间为_____．（2011 年）

二、解答题

1. 求函数 $f(x)=x^3-3x+5$ 的极大值与极小值．（2013 年）

2. 设函数 $f(x)=x-\ln x$，求 $f(x)$ 的单调区间．（2012 年）

3. 求函数 $y=xe^x$ 的极小值点与极小值．（2011 年）

4. 设函数 $f(x)=x^3-3x^2-9x$，求 $f(x)$ 的极大值．（2010 年）

三、证明题

证明：当 $x>0$ 时，有 $(1+x)\ln(1+x)>x$. （2010 年）

§3.4 函数的最值及其应用

一、函数的最大值与最小值

在实际生活中，常常会遇到这样一类问题：在一定条件下，怎样使"产量最多"、"用料最省"、"成本最低"、"效益最好"等问题. 这类最优化问题有些能够归结为求某个函数（通常称为目标函数）的最值或最值点的问题.

由于连续函数 $f(x)$ 在闭区间 $[a,b]$ 上的最大值和最小值或者在区间端点处取得，或者在极值点处取得（如图 3-12），而极值点又一定是驻点或一阶导数不存在的点，由此得出**求函数最大值与最小值的步骤**：

(1) 求出函数的驻点和一阶导数不存在的点；
(2) 求出这些点和两端点的函数值；
(3) 通过比较求得函数的最大值和最小值.

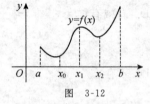

图 3-12

例 1 求函数 $f(x)=x-\dfrac{3}{2}\sqrt[3]{x^2}$ 在区间 $[-1,2\sqrt{2}]$ 上的最大值和最小值.

解 (1) 由 §3.3 的例 9 知，$f(x)$ 的驻点为 $x=1$，$f'(x)$ 不存在的点为 $x=0$；
(2) $f(0)=0$，$f(1)=-1/2$，$f(-1)=-5/2$，$f(2\sqrt{2})=2\sqrt{2}-3$；
(3) 函数 $f(x)$ 的最大值是 $f(0)=0$，最小值是 $f(-1)=-5/2$.

如果函数 $f(x)$ 的最大（小）值点客观存在于某区间（闭区间 $[a,b]$，开区间 (a,b)，或无穷区间）内部，又 $f(x)$ 在此区间内仅有一个极值点，那么该极值点一定是 $f(x)$ 在此区间上的最大（小）值点（如图 3-13）；如果可导函数 $f(x)$ 的最大（小）值点客观存在于某区间内部，又 $f(x)$ 在此区间内仅有一个驻点，那么该驻点一定是 $f(x)$ 在此区间上的最大（小）值点（如图 3-14）.

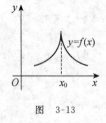

图 3-13

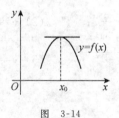

图 3-14

下面我们就根据这两条结论来解决实际中的最大值与最小值问题.

二、函数最大值与最小值的应用

对于一个实际的最大值或最小值问题，其求解过程一般可分为三个步骤：
(1) 根据问题的假设和条件，建立目标函数，并确定函数的定义域；
(2) 求解目标函数的最值点；
(3) 按问题的要求给出结论.

例 2 欲做一个底为正方形、容积为 108 m³ 的长方体开口容器,怎样做法所用材料最省?

解 (1) 建立目标函数. 要求在容积一定的条件下,使用材料最省,我们的目标自然就是使长方体开口容器的表面积最小.

如图 3-15 所示,设长方体开口容器的底面边长为 x,高为 h,表面积为 S,则 $S=x^2+4xh$,并且 $x^2h=108$,即 $h=\dfrac{108}{x^2}$. 于是

$$S=x^2+\dfrac{432}{x}, \quad x\in(0,+\infty).$$

(2) $S'=2x-\dfrac{432}{x^2}$. 令 $S'=0$,得唯一驻点 $x=6$. 代入 $x^2h=108$,得 $h=3$.

(3) 由实际意义知,S 在定义域 $(0,+\infty)$ 内确有最小值,故当长方体开口容器的底面边长为 6 m,高为 3 m 时,所用材料最省.

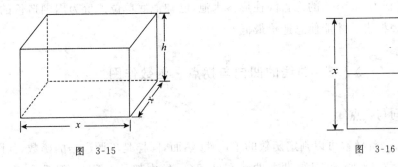

图 3-15

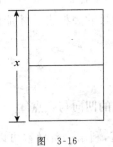

图 3-16

例 3 欲用长 12 m 的木料加工一个"日"字形的窗框,问:它的长和宽各取多少时,才能使采光面积最大? 最大面积是多少?

解 (1) 建立目标函数. 如图 3-16 所示,设长为 x(单位:m),则宽为 $\dfrac{12-2x}{3}$,面积为

$$S=x\cdot\dfrac{12-2x}{3}=4x-\dfrac{2}{3}x^2, \quad x\in(0,6).$$

(2) $S'=4-\dfrac{4}{3}x$. 令 $S'=0$,得 $x=3$.

(3) 由实际意义知,S 在 $(0,6)$ 内确有最大值,故当窗框的长为 3 m,宽为 2 m 时,采光面积最大,最大面积为 6 m².

习 题 3.4

一、选择题

设函数 $f(x)$ 在区间 $[a,b]$ 上连续,在 (a,b) 内可导,又仅有一点 $x_0\in(a,b)$,使 $f'(x_0)=0$,且 $f''(x_0)>0$,则下列结论正确的是(   ).

A. $f(x_0)$ 是函数 $f(x)$ 在区间 $[a,b]$ 上的最大值

B. $f(x_0)$ 是函数 $f(x)$ 在区间 $[a,b]$ 上的最小值

C. $f(x_0)$ 是函数 $f(x)$ 在区间 $[a,b]$ 上的极大值,但不是最大值

D. $f(x_0)$ 是函数 $f(x)$ 在区间 $[a,b]$ 上的极小值,但不是最小值

二、计算题

求下列函数在给定区间上的最大值与最小值：

1. $y = x^4 - 2x^2 + 1$，$\left[-\dfrac{1}{2}, 2\right]$. 2. $y = 2^x$，$[1, 5]$.

三、解答题

1. 设两正数之和为 a，求其乘积的最大值.

2. 某车间要靠墙围一个长方形的贮料场，现有存砖只够砌 30 m 的墙壁，问：应围成怎样的长方形，才能使贮料场面积最大？

3. 设有一块边长为 24 cm 的正方形铁皮，从其各角截去相同大小的小正方形，做成一个无盖的方匣，问：截去多少，才能使做成的匣子的容积最大？

4. 欲做一个容积为 300 m³ 的无盖圆柱形蓄水池，已知池底单位造价为周围造价的两倍，问：蓄水池的尺寸怎样设计才能使总造价最低？

§3.5 曲线的凹向与拐点·函数作图

一、曲线的凹向与拐点

我们知道，利用一阶导数可以判定函数的单调性. 然而，同样是单调递增的函数，其图形也会有很大差异. 如图 3-17 所示，虽然两条曲线在区间 (a,b) 内都是上升的，但是由于曲线 C_1 为向上凹的，而曲线 C_2 为向下凹的，故曲线 C_1 和 C_2 上升的规律有较大的不同. 所以还需要找出一个判定曲线凹向的方法. 我们首先给出曲线凹向的定义.

定义 3.2 若在某区间内，曲线弧位于其上任一点处切线的上方，则称曲线在该区间内是**上凹**的(也称为**凹**的)(如图 3-18(a))；若在某区间内，曲线弧位于其上任一点处切线的下方，则称曲线在该区间内是**下凹**的(也称为**凸**的)(如图 3-18(b)).

如何判定曲线的凹向呢？从图 3-18(a)，(b)可以看出，对于上凹的曲线段，当 x 由 a 增大到 b 时，切线的斜率在逐渐增大，即 $f'(x)$ 是单调递增函数，因而 $f''(x) \geqslant 0$；而下凹的曲线段情况恰好相反，当 x 由 a 增大到 b 时，切线的斜率逐渐减小，即 $f'(x)$ 是单调递减函数，因而 $f''(x) \leqslant 0$. 反过来是否成立呢？有如下定理：

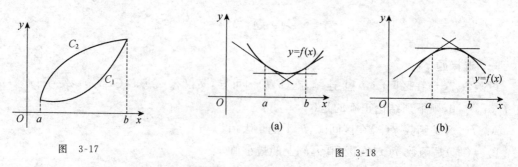

图 3-17   图 3-18

定理 3.10 设函数 $f(x)$ 在开区间 (a,b) 内具有二阶导数，则

(1) 当 $f''(x)>0$ 时,曲线 $f(x)$ 在区间 (a,b) 内上凹;
(2) 当 $f''(x)<0$ 时,曲线 $f(x)$ 在区间 (a,b) 内下凹.

例1 讨论曲线 $y=\ln x$ 的凹向.

解 函数 $y=\ln x$ 的定义域是 $(0,+\infty)$. 因为
$$y'=\frac{1}{x}, \quad y''=-\frac{1}{x^2}<0,$$
所以曲线 $y=\ln x$ 在区间 $(0,+\infty)$ 内是下凹的(如图 3-19).

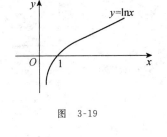

图 3-19

试一试 讨论曲线 $y=x^2$ 的凹向.

例2 讨论曲线 $y=x^3$ 的凹向.

解 函数 $y=x^3$ 的定义域是 $(-\infty,+\infty)$,$y'=3x^2$,$y''=6x$. 因为当 $x>0$ 时,$y''>0$,当 $x<0$ 时,$y''<0$,所以曲线 $y=x^3$ 在区间 $(0,+\infty)$ 内上凹,在区间 $(-\infty,0)$ 内下凹. 点 $(0,0)$ 是曲线 $y=x^3$ 凹向的分界点(如图 3-20).

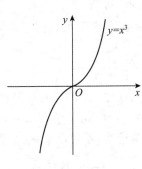

图 3-20

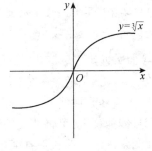

图 3-21

定义 3.3 连续曲线上,上凹与下凹的分界点称为曲线的**拐点**.

既然拐点 $(x_0,f(x_0))$ 是曲线上凹向的分界点,而曲线的凹向又可根据 $f''(x)$ 的符号来判定,因此在拐点两侧 $f''(x)$ 的符号一定不同. 所以,在拐点处,或者 $f''(x_0)=0$(如图 3-20),或者 $f''(x_0)$ 不存在(如图 3-21). 反之,若函数 $y=f(x)$ 在点 $x=x_0$ 处有 $f''(x_0)=0$ 或 $f''(x_0)$ 不存在,且在 x_0 两侧 $f''(x)$ 的符号不同,则 $(x_0,f(x_0))$ 一定是拐点.

试一试 原点 $(0,0)$ 是曲线 $y=x^4$ 的拐点吗?

求曲线 $y=f(x)$ 拐点的步骤如下:

(1) 确定函数 $f(x)$ 的定义域;
(2) 求满足 $f''(x)=0$ 及 $f''(x)$ 不存在的点;
(3) 判别在这些点的两侧 $f''(x)$ 是否异号;
(4) 求拐点 $(x_0,f(x_0))$.

例3 讨论曲线 $y=x^2-\dfrac{1}{x}$ 的凹向与拐点.

解 (1) 函数 $y=x^2-\dfrac{1}{x}$ 的定义域是 $(-\infty,0)\cup(0,+\infty)$.

(2) $y'=2x+\dfrac{1}{x^2}$,$y''=2-\dfrac{2}{x^3}=\dfrac{2(x^3-1)}{x^3}$. 令 $y''=0$,得 $x=1$. 定义域内没有 y'' 不存在的点.

(3) 列表讨论如下:

x	$(-\infty,0)$	$(0,1)$	1	$(1,+\infty)$
y''	$+$	$-$	0	$+$
y	∪	∩	拐点	∪

其中符号"∪"表示上凹,"∩"表示下凹;

(4) 由表可知,曲线 $y=x^2-\dfrac{1}{x}$ 在区间 $(-\infty,0)$ 和 $(1,+\infty)$ 内上凹,在区间 $(0,1)$ 内下凹,拐点是 $(1,0)$.

试一试 讨论下列曲线的凹向与拐点:

(1) $y=x^3-6x^2+9x+1$;　　(2) $y=1+\sqrt[3]{x}$.

二、函数作图

在前面的内容里,我们已经利用导数讨论了函数的单调性、极值、凹向与拐点等性态. 利用函数的这些性态,便可比较准确地描绘出函数的图形. 下面在介绍作函数图形的方法前,先介绍曲线的渐近线及其求法.

1. 曲线的渐近线

若曲线 $y=f(x)$ 上的点 $P(x,f(x))$ 沿着曲线无限远离原点时,点 P 与某条定直线的距离趋于零,则称该直线是曲线 $y=f(x)$ 的**渐近线**.

根据渐近线的位置,可将曲线的渐近线分为三类:水平渐近线、垂直渐近线、斜渐近线. 这里我们只介绍水平渐近线和垂直渐近线.

1) 水平渐近线

对曲线 $y=f(x)$,如果
$$\lim_{x\to-\infty}f(x)=b \quad \text{或} \quad \lim_{x\to+\infty}f(x)=b,$$
则称直线 $y=b$ 为曲线 $y=f(x)$ 的**水平渐近线**.

例如,对曲线 $y=\arctan x$,由于
$$\lim_{x\to+\infty}\arctan x=\dfrac{\pi}{2}, \quad \lim_{x\to-\infty}\arctan x=-\dfrac{\pi}{2},$$
所以曲线 $y=\arctan x$ 有两条水平渐近线 $y=\dfrac{\pi}{2}$ 和 $y=-\dfrac{\pi}{2}$(如图 3-22).

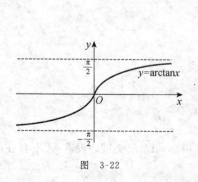

图 3-22

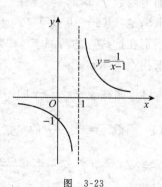

图 3-23

又如,对曲线 $y=\dfrac{1}{x-1}$,由于

$$\lim_{x\to\infty}\dfrac{1}{x-1}=0,$$

所以直线 $y=0$ 是它的一条水平渐近线(如图 3-23).

2) 垂直渐近线

对曲线 $y=f(x)$,如果

$$\lim_{x\to x_0^-}f(x)=\infty \quad \text{或} \quad \lim_{x\to x_0^+}f(x)=\infty,$$

则称直线 $x=x_0$ 为曲线 $y=f(x)$ 的**垂直渐近线**.

显然,若点 $x=x_0$ 为函数 $f(x)$ 定义域内的连续点,直线 $x=x_0$ 不可能为曲线 $y=f(x)$ 的垂直渐近线.垂直渐近线只可能在函数 $f(x)$ 的间断点或定义区间的端点处取得.

想一想 曲线的垂直渐近线能在其第一类间断点处取得吗?在第二类间断点处呢?

例 4 求曲线 $y=\dfrac{1}{x-1}$ 的垂直渐近线.

解 函数 $y=\dfrac{1}{x-1}$ 的定义域为 $(-\infty,1)\cup(1,+\infty)$.函数 $y=\dfrac{1}{x-1}$ 在定义域内各点均连续,$x=1$ 为其间断点,且

$$\lim_{x\to 1}\dfrac{1}{x-1}=\infty,$$

所以直线 $x=1$ 是曲线 $y=\dfrac{1}{x-1}$ 的一条垂直渐近线(如图 3-23).

例 5 求曲线 $y=\ln x$ 的垂直渐近线.

解 函数 $y=\ln x$ 的定义域为 $(0,+\infty)$.函数 $y=\ln x$ 在定义域内各点均连续,而在区间端点 $x=0$ 处,由于 $\lim\limits_{x\to 0^+}\ln x=-\infty$,所以直线 $x=0$ 是曲线 $y=\ln x$ 的一条垂直渐近线(如图 3-24).

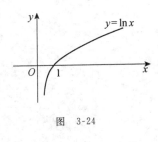

图 3-24

例 6 求曲线 $y=e^{1/x}$ 的垂直渐近线及水平渐近线.

解 函数 $y=e^{1/x}$ 的定义域为 $(-\infty,0)\cup(0,+\infty)$.函数 $y=e^{1/x}$ 在定义域内各点均连续,$x=0$ 为其间断点,且 $\lim\limits_{x\to 0^+}e^{1/x}=+\infty$,所以直线 $x=0$ 是曲线 $y=e^{1/x}$ 的一条垂直渐近线.

又 $\lim\limits_{x\to-\infty}e^{1/x}=1$,$\lim\limits_{x\to+\infty}e^{1/x}=1$,所以直线 $y=1$ 是曲线 $y=e^{1/x}$ 的一条水平渐近线.

2. 函数作图

在许多实际问题的研究中,常常需要作出函数的图形,以便对函数的各种性态进行观察.对于简单连续函数,可用描点法作函数的图形.但是,单纯的描点法较为粗糙,往往会忽略甚至歪曲了曲线的某些重要特性.例如,函数极值点的精确位置,就不容易通过描点法找出.而利用导数与微分可以具体了解函数的各种性态,从而可以比较精确地描绘出函数曲线的图形.这种以微分理论为基础的函数作图方法,称为**微分作图法**.

微分作图法的步骤如下:

(1) 确定函数的定义域、间断点,并讨论函数的奇偶性、周期性等;

(2) 确定函数的单调区间与极值、曲线的凹向区间及拐点;

(3) 讨论曲线的渐近线,并求曲线与坐标轴的交点和找出一些必要的辅助点;

(4) 综合上述讨论,描点作出函数的图形.

例 7 作函数 $y = e^{-x^2}$ 的图形.

解 (1) 函数 $y = e^{-x^2}$ 的定义域是 $(-\infty, +\infty)$.

由于 $y = e^{-x^2}$ 是偶函数,所以下面只在区间 $[0, +\infty)$ 内进行讨论.

(2) $y' = -2xe^{-x^2}$,$y'' = 2(2x^2 - 1)e^{-x^2}$. 令 $y' = 0$,得驻点 $x = 0$;令 $y'' = 0$,得 $x = \frac{\sqrt{2}}{2}$. 定义域内没有 y' 或 y'' 不存在的点. 列表讨论如下:

x	0	$\left(0, \frac{\sqrt{2}}{2}\right)$	$\frac{\sqrt{2}}{2}$	$\left(\frac{\sqrt{2}}{2}, +\infty\right)$
y'	0	−	−	−
y''	−	−	0	+
y	极大值	↘∩	拐点	↘∪

由表得知,函数的极大值是 $f(0) = 1$,拐点是 $\left(\frac{\sqrt{2}}{2}, e^{-1/2}\right)$.

(3) 因为 $\lim\limits_{x \to \infty} e^{-x^2} = 0$,所以直线 $y = 0$ 是曲线的一条水平渐近线.

(4) 作图,如图 3-25 所示.

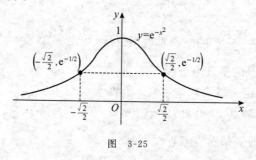

图 3-25

习 题 3.5

一、选择题

1. 函数 $f(x) = x^3 + 12x + 1$ 在定义域内( ).

   A. 单调递增   B. 单调递减   C. 图形上凹   D. 图形下凹

2. 曲线 $y = x^2(x - 6)$ 在区间 $(4, +\infty)$ 内( ).

   A. 上升且上凹   B. 上升且下凹

   C. 下降且下凹   D. 下降且上凹

3. 条件 $f''(x_0) = 0$ 是 $f(x)$ 的图形在点 $x = x_0$ 处有拐点的( ).

   A. 必要条件   B. 充分条件   C. 充分必要条件   D. A,B,C 都不是

4. 如果 $f'(x_0) = 0$,$f''(x_0) = 0$,则下列结论正确的是( ).

   A. x_0 是极大值点   B. $(x_0, f(x_0))$ 是拐点

   C. x_0 是极小值点   D. x_0 可能是极值点,也可能 $(x_0, f(x_0))$ 是拐点

5. 若函数 $f(x)$ 在区间 (a,b) 内具有二阶导数，且（　　），则 $f(x)$ 在 (a,b) 内单调递增且其图形上凹．

A. $f'(x)>0, f''(x)>0$　　　　B. $f'(x)>0, f''(x)<0$

C. $f'(x)<0, f''(x)>0$　　　　D. $f'(x)<0, f''(x)<0$

6. 若点 $(0,1)$ 是曲线 $y=ax^3+bx^2+c$ 的拐点，则（　　）．

A. $a=1, b=-3, c=1$　　　　B. $a\neq 0, b=0, c=1$

C. $a=1, b=0, c$ 为任意值　　　D. a, b 为任意值，$c=1$

7. 曲线 $y=x^3-3x^2+3x$ 的拐点是（　　）．

A. $x=1$　　　B. $(1, f'(1))$　　　C. $(1, f''(1))$　　　D. $(1, f(1))$

二、填空题

1. 曲线 $y=e^x+e^{-x}$ 在区间 $(-\infty,+\infty)$ 内的凹向是_____．

2. 曲线 $y=\dfrac{e^{-x}}{x}$ 的水平渐近线为_____，垂直渐近线为_____．

三、解答与作图题

1. 讨论下列曲线的凹向及拐点：

(1) $y=x^4-6x^3+12x^2-10x+4$；　　(2) $y=x+\sqrt[3]{x^5}$；　　(3) $y=x+\dfrac{1}{x}$．

2. 求下列曲线的渐近线：

(1) $y=\ln(x+1)$；　　(2) $y=\dfrac{x^2}{x^2+2x-3}$；　　(3) $y=\dfrac{1}{(x-1)^2}$．

3. 利用导数作函数 $y=\dfrac{x}{x^2+1}$ 的图形．

综合练习三

一、选择题

1. 下列命题正确的是（　　）．

A. 若 $(x_0, f(x_0))$ 为曲线 $y=f(x)$ 的拐点，则 $f''(x_0)=0$

B. 若 $f''(x_0)=0$，则 $(x_0, f(x_0))$ 必为曲线 $y=f(x)$ 的拐点

C. 若 $f''(x_0)=0$ 或 $f''(x_0)$ 不存在，则 $(x_0, f(x_0))$ 可能为曲线 $y=f(x)$ 的拐点

D. 以上 A,B,C 都不正确

2. 若函数 $f(x)=kx^3+3(k-1)x^2-k^2+1$ 在点 $x=4$ 处取得极值，则 k 的值为（　　）．

A. $-1/3$　　　B. -1　　　C. 1　　　D. $1/3$

3. 曲线 $y=e^{-1/x}$（　　）．

A. 有极值　　　　　　　　　　B. 有水平及垂直渐近线

C. 无拐点　　　　　　　　　　D. 在 $(-\infty,0)$ 及 $(0,+\infty)$ 内下降

4. 在区间 $[-1,1]$ 上满足拉格朗日中值定理的函数是（　　）．

A. $y=\dfrac{1}{x}$　　　B. $y=x^{2/3}$　　　C. $y=\tan x$　　　D. $y=\ln x$

5. 设函数 $f(x)$ 在区间 $[0,1]$ 上可导,$f'(x)>0$,并且 $f(0)<0,f(1)>0$,则 $f(x)$ 在 $[0,1]$ 内( ).

   A. 至少有两个零点   B. 有且仅有一个零点
   C. 没有零点   D. 零点个数不能确定

6. 若不等式 $x^4-4x^3>2-a$ 对任何实数 x 都成立,则 a 的取值范围是( ).

   A. $a>2$ B. $a>29$ C. a 为一切实数   D. 这样的 a 不存在

7. 比较 e^x 与 ex 在 $[1,+\infty)$ 内的大小,结果是( ).

   A. $e^x=ex$ B. $e^x>ex$ C. $e^x\geq ex$ D. $e^x\leq ex$

8. 已知函数 $f(x)=2x^3-6x^2+m$ (m 为常数) 在区间 $[-2,2]$ 上有最大值 3,则在 $[-2,2]$ 上的最小值是( ).

   A. -37 B. -29 C. -5 D. 以上 A,B,C 都不是

二、计算题

求下列函数的极限:

1. $\lim\limits_{x\to 0}\dfrac{x-\sin x}{x^3}$.   2. $\lim\limits_{x\to 0}\dfrac{e^x+e^{-x}-2}{\sin^2 x}$.   3. $\lim\limits_{x\to 0^+}\dfrac{\ln x}{\ln\tan x}$.

4. $\lim\limits_{x\to 0}\left(\dfrac{1}{e^x-1}-\dfrac{1}{x}\right)$.   5. $\lim\limits_{x\to 0^+}(\sin x\ln x)$.   6. $\lim\limits_{x\to 0}(1+\sin x)^{1/x}$.

三、解答与作图题

1. 讨论下列函数的单调性、极值及其图形的凹向和拐点:

   (1) $y=3x^4-4x^3$;   (2) $y=x^2+\dfrac{1}{x}$;   (3) $y=\ln(x^2+1)$.

2. 欲做一个底面为长方形的带盖箱子,其体积为 72cm^3,底两邻边成 $1:2$ 关系,问:箱子的长、宽、高分别为多少时,才能使表面面积最小(即用料最省)?

3. 求下列曲线的渐近线:

   (1) $y=xe^{x^{-2}}$;   (2) $y=-(x+1)+\sqrt{x^2+1}$.

4. 利用导数作函数 $y=\dfrac{1}{1+e^{-x}}$ 的图形.

自 测 题 三

一、选择题(每题 2 分,共 10 分)

1. 下列命题正确的是( ).

   A. 在 (a,b) 内,$f'(x)>0$ 是 $f(x)$ 在 (a,b) 内单调递增的充分条件
   B. 可导函数 $f(x)$ 的驻点一定是此函数的极值点
   C. 函数 $f(x)$ 的极值点一定是此函数的驻点
   D. 连续函数 $f(x)$ 在 $[a,b]$ 上的极大值必大于极小值

2. 设曲线 $y=\ln x+1$,那么在 $(0,1)$ 和 $(1,2)$ 内,曲线分别为( ).

   A. 下凹、下凹   B. 下凹、上凹   C. 上凹、下凹   D. 上凹、上凹

3. $\lim\limits_{x\to 0}\dfrac{e^x-e^{-x}-2x}{x-\sin x}=$(   ).

A. 2   B. -2 C. $\dfrac{1}{2}$ D. $-\dfrac{1}{2}$

4. 曲线 $y=x^3-3x^2+2$ 的拐点是(   ).

A. $x=1$ B. $(1,f'(1))$ C. $(1,f''(1))$ D. $(1,f(1))$

5. 设曲线 $y=e^{1/x}-e$，则其水平渐近线是(   ).

A. $y=0$ B. $x=1$ C. $y=-e$ D. $y=1-e$

二、填空题（每空 2 分，共 46 分）

6. $\lim\limits_{x\to+\infty}x\sin\dfrac{2}{x}$ 是_____型未定式的极限，它等于_____.

7. 已知函数 $y=x^3+ax^2+bx+2$ 在点 $x_1=1$ 和 $x_2=2$ 处有极值，则 $a=$_____，$b=$_____，这时 $x_1=1$ 为极_____点，$x_2=2$ 为极_____点.

8. 已知 $f(x)=a\sin x+\dfrac{1}{3}\sin 3x$ 在点 $x=\dfrac{\pi}{3}$ 处有极值，则 $a=$_____，极值是_____.

9. 若 $f(x)$ 在 (a,b) 内单调递减，则它在该区间上的最大值_____，最小值_____；若 $f(x)$ 在 $[a,b]$ 上单调递减，则它在该区间上的最大值是_____，最小值是_____.

10. 函数 $y=x^3-3$ 的单调递增区间是_____，其图形的下凹区间是_____.

11. 曲线 $y=\dfrac{\ln x}{x}$ 在_____区间内是上凹的，在_____区间内是下凹的，其拐点是_____.

12. 曲线 $y=\dfrac{2x-1}{(x-1)^2}$ 的水平渐近线是_____，垂直渐近线是_____.

13. 若 $f(x)=\dfrac{4x}{x^2+1}$，则 $f'(x)=$_____，$f''(x)=$_____，$f(x)$ 的极大值为_____，$f(x)$ 的极小值为_____.

三、计算题

14. 求下列函数的极限：（每小题 5 分，共 20 分）

(1) $\lim\limits_{x\to 1}\dfrac{x^3-3x^2+2}{x^3-x^2-x+1}$；   (2) $\lim\limits_{x\to 0}\dfrac{e^x-e^{-x}}{\sin x}$；   (3) $\lim\limits_{x\to 0}\dfrac{\sin 2x}{\tan 3x}$；   (4) $\lim\limits_{x\to+\infty}\dfrac{x^3}{e^{5x}}$.

四、解答题（每题 8 分，共 24 分）

15. 求函数 $y=x-\ln(x+1)$ 的单调区间和极值.

16. 讨论曲线 $y=x-\dfrac{1}{x}$ 的凹向及拐点.

17. 欲以一堵旧墙为边围出一面积为 $S=8\ m^2$ 的矩形场地，问：它的长和宽应分别为多少时，才能使新建墙壁的总长度最小？最小长度为多少？

第四章 不定积分

微分学的基本问题是求已知函数的导数或微分. 在科学技术领域还会遇到与此相反的问题, 即已知一个函数的导数或微分, 求原来的函数, 由此产生了积分学. 积分学由不定积分和定积分两部分组成. 本章研究不定积分的概念、性质以及基本积分方法.

§4.1 不定积分的概念与性质

一、不定积分的概念

1. 原函数的概念

在微分学中, 我们所研究的问题是寻求已知函数的导数或微分. 但在许多实际问题中, 常常需要研究相反的问题, 即已知函数的导数或微分, 求原来的函数.

例如, 列车快进站时, 司机就要使它逐渐减速. 假定减速开始时刻 $t=0$, 而 t 时刻列车的速度(单位: km/min)是

$$v(t) = 1 - \frac{1}{3}t,$$

问: 列车应在离站台多远的地方开始减速?

设 t 时刻后列车所驶过的路程为 $s(t)$, 根据导数的物理意义知

$$s'(t) = v(t).$$

上述问题转化为: 已知 $s'(t) = 1 - \frac{1}{3}t$, 求 $s(t)$, 并使 $s(0) = 0$. 不难验证

$$s(t) = t - \frac{1}{6}t^2.$$

因为列车到站时的速度为 0, 所以由 $v(t) = 1 - \frac{1}{3}t = 0$ 得 $t = 3$. 代入 $s(t) = t - \frac{1}{6}t^2$, 得

$$s(3) = 3 - \frac{1}{6} \times 3^2 = 1.5,$$

即列车应在距站台 1.5 km 处开始减速.

定义 4.1 已知函数 $f(x)$, 如果存在函数 $F(x)$, 使得对于给定区间上所有点都满足

$$F'(x) = f(x) \quad \text{或} \quad dF(x) = f(x)dx,$$

则称 $F(x)$ 是函数 $f(x)$ 在该区间上的一个**原函数**.

例如, 因为 $(x^2)' = 2x$, 所以 x^2 是 $2x$ 的一个原函数.

又因为 $(x^2+1)' = 2x$, 所以 x^2+1 也是 $2x$ 的一个原函数.

同理, 因为 $(x^2+C)' = 2x$ (C 为任意常数), 因而 x^2+C 都是 $2x$ 的原函数.

这里自然产生两个问题：

(1) 函数 $f(x)$ 应具备什么条件才有原函数 $F(x)$？即原函数的存在问题.

(2) 如果 $F(x)$ 是 $f(x)$ 的一个原函数，那么函数族 $F(x)+C$ (C 为任意常数) 是否都是 $f(x)$ 的原函数？并且 $F(x)+C$ 是否能包含 $f(x)$ 的全体原函数？

对于第一个问题，我们将在 §5.2 中证明：若函数 $f(x)$ 在给定区间上**连续**，则函数 $f(x)$ 在该区间上**必有原函数**.

由于初等函数在其定义区间上都连续，所以初等函数在其定义区间上都存在原函数.

至于第二个问题，首先，因为 $[F(x)+C]'=f(x)$，所以函数族 $F(x)+C$ (C 为任意常数) 都是 $f(x)$ 的原函数. 因此，一个函数的原函数若存在，一定有无穷多个.

其次，假设 $G(x)$ 是 $f(x)$ 的任意一个原函数，即 $G'(x)=f(x)$，于是
$$[G(x)-F(x)]'=G'(x)-F'(x)=f(x)-f(x)=0.$$
由拉格朗日中值定理的推论 1 知
$$G(x)-F(x)=C \quad (C \text{ 为任意常数}),$$
即
$$G(x)=F(x)+C \quad (C \text{ 为任意常数}).$$

上述结论说明，函数 $f(x)$ 的任一原函数都可表示成 $F(x)+C$ 的形式. 故 $F(x)+C$ 的确包含了 $f(x)$ 的全体原函数. 于是，我们有下面的定理.

定理 4.1 如果 $F(x)$ 是函数 $f(x)$ 的一个原函数，则 $F(x)+C$ (C 为任意常数) 是 $f(x)$ 的全体原函数.

综上，若函数 $f(x)$ 的原函数存在，必有无穷多个，且这无穷多个原函数一定具有 $f(x)$ 的某个原函数加上任意常数 C 的形式. 因而，欲求已知函数 $f(x)$ 的全体原函数，只需求出它的一个原函数，再加上任意常数 C 即可.

例 1 求 x^3 的全体原函数.

解 因为 $\left(\dfrac{1}{4}x^4\right)'=x^3$，所以 $\dfrac{1}{4}x^4$ 是 x^3 的一个原函数. 由定理 4.1 知，x^3 的全体原函数为
$$\frac{1}{4}x^4+C \quad (C \text{ 为任意常数}).$$

2. 不定积分的概念

定义 4.2 如果 $F(x)$ 是函数 $f(x)$ 的一个原函数，则 $F(x)+C$ (C 为任意常数) 称为函数 $f(x)$ 的**不定积分**，记做 $\int f(x)\mathrm{d}x$，即
$$\int f(x)\mathrm{d}x = F(x)+C,$$
其中 $\int$ 称为**积分号**，$f(x)$ 称为**被积函数**，$f(x)\mathrm{d}x$ 称为**被积表达式**，x 称为**积分变量**，C 称为**积分常数**.

特别地，$\int 1\mathrm{d}x$ 通常写成 $\int \mathrm{d}x$.

根据原函数及不定积分的定义，下列三种说法是等价的：

(1) $F(x)$ 是函数 $f(x)$ 的一个原函数；

(2) $F'(x)=f(x)$；

(3) $\int f(x)\mathrm{d}x = F(x) + C$.

求不定积分 $\int f(x)\mathrm{d}x$ 的运算称为**积分运算**.

由定义 4.2 知,函数 $f(x)$ 的不定积分就是 $f(x)$ 的全体原函数,求不定积分 $\int f(x)\mathrm{d}x$ 就是先求出被积函数 $f(x)$ 的某个原函数,再加上积分常数 C.

例 2 求下列不定积分:

(1) $\int \cos x \mathrm{d}x$;   (2) $\int x^6 \mathrm{d}x$;   (3) $\int \dfrac{1}{1+x^2}\mathrm{d}x$.

解 (1) 因为 $(\sin x)' = \cos x$,所以 $\sin x$ 是 $\cos x$ 的一个原函数. 由不定积分的定义得

$$\int \cos x \mathrm{d}x = \sin x + C.$$

(2) 因为 $\left(\dfrac{1}{7}x^7\right)' = x^6$,所以 $\dfrac{1}{7}x^7$ 是 x^6 的一个原函数. 由不定积分定义得

$$\int x^6 \mathrm{d}x = \dfrac{1}{7}x^7 + C.$$

(3) 因为 $(\arctan x)' = \dfrac{1}{1+x^2}$,所以 $\arctan x$ 是 $\dfrac{1}{1+x^2}$ 的一个原函数. 由不定积分的定义得

$$\int \dfrac{1}{1+x^2}\mathrm{d}x = \arctan x + C.$$

想一想 下列等式成立吗?为什么?

(1) $\int 2x\mathrm{d}x = x^2$;   (2) $\int 2x\mathrm{d}x = x^2 + C$;   (3) $\int 2x\mathrm{d}x = (x^2 + 1) + C$.

二、不定积分的性质

由原函数和不定积分的定义可得如下性质:

性质 1 不定积分的基本性质:

(1) $\left(\int f(x)\mathrm{d}x\right)' = f(x)$ 或 $\mathrm{d}\left(\int f(x)\mathrm{d}x\right) = f(x)\mathrm{d}x$;

(2) $\int F'(x)\mathrm{d}x = F(x) + C$ 或 $\int \mathrm{d}F(x) = F(x) + C$.

性质 1 说明,在允许相差一个任意常数的情况下,微分运算与积分运算互为逆运算.

性质 2 不定积分的运算性质:

(1) 非零常数因子可提到积分号的前面,即

$$\int kf(x)\mathrm{d}x = k\int f(x)\mathrm{d}x \quad (k \neq 0).$$

(2) 两个函数代数和的不定积分等于函数不定积分的代数和,即

$$\int [f(x) \pm g(x)]\mathrm{d}x = \int f(x)\mathrm{d}x \pm \int g(x)\mathrm{d}x.$$

证明 (1) 由导数运算法则和不定积分的性质 1 知

$$\left(k\int f(x)\mathrm{d}x\right)' = k\left(\int f(x)\mathrm{d}x\right)' = kf(x),$$

所以 $k\int f(x)\mathrm{d}x$ 是 $kf(x)$ 的全体原函数. 由不定积分的定义有

$$\int kf(x)\mathrm{d}x = k\int f(x)\mathrm{d}x \quad (k\neq 0).$$

(2) 证明方法与(1)相同,只需证明右端的导数等于左端的被积函数. 证明过程略.

想一想 $\int [k_1f_1(x)\pm k_2f_2(x)\pm\cdots\pm k_nf_n(x)]\mathrm{d}x = ?$ ($k_1,k_2,\cdots,k_n$ 不全为零)

三、不定积分的几何意义

先看一个例子.

例 3 求经过点 $(2,7)$,且其上任意点处切线的斜率为 $2x$ 的曲线方程.

解 设所求曲线方程为 $y=F(x)$,则由导数的几何意义知 $F'(x)=2x$. 因为 x^2 为 $2x$ 的一个原函数,由不定积分的定义知

$$F(x) = \int 2x\mathrm{d}x = x^2 + C,$$

所以
$$y = F(x) = x^2 + C.$$

$y=x^2$ 为一条抛物线,而 $y=x^2+C$ 为与 $y=x^2$ 平行的一族抛物线. 我们要在这一族抛物线中找出过点 $(2,7)$ 的那一条. 将已知条件 $x=2,y=7$ 代入 $y=x^2+C$ 中,有 $7=2^2+C$,从而可确定唯一一个积分常数 $C=3$. 所以,所求曲线方程为

$$y = x^2 + 3.$$

通常称函数 $y=x^2$ 的图形为函数 $2x$ 的一条**积分曲线**,而 $y=x^2+C$ 的图形为函数 $2x$ 的**积分曲线族**. 对于这族曲线中的任意曲线,在横坐标相同点 x 处,其切线斜率均为 $2x$,即曲线在横坐标相同点 x 处的切线都是平行的,因此我们也称这族积分曲线是相互平行的,可由 $y=x^2$ 沿 y 轴方向上、下移动而得到.

一般地,$\int f(x)\mathrm{d}x$ 的几何意义为一族相互平行的积分曲线,且每条积分曲线上横坐标 x 处的切线斜率都是被积函数 $f(x)$(如图4-1).

当给定一个已知条件 $x=x_0,y=y_0$ 时,便可以从积分曲线族中确定出唯一一条曲线,称这个已知条件为**初始条件**.

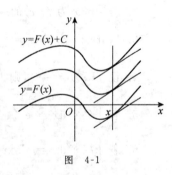

图 4-1

习 题 4.1

一、选择题

1. 设函数 $f(x)$ 的一个原函数为 $\ln x$,则 $f(x)=(\quad)$.

  A. $\ln x$ B. $1/x$ C. $-1/x^2$ D. $x(\ln x-1)$

2. 若 $\int f(x)\mathrm{d}x = x^2\mathrm{e}^{2x}+C$,则 $f(x)=(\quad)$.

  A. $2x\mathrm{e}^{2x}$ B. $2x^2\mathrm{e}^{2x}$ C. $x\mathrm{e}^{2x}$ D. $2x\mathrm{e}^{2x}(1+x)$

3. $\int (3\mathrm{e})^x \mathrm{d}x = (\quad)$.

  A. $(3\mathrm{e})^x+C$ B. $3\mathrm{e}^x+C$ C. $\dfrac{1}{3}(3\mathrm{e})^x+C$ D. $\dfrac{(3\mathrm{e})^x}{1+\ln 3}+C$

4. 若 $g'(x)=\varphi(x)$，则下列等式成立的是（　　）.

A. $\int g(x)dx = \varphi(x)+C$ B. $\int \varphi(x)dx = g(x)+C$

C. $\int g'(x)dx = \varphi(x)+C$ D. $\int \varphi'(x)dx = g(x)+C$

5. 下列函数不是 $\dfrac{1}{x}$ 的原函数的是（　　）.

A. $\ln|x|$ B. $\ln|2x|$ C. $2+\ln|x|$ D. $2\ln|x|$

6. 设函数 $f(x)$ 的一个原函数为 $\sin^2 x$，则 $f(x)$ 的另一个原函数为（　　）.

A. $-\cos^2 x$ B. $\cos^2 x$ C. $\sin 2x$ D. $\cos 2x$

7. 已知 $f(x)$ 是函数 $g(x)$ 的一个原函数，下列说法中不是等价说法的是（　　）.

A. $f'(x)=g(x)$ B. $\int g(x)dx = f(x)+C$

C. $g(x)$ 的全体原函数为 $f(x)+C$ D. $g'(x)=f(x)$

8. 在任意点 x 处的斜率为 $2x$，且经过点 $(1,2)$ 的曲线方程为（　　）.

A. $y=x^2+2$ B. $y=x^2+1$ C. $y=x+2$ D. $y=2$

二、填空题

1. 设 $F'(x)=f(x)$，则称 $F(x)$ 是 $f(x)$ 的一个_____，称 $f(x)$ 的全体原函数为 $f(x)$ 的_____，记做_____=_____.

2. 若 $\sin 3x$ 为 $f(x)$ 的一个原函数，则 $f(x)=$ _____.

3. $\int (\arcsin\sqrt{x})'dx =$ _____.

4. 设 $f(x)=\dfrac{\sin x}{x}$，则 $\left(\int f(x)dx\right)' =$ _____.

5. 若 $\int f(x)dx = e^{-x^2}+C$，则 $f(x)=$ _____.

6. 若 $\int f(x)dx = \sin^2 x + C$，则 $f'(x)=$ _____.

7. 若 $\int f(x)dx = \ln|x|+C$，则 $df(x)=$ _____.

三、计算题

求下列不定积分：

1. $\int x^3 dx$.   2. $\int 2^x dx$.   3. $\int \sin x dx$.   4. $\int \sec^2 x dx$.

5. $\int \dfrac{1}{2\sqrt{x}}dx$.   6. $\int \left(-\dfrac{1}{x^2}\right)dx$.   7. $\int (2x+1)dx$.   8. $\int 2\cos x dx$.

§4.2　基本积分公式与直接积分法

一、基本积分公式

由于积分运算是微分运算的逆运算，因此根据基本初等函数的导数公式可得到如下基本积分公式：

导数公式	积分公式
$(kx)' = k;$	$\int k\mathrm{d}x = kx + C;$
$(x^\alpha)' = \alpha x^{\alpha-1};$	$\int x^\alpha \mathrm{d}x = \dfrac{1}{\alpha+1}x^{\alpha+1} + C \ (\alpha \neq -1);$
$(\ln x)' = \dfrac{1}{x};$	$\int \dfrac{1}{x}\mathrm{d}x = \ln|x| + C;$
$(a^x)' = a^x \ln a \ (a > 0, a \neq 1);$	$\int a^x \mathrm{d}x = \dfrac{a^x}{\ln a} + C \ (a > 0, a \neq 1);$
$(\mathrm{e}^x)' = \mathrm{e}^x;$	$\int \mathrm{e}^x \mathrm{d}x = \mathrm{e}^x + C;$
$(\sin x)' = \cos x;$	$\int \cos x \mathrm{d}x = \sin x + C;$
$(\cos x)' = -\sin x;$	$\int \sin x \mathrm{d}x = -\cos x + C;$
$(\tan x)' = \sec^2 x = \dfrac{1}{\cos^2 x};$	$\int \sec^2 x \mathrm{d}x = \int \dfrac{1}{\cos^2 x}\mathrm{d}x = \tan x + C;$
$(\cot x)' = -\csc^2 x = -\dfrac{1}{\sin^2 x};$	$\int \csc^2 x \mathrm{d}x = \int \dfrac{1}{\sin^2 x}\mathrm{d}x = -\cot x + C;$
$(\sec x)' = \sec x \tan x;$	$\int \sec x \tan x \mathrm{d}x = \sec x + C;$
$(\csc x)' = -\csc x \cot x;$	$\int \csc x \cot x \mathrm{d}x = -\csc x + C;$
$(\arcsin x)' = \dfrac{1}{\sqrt{1-x^2}};$	$\int \dfrac{1}{\sqrt{1-x^2}}\mathrm{d}x = \arcsin x + C;$
$(\arctan x)' = \dfrac{1}{1+x^2}.$	$\int \dfrac{1}{1+x^2}\mathrm{d}x = \arctan x + C.$

对于公式 $\int \dfrac{1}{x}\mathrm{d}x = \ln|x| + C$ 中的绝对值，读者可参考 §2.2 中的例 12.

想一想 $\int \cos 3x \mathrm{d}x = \sin 3x + C$ 吗？$\int \mathrm{e}^{2x}\mathrm{d}x = \mathrm{e}^{2x} + C$ 吗？为什么？

二、直接积分法

根据基本积分公式及积分运算的性质，可求出下面一些函数的不定积分.

例 1 求下列不定积分：

(1) $\int \left(3x^3 - \dfrac{4}{\sqrt{x}} - \dfrac{6}{x} + 1\right)\mathrm{d}x;$ (2) $\int \left(10^x - \dfrac{1}{2\sqrt{1-x^2}} + \sqrt{2}\sin x\right)\mathrm{d}x.$

解 (1) $\int \left(3x^3 - \dfrac{4}{\sqrt{x}} - \dfrac{6}{x} + 1\right)\mathrm{d}x = 3\int x^3 \mathrm{d}x - 4\int x^{-1/2}\mathrm{d}x - 6\int \dfrac{1}{x}\mathrm{d}x + \int \mathrm{d}x$

$= \dfrac{3}{4}x^4 - 8\sqrt{x} - 6\ln|x| + x + C.$

积分结果是否正确，可通过不定积分的性质 1(1) 进行验证.

验证：因为 $\left(\dfrac{3}{4}x^4 - 8\sqrt{x} - 6\ln|x| + x + C\right)' = 3x^3 - \dfrac{4}{\sqrt{x}} - \dfrac{6}{x} + 1$ 与被积函数相同，且结果

中含有任意常数 C,所以该积分结果正确.

(2) $\int\left(10^x-\dfrac{1}{2\sqrt{1-x^2}}+\sqrt{2}\sin x\right)\mathrm{d}x=\int 10^x\mathrm{d}x-\dfrac{1}{2}\int\dfrac{1}{\sqrt{1-x^2}}\mathrm{d}x+\sqrt{2}\int\sin x\mathrm{d}x$
$=\dfrac{10^x}{\ln 10}-\dfrac{1}{2}\arcsin x-\sqrt{2}\cos x+C.$

试一试 求下列不定积分:

(1) $\int(3\mathrm{e}^x-2\cos x+\sec^2 x+\ln \pi)\mathrm{d}x$;   (2) $\int\left(\dfrac{2}{\sqrt{1-x^2}}-\dfrac{3}{1+x^2}-\dfrac{1}{x^2}+\dfrac{4}{x}\right)\mathrm{d}x.$

求不定积分有时必须先对被积函数进行代数或三角恒等变形,再运用积分运算的性质和基本积分公式.

例 2 求下列不定积分:

(1) $\int \mathrm{e}^{2x}\mathrm{d}x$;   (2) $\int\dfrac{x^2}{1+x^2}\mathrm{d}x$;   (3) $\int\dfrac{1}{x^2(1+x^2)}\mathrm{d}x$;

(4) $\int\sin^2\dfrac{x}{2}\mathrm{d}x$;   (5) $\int\tan^2 x\mathrm{d}x.$

解 (1) $\int \mathrm{e}^{2x}\mathrm{d}x=\int(\mathrm{e}^2)^x\mathrm{d}x=\dfrac{(\mathrm{e}^2)^x}{\ln \mathrm{e}^2}+C=\dfrac{\mathrm{e}^{2x}}{2\ln \mathrm{e}}+C=\dfrac{1}{2}\mathrm{e}^{2x}+C.$

(2) $\int\dfrac{x^2}{1+x^2}\mathrm{d}x=\int\dfrac{x^2+1-1}{1+x^2}\mathrm{d}x=\int\left(1-\dfrac{1}{1+x^2}\right)\mathrm{d}x=x-\arctan x+C.$

今后,遇到求有理分式的不定积分时,必须使分子的最高次数低于分母的最高次数,再选择积分方法.

(3) $\int\dfrac{1}{x^2(1+x^2)}\mathrm{d}x=\int\dfrac{1+x^2-x^2}{x^2(1+x^2)}\mathrm{d}x=\int\left(\dfrac{1}{x^2}-\dfrac{1}{1+x^2}\right)\mathrm{d}x=-\dfrac{1}{x}-\arctan x+C.$

(4) 利用三角公式,有 $\int\sin^2\dfrac{x}{2}\mathrm{d}x=\int\dfrac{1-\cos x}{2}\mathrm{d}x=\dfrac{1}{2}(x-\sin x)+C.$

(5) 考虑到基本积分公式中有 $\int\sec^2 x\mathrm{d}x=\tan x+C$,且 $\tan^2 x=\sec^2 x-1$,于是

$$\int\tan^2 x\mathrm{d}x=\int(\sec^2 x-1)\mathrm{d}x=\tan x-x+C.$$

试一试 求下列不定积分:

(1) $\int(x^2-1)x^2\mathrm{d}x$;   (2) $\int\dfrac{(x+1)^2}{x}\mathrm{d}x$;   (3) $\int\dfrac{1+2x^2}{x^2(1+x^2)}\mathrm{d}x$;   (4) $\int\dfrac{\cos 2x}{\sin^2 x\cos^2 x}\mathrm{d}x.$

上述各例求不定积分时,都是直接运用积分运算的性质和基本积分公式"积"出结果(如例1),或者只需经过简单的代数或三角恒等变形即可运用积分运算的性质和基本积分公式"积"出结果(如例2). 这种积分方法称为**直接积分法**.

习 题 4.2

(A)

一、选择题

1. 下列不定积分可直接使用基本积分公式的是( ).

A. $\int\sin 2x\mathrm{d}x$ B. $\int\sin x^2\mathrm{d}x$ C. $\int\sin^2 x\mathrm{d}x$ D. $\int\sin x\mathrm{d}x$

2. 下列不定积分不可直接使用基本积分公式的是(　　).

A. $\int \cos x \, dx$ 　　　　B. $\int \cos u \, du$ 　　　　C. $\int \cos t \, dt$ 　　　　D. $\int \cos 2x \, dx$

二、计算题

1. 求下列不定积分：

(1) $\int (4x^3 - 2x^2 + 5x + 3) \, dx$；　　　　(2) $\int \left(\sqrt{x} + \dfrac{1}{\sqrt{x}} + \dfrac{1}{x^2} + \dfrac{1}{x} \right) dx$；

(3) $\int \left(\dfrac{1}{\sqrt{1-x^2}} - \dfrac{2}{1+x^2} - \dfrac{5}{x^2} \right) dx$.

2. 计算下列不定积分：

(1) $\int \left(2e^x + \dfrac{3}{x} \right) dx$；　　(2) $\int e^x \left(1 - \dfrac{e^{-x}}{\sqrt{x}} \right) dx$；　　(3) $\int 2^x (e^x - 1) \, dx$；

(4) $\int \dfrac{e^{2x} - 4}{e^x + 2} \, dx$；　　(5) $\int (3^x - 2^x)^2 \, dx$.

3. 计算下列不定积分：

(1) $\int \dfrac{(2x-1)^2}{x} \, dx$；　　(2) $\int \sqrt{x} \left(\dfrac{5}{x\sqrt{x}} + \dfrac{1}{x^2} \right) dx$；　　(3) $\int \dfrac{2x^2}{1+x^2} \, dx$；

(4) $\int \dfrac{x^4}{1+x^2} \, dx$；　　(5) $\int \dfrac{3}{x^2(1+x^2)} \, dx$；　　(6) $\int \dfrac{2+x^2}{x^2(x^2+1)} \, dx$.

4. 计算下列不定积分：

(1) $\int (\cos x - \sec^2 x - \sin x) \, dx$；　　(2) $\int \cos^2 \dfrac{t}{2} \, dt$；　　(3) $\int \cot^2 x \, dx$；

(4) $\int \dfrac{\cos 2x}{\cos x - \sin x} \, dx$；　　(5) $\int \dfrac{1}{\cos^2 x \sin^2 x} \, dx$.

(B)

一、选择题

1. $\int \dfrac{3}{x} \, dx = ($　　$)$. （2013 年）

A. $-\dfrac{3}{x^2} + C$ 　　　　B. $-3\ln|x| + C$ 　　　　C. $\dfrac{3}{x^2} + C$ 　　　　D. $3\ln|x| + C$

2. $\int 3x \, dx = ($　　$)$. （2012 年）

A. $6x^2 + C$ 　　　　B. $3x^2 + C$ 　　　　C. $2x^2 + C$ 　　　　D. $\dfrac{3}{2}x^2 + C$

3. $\int \dfrac{1}{x^3} \, dx = ($　　$)$. （2011 年）

A. $-\dfrac{2}{x^2} + C$ 　　　　B. $-\dfrac{1}{2x^2} + C$ 　　　　C. $\dfrac{1}{2x^2} + C$ 　　　　D. $\dfrac{2}{x^2} + C$

4. $\int \left(1 - \dfrac{1}{x}\right) \mathrm{d}x = (\qquad)$. （2010 年）

A. $x - \dfrac{1}{x^2} + C$ B. $x + \dfrac{1}{x^2} + C$ C. $x - \ln|x| + C$ D. $x + \ln|x| + C$

二、填空题

1. $\int 5\cos x \, \mathrm{d}x = \underline{\qquad}$. （2012 年）

2. $\int \dfrac{1}{1+x^2} \mathrm{d}x = \underline{\qquad}$. （2011 年）

3. $\int (x^3 + 1) \mathrm{d}x = \underline{\qquad}$. （2010 年）

三、计算题

求不定积分 $\int (x^2 - \sin x) \mathrm{d}x$. （2012 年）

§4.3 换元积分法

求不定积分除了直接积分法外,还有两类主要方法,即换元积分法和分部积分法. 本节将讨论换元积分法. 换元积分法又分为第一换元积分法与第二换元积分法.

一、第一换元积分法

引例 1 求不定积分 $\int \mathrm{e}^{5x} \mathrm{d}x$.

这个问题看似 $\int \mathrm{e}^u \mathrm{d}u$,但它无法直接应用基本积分公式 $\int \mathrm{e}^u \mathrm{d}u = \mathrm{e}^u + C$. 为此,进行如下变换：

$$\int \mathrm{e}^{5x} \mathrm{d}x = \dfrac{1}{5} \int \mathrm{e}^{5x} \mathrm{d}(5x).$$

此时,若令 $5x = u$,原积分转化为 $\dfrac{1}{5} \int \mathrm{e}^u \mathrm{d}u$. 利用基本积分公式,可得到

$$\dfrac{1}{5} \int \mathrm{e}^u \mathrm{d}u = \dfrac{1}{5} \mathrm{e}^u + C.$$

再将 $u = 5x$ 回代,有

$$\dfrac{1}{5} \mathrm{e}^u + C = \dfrac{1}{5} \mathrm{e}^{5x} + C,$$

所以
$$\int \mathrm{e}^{5x} \mathrm{d}x = \dfrac{1}{5} \mathrm{e}^{5x} + C.$$

由 $\left(\dfrac{1}{5} \mathrm{e}^{5x} + C\right)' = \mathrm{e}^{5x}$ 知,上述积分结果是正确的.

这种求不定积分的方法称为**第一换元积分法**. 能够使用第一换元积分法的关键在于被积函数可以写成 $\varphi(x)$ 的函数与 $\varphi(x)$ 的导数的乘积 $f[\varphi(x)]\varphi'(x)$ 的形式(可以相差某常数倍), 其中 $\varphi(x)$ 为 x 的可导函数.

定理 4.2(第一换元积分法) 设函数 $u=\varphi(x)$ 在所讨论的区间上可微,又设

$$\int f(u)\mathrm{d}u = F(u)+C,$$

则有

$$\int f[\varphi(x)]\varphi'(x)\mathrm{d}x = \int f[\varphi(x)]\mathrm{d}\varphi(x) = F[\varphi(x)]+C. \tag{4-1}$$

证明 只需证明(4-1)式右端的导数等于左端的被积函数.

由于 $\int f(u)\mathrm{d}u = F(u)+C$,有 $\dfrac{\mathrm{d}F(u)}{\mathrm{d}u} = f(u)$,又 $u=\varphi(x)$ 可导,由复合函数求导法则有

$$\frac{\mathrm{d}F[\varphi(x)]}{\mathrm{d}x} = \frac{\mathrm{d}F(u)}{\mathrm{d}u}\frac{\mathrm{d}u}{\mathrm{d}x} = f(u)\varphi'(x) = f[\varphi(x)]\varphi'(x),$$

所以 $F[\varphi(x)]$ 是 $f[\varphi(x)]\varphi'(x)$ 的一个原函数,故(4-1)式成立.

通常称积分公式(4-1)为**第一换元积分公式**. 显然,第一换元积分法的过程恰是复合函数求导法则的逆过程. 读者应该注意到,有了定理 4.2 后,基本积分公式中的积分变量既可以是自变量 x,也可以是 x 的函数 $\varphi(x)$,如

$$\int e^x \mathrm{d}x = e^x + C, \qquad \int e^{5x}\mathrm{d}(5x) = e^{5x}+C;$$

$$\int \cos x\,\mathrm{d}x = \sin x + C, \qquad \int \cos(3x-2)\mathrm{d}(3x-2) = \sin(3x-2)+C;$$

$$\int \frac{1}{1+x^2}\mathrm{d}x = \arctan x + C, \qquad \int \frac{1}{1+(\sqrt{x})^2}\mathrm{d}\sqrt{x} = \arctan\sqrt{x}+C;$$

$$\int \frac{1}{x}\mathrm{d}x = \ln|x|+C, \qquad \int \frac{1}{\cos x}\mathrm{d}\cos x = \ln|\cos x|+C.$$

第一换元积分法的解题步骤如下:

分离被积表达式把原不定积分化为

$$\int f[\varphi(x)]\varphi'(x)\mathrm{d}x \xrightarrow{\text{用}\varphi'(x)\mathrm{d}x\text{凑}\varphi(x)\text{的微分}} \int f[\varphi(x)]\mathrm{d}\varphi(x)$$

$$\xrightarrow{\text{令}\varphi(x)=u\text{换元}} \int f(u)\mathrm{d}u \xrightarrow{\text{积分}} F(u)+C$$

$$\xrightarrow{u=\varphi(x)\text{回代}} F[\varphi(x)]+C.$$

由此可见,第一换元积分法的关键是如何选取 $\varphi(x)$,并将 $\varphi'(x)\mathrm{d}x$ 凑成微分 $\mathrm{d}[\varphi(x)]$ 的形式. 因此,第一换元积分法又称为**凑微分法**.

如何选取 $\varphi(x)$,并凑成微分 $\mathrm{d}[\varphi(x)]$,没有一般规律可循,但熟记下列微分公式会给解题带来方便:

(1) $a\mathrm{d}x = \mathrm{d}(ax+b)$;　　(2) $x\mathrm{d}x = \dfrac{1}{2}\mathrm{d}x^2$;　　(3) $\dfrac{1}{\sqrt{x}}\mathrm{d}x = 2\mathrm{d}\sqrt{x}$;

(4) $\dfrac{1}{x^2}\mathrm{d}x = -\mathrm{d}\dfrac{1}{x}$;　　(5) $\dfrac{1}{x}\mathrm{d}x = \mathrm{d}\ln x$;　　(6) $e^x\mathrm{d}x = \mathrm{d}e^x$;

(7) $\cos x\mathrm{d}x = \mathrm{d}\sin x$;　　(8) $\sin x\mathrm{d}x = -\mathrm{d}\cos x$;　　(9) $\dfrac{1}{1+x^2}\mathrm{d}x = \mathrm{d}\arctan x$;

(10) $\dfrac{1}{\sqrt{1-x^2}}\mathrm{d}x = \mathrm{d}\arcsin x$.

想一想 在等式 $\varphi'(x)\mathrm{d}x = \mathrm{d}\varphi(x)$ 中，从左向右做的是什么运算？从右向左呢？

例 1 求不定积分 $\int (2x+1)^{50}\mathrm{d}x$.

解 考虑到基本积分公式中有 $\int u^{50}\mathrm{d}u = \dfrac{1}{51}u^{51}+C$，且 $\mathrm{d}x = \dfrac{1}{2}\mathrm{d}(2x+1)$，于是

$$\int (2x+1)^{50}\mathrm{d}x = \dfrac{1}{2}\int (2x+1)^{50}\mathrm{d}(2x+1) \xrightarrow{\text{令 } 2x+1=u} \dfrac{1}{2}\int u^{50}\mathrm{d}u$$

$$\xrightarrow{\text{基本积分公式}} \dfrac{1}{2} \cdot \dfrac{1}{51}u^{51}+C \xrightarrow{u=2x+1 \text{ 回代}} \dfrac{1}{102}(2x+1)^{51}+C.$$

例 2 求不定积分 $\int \dfrac{1}{5x-1}\mathrm{d}x$.

解 考虑到基本积分公式中有 $\int \dfrac{1}{u}\mathrm{d}u = \ln|u|+C$，且 $\mathrm{d}x = \dfrac{1}{5}\mathrm{d}(5x-1)$，于是

$$\int \dfrac{1}{5x-1}\mathrm{d}x = \dfrac{1}{5}\int \dfrac{1}{5x-1}\mathrm{d}(5x-1) \xrightarrow{\text{令 } 5x-1=u} \dfrac{1}{5}\int \dfrac{1}{u}\mathrm{d}u$$

$$\xrightarrow{\text{基本积分公式}} \dfrac{1}{5}\ln|u|+C \xrightarrow{u=5x-1 \text{ 回代}} \dfrac{1}{5}\ln|5x-1|+C.$$

从例 1 和例 2 可以看出，求不定积分时常常需要用到下面的微分性质：

(1) $\mathrm{d}[au(x)] = a\mathrm{d}[u(x)]$，即常数系数 $a(a\neq 0)$ 可以在微分号内移进移出，如

$$3\mathrm{d}x = \mathrm{d}(3x), \quad \mathrm{d}(-x) = -\mathrm{d}x.$$

(2) $\mathrm{d}u(x) = \mathrm{d}[u(x)+C]$，即微分号内的函数，可加任一常数，如

$$\mathrm{d}x = \mathrm{d}(x+1), \quad \mathrm{d}x^2 = \mathrm{d}(x^2-2).$$

例 1 和例 2 的不定积分类型可归纳为

$$\int f(ax+b)\mathrm{d}x = \dfrac{1}{a}\int f(ax+b)\mathrm{d}(ax+b) \quad (a \neq 0).$$

试一试 求下列不定积分：

(1) $\int \sin(1-2x)\mathrm{d}x$;   (2) $\int \dfrac{1}{\sqrt{3x+1}}\mathrm{d}x$.

例 3 求不定积分 $\int x\sqrt{x^2-3}\,\mathrm{d}x$.

解 考虑到基本积分公式中有 $\int \sqrt{u}\,\mathrm{d}u = \dfrac{2}{3}u^{3/2}+C$，且 $x\mathrm{d}x = \dfrac{1}{2}\mathrm{d}(x^2-3)$，于是

$$\int x\sqrt{x^2-3}\,\mathrm{d}x = \dfrac{1}{2}\int \sqrt{x^2-3}\,\mathrm{d}(x^2-3) \xrightarrow{\text{令 } x^2-3=u} \dfrac{1}{2}\int \sqrt{u}\,\mathrm{d}u$$

$$\xrightarrow{\text{基本积分公式}} \dfrac{1}{2} \cdot \dfrac{2}{3}u^{3/2}+C \xrightarrow{u=x^2-3 \text{ 回代}} \dfrac{1}{3}(x^2-3)^{3/2}+C.$$

今后解题时，换元的过程可以不写出，解题步骤可简化为

$$\int x\sqrt{x^2-3}\,\mathrm{d}x = \dfrac{1}{2}\int \sqrt{x^2-3}\,\mathrm{d}(x^2-3) = \dfrac{1}{2} \cdot \dfrac{2}{3}(x^2-3)^{3/2}+C$$

$$= \dfrac{1}{3}(x^2-3)^{3/2}+C.$$

此类型不定积分可归纳为
$$\int xf(ax^2+b)dx = \frac{1}{2a}\int f(ax^2+b)d(ax^2+b) \quad (a \neq 0).$$

试一试 求下列不定积分：

(1) $\int \dfrac{x}{\sqrt{1+x^2}}dx$; (2) $\int xe^{x^2}dx$; (3) $\int x\cos(4x^2+1)dx$.

例 4 求下列不定积分：

(1) $\int \dfrac{e^{\sqrt{x}}}{\sqrt{x}}dx$; (2) $\int \dfrac{1}{x^2}\sin\dfrac{1}{x}dx$.

解 (1) 由于基本积分公式中有 $\int e^u du = e^u + C$，且 $\dfrac{1}{\sqrt{x}}dx = 2d\sqrt{x}$，于是
$$\int \frac{e^{\sqrt{x}}}{\sqrt{x}}dx = \int e^{\sqrt{x}}\frac{1}{\sqrt{x}}dx = 2\int e^{\sqrt{x}}d\sqrt{x} = 2e^{\sqrt{x}} + C.$$

(2) 由于基本积分公式中有 $\int \sin u du = -\cos u + C$，且 $\dfrac{1}{x^2}dx = -d\dfrac{1}{x}$，于是
$$\int \frac{1}{x^2}\sin\frac{1}{x}dx = -\int \sin\frac{1}{x}d\frac{1}{x} = \cos\frac{1}{x} + C.$$

此类型不定积分可归纳为
$$\int x^{a-1}f(x^a)dx = \frac{1}{a}\int f(x^a)dx^a \quad (a \neq 0).$$

试一试 求下列不定积分：

(1) $\int \dfrac{\cos\sqrt{x}}{\sqrt{x}}dx$; (2) $\int \dfrac{1}{\sqrt{x}(x+1)}dx$; (3) $\int \dfrac{e^{1/x}}{x^2}dx$.

例 5 求不定积分 $\int \dfrac{1+\ln x}{x}dx$.

解法 1 由于基本积分公式中有 $\int u du = \dfrac{1}{2}u^2 + C$，且 $\dfrac{1}{x}dx = d(1+\ln x)$，于是
$$\int \frac{1+\ln x}{x}dx = \int (1+\ln x)d(1+\ln x) = \frac{1}{2}(1+\ln x)^2 + C.$$

此类型不定积分可归纳为
$$\int \frac{1}{x}f(a\ln x+b)dx = \frac{1}{a}\int f(a\ln x+b)d(a\ln x+b) \quad (a \neq 0).$$

此题也可按以下两种方法计算：

解法 2 $\int \dfrac{1+\ln x}{x}dx = \int \left(\dfrac{1}{x} + \dfrac{\ln x}{x}\right)dx = \int \dfrac{1}{x}dx + \int \dfrac{\ln x}{x}dx = \ln x + \int \ln x d\ln x$
$$= \ln x + \frac{1}{2}\ln^2 x + C.$$

想一想 解法 2 的结果与解法 1 的结果不同，说明什么？

解法 3 $\int \dfrac{1+\ln x}{x}dx = \int (1+\ln x)d\ln x = \int d\ln x + \int \ln x d\ln x = \ln x + \dfrac{1}{2}\ln^2 x + C.$

试一试 求下列不定积分：

(1) $\int \dfrac{1}{x(2-\ln x)}\mathrm{d}x$；　　(2) $\int \dfrac{1}{x(1+\ln^2 x)}\mathrm{d}x$.

例 6 求不定积分 $\int \dfrac{\mathrm{e}^x}{1+\mathrm{e}^{2x}}\mathrm{d}x$.

解 考虑到 $(\mathrm{e}^x)' = \mathrm{e}^x$，$\mathrm{e}^{2x} = (\mathrm{e}^x)^2$，且 $\int \dfrac{1}{1+u^2}\mathrm{d}u = \arctan u + C$，于是

$$\int \dfrac{\mathrm{e}^x}{1+\mathrm{e}^{2x}}\mathrm{d}x = \int \dfrac{1}{1+(\mathrm{e}^x)^2}\mathrm{e}^x \mathrm{d}x = \int \dfrac{1}{1+(\mathrm{e}^x)^2}\mathrm{d}\mathrm{e}^x = \arctan \mathrm{e}^x + C.$$

此类型不定积分可归纳为

$$\int \mathrm{e}^x f(\mathrm{e}^x)\mathrm{d}x = \int f(\mathrm{e}^x)\mathrm{d}\mathrm{e}^x.$$

试一试 求下列不定积分：

(1) $\int \dfrac{\mathrm{e}^x}{1+\mathrm{e}^x}\mathrm{d}x$；　　(2) $\int \dfrac{1}{1+\mathrm{e}^{-x}}\mathrm{d}x$.

例 7 求下列不定积分：

(1) $\int \tan x \mathrm{d}x$；　　(2) $\int \cos^3 x \sin^2 x \mathrm{d}x$；　　(3) $\int \sin^2 x \mathrm{d}x$.

解 (1) $\int \tan x \mathrm{d}x = \int \dfrac{\sin x}{\cos x}\mathrm{d}x = \int \dfrac{1}{\cos x}\sin x \mathrm{d}x = -\int \dfrac{1}{\cos x}\mathrm{d}\cos x = -\ln|\cos x| + C.$

同理可得

$$\int \cot x \mathrm{d}x = \ln|\sin x| + C.$$

以上结果今后可作为积分公式直接使用，如

$$\int \tan(2x-1)\mathrm{d}x = \dfrac{1}{2}\int \tan(2x-1)\mathrm{d}(2x-1) = -\dfrac{1}{2}\ln|\cos(2x-1)| + C.$$

(2) $\int \cos^3 x \sin^2 x \mathrm{d}x = \int \cos^2 x \cos x \sin^2 x \mathrm{d}x = \int (1-\sin^2 x)\sin^2 x \cos x \mathrm{d}x$

$$= \int (\sin^2 x - \sin^4 x)\mathrm{d}\sin x = \dfrac{1}{3}\sin^3 x - \dfrac{1}{5}\sin^5 x + C.$$

(3) $\int \sin^2 x \mathrm{d}x = \dfrac{1}{2}\int (1-\cos 2x)\mathrm{d}x = \dfrac{1}{2}\int \mathrm{d}x - \dfrac{1}{4}\int \cos 2x \mathrm{d}(2x) = \dfrac{1}{2}x - \dfrac{1}{4}\sin 2x + C.$

由例 7 可以看出，对于不定积分 $\int \sin^m x \cos^n x \mathrm{d}x$，可按以下方式处理：

(1) 当 m, n 中有一个为 1 时，直接凑微分；

(2) 当 m, n 均不为 1，但至少有一个为奇数时，如 $n = 2p+1$，于是

$$\int \sin^m x \cos^n x \mathrm{d}x = \int \sin^m x \cos^{2p+1} x \mathrm{d}x = \int \sin^m x (1-\sin^2 x)^p \mathrm{d}\sin x;$$

(3) 当 m, n 均为偶数时，则利用公式

$$\sin^2 x = \dfrac{1}{2}(1-\cos 2x),\quad \cos^2 x = \dfrac{1}{2}(1+\cos 2x),\quad 2\sin x \cos x = \sin 2x,$$

先"降次"，再积分.

试一试 求下列不定积分：

(1) $\int \sin^3 x \cos x \, dx$；　　(2) $\int \sin^5 x \, dx$；　　(3) $\int \cos^2 2x \, dx$.

例 8 求下列不定积分：

(1) $\int \dfrac{2}{x^2-1} dx$；　　(2) $\int \dfrac{10}{x^2+x-6} dx$.

解 (1) 因为 $\dfrac{2}{x^2-1} = \dfrac{(x+1)-(x-1)}{(x+1)(x-1)} = \dfrac{1}{x-1} - \dfrac{1}{x+1}$，所以

$$\int \frac{2}{x^2-1} dx = \int \left(\frac{1}{x-1} - \frac{1}{x+1} \right) dx = \int \frac{1}{x-1} dx - \int \frac{1}{x+1} dx$$

$$= \int \frac{1}{x-1} d(x-1) - \int \frac{1}{x+1} d(x+1)$$

$$= \ln|x-1| - \ln|x+1| + C = \ln\left|\frac{x-1}{x+1}\right| + C.$$

(2) 因为 $\dfrac{10}{x^2+x-6} = \dfrac{2[(x+3)-(x-2)]}{(x+3)(x-2)} = \dfrac{2}{x-2} - \dfrac{2}{x+3}$，所以

$$\int \frac{10}{x^2+x-6} dx = \int \left(\frac{2}{x-2} - \frac{2}{x+3} \right) dx = 2\int \frac{1}{x-2} dx - 2\int \frac{1}{x+3} dx$$

$$= 2\int \frac{1}{x-2} d(x-2) - 2\int \frac{1}{x+3} d(x+3)$$

$$= 2\ln|x-2| - 2\ln|x+3| + C = 2\ln\left|\frac{x-2}{x+3}\right| + C.$$

例 8 中不定积分的类型是：被积函数是分式，其中分子是常数，分母是可因式分解的二次三项式. 积分的方法是：先将分母因式分解，再利用分子加减项的方法将被积函数分成两个分式的代数和，最后利用积分运算的性质和公式进行积分.

试一试 求下列不定积分：

(1) $\int \dfrac{1}{4-x^2} dx$；　　(2) $\int \dfrac{3}{x^2-3x} dx$.

例 9 求下列不定积分：

(1) $\int \dfrac{4}{x^2+2} dx$；　　(2) $\int \dfrac{1}{x^2-4x+5} dx$；　　(3) $\int \dfrac{2}{x^2+2x+3} dx$.

解 (1) 若想利用公式 $\int \dfrac{1}{1+u^2} du = \arctan u + C$，需将分母中的 2 化为 1.

$$\int \frac{4}{x^2+2} dx = \int \frac{4}{2\left(\frac{x^2}{2}+1\right)} dx = \int \frac{2}{1+\left(\frac{x}{\sqrt{2}}\right)^2} dx$$

$$= \int \frac{2\sqrt{2}}{1+\left(\frac{x}{\sqrt{2}}\right)^2} d\frac{x}{\sqrt{2}} = 2\sqrt{2} \arctan \frac{x}{\sqrt{2}} + C.$$

(2) 若想利用公式 $\int \dfrac{1}{1+u^2} du = \arctan u + C$，需将分母配方成 $1+u^2$ 的形式.

$$\int \frac{1}{x^2-4x+5} dx = \int \frac{1}{(x-2)^2+1} dx = \int \frac{1}{1+(x-2)^2} d(x-2) = \arctan(x-2) + C.$$

(3) 综合上面两题的解法,有

$$\int \frac{2}{x^2+2x+3}\mathrm{d}x = \int \frac{2}{(x+1)^2+2}\mathrm{d}x = \int \frac{1}{\left(\frac{x+1}{\sqrt{2}}\right)^2+1}\mathrm{d}x$$

$$= \int \frac{\sqrt{2}}{\left(\frac{x+1}{\sqrt{2}}\right)^2+1}\mathrm{d}\frac{x+1}{\sqrt{2}} = \sqrt{2}\arctan\frac{x+1}{\sqrt{2}}+C.$$

试一试 求下列不定积分:

(1) $\int \frac{1}{x^2+3}\mathrm{d}x$;   (2) $\int \frac{4}{x^2+4x+6}\mathrm{d}x$.

二、第二换元积分法

引例 2 计算不定积分 $\int \frac{\sqrt{x-4}}{x}\mathrm{d}x$.

对于此不定积分,显然不能用直接积分法,也"凑"不出能直接套公式的积分变量. 我们换一个角度看,对 x 作变量代换,令 $\sqrt{x-4}=t$,即 $x=t^2+4$,使被积函数去掉根号,此时 $\mathrm{d}x=(t^2+4)'\mathrm{d}t=2t\mathrm{d}t$,于是

$$\int \frac{\sqrt{x-4}}{x}\mathrm{d}x \xrightarrow{\text{换元}} \int \frac{t}{t^2+4}2t\mathrm{d}t \xrightarrow{\text{整理}} 2\int \frac{t^2}{t^2+4}\mathrm{d}t.$$

到此,已是我们熟悉的可直接积分的类型,再利用前面学过的积分方法继续计算:

$$\text{原式} = 2\int \frac{t^2+4-4}{t^2+4}\mathrm{d}t = 2\int \left(1-\frac{4}{2^2+t^2}\right)\mathrm{d}t \xrightarrow{\text{积分}} 2\left(t-4\cdot\frac{1}{2}\arctan\frac{t}{2}\right)+C$$

$$\xrightarrow{t=\sqrt{x-4}\text{回代}} 2\left(\sqrt{x-4}-2\arctan\frac{\sqrt{x-4}}{2}\right)+C.$$

上述解法中,我们使用了换元积分公式

$$\int f(x)\mathrm{d}x \xrightarrow{\text{令 }x=\varphi(t)} \int f[\varphi(t)]\mathrm{d}\varphi(t) = \int f[\varphi(t)]\varphi'(t)\mathrm{d}t. \tag{4-2}$$

我们称积分公式(4-2)为**第二换元积分公式**,利用第二换元积分公式求不定积分的方法称为**第二换元积分法**.

定理 4.3(第二换元积分法) 设 $x=\varphi(t)$ 是可微函数,并有可微反函数 $t=\varphi^{-1}(x)$,若

$$\int f[\varphi(t)]\varphi'(t)\mathrm{d}t = G(t)+C,$$

则

$$\int f(x)\mathrm{d}x = G[\varphi^{-1}(x)]+C. \tag{4-3}$$

第二换元积分法的常见形式:

1) 被积函数中含有 $\sqrt[n]{ax+b}$ ($a\neq 0$) 的不定积分

一般地,若被积函数中含有根式 $\sqrt[n]{ax+b}$,可用第二换元积分法求不定积分,方法是:令 $\sqrt[n]{ax+b}=t$,即作变换 $x=\frac{1}{a}(t^n-b)$.

例 10 求不定积分 $\int \frac{1}{1+\sqrt{x}}\mathrm{d}x$.

解法1 令 $\sqrt{x}=t$，即 $x=t^2$，则 $dx=2tdt$. 于是

$$\int \frac{1}{1+\sqrt{x}}dx = \int \frac{2t}{1+t}dt = 2\int \frac{t+1-1}{1+t}dt = 2\int \left(1-\frac{1}{1+t}\right)dt$$

$$= 2\left[\int dt - \int \frac{1}{1+t}d(1+t)\right] = 2(t-\ln|1+t|)+C$$

$$= 2(\sqrt{x}-\ln|1+\sqrt{x}|)+C.$$

解法2 令 $1+\sqrt{x}=t$，即 $x=(t-1)^2$，则 $dx=2(t-1)dt$. 于是

$$\int \frac{1}{1+\sqrt{x}}dx = \int \frac{2(t-1)}{t}dt = 2\int \left(1-\frac{1}{t}\right)dt = 2(t-\ln|t|)+C_1$$

$$= 2(1+\sqrt{x}-\ln|1+\sqrt{x}|)+C_1$$

$$= 2\sqrt{x}-2\ln|1+\sqrt{x}|+C.$$

试一试 求下列不定积分：

(1) $\int x\sqrt[4]{2x+3}\,dx$；　　　(2) $\int \frac{x}{\sqrt{x-1}}dx$.

2) 被积函数中含有二次根式 $\sqrt{a^2-x^2}$，$\sqrt{a^2+x^2}$ 或 $\sqrt{x^2-a^2}$ $(a>0)$ 的不定积分

被积函数含有 $\sqrt{a^2-x^2}$，$\sqrt{a^2+x^2}$ 或 $\sqrt{x^2-a^2}$ $(a>0)$ 三种根式时，通常采用**三角换元**的方法，即

含 $\sqrt{a^2-x^2}$ 时，设 $x=a\sin t, t\in \left(-\frac{\pi}{2}, \frac{\pi}{2}\right)$，则 $\sqrt{a^2-x^2}=\sqrt{a^2-a^2\sin^2 t}=a\cos t$；

含 $\sqrt{a^2+x^2}$ 时，设 $x=a\tan t, t\in \left(-\frac{\pi}{2}, \frac{\pi}{2}\right)$，则 $\sqrt{a^2+x^2}=\sqrt{a^2+a^2\tan^2 t}=a\sec t$；

含 $\sqrt{x^2-a^2}$ 时，设 $x=a\sec t, t\in \left(0, \frac{\pi}{2}\right)\cup \left(\frac{\pi}{2}, \pi\right)$，则 $\sqrt{x^2-a^2}=\sqrt{a^2\sec^2 t-a^2}=a\tan t$.

例11 求不定积分 $\int \sqrt{4-x^2}\,dx$.

解 设 $x=2\sin t, t\in \left(-\frac{\pi}{2}, \frac{\pi}{2}\right)$，则 $dx=2\cos t\,dt$，被积函数

$$\sqrt{4-x^2}=\sqrt{4-4\sin^2 t}=\sqrt{4\cos^2 t}=2\cos t,$$

于是

$$\int \sqrt{4-x^2}\,dx = \int 2\cos t \cdot 2\cos t\,dt = 4\int \frac{1+\cos 2t}{2}dt = 2\int dt + \int \cos 2t\,d(2t)$$

$$= 2t+\sin 2t+C = 2t+2\sin t\cos t+C.$$

由 $x=2\sin t$，即 $\sin t=\frac{x}{2}$，可构造如图 4-2 所示的直角三角形，借助于这个直角三角形，可得到 $\cos t=\frac{\sqrt{4-x^2}}{2}$. 代入上式，得

$$\text{原式} = 2\arcsin \frac{x}{2}+2\cdot \frac{x}{2}\cdot \frac{\sqrt{4-x^2}}{2}+C$$

$$= 2\arcsin \frac{x}{2}+\frac{x\sqrt{4-x^2}}{2}+C.$$

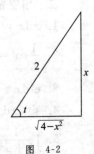

图 4-2

试一试 求不定积分 $\int \dfrac{1}{x\sqrt{1-x^2}}\mathrm{d}x$.

通过上述分析可知,第二换元积分法主要用于解决根式的不定积分问题. 但也要具体问题具体分析,如不定积分 $\int\sqrt{2x+1}\,\mathrm{d}x$ 和 $\int x\sqrt{x^2+1}\,\mathrm{d}x$,使用第一换元积分法更为方便.

除了基本积分公式外,下列结论也可以作为积分公式直接使用:

(1) $\int\tan x\,\mathrm{d}x = -\ln|\cos x| + C$; 　　(2) $\int\cot x\,\mathrm{d}x = \ln|\sin x| + C$;

(3) $\int\sec x\,\mathrm{d}x = \ln|\sec x + \tan x| + C$; 　　(4) $\int\csc x\,\mathrm{d}x = \ln|\csc x - \cot x| + C$;

(5) $\int\dfrac{1}{a^2+x^2}\mathrm{d}x = \dfrac{1}{a}\arctan\dfrac{x}{a} + C$; 　　(6) $\int\dfrac{1}{\sqrt{a^2-x^2}}\mathrm{d}x = \arcsin\dfrac{x}{a} + C$;

(7) $\int\dfrac{1}{x^2-a^2}\mathrm{d}x = \dfrac{1}{2a}\ln\left|\dfrac{x-a}{x+a}\right| + C$; 　　(8) $\int\dfrac{1}{\sqrt{x^2-a^2}}\mathrm{d}x = \ln\left|x+\sqrt{x^2-a^2}\right| + C$;

(9) $\int\dfrac{1}{\sqrt{x^2+a^2}}\mathrm{d}x = \ln\left|x+\sqrt{x^2+a^2}\right| + C$.

想一想 把已遇到过的被积函数进行分类,说出哪些可直接积分,哪些适合于凑微分法,哪些适合于第二换元法.

习 题 4.3

(A)

一、选择题

1. $\int\left(\dfrac{1}{\cos^2 x} - 1\right)\mathrm{d}\cos x = (\quad)$.

A. $\tan x - x + C$　　　　　　　　B. $\tan x - \cot x + C$

C. $\dfrac{1}{\cos x} - x + C$　　　　　　　D. $-\dfrac{1}{\cos x} - \cos x + C$

2. 下列积分正确的是( ).

A. $\int\cos 2x\,\mathrm{d}x = \sin 2x + C$　　　　B. $\int e^{2x}\mathrm{d}x = e^{2x} + C$

C. $\int\mathrm{d}\sin x = x + C$　　　　　　D. $\int\mathrm{d}\sin x = \sin x + C$

二、填空题

1. $x\mathrm{d}x = \mathrm{d}(\underline{\qquad})$; $x^2\mathrm{d}x = \mathrm{d}(\underline{\qquad})$; $-3\mathrm{d}x = \mathrm{d}(\underline{\qquad})$.

2. $\dfrac{1}{x}\mathrm{d}x = \mathrm{d}(\underline{\qquad})$; $\dfrac{1}{x^2}\mathrm{d}x = \mathrm{d}(\underline{\qquad})$; $\dfrac{1}{\sqrt{x}}\mathrm{d}x = \mathrm{d}(\underline{\qquad})$.

3. $e^x\mathrm{d}x = \mathrm{d}(\underline{\qquad})$; $\sin x\mathrm{d}x = \mathrm{d}(\underline{\qquad})$; $\cos x\mathrm{d}x = \mathrm{d}(\underline{\qquad})$.

4. $\sin 2x\mathrm{d}x = \mathrm{d}(\underline{\qquad})$; $\cos 3x\mathrm{d}x = \mathrm{d}(\underline{\qquad})$; $e^{-x}\mathrm{d}x = \mathrm{d}(\underline{\qquad})$.

5. $\int\dfrac{1}{1+x^2}\mathrm{d}x = \underline{\qquad}$; $\int\dfrac{x}{1+x^2}\mathrm{d}x = \underline{\qquad}$; $\int\dfrac{x^2}{1+x^2}\mathrm{d}x = \underline{\qquad}$.

6. $\int \dfrac{1}{x^2-1}\mathrm{d}x = $ _____ ; $\int \dfrac{1}{2+x^2}\mathrm{d}x = $ _____ ; $\int \dfrac{1}{\sqrt{3-x^2}}\mathrm{d}x = $ _____ .

7. 若 $\int f(x)\mathrm{d}x = x^2 + C$,则 $\int f(ax+b)\mathrm{d}x = $ _____ .

8. 若 $\int f(x)\mathrm{d}x = F(x) + C$,且 a,b,k 均不为 0,则

(1) $\int f(ax+b)\mathrm{d}x = $ _____ ;   (2) $\int xf(ax^2+b)\mathrm{d}x = $ _____ ;

(3) $\int \dfrac{f(\sqrt{x})}{\sqrt{x}}\mathrm{d}x = $ _____ ;   (4) $\int \dfrac{f\left(\dfrac{1}{x}\right)}{x^2}\mathrm{d}x = $ _____ ;

(5) $\int \dfrac{f(a\ln x + b)}{x}\mathrm{d}x = $ _____ ;   (6) $\int \mathrm{e}^{ax} f(k\mathrm{e}^{ax}+b)\mathrm{d}x = $ _____ ;

(7) $\int \cos x f(\sin x)\mathrm{d}x = $ _____ , $\int \sin x f(\cos x)\mathrm{d}x = $ _____ ;

(8) $\int \dfrac{f(\arcsin x)}{\sqrt{1-x^2}}\mathrm{d}x = $ _____ , $\int \dfrac{f(\arctan x)}{1+x^2}\mathrm{d}x = $ _____ .

9. $\int \dfrac{g'(x)}{g(x)}\mathrm{d}x = $ _____ ; $\int g(x) \cdot g'(x)\mathrm{d}x = $ _____ ;

$\int \dfrac{g'(x)}{\sqrt{1-g^2(x)}}\mathrm{d}x = $ _____ ; $\int \dfrac{g'(x)}{1+g^2(x)}\mathrm{d}x = $ _____ .

三、计算题

1. 求下列不定积分：

(1) $\int (2x+1)^{100}\mathrm{d}x$;   (2) $\int \dfrac{\mathrm{d}y}{(3y-2)^2}$;   (3) $\int \dfrac{1}{1-2x}\mathrm{d}x$;   (4) $\int \sqrt{1-4x}\mathrm{d}x$;

(5) $\int \dfrac{\mathrm{d}x}{\sqrt{1-6x}}$;   (6) $\int \sin(2-3x)\mathrm{d}x$;   (7) $\int \cos(2t+5)\mathrm{d}t$;   (8) $\int \mathrm{e}^{-x}\mathrm{d}x$;

(9) $\int \dfrac{2t}{1+t}\mathrm{d}t$;   (10) $\int \dfrac{3t^2}{1+t}\mathrm{d}t$;   (11) $\int \mathrm{e}^{2x} \cdot 3^{2x}\mathrm{d}x$;   (12) $\int \dfrac{\mathrm{d}x}{9+4x^2}$.

2. 求下列不定积分：

(1) $\int x(1+x^2)^9 \mathrm{d}x$;   (2) $\int x\sqrt[4]{4x^2-5}\mathrm{d}x$;   (3) $\int \dfrac{x}{\sqrt{3+2x^2}}\mathrm{d}x$;   (4) $\int \dfrac{x}{1-x^2}\mathrm{d}x$;

(5) $\int x\mathrm{e}^{3x^2}\mathrm{d}x$;   (6) $\int x\cos(x^2+1)\mathrm{d}x$;   (7) $\int \dfrac{x-1}{x^2+1}\mathrm{d}x$;   (8) $\int \dfrac{x^2}{1+x^3}\mathrm{d}x$;

(9) $\int \dfrac{x^2}{1+x^6}\mathrm{d}x$.

3. 求下列不定积分：

(1) $\int \dfrac{\sin\sqrt{x}}{\sqrt{x}}\mathrm{d}x$;   (2) $\int \dfrac{1}{x^2}\cos\dfrac{1}{x}\mathrm{d}x$;   (3) $\int \dfrac{x+1+\arctan x}{1+x^2}\mathrm{d}x$.

4. 求下列不定积分：

(1) $\int (\ln x)^2 \dfrac{\mathrm{d}x}{x}$;   (2) $\int \dfrac{1}{x(4+\ln x)}\mathrm{d}x$;   (3) $\int \dfrac{2-\ln x}{x}\mathrm{d}x$;

(4) $\int e^x \tan e^x dx$;　　(5) $\int \dfrac{1}{e^x+e^{-x}} dx$;　　(6) $\int \dfrac{1}{e^x+1} dx$.

5. 求下列不定积分：

(1) $\int \cos x e^{\sin x} dx$;　　(2) $\int \cos^2 x \sin x dx$;　　(3) $\int \dfrac{\cos x}{\sin^4 x} dx$;

(4) $\int \sin^3 x dx$;　　(5) $\int \sin^2 x \cos^5 x dx$;　　(6) $\int \sin^2 4x dx$.

6. 求下列不定积分：

(1) $\int \dfrac{1}{x^2-16} dx$;　　(2) $\int \dfrac{x}{x^2+2x-3} dx$;

(3) $\int \dfrac{4}{x^2-6x+13} dx$;　　(4) $\int \dfrac{2x-1}{x^2+4x+8} dx$.

7. 求下列不定积分：

(1) $\int \dfrac{x}{\sqrt{x-2}} dx$;　　(2) $\int x\sqrt{x+1} dx$;　　(3) $\int \dfrac{dx}{1+\sqrt{2x-3}}$;

(4) $\int \dfrac{dx}{1+\sqrt[3]{x+2}}$;　　(5) $\int \dfrac{\sqrt{x-1}}{1+\sqrt{x-1}} dx$;　　(6) $\int \dfrac{dx}{\sqrt{1+e^x}}$.

8. 求下列不定积分：

(1) $\int \sqrt{16-x^2} dx$;　　(2) $\int \dfrac{1}{(\sqrt{1+x^2})^3} dx$;　　(3) $\int \dfrac{\sqrt{x^2-9}}{x} dx$.

（B）

一、填空题

不定积分 $\int \cos(x+2) dx = $ _____ . （2013 年）

二、计算题

1. 求不定积分 $\int \dfrac{x}{1+x} dx$. （2011 年）

2. 求不定积分 $\int \dfrac{1}{x(1+x)} dx$. （2010 年）

§4.4　分部积分法

对于不定积分 $\int x \sin x^2 dx$，可用凑微分法计算，但是对于不定积分 $\int x \sin x dx$，$\int x e^x dx$，$\int x \ln x dx$，$\int x \arctan x dx$，$\int e^x \sin x dx$ 等，换元积分法是不能奏效的. 因此，需要引入新的积分方法——分部积分法.

设函数 $u=u(x)$ 和 $v=v(x)$ 有连续的导数，由乘积的求导法则有
$$(uv)' = u'v + uv',$$
移项，有
$$uv' = (uv)' - u'v.$$

上式两边同时对 x 积分,得
$$\int uv'\mathrm{d}x = \int (uv)'\mathrm{d}x - \int u'v\mathrm{d}x = uv - \int u'v\mathrm{d}x,$$
即
$$\int uv'\mathrm{d}x = uv - \int u'v\mathrm{d}x.$$
由于 $v'\mathrm{d}x = \mathrm{d}v, u'\mathrm{d}x = \mathrm{d}u$,上式又可写成
$$\int u\mathrm{d}v = uv - \int v\mathrm{d}u.$$

定理 4.4 设函数 $u=u(x)$ 和 $v=v(x)$ 有连续的导数,则
$$\int uv'\mathrm{d}x = uv - \int u'v\mathrm{d}x \tag{4-4}$$
或
$$\int u\mathrm{d}v = uv - \int v\mathrm{d}u. \tag{4-5}$$

称公式(4-4)及(4-5)为不定积分的**分部积分公式**,使用分部积分公式求不定积分的方法称为**分部积分法**. 分部积分法的核心是将不易积分的 $\int u\mathrm{d}v$ 转化为容易积分的 $\int v\mathrm{d}u$,而关键是把不定积分 $\int f(x)\mathrm{d}x$ 写成 $\int u\mathrm{d}v$ 的形式. 具体求解步骤如下:

(1) 将原不定积分 $\int f(x)\mathrm{d}x$ 中的被积函数分离成 $u(x)$ 和 $v'(x)$ 的乘积的形式,再用公式 $v'(x)\mathrm{d}x = \mathrm{d}v(x)$,将原不定积分转化成 $\int u\mathrm{d}v$ 的形式,即
$$\int f(x)\mathrm{d}x = \int uv'\mathrm{d}x = \int u\mathrm{d}v;$$

(2) 利用分部积分公式,将求不定积分 $\int u\mathrm{d}v$ 转化为求不定积分 $\int v\mathrm{d}u$,即
$$\int u\mathrm{d}v = uv - \int v\mathrm{d}u = uv - \int u'v\mathrm{d}x;$$

(3) 计算不定积分 $\int u'v\mathrm{d}x$,从而得到所求结果.

先来分析几个可直接用分部积分法的例子.

例 1 求不定积分 $\int \ln x\mathrm{d}x$.

解 $\int \underbrace{\ln x}_{u}\underbrace{\mathrm{d}x}_{v} = \underbrace{\ln x}_{u}\cdot \underbrace{x}_{v} - \int \underbrace{x}_{v}\mathrm{d}\underbrace{\ln x}_{u} = x\ln x - \int x\cdot \frac{1}{x}\mathrm{d}x = x\ln x - x + C.$

下面我们重点分析如何将 $\int f(x)\mathrm{d}x$ 转化为 $\int u\mathrm{d}v$,即如何确定 u 及 v'.

例 2 求不定积分 $\int x\sin x\mathrm{d}x$.

此题的被积函数可看做两个函数 x 和 $\sin x$ 的乘积.

解 令 $u=x$, $v'=\sin x$,则 $v=-\cos x$,从而
$$\text{原式} = \int \underbrace{x}_{u}\underbrace{\sin x\mathrm{d}x}_{v'} = \int \underbrace{x}_{u}\mathrm{d}\underbrace{(-\cos x)}_{v}.$$

利用分部积分公式,得

$$\text{原式} = \underset{u}{x}\underset{v}{(-\cos x)} - \int \underset{v}{(-\cos x)}\underset{u}{\mathrm{d}x} = -x\cos x + \sin x + C.$$

此题若令 $u=\sin x$, $v'=x$,则 $v=\dfrac{1}{2}x^2$,从而

$$\text{原式} = \int \underset{v'}{x}\underset{u}{\sin x}\,\mathrm{d}x = \int \underset{u}{\sin x}\,\mathrm{d}\underset{v}{\left(\dfrac{1}{2}x^2\right)}.$$

利用分部积分公式,得

$$\text{原式} = \underset{u}{\sin x}\cdot\underset{v}{\left(\dfrac{1}{2}x^2\right)} - \int \underset{v}{\dfrac{1}{2}x^2}\,\mathrm{d}\underset{u}{\sin x} = \dfrac{1}{2}x^2\sin x - \int \dfrac{1}{2}x^2\cos x\,\mathrm{d}x.$$

新得到的不定积分 $\int \dfrac{1}{2}x^2\cos x\,\mathrm{d}x$ 反而比原不定积分 $\int x\sin x\,\mathrm{d}x$ 更复杂了. 可见,u 和 v' 的选择不是任意的,正确地选择 u 和 v' 是使用分部积分法的关键.

通常,按以下两个原则选择 u 和 v':

(1) 选为 v' 的函数,必须能很容易地求出原函数 v. 这是使用分部积分公式的前提.

(2) $\int v\mathrm{d}u$ 要比 $\int u\mathrm{d}v$ 容易积分. 此为使用分部积分公式的目的.

常见的用分部积分法计算的不定积分类型以及 u 和 v' 的选择方法如下:

(1) $\int \underset{u}{x^n}\underset{v'}{\mathrm{e}^{mx}}\,\mathrm{d}x$,其中 n 为正整数;

(2) $\int \underset{u}{x^n}\underset{v'}{\sin mx}\,\mathrm{d}x$,$\int \underset{u}{x^n}\underset{v'}{\cos mx}\,\mathrm{d}x$,其中 n 为正整数;

(3) $\int \underset{v'}{x^\alpha}\underset{u}{\ln^n x}\,\mathrm{d}x$,其中 n 为正整数,$\alpha \neq -1$;

(4) $\int \underset{v'}{x^n}\underset{u}{\arcsin x}\,\mathrm{d}x$,$\int \underset{v'}{x^n}\underset{u}{\arccos x}\,\mathrm{d}x$,$\int \underset{v'}{x^n}\underset{u}{\arctan x}\,\mathrm{d}x$,$\int \underset{v'}{x^n}\underset{u}{\operatorname{arccot} x}\,\mathrm{d}x$,其中 $n \neq -1$ 的整数;

(5) $\int \mathrm{e}^{ax}\sin bx\,\mathrm{d}x$,$\int \mathrm{e}^{ax}\cos bx\,\mathrm{d}x$,此时 u 和 v' 可随意选择.

想一想 (3)中为何 $\alpha \neq -1$? 若 $\alpha = -1$,如何求不定积分?

例 3 求不定积分 $\int x\mathrm{e}^{-2x}\mathrm{d}x$.

解
$$\int \underset{u}{x}\underset{v'}{\mathrm{e}^{-2x}}\,\mathrm{d}x = \int \underset{u}{x}\,\mathrm{d}\underset{v}{\left(-\dfrac{1}{2}\mathrm{e}^{-2x}\right)} = -\dfrac{1}{2}\int x\,\mathrm{d}\mathrm{e}^{-2x} = -\dfrac{1}{2}\left(x\mathrm{e}^{-2x} - \int \mathrm{e}^{-2x}\,\mathrm{d}x\right)$$

$$= -\dfrac{1}{2}\left(x\mathrm{e}^{-2x} + \dfrac{1}{2}\mathrm{e}^{-2x}\right) + C = -\dfrac{1}{4}\mathrm{e}^{-2x}(2x+1) + C.$$

试一试 求下列不定积分:

(1) $\int x\sin\dfrac{1}{2}x\,\mathrm{d}x$;   (2) $\int x\mathrm{e}^{3x}\,\mathrm{d}x$.

例 4 求不定积分 $\int x \arctan x \, dx$.

解法 1 $\int \underset{\underset{v'}{\downarrow}}{x} \underset{\underset{u}{\downarrow}}{\arctan x} \, dx = \frac{1}{2} \int \arctan x \, dx^2 = \frac{1}{2} \left(x^2 \arctan x - \int x^2 \, d\arctan x \right)$

$\qquad\qquad\qquad = \frac{1}{2} \left(x^2 \arctan x - \int x^2 \cdot \frac{1}{1+x^2} dx \right)$

$\qquad\qquad\qquad = \frac{1}{2} \left(x^2 \arctan x - \int \frac{x^2 + 1 - 1}{1+x^2} dx \right)$

$\qquad\qquad\qquad = \frac{1}{2} \left[x^2 \arctan x - \int \left(1 - \frac{1}{1+x^2} \right) dx \right]$

$\qquad\qquad\qquad = \frac{1}{2} (x^2 \arctan x - x + \arctan x) + C.$

解法 2 $\int \underset{\underset{v'}{\downarrow}}{x} \underset{\underset{u}{\downarrow}}{\arctan x} \, dx = \frac{1}{2} \int \arctan x \, d(x^2 + 1)$

$\qquad\qquad\qquad = \frac{1}{2} \left[(x^2 + 1) \arctan x - \int (x^2 + 1) \, d\arctan x \right]$

$\qquad\qquad\qquad = \frac{1}{2} \left[(x^2 + 1) \arctan x - \int (x^2 + 1) \cdot \frac{1}{1+x^2} dx \right]$

$\qquad\qquad\qquad = \frac{1}{2} \left[(x^2 + 1) \arctan x - \int dx \right]$

$\qquad\qquad\qquad = \frac{1}{2} [(x^2 + 1) \arctan x - x] + C.$

想一想 能否将 $\arctan x$ 看做 v'? 为什么?

例 5 求不定积分 $\int \ln(x+2) \, dx$.

与前面题目不同的是,此题的被积函数为一个函数,这时可令 $u = \ln(x+2)$, $v' = 1$.

解法 1 $\int \underset{\underset{u}{\downarrow}}{\ln(x+2)} \underset{\underset{v}{\downarrow}}{dx} = x\ln(x+2) - \int x \, d\ln(x+2) = x\ln(x+2) - \int \frac{x}{x+2} dx$

$\qquad\qquad\qquad = x\ln(x+2) - \int \frac{x+2-2}{x+2} dx$

$\qquad\qquad\qquad = x\ln(x+2) - \int \left(1 - \frac{2}{x+2} \right) dx$

$\qquad\qquad\qquad = x\ln(x+2) - x + 2\ln(x+2) + C.$

解法 2 $\int \ln(x+2) \, dx = \int \underset{\underset{u}{\downarrow}}{\ln(x+2)} \underset{\underset{v}{\downarrow}}{d(x+2)} = (x+2)\ln(x+2) - \int (x+2) \, d\ln(x+2)$

$\qquad\qquad\qquad = (x+2)\ln(x+2) - \int (x+2) \cdot \frac{1}{x+2} dx$

$\qquad\qquad\qquad = (x+2)\ln(x+2) - x + C.$

试一试 求下列不定积分:

(1) $\int \arctan x \, dx$; (2) $\int x \ln x \, dx$.

下面所求的不定积分要多次使用分部积分法才能求出结果.

例 6 求不定积分 $\int x^2 \cos x \, dx$.

解 $\int \underset{u}{x^2} \underset{v'}{\cos x} \, dx = \int x^2 \, d\sin x = x^2 \sin x - \int \sin x \, dx^2 = x^2 \sin x - 2\int \underset{u}{x} \underset{v'}{\sin x} \, dx$

$= x^2 \sin x + 2\int x \, d\cos x = x^2 \sin x + 2\left(x \cos x - \int \cos x \, dx\right)$

$= x^2 \sin x + 2(x \cos x - \sin x) + C.$

下面的例 7 又是一种情况，经两次分部积分后，出现了"循环"，这时所求不定积分是经过解方程而求得的.

例 7 求不定积分 $\int e^x \cos x \, dx$.

解 $\int e^x \cos x \, dx = \int \underset{u}{\cos x} \, d\underset{v}{e^x} = e^x \cos x - \int e^x \, d\cos x = e^x \cos x - \int e^x(-\sin x) \, dx$

$= e^x \cos x + \int \underset{u}{\sin x} \, d\underset{v}{e^x} = e^x \cos x + \left(e^x \sin x - \int e^x \, d\sin x\right)$

$= e^x \cos x + e^x \sin x - \int e^x \cos x \, dx,$

即 $\int e^x \cos x \, dx = e^x \cos x + e^x \sin x - \int e^x \cos x \, dx,$

移项，得 $2\int e^x \cos x \, dx = e^x \cos x + e^x \sin x + C_1,$

故 $\int e^x \cos x \, dx = \frac{1}{2} e^x (\cos x + \sin x) + C.$

试一试 在第二次使用分部积分公式时，在不定积分 $\int e^x \sin x \, dx$ 中，若将 e^x 看做 u，将 $\sin x$ 看做 v'，将会出现什么结果？由此你可以得出什么结论？

有时求一个不定积分，需要将分部积分法与换元积分法同时使用才能奏效.

例 8 求不定积分 $\int e^{\sqrt{x}} \, dx$.

解 令 $\sqrt{x} = t$，即 $x = t^2$，则 $dx = 2t \, dt$. 于是

$\int e^{\sqrt{x}} \, dx = \int e^t 2t \, dt = 2\int t e^t \, dt = 2\int t \, de^t = 2\left(t e^t - \int e^t \, dt\right)$

$= 2(t e^t - e^t) + C = 2e^{\sqrt{x}}(\sqrt{x} - 1) + C.$

小结 我们计算不定积分时可考虑如下思路：

(1) 考虑能否直接积分；

(2) 考虑能否"凑"出新的积分变量，利用凑微分法计算；

(3) 综合考虑被积函数是否为典型的适用于第二换元积分法或分部积分法的类型.

另外，请读者注意，尽管所有初等函数在其定义区间上都存在原函数，但并不是所有原函数都能用初等函数来表示. 例如，$\int e^{x^2} \, dx$ 和 $\int \frac{\sin x}{x} \, dx$ 就没有初等函数形式的表达式.

习 题 4.4

一、选择题

1. $\int x \mathrm{d}\cos x = ($).

A. $x\cos x - \sin x + C$ B. $x\cos x + \sin x + C$
C. $x\cos x - \cos x + C$ D. $x\cos x + \cos x + C$

2. $\int \ln x \mathrm{d}x = ($).

A. $x(\ln x - 1) + C$ B. $x\ln x + C$ C. $\ln x + x + C$ D. $\ln x - x + C$

二、填空题

1. $\mathrm{e}^{-x}\mathrm{d}x =$ _____ $\mathrm{d}\mathrm{e}^{-x}$； $\mathrm{e}^{-3x}\mathrm{d}x =$ _____ $\mathrm{d}\mathrm{e}^{-3x}$； $\mathrm{e}^{x/5}\mathrm{d}x =$ _____ $\mathrm{d}\mathrm{e}^{x/5}$.

2. $\sin 5x \mathrm{d}x =$ _____ $\mathrm{d}\cos 5x$； $\cos \dfrac{1}{2}x \mathrm{d}x =$ _____ $\mathrm{d}\sin \dfrac{1}{2}x$； $\cos 4x \mathrm{d}x =$ _____ $\mathrm{d}\sin 4x$.

3. $x\mathrm{d}x =$ _____ $\mathrm{d}x^2$； $x^2 \mathrm{d}x =$ _____ $\mathrm{d}x^3$； $x^3 \mathrm{d}x =$ _____ $\mathrm{d}x^4$.

三、计算题

1. 计算下列不定积分：

(1) $\int x \mathrm{e}^{-3x} \mathrm{d}x$；   (2) $\int x \sin 5x \mathrm{d}x$；   (3) $\int x \cos(4x+3) \mathrm{d}x$；

(4) $\int x^2 \mathrm{e}^{-x} \mathrm{d}x$；   (5) $\int x^2 \sin \dfrac{1}{2}x \mathrm{d}x$；   (6) $\int x \sin^2 x \mathrm{d}x$.

2. 计算下列不定积分：

(1) $\int x^2 \ln x \mathrm{d}x$；   (2) $\int \dfrac{\ln x}{x^2} \mathrm{d}x$；   (3) $\int x (\ln x)^2 \mathrm{d}x$；

(4) $\int x^2 \arctan x \mathrm{d}x$；   (5) $\int \arccos x \mathrm{d}x$.

3. 求不定积分 $\int \mathrm{e}^{2x} \sin x \mathrm{d}x$.

4. 求不定积分 $\int \cos \sqrt{x} \mathrm{d}x$.

综合练习四

一、选择题

1. 下列函数不是 $\sin 2x$ 的原函数的是（   ）.

A. $\sin^2 x$ B. $-\cos^2 x$ C. $-\cos 2x$ D. $-\dfrac{1}{2}\cos 2x$

2. 已知 $\ln 2x$ 为 $f(x)$ 的一个原函数，则 $f'(x) = ($ ）.

A. $\dfrac{1}{x}$ B. $-\dfrac{1}{x^2}$ C. $x\ln x - x$ D. $\dfrac{1}{2x}$

3. 若 $\int f(x)\mathrm{e}^{1/x}\mathrm{d}x = \mathrm{e}^{1/x} + C$, 则 $f(x) = ($ $)$.

A. $\dfrac{1}{x}$ B. $\dfrac{1}{x^2}$ C. $-\dfrac{1}{x}$ D. $-\dfrac{1}{x^2}$

4. $\int \dfrac{f'(\ln x)}{x}\mathrm{d}x = ($ $)$.

A. $f'(\ln x) + C$ B. $f(\ln x) + C$ C. $f'(x) + C$ D. $f(x) + C$

5. $\int xf''(x)\mathrm{d}x = ($ $)$.

A. $xf''(x) - xf'(x) - f(x) + C$ B. $xf(x) - \int f(x)\mathrm{d}x$

C. $xf'(x) - f(x) + C$ D. $xf'(x) + f(x) + C$

二、填空题

1. 设 e^{-x} 是 $f(x)$ 的一个原函数,则 $\int f(x)\mathrm{d}x = $ _____, $\int f'(x)\mathrm{d}x = $ _____.

2. $\int \left(\dfrac{\cos x}{x}\right)'\mathrm{d}x = $ _____; $\left(\int \sin x^2 \mathrm{d}x\right)' = $ _____.

3. 已知 $F(x)$ 是 $f(x)$ 的一个原函数,则 $\int f(ax+b)\mathrm{d}x = $ _____ $(a \neq 0)$.

4. $\int \dfrac{1}{\sqrt{1-x^2}}\mathrm{d}x = $ _____; $\int \dfrac{1}{\sqrt{1-x^2}}\mathrm{d}(1-x^2) = $ _____;

$\int \dfrac{1}{\sqrt{1-x^2}}\mathrm{d}\sqrt{1-x^2} = $ _____; $\int \dfrac{1}{\sqrt{1-x^2}}\mathrm{d}\dfrac{1}{\sqrt{1-x^2}} = $ _____.

5. $\mathrm{d}\left[\int f(x)\mathrm{d}x\right] = $ _____.

6. $\int \mathrm{d}\mathrm{e}^{-x^2} = $ _____.

7. $\int \dfrac{f'(x)}{f(x)}\mathrm{d}x = $ _____.

8. $\int \dfrac{f'(x)}{1+f^2(x)}\mathrm{d}x = $ _____.

三、计算题

求下列不定积分:

1. $\int \dfrac{x+1}{x^2+4}\mathrm{d}x$.   2. $\int \dfrac{x^2}{3+x^2}\mathrm{d}x$.   3. $\int \dfrac{\mathrm{d}x}{x(1+x^2)}$.

4. $\int (2x-1)^{10}\mathrm{d}x$.   5. $\int \dfrac{1}{x+1}\mathrm{d}x$.   6. $\int \dfrac{2-3\ln x}{x}\mathrm{d}x$.

7. $\int \sin x \cos^3 x \, \mathrm{d}x$.   8. $\int x\sqrt{x-1}\,\mathrm{d}x$.   9. $\int \dfrac{\ln x}{\sqrt{x}}\mathrm{d}x$.

10. $\int \dfrac{1}{x(1+\ln^2 x)}\mathrm{d}x$.   11. $\int \dfrac{\mathrm{d}x}{x(1-\ln x)}$.   12. $\int \sqrt{\dfrac{\arccos x}{1-x^2}}\mathrm{d}x$.

13. $\int \dfrac{1}{2+\sqrt{x}}\mathrm{d}x$.   14. $\int \dfrac{1}{\mathrm{e}^x - \mathrm{e}^{-x}}\mathrm{d}x$.   15. $\int x\mathrm{e}^{2x}\mathrm{d}x$.

16. $\int \dfrac{1-x}{\sqrt{1-x^2}}\mathrm{d}x.$
17. $\int \cos^2 2x\,\mathrm{d}x.$
18. $\int \dfrac{1}{x\ln x}\mathrm{d}x.$

19. $\int \ln(2x-1)\mathrm{d}x.$
20. $\int \dfrac{x^2}{1+x^2}\arctan x\,\mathrm{d}x.$
21. $\int x^2 \mathrm{e}^{4x}\mathrm{d}x.$

22. $\int \dfrac{1}{x^2}\tan\dfrac{1}{x}\mathrm{d}x.$
23. $\int \tan^2 2x\,\mathrm{d}x.$
24. $\int \dfrac{\mathrm{e}^{1+\sqrt{x}}}{\sqrt{x}}\mathrm{d}x.$

25. $\int \sin 2\sqrt{x}\,\mathrm{d}x.$
26. $\int \dfrac{\mathrm{d}x}{9-4x^2}.$
27. $\int \dfrac{x+2}{x^2+4x-11}\mathrm{d}x.$

28. $\int \dfrac{x+1}{x^2-4x+8}\mathrm{d}x.$
29. $\int \mathrm{e}^{ax}\sin bx\,\mathrm{d}x$ (a,b 不为零).

30. $\int \dfrac{1}{\sqrt{x-x^2}}\mathrm{d}x.$
31. $\int \dfrac{\cos^3 x \sin x}{2+\cos^4 x}\mathrm{d}x.$
32. $\int \arcsin x\,\mathrm{d}x.$

33. $\int x^3 \mathrm{e}^{x^2}\mathrm{d}x.$
34. $\int \mathrm{e}^{x^3+2\ln x}\mathrm{d}x.$

自 测 题 四

一、选择题(每题 2 分,共 10 分)

1. 若 $F'(x)=f(x)$,则下列等式成立的是( ).

   A. $\int F(x)\mathrm{d}x = f(x)+C$
   B. $\int f(x)\mathrm{d}x = F'(x)+C$

   C. $\int f(x)\mathrm{d}x = F(x)+C$
   D. $\int F'(x)\mathrm{d}x = f(x)+C$

2. 下列等式成立的是( ).

   A. $\int \dfrac{1}{\sqrt{1-x^2}}\mathrm{d}(1-x^2) = \arcsin x + C$
   B. $\int \left(\dfrac{1}{\cos^2 x}-1\right)\mathrm{d}\cos x = \tan x - x + C$

   C. $\int \ln x\,\mathrm{d}x = \dfrac{1}{x}+C$
   D. $\int \left(\dfrac{1}{\sin^2 x}-1\right)\mathrm{d}\sin x = -\dfrac{1}{\sin x}-\sin x + C$

3. 下列等式成立的是( ).

   A. $\int 2^x \mathrm{e}^x \mathrm{d}x = \left(\int 2^x \mathrm{d}x\right)\left(\int \mathrm{e}^x \mathrm{d}x\right)$
   B. $\int \mathrm{d}\arcsin\sqrt{x} = \arcsin\sqrt{x}+C$

   C. $\int 3^{2x}\mathrm{e}^{2x}\mathrm{d}x = \dfrac{1}{2}(3\mathrm{e})^{2x}+C$
   D. $\int (x^2+1)\mathrm{d}x = 2x+C$

4. 设 $f'(x)=\sin x$,则 $\left(\int f(x)\mathrm{d}x\right)' = ($).

   A. $-\cos x$ B. $-\cos x + C$ C. $\sin x$ D. $\cos x$

5. 若 $f'(x)=x^2$,则 $f(x)$ 的全体原函数为( ).

   A. $\dfrac{1}{3}x^3+C$ B. $2x+C$ C. $\dfrac{1}{12}x^4+C$ D. $\dfrac{1}{12}x^4+C_1 x + C_2$

二、填空题(每题 2 分,共 10 分)

6. 设 x^2 为 $f(x)$ 的一个原函数,则 $f'(x) = $ _____.

7. 若 $\int f(x)dx = e^{-x^2} + C$，则 $f(2x) = $ _____.

8. 若 $\int f(x)dx = x^3 + C$，则 $\int f(2x-5)dx = $ _____.

9. 设 $f(x)$ 为连续函数，则 $\int f(x)df(x) = $ _____.

10. $\int \dfrac{1}{x} f'(\ln x)dx = $ _____.

三、计算题（每题 5 分，共 80 分）

计算下列不定积分：

11. $\int \left[\dfrac{1}{1-x} + \dfrac{1}{(1+x)^2}\right]dx$.

12. $\int \dfrac{x-1}{1+x^2}dx$.

13. $\int \dfrac{2}{x^2(1-x^2)}dx$.

14. $\int x\sqrt{x^2+1}dx$.

15. $\int \dfrac{1}{\sqrt{2x-1}}dx$.

16. $\int \dfrac{e^{1/x}}{x^2}dx$.

17. $\int \dfrac{1}{1-\sqrt{x}}dx$.

18. $\int x^2 e^x dx$.

19. $\int \dfrac{1+\ln x}{x}dx$.

20. $\int \dfrac{e^x}{\sqrt{1-e^{2x}}}dx$.

21. $\int x\cos 2x dx$.

22. $\int \sin x\sqrt{\cos x}dx$.

23. $\int \sin^2 x dx$.

24. $\int \dfrac{\cos\sqrt{x}}{\sqrt{x}}dx$.

25. $\int \arctan 2x dx$.

26. 已知 $f(e^x) = x$，求不定积分 $\int f(x)dx$.

第五章 定 积 分

定积分是积分学中的另一个重要问题. 它是从许多实际问题中抽象出来的, 有着十分广泛的应用.

本章首先通过实际问题引入定积分的概念, 分析定积分的性质; 然后揭示积分学与微分学之间的关系, 从而引出定积分的计算方法, 并在此基础上, 讨论定积分的应用; 最后介绍无穷区间上的广义积分.

§5.1 定积分的概念与性质

一、两个引例

我们通过几何学中求曲边梯形的面积问题和物理学中求变速直线运动的路程问题引入定积分的概念.

引例 1 曲边梯形的面积.

如图 5-1 所示, 由连续曲线 $y=f(x)$ ($f(x)\geqslant 0$), 直线 $x=a$, $x=b$ ($a<b$) 及 x 轴所围成的平面图形 $A'B'C'D'$, 称为**曲边梯形**. 下面求该曲边梯形的面积 A.

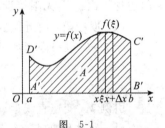

图 5-1

若曲边梯形中的曲线 $y=f(x)$ 为直线 $y=C$ ($C>0$), 则该曲边梯形变为矩形, 其面积=底×高.

由于曲边梯形中的一条边为曲边 $y=f(x)$, 不能用上述公式计算. 虽然从整体上看, 曲线 $y=f(x)$ 是变化的, 但是由于曲线 $y=f(x)$ 为连续曲线, 在小区间 $[x,x+\Delta x]$ 上, $f(x)$ 曲线可近似看成直线, 小区间所对应的小曲边梯形面积可用小矩形面积近似代替, 而小矩形面积等于 $f(\xi)\Delta x$ (如图 5-1). 下面我们就按上述想法计算曲边梯形面积, 具体步骤如下:

(1) **分割**: 将曲边梯形分割成 n 个小曲边梯形.

用一组分点
$$a=x_0<x_1<\cdots<x_{i-1}<x_i<\cdots<x_n=b$$
将曲边梯形的底 $[a,b]$ 任意分成 n 个小区间:
$$[x_0,x_1],\ [x_1,x_2],\ \cdots,\ [x_{n-1},x_n].$$
第 i 个小区间的长度为
$$\Delta x_i=x_i-x_{i-1}\quad (i=1,2,\cdots,n),$$
其中最大的小区间长度记做 λ, 即
$$\lambda=\max_{1\leqslant i\leqslant n}\{\Delta x_i\}.$$

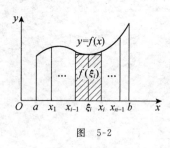

图 5-2

过各分点 x_i 分别作 x 轴的垂线,从而将曲边梯形分成 n 个小曲边梯形(如图 5-2),其中第 i 个小曲边梯形的面积记为
$$\Delta A_i \quad (i=1,2,\cdots,n).$$

(2) **近似代替**:局部"以直代曲",即用小矩形的面积近似代替小曲边梯形的面积.

在每个小区间 $[x_{i-1},x_i]$ 上任取一点 ξ_i,可得到以 $f(\xi_i)$ 为高,Δx_i 为底的小矩形,其面积为
$$f(\xi_i)\Delta x_i \quad (i=1,2,\cdots,n).$$

以小矩形的面积近似代替相应的小曲边梯形的面积,即
$$\Delta A_i \approx f(\xi_i)\Delta x_i \quad (i=1,2,\cdots,n).$$

(3) **求和**:求 n 个小矩形面积之和,并作为曲边梯形面积 A 的近似值.

将 n 个小矩形面积之和 $\sum_{i=1}^{n}f(\xi_i)\Delta x_i$ 作为曲边梯形面积 A 的近似值,即
$$A = \sum_{i=1}^{n}\Delta A_i \approx \sum_{i=1}^{n}f(\xi_i)\Delta x_i.$$

称此构造的和为**黎曼和**.

此时得到的近似值的精确程度与区间 $[a,b]$ 的分法和 ξ_i 的取法都有关. 为得到曲边梯形面积 A 的精确值,必须令最大的小区间长度 λ 趋于零. 此时,小矩形面积之和 $\sum_{i=1}^{n}f(\xi_i)\Delta x_i$ 与曲边梯形面积 A 无限接近.

(4) **取极限**:由近似值过渡到精确值.

令 $\lambda \to 0$,取极限,得
$$A = \lim_{\lambda \to 0}\sum_{i=1}^{n}f(\xi_i)\Delta x_i.$$

引例 2 变速直线运动的路程.

设一物体做变速直线运动,其速度 $v=v(t)$ 是时间区间 $[a,b]$ 上的连续函数,且 $v(t) \geqslant 0$,求物体在这段时间内所经过的路程 s.

这个问题中速度是变量,不能直接用匀速直线运动的公式"路程=速度×时间"计算路程 s. 然而,由于速度是连续变化的,因此在很小的时间段 $[t,t+\Delta t]$ 内,速度变化很小,可近似看做匀速运动,就像引例 1 中用小矩形近似代替小曲边梯形一样. 求路程 s 的步骤如下:

(1) **分割**:将时间区间 $[a,b]$ 分成 n 小时间段.

用一组分点
$$a=t_0<t_1<\cdots<t_{i-1}<t_i<\cdots<t_n=b$$
将时间区间 $[a,b]$ 分成 n 个小区间:
$$[t_0,t_1],\ [t_1,t_2],\ \cdots,\ [t_{n-1},t_n].$$
第 i 个小区间的长度为
$$\Delta t_i = t_i - t_{i-1} \quad (i=1,2,\cdots,n),$$
其中最大的小区间长度记做 λ,即 $\lambda = \max_{1 \leqslant i \leqslant n}\{\Delta t_i\}$.

(2) **近似代替**:局部"以匀代变":每个小区间内用匀速代替变速.

在小时间区间 $[t_{i-1},t_i]$ 上任取一点 ξ_i，以速度 $v(\xi_i)$ 作为该区间上的平均速度，用 $v(\xi_i)\Delta t_i$ 近似代替该区间上的路程 $\Delta s_i (i=1,2,\cdots,n)$.

（3）**求和**：求 n 个小时间段上路程近似值之和，即
$$s \approx \sum_{i=1}^{n} v(\xi_i)\Delta t_i.$$

（4）**取极限**：由近似值过渡到精确值，即
$$s = \lim_{\lambda \to 0} \sum_{i=1}^{n} v(\xi_i)\Delta t_i.$$

事实上，很多实际问题的解决都采用这种方法，并且最终都归结为求黎曼和的极限. 于是，抛开问题的实际意义，将其数量关系抽象概括，便得到定积分的概念.

二、定积分的概念

定义 5.1 设 $f(x)$ 是定义在区间 $[a,b]$ 上的有界函数. 任取分点
$$a = x_0 < x_1 < \cdots < x_{i-1} < x_i < \cdots < x_n = b,$$
将区间 $[a,b]$ 分成 n 个小区间 $[x_{i-1},x_i](i=1,2,\cdots,n)$，其长度为
$$\Delta x_i = x_i - x_{i-1} \quad (i=1,2,\cdots,n).$$
记 $\lambda = \max_{1 \leqslant i \leqslant n}\{\Delta x_i\}$. 在每个小区间 $[x_{i-1},x_i]$ 上，任取一点 $\xi_i (i=1,2,\cdots,n)$，作黎曼和
$$\sum_{i=1}^{n} f(\xi_i)\Delta x_i.$$
当 $\lambda \to 0$ 时，若黎曼和的极限
$$\lim_{\lambda \to 0} \sum_{i=1}^{n} f(\xi_i)\Delta x_i$$
存在，且此极限值与区间 $[a,b]$ 的分法及点 ξ_i 的取法无关，则称函数 $f(x)$ 在区间 $[a,b]$ 上**可积**，并称此极限值为函数 $f(x)$ 在区间 $[a,b]$ 上的**定积分**，记做 $\int_a^b f(x)\mathrm{d}x$，即
$$\int_a^b f(x)\mathrm{d}x = \lim_{\lambda \to 0} \sum_{i=1}^{n} f(\xi_i)\Delta x_i,$$
其中 $f(x)$ 称为**被积函数**，$f(x)\mathrm{d}x$ 称为**被积表达式**，x 称为**积分变量**，a 称为**积分下限**，b 称为**积分上限**，$[a,b]$ 称为**积分区间**.

根据定积分的定义，上述两个引例均可用定积分表示：

引例 1 中曲边梯形的面积为
$$A = \int_a^b f(x)\mathrm{d}x;$$
引例 2 中变速直线运动的路程为
$$s = \int_a^b v(t)\mathrm{d}t.$$

通过两个引例及定积分的定义，可揭示定积分的实质. 引例 1 中曲边梯形的面积可理解为是由无穷多个底边长趋于零的小矩形面积无限累积而得；引例 2 中变速直线运动的路程可理解为在无穷多个长度趋于零的时间段内的路程无限累积而得. 这种无限累积的本质是一个极限值. 因此，我们可以概括地说：定积分是一个和式的极限.

对于定积分的定义,我们做以下几点说明:

(1) 在定义 5.1 中,我们限定 $a<b$,即 $\int_a^b f(x)\mathrm{d}x$. 若遇到 $a>b$ 或 $a=b$ 时,我们将定积分的定义扩充如下:

① $\int_a^b f(x)\mathrm{d}x = -\int_b^a f(x)\mathrm{d}x$;

② $\int_a^a f(x)\mathrm{d}x = 0$.

今后我们遇到的记号 $\int_a^b f(x)\mathrm{d}x$ 对 a 和 b 的大小就没有限制了.

(2) 由定积分的定义知,当函数 $f(x)$ 在区间 $[a,b]$ 上可积时,定积分 $\int_a^b f(x)\mathrm{d}x$ 是一个数值,且该数值只与被积函数及积分区间有关,而与积分变量用什么字母表示无关,即

$$\int_a^b f(x)\mathrm{d}x = \int_a^b f(t)\mathrm{d}t = \int_a^b f(u)\mathrm{d}u.$$

可见,定积分有两个关键的要素:一个是被积函数;另一个是积分上、下限. 当这两个要素确定了,定积分的值就唯一确定了.

三、定积分的几何意义

(1) 在区间 $[a,b]$ 上,若 $f(x) \geqslant 0$,则

$$\int_a^b f(x)\mathrm{d}x = A,$$

即当被积函数 $f(x) \geqslant 0$ 时,定积分 $\int_a^b f(x)\mathrm{d}x$ 表示由曲线 $y=f(x)$,直线 $x=a,x=b$ 及 x 轴所围成的平面图形的面积(如图 5-3(a)).

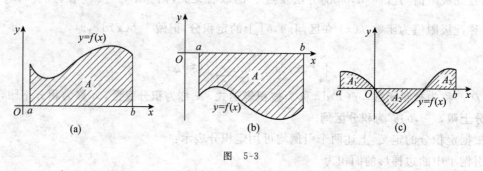

图 5-3

(2) 在区间 $[a,b]$ 上,若 $f(x) \leqslant 0$,则

$$\int_a^b f(x)\mathrm{d}x = -A,$$

即若被积函数 $f(x) \leqslant 0$,定积分 $\int_a^b f(x)\mathrm{d}x$ 表示由曲线 $y=f(x)$,直线 $x=a,x=b$ 及 x 轴所围成的平面图形面积的相反数(如图 5-3(b)).

(3) 若被积函数 $f(x)$ 在积分区间 $[a,b]$ 上有正、有负(如图 5-3(c)),则

$$\int_a^b f(x)\mathrm{d}x = A_1 - A_2 + A_3,$$

即此时定积分 $\int_a^b f(x)dx$ 表示由曲线 $y=f(x)$，直线 $x=a,x=b$ 及 x 轴所围成的平面图形面积的代数和，即位于 x 轴上方各图形面积之和减去位于 x 轴下方各图形面积之和.

(4) $\int_a^b |f(x)|dx$ 表示由曲线 $y=f(x)$，直线 $x=a,x=b$ 及 x 轴所围成的平面图形面积.

通过上述分析知，定积分 $\int_a^b f(x)dx$ 与被积函数曲线在积分区间上和 x 轴所围平面图形的面积之间有着密切的关系，今后我们既可以借助面积求定积分，也可以借助定积分求面积.

例 1 用定积分表示曲线 $y=\sin x$ 在区间 $[0,2\pi]$ 上与 x 轴所围平面图形的面积 A.

解 如图 5-4 所示，当 $x\in[0,\pi]$ 时，$\sin x\geqslant 0$，$A_1=\int_0^\pi \sin x dx$；当 $x\in[\pi,2\pi]$ 时，$\sin x \leqslant 0$，$A_2=-\int_\pi^{2\pi}\sin x dx$. 故

$$A=A_1+A_2=\int_0^\pi \sin x dx-\int_\pi^{2\pi}\sin x dx,$$

也可表示为

$$A=\int_0^{2\pi}|\sin x|dx.$$

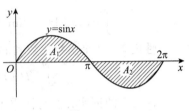

图 5-4

试一试 用定积分表示曲线 $y=\cos x$ 在区间 $[0,2\pi]$ 上与 x 轴所围平面图形的面积 A.

想一想 (1) 若 $f(x)$ 为奇函数，$\int_{-a}^a f(x)dx=?$

(2) 若 $f(x)$ 为偶函数，$\int_{-a}^a f(x)dx$ 与 $\int_{-a}^0 f(x)dx$ 及 $\int_0^a f(x)dx$ 有什么关系？

例 2 利用定积分的几何意义求下列定积分：

(1) $\int_2^5 h dx\ (h>0)$； (2) $\int_{-2}^2 \sqrt{4-x^2}dx$.

解 (1) 由于积分下限小于积分上限，且被积函数 $f(x)=h>0$，根据定积分的几何意义，$\int_2^5 h dx$ 表示曲线 $y=h$ 在区间 $[2,5]$ 上与 x 轴所围成的矩形的面积（如图 5-5(a)），故

$$\int_2^5 h dx=h(5-2)=3h.$$

结论：$\int_a^b h dx=h(b-a)\ (h>0)$.

上述结论与初等数学中学过的矩形面积公式完全一致.

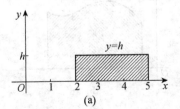
(a)

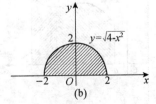
(b)

图 5-5

(2) 由于被积函数 $f(x)=\sqrt{4-x^2}$ 在积分区间 $[-2,2]$ 上大于或等于零,根据定积分的几何意义,$\int_{-2}^{2}\sqrt{4-x^2}\,\mathrm{d}x$ 表示的是如图 5-5(b) 所示的半圆形的面积,故

$$\int_{-2}^{2}\sqrt{4-x^2}\,\mathrm{d}x = \frac{1}{2}\cdot\pi\cdot 2^2 = 2\pi.$$

四、定积分的性质

性质 1 常数因子可以提到积分号的前面,即

$$\int_{a}^{b} kf(x)\,\mathrm{d}x = k\int_{a}^{b} f(x)\,\mathrm{d}x.$$

证明 由定积分的定义及极限运算性质有

$$\int_{a}^{b} kf(x)\,\mathrm{d}x = \lim_{\lambda \to 0}\sum_{i=1}^{n} kf(\xi_i)\Delta x_i = k\lim_{\lambda \to 0}\sum_{i=1}^{n} f(\xi_i)\Delta x_i = k\int_{a}^{b} f(x)\,\mathrm{d}x.$$

性质 2 两个函数代数和的定积分等于它们定积分的代数和,即

$$\int_{a}^{b}[f(x)\pm g(x)]\,\mathrm{d}x = \int_{a}^{b} f(x)\,\mathrm{d}x \pm \int_{a}^{b} g(x)\,\mathrm{d}x.$$

性质 2 的证明方法与性质 1 相同,并且可推广到有限个函数代数和的情形.

性质 3(积分区间可加性) 对于任意三个实数 a,b,c,总有

$$\int_{a}^{b} f(x)\,\mathrm{d}x = \int_{a}^{c} f(x)\,\mathrm{d}x + \int_{c}^{b} f(x)\,\mathrm{d}x.$$

事实上,从几何上容易看出:

(1) 如图 5-6(a)所示,当 $a<c<b$ 时,有

$$\int_{a}^{b} f(x)\,\mathrm{d}x = \int_{a}^{c} f(x)\,\mathrm{d}x + \int_{c}^{b} f(x)\,\mathrm{d}x;$$

(2) 如图 5-6(b)所示,当 $a<b<c$ 时,由(1)有

$$\int_{a}^{c} f(x)\,\mathrm{d}x = \int_{a}^{b} f(x)\,\mathrm{d}x + \int_{b}^{c} f(x)\,\mathrm{d}x,$$

移项,有

$$\int_{a}^{b} f(x)\,\mathrm{d}x = \int_{a}^{c} f(x)\,\mathrm{d}x - \int_{b}^{c} f(x)\,\mathrm{d}x,$$

再交换积分 $\int_{b}^{c} f(x)\,\mathrm{d}x$ 的上、下限,有

$$\int_{a}^{b} f(x)\,\mathrm{d}x = \int_{a}^{c} f(x)\,\mathrm{d}x + \int_{c}^{b} f(x)\,\mathrm{d}x.$$

其他情况同理可证.

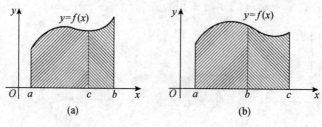

图 5-6

该性质通常用来求分段函数的定积分.

例 3 已知函数 $f(x) = \begin{cases} 2, & -2 \leqslant x \leqslant 0, \\ \sqrt{1-x^2}, & 0 \leqslant x \leqslant 1, \end{cases}$ 求 $\int_{-2}^{1} f(x) dx$.

解 根据积分区间可加性,有

$$\int_{-2}^{1} f(x) dx = \int_{-2}^{0} f(x) dx + \int_{0}^{1} f(x) dx = \int_{-2}^{0} 2 dx + \int_{0}^{1} \sqrt{1-x^2} dx$$

$$= 2[0-(-2)] + \frac{1}{4}\pi \cdot 1^2 = 4 + \frac{\pi}{4}.$$

性质 4 若函数 $f(x)$ 和 $g(x)$ 在区间 $[a,b]$ 上总有 $f(x) \leqslant g(x)$,则

$$\int_a^b f(x) dx \leqslant \int_a^b g(x) dx.$$

根据性质 4,可得以下三个推论:

推论 1 若函数 $f(x)$ 在区间 $[a,b]$ 上总有 $f(x) \geqslant 0$,则

$$\int_a^b f(x) dx \geqslant 0.$$

推论 2 若函数 $f(x)$ 在区间 $[a,b]$ 上总有 $f(x) \leqslant 0$,则

$$\int_a^b f(x) dx \leqslant 0.$$

推论 3 $\left| \int_a^b f(x) dx \right| \leqslant \int_a^b |f(x)| dx.$

性质 5(估值定理) 若函数 $f(x)$ 在闭区间 $[a,b]$ 上的最大值为 M,最小值为 m,则

$$m(b-a) \leqslant \int_a^b f(x) dx \leqslant M(b-a).$$

如图 5-7 所示,矩形 ABB_1A_1 的面积 $\leqslant$ 曲边梯形 $ABB'A'$ 的面积 $\leqslant$ 矩形 ABB_2A_2 的面积.

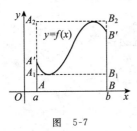

图 5-7

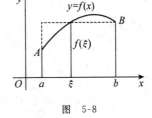

图 5-8

性质 6(积分中值定理) 设函数 $f(x)$ 在闭区间 $[a,b]$ 上连续,则在开区间 (a,b) 内至少存在一点 ξ,使得

$$\int_a^b f(x) dx = f(\xi)(b-a) \quad \text{或} \quad f(\xi) = \frac{1}{b-a} \int_a^b f(x) dx.$$

该定理的几何意义如图 5-8 所示,即在区间 (a,b) 内至少存在一点 ξ,使得曲边梯形的面积与以 $f(\xi)$ 为高的同底矩形面积相等,因而 $f(\xi)$ 可看做曲边梯形的平均高度,称之为函数 $f(x)$ 在区间 $[a,b]$ 上的**积分平均值**,简称为**平均值**.

例 4 求函数 $f(x) = \sqrt{16-x^2}$ 在区间 $[-4,4]$ 上的积分平均值.

解 因为 $\int_{-4}^{4} \sqrt{16-x^2} dx$ 表示圆 $x^2 + y^2 = 4^2$ 在 x 轴上方的面积,所以

$$\int_{-4}^{4}\sqrt{16-x^2}\,\mathrm{d}x=\frac{1}{2}\cdot\pi\cdot 4^2=8\pi.$$

根据积分中值定理,函数 $f(x)=\sqrt{16-x^2}$ 在区间 $[-4,4]$ 上的积分平均值为

$$f(\xi)=\frac{1}{4-(-4)}\int_{-4}^{4}\sqrt{16-x^2}\,\mathrm{d}x=\frac{1}{8}\cdot\frac{\pi\cdot 4^2}{2}=\pi.$$

例 5 已知函数 $f(x)$ 在区间 $[1,5]$ 上的积分平均值为 2,求 $\int_{1}^{5}f(x)\mathrm{d}x$.

解 由积分中值定理知

$$\int_{1}^{5}f(x)\mathrm{d}x=2(5-1)=8.$$

习 题 5.1

一、选择题

1. 根据定积分的几何意义,下列各式正确的是( ).

  A. $\int_{-\pi/2}^{0}\cos x\mathrm{d}x<\int_{0}^{\pi/2}\cos x\mathrm{d}x$ 　　B. $\int_{-\pi/2}^{0}\cos x\mathrm{d}x>\int_{0}^{\pi/2}\cos x\mathrm{d}x$

  C. $\int_{0}^{\pi}\sin x\mathrm{d}x=0$ 　　D. $\int_{0}^{2\pi}\sin x\mathrm{d}x=0$

2. 设函数 $f(x)$ 仅在区间 $[0,3]$ 上可积,则必有 $\int_{0}^{2}f(x)\mathrm{d}x=$ ( ).

  A. $\int_{0}^{-1}f(x)\mathrm{d}x+\int_{-1}^{2}f(x)\mathrm{d}x$ 　　B. $\int_{0}^{4}f(x)\mathrm{d}x+\int_{4}^{2}f(x)\mathrm{d}x$

  C. $\int_{0}^{3}f(x)\mathrm{d}x+\int_{3}^{2}f(x)\mathrm{d}x$ 　　D. $\int_{0}^{1}f(x)\mathrm{d}x+\int_{2}^{1}f(x)\mathrm{d}x$

3. 以下定积分值为负值的是( ).

  A. $\int_{0}^{\pi/2}\sin x\mathrm{d}x$ 　　B. $\int_{\pi/2}^{\pi}\sin x\mathrm{d}x$

  C. $\int_{0}^{1}x^{3}\mathrm{d}x$ 　　D. $\int_{-\pi/2}^{0}\sin x\mathrm{d}x$

4. 设 $I_1=\int_{0}^{1}x\mathrm{d}x$,$I_2=\int_{0}^{1}x^2\mathrm{d}x$,则( ).

  A. $I_1\geqslant I_2$ 　　B. $I_1\leqslant I_2$ 　　C. $I_1>I_2$ 　　D. $I_1<I_2$

二、填空题

1. $\int_{a}^{b}f(x)\mathrm{d}x+\int_{b}^{a}f(x)\mathrm{d}x=$ _____.

2. $\dfrac{\mathrm{d}}{\mathrm{d}x}\int_{0}^{1}\arcsin x\mathrm{d}x=$ _____.

3. $\int_{-1}^{2}\mathrm{d}x=$ _____;$\int_{2}^{5}7\mathrm{d}x=$ _____;$\int_{1}^{3}2x\mathrm{d}x=$ _____.

4. 由定积分的几何意义有 $\int_{-1}^{1}\sqrt{1-x^2}\,\mathrm{d}x=$ _____.

5. 函数 $f(x)=\sqrt{4-x^2}$ 在区间 $[-2,2]$ 上的积分平均值 $=$ _____.

6. 已知函数 $f(x)$ 在区间 $[2,8]$ 上的积分平均值为 3，则 $\int_2^8 f(x)\mathrm{d}x = $ _____.

§5.2 定积分的计算

由 §5.1 我们知道，定积分的概念是以"黎曼和的极限"的形式引入的，它不同于一般函数极限的概念。因而，直接用定义计算定积分是件十分困难的事。本节将通过揭示定积分与原函数之间的内在联系，导出计算定积分的简便方法。

一、微积分学基本定理

1. 积分上限的函数及其导数

设函数 $f(x)$ 在区间 $[a,b]$ 上可积，任取 $t \in [a,b]$，则定积分 $\int_a^t f(x)\mathrm{d}x$ 的值(图 5-9 中阴影部分的面积)是随着 t 的变化而变化的，且它是由 t 唯一确定的，所以说定积分 $\int_a^t f(x)\mathrm{d}x$ 是 t 的函数，记做

$$\Phi(t) = \int_a^t f(x)\mathrm{d}x.$$

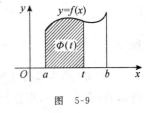

图 5-9

由于 t 处在积分上限的位置，故称 $\Phi(t)$ 为**积分上限的函数**或**变上限定积分**。因为我们习惯用 x 表示函数的自变量，且定积分的值与积分变量所用字母无关。因此把变上限定积分记做

$$\Phi(x) = \int_a^x f(t)\mathrm{d}t, \quad x \in [a,b].$$

类似地，称

$$\Psi(x) = \int_x^b f(t)\mathrm{d}t, \quad x \in [a,b]$$

为**积分下限的函数**或**变下限定积分**。

2. 微积分学基本定理

定理 5.1(微积分学基本定理) 若函数 $f(x)$ 在闭区间 $[a,b]$ 上连续，则

$$\Phi'(x) = \frac{\mathrm{d}}{\mathrm{d}x}\left(\int_a^x f(t)\mathrm{d}t\right) = f(x).$$

注意 定理 5.1 有以下四重含义：

(1) 连续函数一定有原函数，这就回答了第四章中关于原函数存在问题。

(2) 给出了连续函数 $f(x)$ 的原函数的具体形式：

$$\Phi(x) = \int_a^x f(t)\mathrm{d}t.$$

(3) 函数 $\int_a^x f(t)\mathrm{d}t$ 对上限的导数，等于被积函数在上限的函数值，即

$$\left(\int_a^x f(t)\mathrm{d}t\right)'_x = f(x).$$

(4) 揭示了不定积分与定积分之间的内在联系，即

$$\int f(x)\mathrm{d}x = \int_a^x f(t)\mathrm{d}t + C.$$

想一想 $\left(\int_a^{\varphi(x)} f(t)dt\right)'_x = ?$

例1 求下列函数的导数：

(1) $\Phi(x) = \int_3^x \sqrt{1+t^4}\,dt$；　　(2) $\Phi(x) = \int_x^0 e^{-t^2}\,dt$；

(3) $\Phi(x) = \int_a^{x^2} \sin t^4\,dt$；　　(4) $\Phi(x) = \int_x^{x^2} \cos t^3\,dt$.

解 (1) 此函数为积分上限的函数，根据定理 5.1，有

$$\Phi'(x) = \left(\int_3^x \sqrt{1+t^4}\,dt\right)' = \sqrt{1+x^4}.$$

(2) 此函数为积分下限的函数，不能直接用定理 5.1，应先交换积分上、下限. 因为

$$\int_x^0 e^{-t^2}\,dt = -\int_0^x e^{-t^2}\,dt,$$

所以　　$\Phi'(x) = \left(\int_x^0 e^{-t^2}\,dt\right)' = \left(-\int_0^x e^{-t^2}\,dt\right)' = -e^{-x^2}.$

(3) $\Phi(x)$ 为积分上限的函数，积分上限为 x^2，因此，$\Phi(x)$ 为 x^2 的函数，它可看成 x 的复合函数. 令 $x^2 = u$，根据复合函数求导法则，有

$$\Phi'(x) = \Phi'(u) \cdot u'_x = \left(\int_a^u \sin t^4\,dt\right)'_u \cdot (x^2)'_x = \sin u^4 \cdot 2x = 2x\sin x^8.$$

一般地，当函数 $f(x)$ 连续，且函数 $\varphi(x)$ 可微时，有

$$\frac{d}{dx}\left[\int_a^{\varphi(x)} f(t)\,dt\right] = f[\varphi(x)]\varphi'(x).$$

(4) 首先转化为积分上限的函数

$$\Phi(x) = \int_x^{x^2} \cos t^3\,dt = \int_x^0 \cos t^3\,dt + \int_0^{x^2} \cos t^3\,dt = \int_0^{x^2} \cos t^3\,dt - \int_0^x \cos t^3\,dt,$$

由变上限求导得

$$\Phi'(x) = \left(\int_0^{x^2} \cos t^3\,dt\right)' - \left(\int_0^x \cos t^3\,dt\right)' = \cos(x^2)^3 \cdot (x^2)' - \cos x^3$$
$$= 2x\cos x^6 - \cos x^3.$$

由此题可得：若函数 $f(x)$ 连续，且函数 $\varphi_1(x)$ 和 $\varphi_2(x)$ 都可微时，

$$\frac{d}{dx}\left[\int_{\varphi_1(x)}^{\varphi_2(x)} f(t)\,dt\right] = f[\varphi_2(x)]\varphi'_2(x) - f[\varphi_1(x)]\varphi'_1(x).$$

试一试 求下列函数的导数：

(1) $\Phi(x) = \int_2^x t\sin t^3\,dt$；　　(2) $\Phi(x) = \int_x^2 \sqrt[3]{1-t^2}\,dt$；

(3) $\Phi(x) = \int_a^{x^3} e^{t^2}\,dt$；　　(4) $\Phi(x) = \int_{2x}^{x^2} \ln(1+t^2)\,dt$.

3. 牛顿-莱布尼茨公式

定理 5.2(牛顿-莱布尼茨公式)　设函数 $f(x)$ 在区间 $[a,b]$ 上连续，$F(x)$ 是 $f(x)$ 在区间 $[a,b]$ 上的一个原函数，则

$$\int_a^b f(x)\mathrm{d}x = F(b) - F(a).$$

证明 因为 $f(x)$ 在 $[a,b]$ 上连续,所以 $\Phi(x) = \int_a^x f(t)\mathrm{d}t$ 是 $f(x)$ 的一个原函数.又因为 $F(x)$ 也是 $f(x)$ 的一个原函数,所以 $F(x) = \Phi(x) + C$. 于是

$$F(b) - F(a) = [\Phi(b) + C] - [\Phi(a) + C] = \Phi(b) - \Phi(a)$$
$$= \int_a^b f(t)\mathrm{d}t - \int_a^a f(t)\mathrm{d}t = \int_a^b f(t)\mathrm{d}t = \int_a^b f(x)\mathrm{d}x,$$

即
$$\int_a^b f(x)\mathrm{d}x = F(b) - F(a).$$

上式称为**牛顿-莱布尼茨公式**,也叫做微积分基本公式.

牛顿-莱布尼茨公式揭示了定积分和原函数之间的内在联系,即定积分的值等于被积函数的任意一个原函数在积分上、下限两点处的函数值之差.它把计算定积分的问题转化为求原函数的问题,从而提供了一种计算定积分的简便方法.

为了计算方便,上述公式常用下面记号表示:

$$\int_a^b f(x)\mathrm{d}x = F(x)\Big|_a^b = F(b) - F(a).$$

定理 5.2 同时也说明,**闭区间上的连续函数一定可积**.实际上,有有限个第一类间断点的有界函数也一定可积.

想一想 下列等式成立吗?为什么?

(1) $\int_1^2 \frac{1}{x^2}\mathrm{d}x = -\frac{1}{x}\Big|_1^2 = -\frac{1}{2}$; （2) $\int_{-1}^1 \frac{1}{x^2}\mathrm{d}x = -\frac{1}{x}\Big|_{-1}^1 = -2.$

例 2 计算下列定积分:

(1) $\int_0^1 x^2 \mathrm{d}x$; (2) $\int_{-2}^{-1} \frac{1}{x}\mathrm{d}x$; (3) $\int_{-1}^{\sqrt{3}} \frac{1}{1+x^2}\mathrm{d}x.$

解 (1) $\int_0^1 x^2 \mathrm{d}x = \frac{1}{3}x^3 \Big|_0^1 = \frac{1}{3} \cdot 1^3 - \frac{1}{3} \cdot 0^3 = \frac{1}{3}.$

(2) $\int_{-2}^{-1} \frac{1}{x}\mathrm{d}x = \ln|x| \Big|_{-2}^{-1} = \ln|-1| - \ln|-2| = -\ln 2.$

(3) $\int_{-1}^{\sqrt{3}} \frac{1}{1+x^2}\mathrm{d}x = \arctan x \Big|_{-1}^{\sqrt{3}} = \arctan\sqrt{3} - \arctan(-1) = \frac{\pi}{3} - \left(-\frac{\pi}{4}\right) = \frac{7\pi}{12}.$

试一试 计算下列定积分:

(1) $\int_1^3 x^3 \mathrm{d}x$; (2) $\int_0^{\pi/3} \cos x \mathrm{d}x.$

例 3 计算下列定积分:

(1) $\int_0^1 (x-1)^2 \mathrm{d}x$; (2) $\int_{-2}^4 \left(y + 4 - \frac{1}{2}y^2\right)\mathrm{d}y.$

解 (1) $\int_0^1 (x-1)^2 \mathrm{d}x = \int_0^1 (x^2 - 2x + 1)\mathrm{d}x = \left(\frac{1}{3}x^3 - x^2 + x\right)\Big|_0^1 = \frac{1}{3}.$

(2) 根据 §5.1 性质 1 和性质 2,得

$$\int_{-2}^4 \left(y + 4 - \frac{1}{2}y^2\right)\mathrm{d}y = \int_{-2}^4 y\mathrm{d}y + \int_{-2}^4 4\mathrm{d}y - \frac{1}{2}\int_{-2}^4 y^2 \mathrm{d}y$$
$$= \frac{1}{2}y^2 \Big|_{-2}^4 + 4y\Big|_{-2}^4 - \frac{1}{2} \cdot \frac{1}{3}y^3 \Big|_{-2}^4 = 18.$$

试一试 计算定积分 $\int_0^1 (2x+1)^2 dx$.

由例2和例3可以看出：计算定积分 $\int_a^b f(x)dx$，主要是通过计算不定积分 $\int f(x)dx$，找出被积函数的一个原函数. 因此，计算定积分时，我们仍然沿用求不定积分的方法和形式.

例4 计算下列定积分：

(1) $\int_{-1}^1 \dfrac{e^x}{1+e^x}dx$；　　(2) $\int_{\pi/6}^{\pi/4} \cos^3 x dx$.

解 (1) $\int_{-1}^1 \dfrac{e^x}{1+e^x}dx = \int_{-1}^1 \dfrac{1}{1+e^x}d(1+e^x) = \ln(1+e^x)\Big|_{-1}^1 = \ln(1+e) - \ln\left(1+\dfrac{1}{e}\right) = 1$.

(2) $\int_{\pi/6}^{\pi/4} \cos^3 x dx = \int_{\pi/6}^{\pi/4} \cos^2 x \cdot \cos x dx = \int_{\pi/6}^{\pi/4} (1-\sin^2 x)d\sin x$

$= \left(\sin x - \dfrac{1}{3}\sin^3 x\right)\Big|_{\pi/6}^{\pi/4} = \dfrac{\sqrt{2}}{2} - \dfrac{1}{3}\cdot\left(\dfrac{\sqrt{2}}{2}\right)^3 - \left[\dfrac{1}{2} - \dfrac{1}{3}\cdot\left(\dfrac{1}{2}\right)^3\right]$

$= \dfrac{5\sqrt{2}}{12} - \dfrac{11}{24}$.

试一试 计算下列定积分：

(1) $\int_0^1 (2x+1)^5 dx$；　　(2) $\int_0^1 xe^{x^2}dx$；　　(3) $\int_0^{\pi/2} \cos^2 x \sin x dx$.

例5 设函数 $f(x) = \begin{cases} x-1, & x<0, \\ x^2, & x\geq 0, \end{cases}$ 计算定积分 $\int_{-1}^2 f(x)dx$.

解 由于被积函数为分段函数，因此定积分也要分段来计算. 根据积分区间的可加性，有

$\int_{-1}^2 f(x)dx = \int_{-1}^0 f(x)dx + \int_0^2 f(x)dx = \int_{-1}^0 (x-1)dx + \int_0^2 x^2 dx$

$= \left(\dfrac{x^2}{2} - x\right)\Big|_{-1}^0 + \dfrac{x^3}{3}\Big|_0^2 = -\dfrac{3}{2} + \dfrac{8}{3} = \dfrac{7}{6}$.

例6 计算定积分 $\int_0^3 |x-1|dx$.

此题的被积函数实质上是分段函数，将积分区间分段，以便去掉被积函数的绝对值.

解 因为 $|x-1| = \begin{cases} -(x-1), & x<1, \\ x-1, & x\geq 1, \end{cases}$ 根据积分区间的可加性，有

$\int_0^3 |x-1|dx = \int_0^1 [-(x-1)]dx + \int_1^3 (x-1)dx$

$= -\dfrac{1}{2}(x-1)^2\Big|_0^1 + \dfrac{1}{2}(x-1)^2\Big|_1^3 = \dfrac{5}{2}$.

二、定积分的换元积分法

在不定积分中，为解决含有根式的积分问题，我们常用第二换元积分法. 在定积分中，若使用换元积分法，积分限是否应做相应的变化呢？我们有如下定理：

定理 5.3（定积分的换元积分定理） 设函数 $f(x)$ 在区间 $[a,b]$ 上连续，函数 $x=\varphi(t)$ 满足：
(1) 在区间 $[\alpha,\beta]$ 上单值；
(2) 在区间 $[\alpha,\beta]$ 上有连续导数 $\varphi'(t)$；

(3) $\varphi(\alpha)=a$, $\varphi(\beta)=b$,

则有
$$\int_a^b f(x)\mathrm{d}x \xrightarrow{\text{令}\ x=\varphi(t)} \int_\alpha^\beta f[\varphi(t)]\varphi'(t)\mathrm{d}t.$$

这个公式称为**定积分的换元积分公式**，用它来求定积分的方法称为**定积分的换元积分法**.

证明 设 $F(x)$ 是 $f(x)$ 的原函数，则 $F[\varphi(t)]$ 就是 $f[\varphi(t)]\varphi'(t)$ 的原函数，于是

$$\int_a^b f(x)\mathrm{d}x = F(b)-F(a),$$

$$\int_\alpha^\beta f[\varphi(t)]\varphi'(t)\mathrm{d}t = F[\varphi(\beta)]-F[\varphi(\alpha)] = F(b)-F(a).$$

所以
$$\int_a^b f(x)\mathrm{d}x = \int_\alpha^\beta f[\varphi(t)]\varphi'(t)\mathrm{d}t.$$

定积分的换元公式与不定积分的换元公式在换元的方法上是相同的，即在求不定积分时作何种变换，在求相应的定积分时也作同样的变换. 所不同的是：求不定积分时，经换元完成计算后，还需将原变量回代；而求定积分时，**换元的同时必须换限**，无须变量回代.

例 7 计算定积分 $\displaystyle\int_1^4 \frac{1}{1+\sqrt{x}}\mathrm{d}x$.

解 令 $\sqrt{x}=t$ $(t\geqslant 0)$，则 $x=t^2$，$\mathrm{d}x=2t\mathrm{d}t$. 当 $x=1$ 时，$t=1$；当 $x=4$ 时，$t=2$. 于是，积分区间由 x 的 $[1,4]$ 变换为 t 的 $[1,2]$，从而

$$\int_1^4 \frac{1}{1+\sqrt{x}}\mathrm{d}x = \int_1^2 \frac{1}{1+t}2t\mathrm{d}t = 2\int_1^2 \frac{t}{1+t}\mathrm{d}t = 2\int_1^2 \frac{(1+t)-1}{1+t}\mathrm{d}t = 2\int_1^2 \left(1-\frac{1}{1+t}\right)\mathrm{d}t$$

$$= 2\int_1^2 1\mathrm{d}t - 2\int_1^2 \frac{1}{1+t}\mathrm{d}t = 2\times 1 - 2\int_1^2 \frac{1}{1+t}\mathrm{d}(1+t)$$

$$= 2 - 2\ln(1+t)\Big|_1^2 = 2(1-\ln 3 + \ln 2).$$

想一想 若令 $1+\sqrt{x}=t$ $(t\geqslant 1)$，积分区间将如何变换？积分结果是否相同？

试一试 计算定积分 $\displaystyle\int_4^9 \frac{\sqrt{x}}{\sqrt{x}-1}\mathrm{d}x$.

例 8 设函数 $f(x)$ 在区间 $[-a,a]$ 上可积，证明：

$$\int_{-a}^a f(x)\mathrm{d}x = \begin{cases} 2\displaystyle\int_0^a f(x)\mathrm{d}x, & \text{当}\ f(x)\ \text{为偶函数时}, \\ 0, & \text{当}\ f(x)\ \text{为奇函数时}. \end{cases}$$

证明 设 $f(x)$ 为偶函数，即 $f(-x)=f(x)$，由积分区间的可加性有

$$\int_{-a}^a f(x)\mathrm{d}x = \int_{-a}^0 f(x)\mathrm{d}x + \int_0^a f(x)\mathrm{d}x. \tag{5-1}$$

在定积分 $\displaystyle\int_{-a}^0 f(x)\mathrm{d}x$ 中，令 $x=-t$，则 $\mathrm{d}x=-\mathrm{d}t$. 当 $x=-a$ 时，$t=a$；当 $x=0$ 时，$t=0$. 于是

$$\int_{-a}^0 f(x)\mathrm{d}x \xrightarrow{\text{换元}} \int_a^0 f(-t)(-1)\mathrm{d}t \xrightarrow{\text{偶函数}} \int_a^0 f(t)(-1)\mathrm{d}t \xrightarrow{\text{性质}} -\int_a^0 f(t)\mathrm{d}t$$

$$\xrightarrow{\text{交换积分上、下限}} \int_0^a f(t)\mathrm{d}t \xrightarrow{\text{改变积分变量字母}} \int_0^a f(x)\mathrm{d}x.$$

将其代入(5-1)式,有
$$\int_{-a}^{a} f(x)\mathrm{d}x = 2\int_{0}^{a} f(x)\mathrm{d}x.$$
同理可证,当 $f(x)$ 为奇函数时,有
$$\int_{-a}^{a} f(x)\mathrm{d}x = 0.$$

试一试 计算下列定积分:

(1) $\int_{-\pi}^{\pi} x^3 \sin^2 x \mathrm{d}x$; (2) $\int_{-1}^{1} |x|\mathrm{d}x$; (3) $\int_{-1}^{1} \dfrac{\sin^5 x + (\arctan x)^2}{1+x^2}\mathrm{d}x$.

三、定积分的分部积分法

定理 5.4 设函数 $u=u(x)$ 和 $v=v(x)$ 在区间 $[a,b]$ 上都有连续的导数,则
$$\int_{a}^{b} uv'\mathrm{d}x = uv\Big|_{a}^{b} - \int_{a}^{b} u'v\mathrm{d}x \quad \text{或} \quad \int_{a}^{b} u\mathrm{d}v = uv\Big|_{a}^{b} - \int_{a}^{b} v\mathrm{d}u.$$

这两个公式称为**定积分的分部积分公式**,用它们来求定积分的方法称为**定积分的分部积分法**.

例9 求下列定积分:

(1) $\int_{0}^{\pi/2} x\cos x\mathrm{d}x$; (2) $\int_{1}^{e} 3x^2 \ln x\mathrm{d}x$.

解 由定理 5.4 求解如下:

(1) $\int_{0}^{\pi/2} x\cos x\mathrm{d}x = \int_{0}^{\pi/2} x\mathrm{d}\sin x = x\sin x\Big|_{0}^{\pi/2} - \int_{0}^{\pi/2} \sin x\mathrm{d}x$

$= \dfrac{\pi}{2} + \cos x\Big|_{0}^{\pi/2} = \dfrac{\pi}{2} + 0 - 1 = \dfrac{\pi}{2} - 1.$

(2) $\int_{1}^{e} 3x^2 \ln x\mathrm{d}x = \int_{1}^{e} \ln x\mathrm{d}x^3 = x^3 \ln x\Big|_{1}^{e} - \int_{1}^{e} x^3 \mathrm{d}\ln x$

$= e^3 - \int_{1}^{e} x^2 \mathrm{d}x = e^3 - \dfrac{1}{3}x^3\Big|_{1}^{e} = \dfrac{2}{3}e^3 + \dfrac{1}{3}.$

试一试 计算下列定积分:

(1) $\int_{-\pi/2}^{0} x\sin x\mathrm{d}x$; (2) $\int_{1}^{e} 4x^3 \ln x\mathrm{d}x$.

例10 计算定积分 $\int_{0}^{1} x^2 e^x \mathrm{d}x$.

解 $\int_{0}^{1} x^2 e^x \mathrm{d}x = \int_{0}^{1} x^2 \mathrm{d}e^x = x^2 e^x\Big|_{0}^{1} - \int_{0}^{1} e^x \mathrm{d}x^2 = e - \int_{0}^{1} 2xe^x\mathrm{d}x = e - 2\int_{0}^{1} x\mathrm{d}e^x$

$= e - 2\left(xe^x\Big|_{0}^{1} - \int_{0}^{1} e^x \mathrm{d}x\right) = e - 2\left(e - e^x\Big|_{0}^{1}\right) = e - 2.$

试一试 计算下列定积分:

(1) $\int_{1}^{e} x(\ln x)^2 \mathrm{d}x$; (2) $\int_{0}^{1} \arctan x\mathrm{d}x$.

在定积分的计算中,有时也需要换元积分法与分部积分法同时使用.

例11 计算定积分 $\int_{0}^{\pi^2} \cos\sqrt{x}\mathrm{d}x$.

解 令 $\sqrt{x}=t\ (t\geqslant 0)$,则 $x=t^2$,$\mathrm{d}x=2t\mathrm{d}t$. 当 $x=0$ 时,$t=0$;当 $x=\pi^2$ 时,$t=\pi$. 于是

$$\int_0^{\pi^2} \cos\sqrt{x}\,\mathrm{d}x = \int_0^{\pi} 2t\cos t\,\mathrm{d}t = 2\int_0^{\pi} t\,\mathrm{d}\sin t = 2\left(t\sin t\Big|_0^{\pi} - \int_0^{\pi}\sin t\,\mathrm{d}t\right)$$

$$= 2\left(0 + \cos t\Big|_0^{\pi}\right) = -4.$$

试一试 计算定积分 $\int_0^{\pi^2/2} \sin\sqrt{2x}\,\mathrm{d}x$.

习 题 5.2

（A）

一、选择题

1. 下列定积分不能直接使用牛顿-莱布尼茨公式的是（　　）.

A. $\int_0^1 \dfrac{x}{1+x^2}\mathrm{d}x$　　B. $\int_{-1}^1 \dfrac{x}{\sqrt{1-x^2}}\mathrm{d}x$　　C. $\int_0^2 \dfrac{x\mathrm{d}x}{(x^{\frac{3}{2}}-3)^2}$　　D. $\int_e^3 \dfrac{\mathrm{d}x}{x\ln x}$

2. 设函数 $f(x)$ 在区间 $[a,b]$ 上连续，$F(x)=\int_a^x f(t)\mathrm{d}t$，则有（　　）.

A. $F(x)$ 是 $f(x)$ 在 $[a,b]$ 上的一个原函数　　B. $f(x)$ 是 $F(x)$ 在 $[a,b]$ 上的一个原函数

C. $F(x)$ 是 $f(x)$ 在 $[a,b]$ 上唯一的原函数　　D. $f(x)$ 是 $F(x)$ 在 $[a,b]$ 上唯一的原函数

3. 设 $y=\int_0^x (t-1)^3(t-2)\mathrm{d}t$，则 $\dfrac{\mathrm{d}y}{\mathrm{d}x}\Big|_{x=0}=$（　　）.

A. 2　　　　B. -2　　　　C. -1　　　　D. 1

4. $\lim\limits_{x\to 0}\dfrac{\int_0^x \cos t^2\,\mathrm{d}t}{x}=$（　　）.

A. 1　　　　B. 0　　　　C. 2　　　　D. ∞

二、填空题

1. $\dfrac{\mathrm{d}}{\mathrm{d}x}\int_0^x \sqrt{1+t}\,\mathrm{d}t=$ _____ .

2. $\dfrac{\mathrm{d}}{\mathrm{d}x}\int_x^{-1} t\mathrm{e}^{-t}\,\mathrm{d}t=$ _____ .

3. 设 $\int_0^a x^2\mathrm{d}x = 9$，则 $a=$ _____ .

4. $\int_{-a}^a \dfrac{x}{1+x^2}\mathrm{d}x=$ _____ ; $\int_{-\pi/2}^{\pi/2} \dfrac{\sin x}{1+\cos x}\mathrm{d}x=$ _____ ; $\int_{-\pi/2}^{\pi/2} (\sin^3 x + 3)\mathrm{d}x=$ _____ .

三、计算题

1. 计算下列定积分：

(1) $\int_{-1}^1 (x^3-3x^2+3)\mathrm{d}x$;　　(2) $\int_1^2 \left(x-\dfrac{1}{x}\right)^2 \mathrm{d}x$;　　(3) $\int_4^9 \dfrac{\sqrt{x}-1}{x}\mathrm{d}x$.

2. 计算下列定积分：

(1) $\int_{\pi/4}^{\pi/2}\sin 2x\,\mathrm{d}x$;　　(2) $\int_0^{\pi/2}\sin^3 x\cos x\,\mathrm{d}x$;　　(3) $\int_2^3 \dfrac{1}{1-x}\mathrm{d}x$;

(4) $\int_0^1 \dfrac{1}{3+x^2}\,\mathrm{d}x$;   (5) $\int_0^1 \dfrac{x}{1+x^2}\,\mathrm{d}x$;   (6) $\int_0^1 \dfrac{x}{\sqrt{x^2+1}}\,\mathrm{d}x$.

3. 计算下列定积分：

(1) 设 $f(x)=\begin{cases}1, & x<0,\\ x, & x\geqslant 0,\end{cases}$ 计算 $\int_{-1}^{1} f(x)\,\mathrm{d}x$；

(2) 设 $f(x)=\begin{cases}x-1, & -1\leqslant x\leqslant 1,\\ 1/x^2, & 1<x\leqslant 2,\end{cases}$ 计算 $\int_{-1}^{2} f(x)\,\mathrm{d}x$；

(3) $\int_{-1}^{2} |2x|\,\mathrm{d}x$;   (4) $\int_0^{2\pi} |\sin x|\,\mathrm{d}x$;   (5) $\int_{-\pi/2}^{\pi/2} \sqrt{\cos^3 x - \cos^5 x}\,\mathrm{d}x$.

4. 计算下列定积分：

(1) $\int_0^4 \dfrac{\mathrm{d}x}{1+\sqrt{x}}$;   (2) $\int_0^8 \dfrac{\mathrm{d}x}{1+\sqrt[3]{x}}$;   (3) $\int_0^4 \dfrac{x-1}{\sqrt{2x+1}}\,\mathrm{d}x$;

(4) $\int_1^2 \dfrac{\sqrt{x-1}}{x}\,\mathrm{d}x$;   (5) $\int_1^{64} \dfrac{\mathrm{d}x}{\sqrt{x}+\sqrt[3]{x}}$;   (6) $\int_0^{\ln 2} \sqrt{\mathrm{e}^x - 1}\,\mathrm{d}x$.

5. 计算下列定积分：

(1) $\int_0^{\pi/2} x\cos x\,\mathrm{d}x$;   (2) $\int_0^1 x^2 \mathrm{e}^{-x}\,\mathrm{d}x$;   (3) $\int_0^{\pi/2} x^2 \sin x\,\mathrm{d}x$;

(4) $\int_0^{\sqrt{3}/2} \arcsin x\,\mathrm{d}x$;   (5) $\int_0^1 x\arctan x\,\mathrm{d}x$;   (6) $\int_0^{\pi/2} \mathrm{e}^{2x}\cos x\,\mathrm{d}x$;

(7) $\int_0^4 \mathrm{e}^{\sqrt{x}}\,\mathrm{d}x$.

(B)

一、选择题

1. $\dfrac{\mathrm{d}}{\mathrm{d}x}\int_0^x t^2\,\mathrm{d}t = (\quad)$. (2013 年)

A. x^2 B. $2x^2$ C. x D. $2x$

2. $\int_0^\pi \dfrac{1}{2}\cos x\,\mathrm{d}x = (\quad)$. (2013 年)

A. $-1/2$ B. 0   C. $1/2$ D. 1

3. $\int_0^2 \mathrm{e}^x\,\mathrm{d}x = (\quad)$. (2012 年)

A. $\mathrm{e}^2 + 1$ B. e^2 C. $\mathrm{e}^2 - 1$ D. $\mathrm{e}^2 - 2$

4. $\int_{-1}^{1} x^5\,\mathrm{d}x = (\quad)$. (2011 年)

A. $1/2$ B. $1/3$ C. $1/6$ D. 0

5. $\lim\limits_{x\to 0} \dfrac{\int_0^x \mathrm{e}^t\,\mathrm{d}t}{x} = (\quad)$. (2010 年)

A. e^x B. e^2 C. e D. 1

二、填空题

1. $\int_0^1 2e^x dx = $ ＿＿＿＿. （2013 年）

2. $\int_1^2 \frac{1}{x} dx = $ ＿＿＿＿. （2012 年）

3. $\int_0^1 (\sqrt{x} + x^2) dx = $ ＿＿＿＿. （2011 年）

三、计算题

计算定积分 $\int_0^1 \frac{2}{x+1} dx$. （2013 年）

§5.3 定积分的应用

一、微元法的解题思路及用微元法求平面图形的面积

在定积分的应用中，经常采用微元法. 为了说明这种方法，我们先回顾一下§5.1中求曲边梯形面积的过程：

（1）分割：将曲边梯形分成 n 个小曲边梯形；

（2）近似代替：用小矩形的面积近似代替小曲边梯形的面积，即

$$\Delta A_i \approx f(\xi_i) \Delta x_i \quad (i=1,2,\cdots,n);$$

（3）求和：将小矩形面积之和作为曲边梯形面积 A 的近似值，即

$$A = \sum_{i=1}^n \Delta A_i \approx \sum_{i=1}^n f(\xi_i) \Delta x_i;$$

（4）取极限：令 $\lambda = \max\limits_{1 \leqslant i \leqslant n}\{\Delta x_i\}$，当 $\lambda \to 0$ 时，取极限，即

$$A = \lim_{\lambda \to 0} \sum_{i=1}^n f(\xi_i) \Delta x_i = \int_a^b f(x) dx.$$

分析上述四个步骤我们发现，第二步是关键，而第三、四步中的"求和"与"取极限"可以合并为"取定积分".

一般地，求由曲线 $y = f(x)$ $(f(x) \geqslant 0)$，直线 $x = a$，$x = b$ 及 x 轴所围成的平面图形面积（如图5-10）的思路可简述如下：

（1）写出面积微元：在区间 $[a,b]$ 上任取一个小区间 $[x, x+dx]$，记面积微元为

$$dA = f(x) dx;$$

（2）取定积分：面积为

$$A = \int_a^b f(x) dx.$$

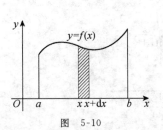

图 5-10

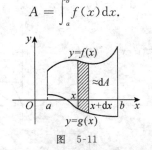

图 5-11

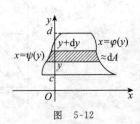

图 5-12

我们可以把求平面图形面积问题分为以下两种常见类型进行讨论:

(1) 如图 5-11 所示,化为由上、下两条连续曲线 $y=f(x),y=g(x)$ 及左、右两条垂直于 x 轴的直线 $x=a$ 和 $x=b$ 所围成的平面图形(称该种图形为 **X 型区域**)的面积问题.

求这种平面图形面积的方法如下:

① 分割. 用一组垂直于 x 轴的直线分割该区域,分割后的任一子区域所对应的 x 轴上的子区间记为 $[x,x+\mathrm{d}x]$.

② 写出面积微元. 对应于子区间 $[x,x+\mathrm{d}x]$ 的面积微元是底为 $\mathrm{d}x$,高为 $f(x)-g(x)$ 的矩形面积,所以面积微元为

$$\mathrm{d}A = [f(x)-g(x)]\mathrm{d}x.$$

③ 确定积分上、下限,并对面积微元 $\mathrm{d}A$ 取定积分,得面积为

$$A = \int_a^b [f(x)-g(x)]\mathrm{d}x.$$

注意 对于 X 型区域是用垂直于 x 轴的一组直线将该区域分成若干垂直于 x 轴的小矩形(近似)条,积分变量为 x,积分区间是该区域在 x 轴上投影的区间,区间的左、右端点分别是积分的下限和上限.

(2) 如图 5-12 所示,化为由左、右两条连续曲线 $x=\psi(y),x=\varphi(y)$ 及上、下两条垂直于 y 轴的直线 $y=d$ 和 $y=c$ 所围成的平面图形(称该种图形为 **Y 型区域**)的面积问题.

此时,应横向取矩形微元,具体方法如下:

① 分割. 用一组垂直于 y 轴的直线分割该区域,分割后的任一子区域所对应的 y 轴上的子区间记为 $[y,y+\mathrm{d}y]$.

② 写出面积微元. 对应于子区间 $[y,y+\mathrm{d}y]$ 的面积微元是底为 $\mathrm{d}y$,高为 $\varphi(y)-\psi(y)$ 的矩形面积,所以面积微元为

$$\mathrm{d}A = [\varphi(y)-\psi(y)]\mathrm{d}y.$$

③ 确定积分上、下限,并对面积微元 $\mathrm{d}A$ 取定积分,得面积为

$$A = \int_c^d [\varphi(y)-\psi(y)]\mathrm{d}y.$$

例 1 求由两条抛物线 $y^2=x$ 和 $y=x^2$ 所围成的平面图形的面积 A.

解 先画草图(见图 5-13(a)). 求交点:由 $\begin{cases} y^2=x, \\ y=x^2 \end{cases}$ 得交点 $(0,0)$ 和 $(1,1)$.

该平面图形既可以看成 X 型区域,也可看成 Y 型区域.

解法 1 按 X 型区域求解.

用一组垂直于 x 轴的直线分割该区域,任取子区间 $[x,x+\mathrm{d}x]$,其对应的面积微元为

$$\mathrm{d}A = (\sqrt{x}-x^2)\mathrm{d}x.$$

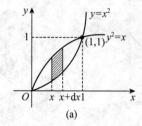
(a)

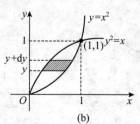
(b)

图 5-13

该平面图形在 x 轴的投影区间$[0,1]$为积分区间,所以所求面积为
$$A = \int_0^1 (\sqrt{x} - x^2) dx = \left(\frac{2}{3} x^{\frac{3}{2}} - \frac{x^3}{3} \right) \bigg|_0^1 = \frac{1}{3}.$$

解法 2 按 Y 型区域求解.

如图 5-13(b),用一组垂直于 y 轴的直线分割该区域,任取子区间$[y, y+dy]$,其对应的面积微元为
$$dA = (\sqrt{y} - y^2) dy.$$
该平面图形在 y 轴的投影区间$[0,1]$为积分区间,所以所求面积为
$$A = \int_0^1 (\sqrt{y} - y^2) dy = \left(\frac{2}{3} y^{\frac{3}{2}} - \frac{y^3}{3} \right) \bigg|_0^1 = \frac{1}{3}.$$

求平面图形面积的一般思路如下:

(1) 画草图,求交点;

(2) 判断平面图形的类型(X 型区域或 Y 型区域)及确定积分变量,并对原图形进行分割;

(3) 写出子区域对应的面积微元 dA;

(4) 根据平面图形在 x 轴(X 型)或 y 轴(Y 型)上的投影区间确定积分区间,计算定积分.

试一试 (1) 求由曲线 $y = x^2$ 及直线 $y = x$ 所围成的平面图形的面积;

(2) 求由曲线 $y = \ln x$,直线 $x = 2$ 及 x 轴所围成的平面图形的面积.

例 2 求由抛物线 $y^2 = 2x$ 及直线 $x - y = 4$ 所围成的平面图形的面积 A.

解法 1 (1) 画草图(如图 5-14(a)).求交点:由 $\begin{cases} y^2 = 2x, \\ x - y = 4 \end{cases}$ 得交点$(2, -2)$和$(8, 4)$.

(2) 判断平面图形的类型.该平面图形可看成由左、右两条曲线 $x = \dfrac{y^2}{2}$ 及直线 $x = y + 4$ 围成的 Y 型区域,选 y 为积分变量,垂直于 y 轴进行分割.

(3) 子区间$[y, y+dy]$对应的面积微元为
$$dA = \left[(y+4) - \frac{1}{2} y^2 \right] dy.$$

(4) 该平面图形在 y 轴上的投影区间$[-2, 4]$为积分区间,所以所求面积为
$$A = \int_{-2}^{4} \left[(y+4) - \frac{1}{2} y^2 \right] dy = \left(\frac{y^2}{2} + 4y - \frac{y^3}{6} \right) \bigg|_{-2}^{4} = 18.$$

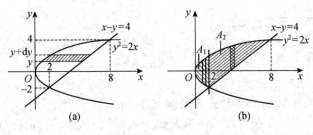

图 5-14

解法 2 若想把此题看成 X 型区域,以 x 为积分变量进行积分,必须先用垂直于 x 轴的直线 $x = 2$ 将平面图形分成 A_1,A_2 两部分(如图 5-14(b)).这里仍以 A_1,A_2 表示它们的面积.将 A_1,A_2 分别看成 X 型区域进行积分:

A_1 的微元 $dA_1=[\sqrt{2x}-(-\sqrt{2x})]dx$, 积分区间为 $[0,2]$;

A_2 的微元 $dA_2=[\sqrt{2x}-(x-4)]dx$, 积分区间为 $[2,8]$.

于是
$$A=A_1+A_2=\int_0^2[\sqrt{2x}-(-\sqrt{2x})]dx+\int_2^8[\sqrt{2x}-(x-4)]dx=18.$$

可见,把一个平面图形看成 X 型区域还是 Y 型区域并不是绝对的,读者在解题过程中需要不断体会.

试一试 求由直线 $y=x$, $y=2x$ 及 $y=2$ 所围成的平面图形的面积.

例 3 求由曲线 $y=x^3$ 与直线 $x=-1$, $x=1$ 及 x 轴所围成的平面图形的面积 A.

解 画草图(如图 5-15),求得交点 $(-1,-1)$, $(0,0)$ 和 $(1,1)$.

该平面图形无论被看成 X 型区域还是 Y 型区域,都必须分成 A_1, A_2 两部分. 我们不妨将其看成 X 型区域.

对于 A_1 部分, $y=x^3$ 在 x 轴($y=0$)的下方, $dA_1=(0-x^3)dx$, 积分区间为 $[-1,0]$, 于是
$$A_1=\int_{-1}^0(0-x^3)dx.$$

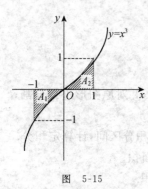

图 5-15

对于 A_2 部分, $y=x^3$ 在 x 轴($y=0$)的上方, $dA_2=(x^3-0)dx$, 积分区间为 $[0,1]$, 于是
$$A_2=\int_0^1(x^3-0)dx.$$

因此
$$A=A_1+A_2=\int_{-1}^0(0-x^3)dx+\int_0^1(x^3-0)dx=-\frac{1}{4}x^4\Big|_{-1}^0+\frac{1}{4}x^4\Big|_0^1=\frac{1}{4}+\frac{1}{4}=\frac{1}{2}.$$

由对称性知, A_1, A_2 的面积相等,此题也可按下述方法计算:
$$A=2\int_0^1(x^3-0)dx=2\cdot\frac{1}{4}=\frac{1}{2}.$$

试一试 求由曲线 $y=\sin x$, $y=\cos x$ 与直线 $x=0$, $x=\frac{\pi}{2}$ 所围成的平面图形的面积.

二、用微元法求旋转体的体积

1. 已知平行截面面积的立体体积

设一立体位于过点 $x=a$, $x=b$ 且垂直于 x 轴的两平行平面之间,过点 $x\in[a,b]$ 且垂直于 x 轴的截面面积为 $A(x)$(如图 5-16),求该立体的体积 V.

我们仍然用微元法的思想求体积 V.

首先,用一组垂直于 x 轴的平面去分割该立体,分成若干个小薄片,小薄片在 x 轴上所对应的小区间记为 $[x,x+dx]$. 小薄片的体积近似于底面积为 $A(x)$, 高为 dx 的薄柱体的体积,从而得到体积微元
$$dV=A(x)dx.$$

在区间 $[a,b]$ 上对 dV 进行积分,即得所求体积为
$$V=\int_a^b A(x)dx.$$

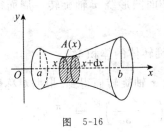

图 5-16

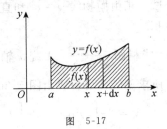

图 5-17

2. 旋转体的体积

求由曲线 $y=f(x)$,直线 $x=a$,$x=b$ $(a<b)$ 及 x 轴所围成的曲边梯形(如图 5-17)绕 x 轴旋转一周而得到的旋转体的体积 V.

该旋转体是已知平行截面面积的立体的特殊情况,这时平行截面是圆. 在区间 $[a,b]$ 上点 x 处垂直 x 轴的截面面积为

$$A(x) = \pi y^2 = \pi [f(x)]^2,$$

于是所求的旋转体体积为

$$V = \pi \int_a^b [f(x)]^2 dx = \pi \int_a^b y^2 dx.$$

例 4 求由抛物线 $y=x^2$,直线 $x=1$ 及 x 轴所围成的平面图形绕 x 轴旋转一周而得到的旋转体的体积 V.

解 先画平面图(见图 5-18). 易知所求体积为

$$V = \pi \int_0^1 y^2 dx = \pi \int_0^1 (x^2)^2 dx = \frac{1}{5}\pi x^5 \Big|_0^1 = \frac{1}{5}\pi.$$

试一试 求由曲线 $y=e^x$,直线 $x=1$,$x=2$ 及 x 轴所围成的平面图形绕 x 轴旋转一周而得到的旋转体的体积.

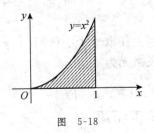

图 5-18

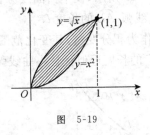

图 5-19

例 5 求由抛物线 $y=x^2$ 和 $y^2=x$ 所围成的平面图形绕 x 轴旋转一周而得到的旋转体的体积 V.

解 如图 5-19 所示,所求旋转体体积 V 可看做由 $y_1 = \sqrt{x}$,$x=0$,$x=1$ 和 x 轴所围成的平面图形绕 x 轴旋转一周而得到的旋转体体积 V_1 与由 $y_2 = x^2$,$x=0$,$x=1$ 和 x 轴所围成的平面图形绕 x 轴旋转一周而得到的旋转体体积 V_2 之差,于是

$$V = V_1 - V_2 = \pi \int_0^1 y_1^2 dx - \pi \int_0^1 y_2^2 dx = \pi \int_0^1 (\sqrt{x})^2 dx - \pi \int_0^1 (x^2)^2 dx$$

$$= \pi \int_0^1 x dx - \pi \int_0^1 x^4 dx = \pi \left(\frac{1}{2}x^2 - \frac{1}{5}x^5\right)\Big|_0^1 = \frac{3}{10}\pi.$$

试一试 求由抛物线 $y=x^2$ 和直线 $y=1$ 所围成的平面图形绕 x 轴旋转一周而得到的旋转体的体积.

例 6 求椭圆 $\dfrac{x^2}{a^2}+\dfrac{y^2}{b^2}=1$ 绕 x 轴旋转一周而得到的旋转体的体积 V.

解 所求旋转体可看成由图 5-20 所示的阴影部分绕 x 轴旋转而得到. 根据对称性, 得

$$V=2\pi\int_0^a y^2\,\mathrm{d}x=2\pi\int_0^a b^2\left(1-\dfrac{x^2}{a^2}\right)\mathrm{d}x=2\pi b^2\left(x-\dfrac{x^3}{3a^2}\right)\Big|_0^a=\dfrac{4\pi}{3}ab^2.$$

当 $a=b$ 时, 便得球体的体积 $V=\dfrac{4}{3}\pi a^3$.

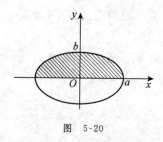

图 5-20

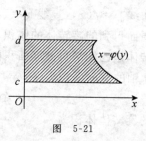

图 5-21

类似地, 也可以求由曲线 $x=\varphi(y)$, 直线 $y=c$, $y=d$ 及 y 轴所围成的曲边梯形(如图 5-21)绕 y 轴旋转一周而得到的旋转体的体积 V, 其公式为

$$V=\pi\int_c^d x^2\,\mathrm{d}y=\pi\int_c^d [\varphi(y)]^2\,\mathrm{d}y.$$

*三、定积分的其他应用

1. 平面曲线的弧长

如图 5-22 所示, 设平面曲线方程为 $y=f(x)$, 其中函数 $f(x)$ 在区间 $[a,b]$ 上有一阶连续导数, 求曲线弧 $\overset{\frown}{AB}$ 的长度 l.

将 x 作为积分变量, 其变化范围为 $[a,b]$. 在区间 $[a,b]$ 上任取一个小区间 $[x,x+\mathrm{d}x]$, 用切线段 CF 的长度近似代替小曲线弧 $\overset{\frown}{CD}$ 的长度, 于是弧长微元为

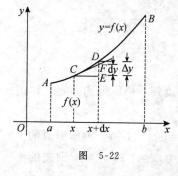

图 5-22

$$\begin{aligned}\mathrm{d}l=CF&=\sqrt{(CE)^2+(EF)^2}\\&=\sqrt{(\mathrm{d}x)^2+(\mathrm{d}y)^2}\\&=\sqrt{(\mathrm{d}x)^2+(y'\mathrm{d}x)^2}\\&=\sqrt{1+(y')^2}\,\mathrm{d}x.\end{aligned}$$

因此, 曲线弧 $\overset{\frown}{AB}$ 的长度为

$$l=\int_a^b\sqrt{1+(y')^2}\,\mathrm{d}x=\int_a^b\sqrt{1+[f'(x)]^2}\,\mathrm{d}x.$$

例 7 如图 5-23 所示, 两根电线杆之间的电线, 由于自身重量而下垂成曲线, 这一曲线称为悬链线. 已知某悬链线方程为

$$y=\dfrac{3}{2}(\mathrm{e}^{x/3}+\mathrm{e}^{-x/3}),$$

求从 $x=-6$ 到 $x=6$ 这一段的弧长 l.

解 由于 $y'=\dfrac{1}{2}(e^{x/3}-e^{-x/3})$, 代入上述弧长公式, 有

$$l=\int_{-6}^{6}\sqrt{1+\dfrac{1}{4}(e^{x/3}-e^{-x/3})^2}\,dx$$
$$=\int_{0}^{6}(e^{x/3}+e^{-x/3})\,dx=3(e^{x/3}-e^{-x/3})\Big|_{0}^{6}$$
$$=3(e^2-e^{-2}).$$

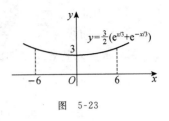

图 5-23

2. 变速直线运动的路程

当物体做匀速直线运动时, 路程 $s=$ 速度 $v\times$ 时间 t; 当物体做变速直线运动时, 可局部"以匀代变", 利用微元法求路程.

例 8 已知自由落体的速度为 $v=gt$(单位: m/s), 求物体从时刻 $t=2\,\text{s}$ 到 $t=10\,\text{s}$ 所经过的路程.

解 在时间段 $[2,10]$ 内任取一个小时间段 $[t,t+dt]$, 将该时间段内物体的运动速度视为匀速, 得路程微元

$$ds=v\,dt=gt\,dt,$$

则所求路程为

$$s=\int_{2}^{10}gt\,dt=\dfrac{1}{2}gt^2\Big|_{2}^{10}=470.4\,\text{m}.$$

3. 抽水做功

例 9 一圆柱形贮水桶, 高为 6 m, 底圆半径为 $r=2$ m, 内装 4 m 深的水, 求把桶内的水全部吸出所做的功.

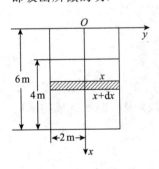

图 5-24

解 建立如图 5-24 所示的直角坐标系, 将桶内的水分成很多薄层, 则把桶内的水全部吸出所做的功等于将每一薄层水吸出所做功的总和. 取水深 x 为积分变量, 它的变化范围为 $[2,6]$. 在 $[2,6]$ 内水深为 x 处, 任取一薄层水, 设这一薄层水的厚度为 dx. 由于水的密度为 $1000\,\text{kg/m}^3$, 因此吸这薄层水所需力为

$$1000\cdot\pi\cdot r^2 dx\cdot g=1000\pi r^2 g\,dx,$$

其中 g 为重力加速度. 这层水被吸出桶外所做的功近似为

$$dW=x\cdot 1000\pi r^2 g\,dx,$$

它即为抽水做功的微元. 于是所求功为

$$W=\int_{2}^{6}1000\pi r^2 gx\,dx=500\pi r^2 gx^2\Big|_{2}^{6}=1969408\,\text{J}.$$

习 题 5.3

(A)

解答题

1. 求下列各题中平面图形的面积:

(1) 由曲线 $y=8-2x^2$ 与 x 轴所围成的平面图形;

(2) 由曲线 $y=x^2$ 与曲线 $y=2-x^2$ 所围成的平面图形；

(3) 由曲线 $y=x^2-1$ 与直线 $y=2x+2$ 所围成的平面图形；

(4) 由曲线 $y=e^x$，$y=e^{-x}$ 及直线 $x=1$ 所围成的平面图形.

2. 求下列各题中平面图形的面积：

(1) 由曲线 $y=\dfrac{1}{x}$ 与直线 $y=x$，$y=2$ 所围成的平面图形；

(2) 由曲线 $y=\ln x$ 与直线 $y=\ln 2$，$y=\ln 7$，$x=0$ 所围成的平面图形；

(3) 由曲线 $y=e^x$，直线 $y=e$ 及 y 轴所围成的平面图形；

(4) 由曲线 $y^2=x$，直线 $x+y-2=0$ 所围成的平面图形.

3. 求下列各题中平面图形的面积：

(1) 由曲线 $y=x^3$ 与直线 $y=2x$ 所围成的平面图形；

(2) 由曲线 $y=x^2$ 与直线 $y=x$，$y=2x$ 所围成的平面图形.

4. 求由下列曲线所围成的平面图形绕 x 轴旋转一周而得到的旋转体的体积：

(1) $y=x^2$，$y=0$，$x=1$；　　(2) $y=2x+4$，$x=0$，$y=0$；

(3) $y^2=2x$，$x=2$；　　(4) $x^2+y^2=16$；

(5) $y=e^x$，$x=0$，$y=e$；　　(6) $y=x^2$，$y=x$.

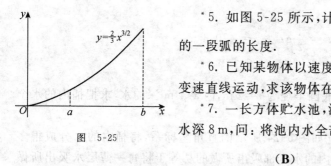

图 5-25

*5. 如图 5-25 所示，计算曲线 $y=\dfrac{2}{3}x^{3/2}$ 上相应于 x 从 a 到 b 的一段弧的长度.

*6. 已知某物体以速度 $v(t)=v_0+at$（单位：m/s）$(a>0)$ 做变速直线运动，求该物体在出发 10 s 内所走过的路程.

*7. 一长方体贮水池，深 10 m，底面为边长 4 m 的正方形. 现水深 8 m，问：将池内水全部抽出需做多少功？

(B)

解答题

1. 求由曲线 $y=x^2(x\geqslant 0)$，直线 $y=1$ 及 y 轴所围成的平面图形的面积 A.（2013 年）

2. 设 l 是由曲线 $y=x^2+3$ 在点 $(1,4)$ 处的切线，求由该曲线，切线 l 及 y 轴所围成的平面图形的面积 A.（2012 年）

3. 设 D 是由直线 $y=x$ 与曲线 $y=x^3$ 在第一象限所围成的图形.

(1) 求 D 的面积 A；

(2) 求 D 绕 x 轴旋转一周所得旋转体的体积 V.（2011 年）

§5.4　无穷区间上的广义积分

函数 $f(x)$ 在闭区间 $[a,b]$ 上的定积分必须同时满足两个条件：

(1) 积分区间为有限区间；

(2) 被积函数在积分区间上连续或只有有限个第一类间断点.

同时满足以上两个条件的积分称为**常义**（通常意义）**积分**. 若积分区间为无穷区间或被积函数为无界函数，这两种情况的积分称为**广义积分**.

§5.4 无穷区间上的广义积分

在此,我们仅介绍第一种广义积分——无穷区间上的广义积分.

引例 求由曲线 $y=\mathrm{e}^{-x}$ 和直线 $y=0$ 在 y 轴右侧所夹的"开口曲边梯形"的面积.

如图 5-26 所示,由于这个图形在 x 轴的正向是开口的,因此不能直接用通常的定积分来计算它的面积. 若任取 $b>0$,则在区间 $[0,b]$ 上,曲线 $y=\mathrm{e}^{-x}$ 下的曲边梯形面积为

$$\int_0^b \mathrm{e}^{-x}\mathrm{d}x = -\mathrm{e}^{-x}\Big|_0^b = 1-\mathrm{e}^{-b}.$$

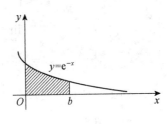

图 5-26

显然,当 b 改变时,曲边梯形的面积也随之改变,当 $b\to +\infty$ 时,有

$$\lim_{b\to +\infty}\int_0^b \mathrm{e}^{-x}\mathrm{d}x = \lim_{b\to +\infty}(1-\mathrm{e}^{-b}) = \lim_{b\to +\infty}\left(1-\frac{1}{\mathrm{e}^b}\right) = 1.$$

自然地,我们把 1 作为所求"开口曲边梯形"面积的值,同时将这个极限理解为函数 $y=\mathrm{e}^{-x}$ 在区间 $[0,+\infty)$ 上的积分,记为 $\int_0^{+\infty}\mathrm{e}^{-x}\mathrm{d}x$,称为函数 $y=\mathrm{e}^{-x}$ 在区间 $[0,+\infty)$ 上的广义积分.

定义 5.2 设函数 $f(x)$ 在无穷区间 $[a,+\infty)$ 上连续,任取实数 $b>a$,若极限

$$\lim_{b\to +\infty}\int_a^b f(x)\mathrm{d}x$$

存在,则称函数 $f(x)$ 在无穷区间 $[a,+\infty)$ 上的广义积分**收敛**,并将此极限值称为函数 $f(x)$ 在无穷区间 $[a,+\infty)$ 上的**广义积分**,记为 $\int_a^{+\infty}f(x)\mathrm{d}x$,即

$$\int_a^{+\infty}f(x)\mathrm{d}x = \lim_{b\to +\infty}\int_a^b f(x)\mathrm{d}x;$$

若上述极限不存在,则称广义积分 $\int_a^{+\infty}f(x)\mathrm{d}x$ **发散**.

类似地,可定义函数 $f(x)$ 在无穷区间 $(-\infty,b]$ 上的广义积分为

$$\int_{-\infty}^b f(x)\mathrm{d}x = \lim_{a\to -\infty}\int_a^b f(x)\mathrm{d}x.$$

函数 $f(x)$ 在无穷区间 $(-\infty,+\infty)$ 上的广义积分定义为

$$\int_{-\infty}^{+\infty} f(x)\mathrm{d}x = \int_{-\infty}^c f(x)\mathrm{d}x + \int_c^{+\infty} f(x)\mathrm{d}x,$$

其中 c 为任意实数,且当等式右端两个广义积分都收敛时,广义积分 $\int_{-\infty}^{+\infty}f(x)\mathrm{d}x$ 才收敛;否则,广义积分 $\int_{-\infty}^{+\infty}f(x)\mathrm{d}x$ 发散.

可见,计算广义积分就是先计算定积分,再求定积分的极限.

例1 计算下列广义积分:

(1) $\int_1^{+\infty}\dfrac{\mathrm{d}x}{x^2}$; (2) $\int_{-\infty}^0 \mathrm{e}^{5x}\mathrm{d}x$; (3) $\int_{-\infty}^{+\infty}\dfrac{\mathrm{d}x}{1+x^2}$.

解 (1) $\int_1^{+\infty}\dfrac{\mathrm{d}x}{x^2} = \lim_{b\to +\infty}\int_1^b \dfrac{\mathrm{d}x}{x^2} = \lim_{b\to +\infty}\left(-\dfrac{1}{x}\Big|_1^b\right) = \lim_{b\to +\infty}\left(-\dfrac{1}{b}+1\right) = 1.$

(2) $\int_{-\infty}^0 \mathrm{e}^{5x}\mathrm{d}x = \lim_{a\to -\infty}\int_a^0 \mathrm{e}^{5x}\mathrm{d}x = \dfrac{1}{5}\lim_{a\to -\infty}\left(\mathrm{e}^{5x}\Big|_a^0\right) = \dfrac{1}{5}\lim_{a\to -\infty}(1-\mathrm{e}^{5a}) = \dfrac{1}{5}.$

(3) $\int_{-\infty}^{+\infty} \frac{dx}{1+x^2} = \int_{-\infty}^{0} \frac{dx}{1+x^2} + \int_{0}^{+\infty} \frac{dx}{1+x^2} = \lim_{a \to -\infty} \int_{a}^{0} \frac{dx}{1+x^2} + \lim_{b \to +\infty} \int_{0}^{b} \frac{dx}{1+x^2}$

$= \lim_{a \to -\infty} \left(\arctan x \Big|_{a}^{0} \right) + \lim_{b \to +\infty} \left(\arctan x \Big|_{0}^{b} \right) = \lim_{a \to -\infty} (-\arctan a) + \lim_{b \to +\infty} \arctan b$

$= \frac{\pi}{2} + \frac{\pi}{2} = \pi.$

例 2 计算广义积分 $\int_{0}^{+\infty} \frac{x}{1+x^2} dx$.

解 因为

$$\int_{0}^{+\infty} \frac{x}{1+x^2} dx = \lim_{b \to +\infty} \frac{1}{2} \int_{0}^{b} \frac{1}{1+x^2} d(1+x^2) = \lim_{b \to +\infty} \left[\frac{1}{2} \ln(1+x^2) \Big|_{0}^{b} \right]$$

$$= \lim_{b \to +\infty} \left[\frac{1}{2} \ln(1+b^2) - \frac{1}{2} \ln(1+0) \right] = +\infty,$$

所以此广义积分发散.

试一试 计算下列广义积分：

(1) $\int_{3}^{+\infty} \frac{dx}{x^4}$; (2) $\int_{1}^{+\infty} \frac{dx}{x}$; (3) $\int_{2}^{+\infty} \frac{dx}{\sqrt{x}}$; (4) $\int_{-\infty}^{0} x e^{-x^2} dx$.

例 3 计算广义积分 $\int_{0}^{+\infty} \lambda e^{-\lambda t} dt \ (\lambda > 0)$.

解 $\int_{0}^{+\infty} \lambda e^{-\lambda t} dt = \lim_{b \to +\infty} \int_{0}^{b} \lambda e^{-\lambda t} dt = -\lim_{b \to +\infty} \left(e^{-\lambda t} \Big|_{0}^{b} \right) = -\lim_{b \to +\infty} (e^{-\lambda b} - 1) = 1.$

例 4 设 $f(x) = \begin{cases} 2x, & 0 \leqslant x \leqslant 1, \\ 0, & \text{其他}, \end{cases}$ 求 $\int_{-\infty}^{+\infty} x f(x) dx$.

解 $\int_{-\infty}^{+\infty} x f(x) dx = \int_{-\infty}^{0} x f(x) dx + \int_{0}^{1} x f(x) dx + \int_{1}^{+\infty} x f(x) dx$

$= \int_{-\infty}^{0} x \cdot 0 dx + \int_{0}^{1} x \cdot 2x dx + \int_{1}^{+\infty} x \cdot 0 dx = \int_{0}^{1} 2x^2 dx = \frac{2}{3} x^3 \Big|_{0}^{1} = \frac{2}{3}.$

*例 5 设 $f(x) = \begin{cases} \dfrac{1}{b-a}, & a \leqslant x \leqslant b, \\ 0, & \text{其他}, \end{cases}$ 求 $F(x) = \int_{-\infty}^{x} f(t) dt$.

解 (1) 当 $x < a$ 时, 有

$$F(x) = \int_{-\infty}^{x} f(t) dt = \lim_{c \to -\infty} \int_{c}^{x} f(t) dt = \lim_{c \to -\infty} \int_{c}^{x} 0 dt = 0;$$

(2) 当 $a \leqslant x \leqslant b$ 时, 有

$F(x) = \int_{-\infty}^{x} f(t) dt = \lim_{c \to -\infty} \int_{c}^{x} f(t) dt = \lim_{c \to -\infty} \left(\int_{c}^{a} 0 dt + \int_{a}^{x} \frac{1}{b-a} dt \right) = \int_{a}^{x} \frac{1}{b-a} dt = \frac{x-a}{b-a};$

(3) 当 $x > b$ 时, 有

$F(x) = \int_{-\infty}^{x} f(t) dt = \lim_{c \to -\infty} \int_{c}^{x} f(t) dt = \lim_{c \to -\infty} \left(\int_{c}^{a} 0 dt + \int_{a}^{b} \frac{1}{b-a} dt + \int_{b}^{x} 0 dt \right) = \int_{a}^{b} \frac{1}{b-a} dt = 1.$

综合(1),(2),(3),有

$$F(x) = \begin{cases} 0, & x < a, \\ \dfrac{x-a}{b-a}, & a \leqslant x \leqslant b, \\ 1, & x > b. \end{cases}$$

注意 例 3～例 5 对读者学习概率统计有直接帮助,其中例 3 中的被积函数为"指数分布"的密度函数,例 5 中的被积函数为"均匀分布"的密度函数.

习 题 5.4

(A)

计算题

1. 计算下列广义积分:

(1) $\int_{1}^{+\infty} \dfrac{\mathrm{d}x}{x^{3}}$;

(2) $\int_{1}^{+\infty} \dfrac{\mathrm{d}x}{\sqrt[3]{x}}$;

(3) $\int_{\mathrm{e}}^{+\infty} \dfrac{1}{x} \mathrm{d}x$;

(4) $\int_{-\infty}^{0} \mathrm{e}^{-2x} \mathrm{d}x$;

(5) $\int_{0}^{+\infty} x \mathrm{e}^{-x^{2}} \mathrm{d}x$;

(6) $\int_{-\infty}^{+\infty} \dfrac{1}{4+x^{2}} \mathrm{d}x$;

(7) $\int_{0}^{+\infty} p \mathrm{e}^{-px} \mathrm{d}x \; (p>0)$;

(8) $\int_{0}^{+\infty} x \mathrm{e}^{-x} \mathrm{d}x$.

*2. 设 $f(x) = \begin{cases} a\cos x, & -\dfrac{\pi}{2} < x < \dfrac{\pi}{2}, \\ 0, & 其他, \end{cases}$ 且 $\int_{-\infty}^{+\infty} f(x) \mathrm{d}x = 1$, 求 a.

*3. 设 $f(x) = \begin{cases} x, & 0 \leqslant x < 1, \\ 2-x, & 1 \leqslant x \leqslant 2, \\ 0, & x<0 \text{ 或 } x>2, \end{cases}$ 求 $\int_{-\infty}^{+\infty} x f(x) \mathrm{d}x$.

(B)

填空题

广义积分 $\int_{1}^{+\infty} \mathrm{e}^{-x} \mathrm{d}x = $ _____. (2010 年)

综合练习五

一、选择题

1. 以下定积分为正值的是( ).

A. $\int_{-1}^{0} x^{3} \mathrm{d}x$
B. $\int_{1}^{0} x^{3} \mathrm{d}x$
C. $\int_{-1}^{1} x^{3} \mathrm{d}x$
D. $\int_{0}^{-\pi/2} \sin x \mathrm{d}x$

2. 下列结论正确的是( ).

A. $\mathrm{d}\int f(x) \mathrm{d}x = f(x)$
B. $\dfrac{\mathrm{d}}{\mathrm{d}x} \int f(x) \mathrm{d}x = f(x) + C$
C. $\int_{a}^{b} f'(x) \mathrm{d}x = f(x)$
D. $\int f'(x) \mathrm{d}x = f(x) + C$

3. $\int_{a}^{b} f'(x) \mathrm{d}x = $ ( ).

A. $f'(b) - f'(a)$
B. $f''(b) - f''(a)$
C. $f(b) - f(a)$
D. $F(b) - F(a)$

4. $\dfrac{d}{dx}\int_a^b \sin x\,dx = ($ $)$.

A. $\sin b - \sin a$ B. $\cos b - \cos a$ C. $\cos a - \cos b$ D. 0

5. 下列积分可直接用牛顿-莱布尼茨公式求解的是(   ).

A. $\int_{-1}^1 \dfrac{1}{x^2}dx$ B. $\int_1^2 \dfrac{1}{x}dx$ C. $\int_{-1}^1 |x|\,dx$ D. $\int_1^{+\infty} x\,dx$

二、填空题

1. 设函数 $f(x)$ 在区间 $[a,b]$ 上连续，则 $\int_a^b f(x)dx + \int_b^a f(t)dt = $ _____.

2. $\int_{-1}^1 \sin^3 x \cos^5 x\,dx = $ _____.

3. 已知 $\int_0^\pi x^2 \sin x\,dx = \pi^2 - 4\pi$，则 $\int_{-\pi}^\pi x^2 \sin x\,dx = $ _____.

4. $\int_{-1}^1 \sqrt{1-x^2}\,dx = $ _____ ; $\int_0^2 \sqrt{4-x^2}\,dx = $ _____ ; $\int_{-3}^0 \sqrt{9-x^2}\,dx = $ _____.

5. 设函数 $f(x)$ 在区间 $[a,b]$ 上连续，则 $\dfrac{d}{dx}\left(\int_a^x f(t)dt\right) = $ _____, $\dfrac{d}{dx}\left(\int_a^b f(t)dt\right) = $ _____.

6. 设函数 $f(x)$ 在区间 $[a,b]$ 上连续，则 $f(x)$ 在 $[a,b]$ 上的积分平均值等于 _____.

7. $\int_1^{+\infty} x^{-6/5}\,dx = $ _____.

8. 由曲线 $y = x^3$，直线 $x = -2$, $x = 2$ 及 $y = 0$ 所围成的平面图形的面积用定积分可表示为 _____，该图形绕 x 轴旋转一周而得到的旋转体的体积 V 用定积分可表示为 _____.

三、计算题

1. $\int_0^1 e^x \cos e^x\,dx$.

2. $\int_0^{e-1} \dfrac{1}{x+1}dx$.

3. $\int_{\pi^2}^{4\pi^2} \dfrac{\cos\sqrt{x}}{\sqrt{x}}dx$.

4. $\int_1^2 \dfrac{e^{1/x}}{x^2}dx$.

5. $\int_0^1 \dfrac{e^x}{1+e^x}dx$.

6. $\int_{-1}^0 \dfrac{1}{(1-2x)^2}dx$.

7. $\int_0^4 \dfrac{1}{\sqrt{2x+1}}dx$.

8. $\int_0^1 xe^{-x}dx$.

9. $\int_0^\pi x\sin 2x\,dx$.

10. $\int_1^e \dfrac{\ln x}{x^2}dx$.

11. $\int_1^e \ln x\,dx$.

12. $\int_1^e \dfrac{1}{x(1+\ln x)}dx$.

13. $\int_1^e \dfrac{1+\ln x}{x}dx$.

14. $\int_0^{\pi/2} \sin x \cos^3 x\,dx$.

15. $\int_0^1 \dfrac{1}{4-\sqrt{x}}dx$.

16. $\int_3^8 \dfrac{x}{\sqrt{x+1}}dx$.

17. $\int_0^3 \dfrac{\sqrt{x+1}}{1+\sqrt{x+1}}dx$.

18. $\int_0^1 \arctan x\,dx$.

19. $\int_0^1 x\arcsin x\,dx$.

20. $\int_0^1 \sqrt{1-x^2}\,dx$.

21. $\int_0^{\pi^2} \sin\sqrt{x}\,dx$.

22. 计算 $\ln\sqrt{x}$ 在 $[1,e]$ 上的积分平均值.

23. 若 $f(x) = \begin{cases} xe^{-x}, & x \leqslant 0, \\ x, & x > 0, \end{cases}$ 求 $\int_{-1}^2 f(x)dx$.

24. $\int_{1/e}^{e} |\ln x|\, dx$. 25. $\int_{-\infty}^{0} x e^{-x^2}\, dx$.

四、解答题

1. 求由曲线 $y=\ln x$，直线 $x=e$ 及 $y=0$ 所围成的平面图形的面积.
2. 求曲线 $y=\arctan x$ 在区间 $[-1,1]$ 上与 x 轴所围成的平面图形的面积.
3. 求由曲线 $y=x^2$ 与直线 $y=x+2$ 所围成的平面图形的面积.
4. 求由曲线 $y=1-x^2$ 与直线 $x+y+1=0$ 所围成的平面图形的面积.
5. 求由曲线 $y=\dfrac{1}{x}$，直线 $y=x$ 及 $x=e$ 所围成的平面图形的面积.
6. 求由曲线 $xy=1$，直线 $y=x$ 及 $y=2$ 所围成的平面图形的面积.
7. 求由直线 $y=x$，$y=2x$ 及 $y=2$ 所围成的平面图形的面积.
8. 求由曲线 $x=-y^2$ 与直线 $x-y+2=0$ 所围成的平面图形的面积.
9. 求由曲线 $y^2=x$，直线 $x=1$ 及 $y=0$ 所围成的平面图形绕 x 轴旋转一周而得到的旋转体的体积.
10. 求由曲线 $y=x$ 及 $y=x^3$ 所围成的平面图形绕 x 轴旋转一周而得到的旋转体的体积.

五、证明题

设 $f(x)$ 为连续奇函数，证明：$F(x)=\int_{a}^{x} f(t)\, dt$ 为偶函数.

自 测 题 五

一、选择题（每题 2 分，共 10 分）

1. 函数 $f(x)$ 在区间 $[a,b]$ 上连续是它在区间 $[a,b]$ 上可积的（　　）.
   A. 充分条件 B. 必要条件 C. 充分必要条件 D. 无关条件

2. 下列结论不正确的是（　　）.
   A. $\left(\int_{a}^{b} f(x)\, dx\right)' = 0$ B. $\left(\int f(x)\, dx\right)' = f(x)$
   C. $\int f'(x)\, dx = f(x) + C$ D. $\int f'(x)\, dx = f(x)$

3. 设函数 $f(x)$ 在区间 $[a,b]$ 上连续，则由曲线 $y=f(x)$ 与直线 $x=a, x=b, y=0$ 所围成的平面图形的面积等于（　　）.
   A. $\int_{a}^{b} f(x)\, dx$ B. $-\int_{a}^{b} f(x)\, dx$ C. $\left|\int_{a}^{b} f(x)\, dx\right|$ D. $\int_{a}^{b} |f(x)|\, dx$

4. 设 $f(x)$ 为区间 $[-a,a]$ 上的连续函数，则定积分 $\int_{-a}^{a} f(-x)\, dx = ($ 　　$)$.
   A. 0 B. $2\int_{0}^{a} f(x)\, dx$ C. $-\int_{-a}^{a} f(x)\, dx$ D. $\int_{-a}^{a} f(x)\, dx$

5. 下列广义积分收敛的是（　　）.
   A. $\int_{1}^{+\infty} 6\, dx$ B. $\int_{1}^{+\infty} x\, dx$ C. $\int_{1}^{+\infty} \dfrac{1}{x}\, dx$ D. $\int_{1}^{+\infty} \dfrac{1}{x^2}\, dx$

二、填空题（每空 2 分，共 20 分）

6. $\dfrac{d}{dx}\left(\displaystyle\int_a^x \sin t^2\, dt\right) = $ _____ ; $\dfrac{d}{dx}\left(\displaystyle\int_0^1 \sin t^2\, dt\right) = $ _____ .

7. 设函数 $f(x)$ 在区间 $[a,b]$ 上连续，则 $\displaystyle\int_a^b f(x)\, dx - \int_a^b f(t)\, dt = $ _____ .

8. 设 $\displaystyle\int_a^x f(t)\, dt = a^{2x}\ (a>0)$，则 $f(x) = $ _____ .

9. $\displaystyle\int_{-1}^1 (\sin^5 x + 3)\, dx = $ _____ .

10. $\displaystyle\int_{-2}^2 |x|\, dx = $ _____ .

11. 设 $\displaystyle\int_k^3 x^2\, dx = 9$，则 $k = $ _____ .

12. 若函数 $f(x)$ 有连续二阶导数，$f'(a)=4$，$f'(b)=6$，则 $\displaystyle\int_a^b f''(x)\, dx = $ _____ .

13. 函数 $y=\sqrt{4-x^2}$ 在区间 $[-2,2]$ 上的积分平均值为 _____ .

14. 已知某量在小区间 $[x, x+dx]$ 上的微元为 $2x\,dx$，则该量在区间 $[0,1]$ 上的总量为 _____ .

三、计算题（每题 5 分，共 50 分）

计算下列定积分或广义积分：

15. $\displaystyle\int_0^3 (x^2 - 2x - 2)\, dx$.

16. $\displaystyle\int_0^\pi \sin(3x+\pi)\, dx$.

17. $\displaystyle\int_0^1 \dfrac{x-2}{x^2+1}\, dx$.

18. $\displaystyle\int_3^2 \dfrac{1}{x^2-4x+5}\, dx$.

19. $\displaystyle\int_0^1 x^2 e^{2x}\, dx$.

20. $\displaystyle\int_2^{e+1} \ln(x-1)\, dx$.

21. $\displaystyle\int_1^4 \dfrac{e^{\sqrt{x}}}{\sqrt{x}}\, dx$.

22. $\displaystyle\int_4^7 \dfrac{\sqrt{x-3}}{1+\sqrt{x-3}}\, dx$.

23. $\displaystyle\int_0^1 x^2\sqrt{1-x^2}\, dx$.

24. $\displaystyle\int_0^{+\infty} x e^{-x^2}\, dx$.

四、解答题（每题 10 分，共 20 分）

25. 求由曲线 $y=2-x^2$ 与直线 $y=-x$ 所围成的平面图形的面积 A。

26. 求由曲线 $y=x^2$ 与直线 $x=1, x=2$ 及 $y=0$ 所围成的平面图形的面积 A 及该平面图形绕 x 轴旋转一周所得旋转体的体积 V。

第六章 常微分方程

在研究现实世界中的自然现象和社会现象的某些规律时,往往需要找出变量之间的函数关系.但由于客观世界的复杂性,在很多情况下,直接找到它们之间的函数关系是不太容易的.人们发现,从具体问题出发,根据物理背景和数学知识,可以建立起关于这个函数的导数或微分的关系式. 这种关系式就是一般所说的微分方程.微分方程在流体力学、运动学、计算机技术等许多科学技术和生产实际中都有广泛的应用,是研究自然科学的有效工具.本章将介绍常微分方程的一些基本概念、几类简单而又实用的微分方程的解法及其在实际问题中的应用.

§6.1 微分方程的基本概念

我们通过具体例子来说明微分方程的基本概念.

例1 一条曲线通过点$(2,5)$,且在该曲线上任一点$M(x,y)$处的切线斜率为$2x$,求这条曲线的方程.

解 如图 6-1 所示,设所求的曲线方程为$y=y(x)$,则由题意有$\dfrac{dy}{dx}=2x$,且$y\big|_{x=2}=5$. 于是
$$y = \int 2x\,dx = x^2 + C.$$
将$y\big|_{x=2}=5$代入上式,得$5=2^2+C$,即$C=1$,故所求的曲线方程为$y=x^2+1$.

图 6-1   图 6-2

例2 将一质点以初速度v_0垂直上抛,不计阻力,求质点的运动规律.

解 选取坐标系如图 6-2 所示.设质点的运动规律为$x=x(t)$,则由导数的物理意义得$\dfrac{d^2x}{dt^2}=-g$,且$x\big|_{t=0}=x_0$,$v\big|_{t=0}=v_0$. 于是

$$v = \frac{dx}{dt} = -\int g\,dt = -gt + C_1, \tag{6-1}$$

$$x = \int (-gt + C_1)\,dt = -\frac{1}{2}gt^2 + C_1 t + C_2. \tag{6-2}$$

将 $v\big|_{t=0}=v_0$, $x\big|_{t=0}=x_0$ 分别代入 (6-1) 和 (6-2) 式,得
$$v_0=0+C_1, \quad x_0=0+C_2,$$
即 $C_1=v_0, C_2=x_0$,故质点的运动规律为
$$x=-\frac{1}{2}gt^2+v_0t+x_0.$$

以上两个例题,都是从实际问题出发,利用已知条件,建立起含有未知函数的导数的一个等式,再利用积分或微分求出未知函数. 我们给这种等式下一个定义.

定义 6.1 含有未知函数的导数或微分的等式叫做**微分方程**.

例如,$x^2\mathrm{d}x-y^2\mathrm{d}y=0$,$y'''-y'=\sin x$,$\dfrac{\mathrm{d}^4y}{\mathrm{d}x^4}=x$ 等都是微分方程.

注意 一个微分方程可以不显含自变量和未知函数,但必须含有未知函数的导数或微分. 例如,$y''=5$ 也是一个微分方程.

只含有一元函数的导数或微分的微分方程称为**常微分方程**. 含有二元或二元以上函数的偏导数的微分方程称为**偏微分方程**(偏导数的概念将在第七章给出). 本书仅讨论常微分方程. 为了便于叙述,以后讲解的微分方程指的都是常微分方程,且有时简述为方程.

由以上的例子我们还可以看到:虽然微分方程必须含有未知函数的导数或微分,但是它们的阶数不尽相同. 为了区分这种差别,我们有以下定义:

定义 6.2 微分方程中所含未知函数的导数或微分的最高阶数叫做微分方程的**阶**.

例如,$y'''-y'=\sin x$ 是三阶微分方程,$\dfrac{\mathrm{d}y}{\mathrm{d}x}=3x^2$,$x^2\mathrm{d}x-y^2\mathrm{d}y=0$ 都是一阶微分方程,而 $\dfrac{\mathrm{d}^4y}{\mathrm{d}x^4}+x\dfrac{\mathrm{d}^2y}{\mathrm{d}x^2}=\mathrm{e}^x$ 是四阶微分方程.

在代数方程中,使等式成立的数称为方程的解. 在微分方程中,我们对解定义如下:

定义 6.3 若把函数 $y=y(x)$ 代入微分方程,使方程成为恒等式,则称函数 $y=y(x)$ 为微分方程的**解**.

例如,函数 $y=x^3+1$ 是微分方程 $\dfrac{\mathrm{d}y}{\mathrm{d}x}=3x^2$ 的解.

又如,函数 $x=-\dfrac{1}{2}gt^2+C_1t+C_2$ 是微分方程 $\dfrac{\mathrm{d}^2x}{\mathrm{d}t^2}=-g$ 的解. 这个解中含有任意常数 C_1,C_2,而常数 C_1,C_2 之间没有任何关系,我们称 C_1,C_2 是相互独立的.

若微分方程的解中所含相互独立的任意常数的个数正好与方程的阶数相同,则称该解为微分方程的**通解**.

因此,函数 $x=-\dfrac{1}{2}gt^2+C_1t+C_2$ 不仅是二阶微分方程 $\dfrac{\mathrm{d}^2x}{\mathrm{d}t^2}=-g$ 的解,而且还是它的**通解**.

对微分方程往往给出一些附加条件,用来确定通解中的任意常数. 这样求出的解不再含有任意常数,我们称之为微分方程的**特解**. 这些附加条件称为微分方程的**初始条件**. 一般说来,初始条件的个数与微分方程的阶数相同.

例如,对于二阶微分方程 $\dfrac{\mathrm{d}^2x}{\mathrm{d}t^2}=-g$,将 $x\big|_{t=0}=x_0$,$\dfrac{\mathrm{d}x}{\mathrm{d}t}\big|_{t=0}=v_0$ 代入通解 $x=-\dfrac{1}{2}gt^2+C_1t+C_2$ 中,确定出常数 $C_1=v_0$,$C_2=x_0$,得到的函数 $x=-\dfrac{1}{2}gt^2+v_0t+x_0$ 就是微分方程

$\dfrac{d^2 x}{dt^2} = -g$ 的一个特解，$x\big|_{t=0} = x_0$，$\dfrac{dx}{dt}\big|_{t=0} = v_0$ 是它的初始条件.

注意 函数 $x = -\dfrac{1}{2}gt^2 + C$ 是微分方程 $\dfrac{d^2 x}{dt^2} = -g$ 的解，但它既不是通解，也不是特解.
一般地，特解是按问题所给条件从通解中确定出任意常数而得来的.

试一试 已知微分方程 $\dfrac{d^2 y}{dx^2} + \omega^2 y = 0$ ($\omega > 0$ 的常数).

(1) 此方程为几阶微分方程？
(2) 以下哪一个是它的解？是通解还是特解？
  A. $y = \cos\omega x$　　　　B. $y = C\sin\omega x$　　　　C. $y = C_1\cos\omega x + C_2\sin\omega x$
(3) 求满足初始条件 $y(0) = 0$，$y'(0) = 1$ 的特解.

习　题　6.1

（A）

一、选择题

1. 下列等式中，（　）是微分方程.
   A. $u'v + uv' = (uv)'$　　　　　　　　B. $y' = e^x + \sin x$
   C. $\dfrac{dy}{dx} + e^x = \dfrac{d(y + e^x)}{dx}$　　　　D. $y^2 - 3y + 2 = 0$

2. 微分方程 $(y')^2 + (y'')^3 y + xy^4 = 0$ 的阶数是（　）.
   A. 1　　　　　　B. 2　　　　　　C. 3　　　　　　D. 4

3. 下列方程中，（　）是一阶微分方程.
   A. $x^2 y - 2xy = 0$　　　　　　　　B. $(y'')^2 + 5(y')^4 - y^5 + x^7 = 0$
   C. $xy'' + y' + y = 0$　　　　　　　D. $(x^2 - y^2)dx + (x^2 + y^2)dy = 0$

4. 下列函数中，（　）是微分方程 $dy - 2xdx = 0$ 的解.
   A. $y = 2x$　　　B. $y = x^2$　　　C. $y = -2x$　　　D. $y = -x^2$

5. 微分方程 $y''' - x^2 y'' - x^5 = 1$ 的通解中应含的独立任意常数的个数为（　）.
   A. 3　　　　　　B. 5　　　　　　C. 4　　　　　　D. 2

6. 函数 $y = \cos x$ 是微分方程（　）的解.
   A. $y' + y = 0$　　B. $y' + 2y = 0$　　C. $y'' + y = 0$　　D. $y'' + y = \cos x$

7. 微分方程 $y'' = \sin x$ 的通解是（　）.
   A. $y = \sin(-x)$　　　　　　　　　　B. $y = -\sin(-x) + C_1 x + C_2$
   C. $y = -\sin(-x) + C_1 x$　　　　　D. $y = \sin(-x) + C_1 x + C_2$

8. 微分方程 $y'' = e^{-x}$ 的通解是（　）.
   A. $y = -e^{-x}$　　　　　　　　　　　B. $y = e^{-x}$
   C. $y = -e^{-x} + C_1 x + C_2$　　　D. $y = e^{-x} + C_1 x + C_2$

二、填空题

1. $dy = (4x - 1)dx$ 是不是微分方程_____.（填"是"或"不是"）
2. $xy^2 - 3x + 5y = 0$ 是不是微分方程_____.（填"是"或"不是"）

3. 微分方程 $(y')^3+2(y')^2y+2xy'=0$ 的阶是_____.

4. 微分方程 $xy^2\mathrm{d}x+(1+x^2)\mathrm{d}y=0$ 的阶是_____.

三、解答题

验证函数 $y=C_1\sin 2t+C_2\cos 2t$ 是微分方程 $\dfrac{\mathrm{d}^2y}{\mathrm{d}t^2}+4y=0$ 的通解,并求出满足初始条件 $y\big|_{t=0}=1$, $y'\big|_{t=0}=-1$ 的特解.

(B)

选择题

1. 微分方程 $(y')^2=x$ 的阶数为( ). (2013年)
   A. 1   B. 2   C. 3   D. 4

2. 微分方程 $y'=6$ 有特解 $y=($). (2012年)
   A. $6x$ B. $3x$ C. $2x$ D. x

3. 微分方程 $(y'')^2+(y')^3+\sin x=0$ 的阶数为( ). (2010年)
   A. 1   B. 2   C. 3   D. 4

§6.2 一阶微分方程

一阶微分方程是应用很广泛的一类微分方程,人们在长期实践中总结出用初等积分法解此类微分方程. 本节介绍的可分离变量的微分方程和一阶线性微分方程的解法是经典的初等积分法,易于读者理解和掌握. 应当指出,可用初等积分法求解的微分方程是不多的,即使形式很简单的微分方程,往往也不能用初等积分法求解. 例如,莱布尼茨在1686年提出求解一阶微分方程 $y'=x^2+y^2$ 的问题,当时引起许多著名数学家的关注,但一直到1838年才由刘维尔从理论上证明了这个方程不可能用初等积分法求解.

一、一阶可分离变量的微分方程

一般说来,微分方程阶数越低越容易求解,一阶方程中又属可分离变量的微分方程好求解."可分离变量"的意思就是可以把含未知函数 y 的式子及 $\mathrm{d}y$ 与含有 x 的式子及 $\mathrm{d}x$ 分别放到方程等号的两边,然后在等号两边分别对变量 y 和 x 积分就可得到微分方程的解.

引例 求微分方程 $\dfrac{\mathrm{d}y}{\mathrm{d}x}=2xy^2$ 的通解.

解 当 $y\neq 0$ 时,将原方程分离变量,得 $\dfrac{1}{y^2}\mathrm{d}y=2x\mathrm{d}x$. 两边各自积分,得

$$\int\dfrac{1}{y^2}\mathrm{d}y=\int 2x\mathrm{d}x.$$

两边求出不定积分,得

$$-\dfrac{1}{y}=x^2+C \quad (C \text{ 为任意常数}),$$

即

$$y=-\dfrac{1}{x^2+C}.$$

因为所求解的方程是一阶微分方程,求出的解中只含有一个任意常数 C,所以求出的解 $y=-\dfrac{1}{x^2+C}$ 是该微分方程的通解.

$y=0$ 也是上面微分方程的解. 但是这个解不能从通解 $y=-\dfrac{1}{x^2+C}$ 中确定出常数 C 得到,所以它既不是该微分方程的通解,也不是该微分方程的特解,只能说它是该微分方程的一个解. 为了更简捷地求微分方程的通解,以后不再对因方程变形可能造成的丢解情况进行讨论.

一般一阶可分离变量的微分方程形式为

$$\frac{\mathrm{d}y}{\mathrm{d}x}=f(x)g(y)\;(g(y)\neq 0)\quad\text{或}\quad f(x)\mathrm{d}y+g(y)\mathrm{d}x=0.$$

求通解的一般步骤是:

(1) 分离变量:$\dfrac{1}{g(y)}\mathrm{d}y=f(x)\mathrm{d}x$;

(2) 两边各自积分:$\displaystyle\int\frac{1}{g(y)}\mathrm{d}y=\int f(x)\mathrm{d}x$;

(3) 求得通解:$G(y)=F(x)+C$ $\left(\text{设}\ \dfrac{1}{g(y)}\ \text{的原函数为}\ G(y),f(x)\ \text{的原函数为}\ F(x)\right)$.

例 1 求微分方程 $y'=-\dfrac{y}{x}$ 的通解.

解 分离变量,得

$$\frac{1}{y}\mathrm{d}y=-\frac{1}{x}\mathrm{d}x.$$

两边各自积分,得

$$\int\frac{1}{y}\mathrm{d}y=-\int\frac{1}{x}\mathrm{d}x,$$

从而得 $\quad\ln|y|=-\ln|x|+C_1\quad(C_1\ \text{为任意常数})$,

变形为

$$\ln|xy|=C_1,\quad|xy|=\mathrm{e}^{C_1},\quad\text{即}\quad xy=\pm\mathrm{e}^{C_1}.$$

可记 $C=\pm\mathrm{e}^{C_1}$,通解变为 $xy=C$,此时是 $C\neq 0$ 的任意常数.

但因 $y=0$ 也是微分方程的解,让方程通解 $xy=C$ 中的 C 取到零,正是 $y=0$ 这个解,所以微分方程的通解为

$$xy=C\quad(C\ \text{为任意常数}).$$

为方便求解起见,今后遇到此类情况,可直接按下列过程书写:

分离变量,得

$$\frac{1}{y}\mathrm{d}y=-\frac{1}{x}\mathrm{d}x.$$

两边各自积分,得

$$\int\frac{1}{y}\mathrm{d}y=-\int\frac{1}{x}\mathrm{d}x$$

$$\ln y=-\ln x+\ln C,$$

即微分方程的通解为

$$xy=C\quad\text{或}\quad y=\frac{C}{x}.$$

例 2 求微分方程 $2y'\sqrt{x}=y$ 满足初始条件 $y\big|_{x=1}=1$ 的特解.

解 (1) 求微分方程的通解.

分离变量,得
$$\frac{1}{y}dy=\frac{1}{2\sqrt{x}}dx.$$

两边各自积分,得
$$\int\frac{1}{y}dy=\int\frac{1}{2\sqrt{x}}dx,$$

有 $\ln y=\sqrt{x}+\ln C$, $\ln y-\ln C=\sqrt{x}$, $\ln\frac{y}{C}=\sqrt{x}$, $\frac{y}{C}=e^{\sqrt{x}}$,则微分方程的通解为
$$y=Ce^{\sqrt{x}}.$$

(2) 求微分方程的特解.

将 $y\big|_{x=1}=1$ 代入通解中,得 $1=Ce$,即 $C=e^{-1}$,故所求微分方程的特解为 $y=e^{\sqrt{x}-1}$.

试一试 解下列微分方程:

(1) $y'=-\dfrac{x}{y}$; (2) $y'=(\cos x-\sin x)\sqrt{1-y^2}$; (3) $xy'=y\ln y$, $y\big|_{x=1}=e$.

二、一阶线性微分方程

定义 6.4 形如 $y'+P(x)y=Q(x)$ 的方程称为**一阶线性微分方程**,其中 $P(x),Q(x)$ 都是已知函数,未知函数 y 和它的导数 y' 都是一次的,且方程中不含 $y\cdot y'$ 的项.

当 $Q(x)\equiv 0$ 时,方程 $y'+P(x)y=0$ 称为**一阶线性齐次微分方程**;

当 $Q(x)\not\equiv 0$ 时,方程 $y'+P(x)y=Q(x)$ 称为**一阶线性非齐次微分方程**.

例如,$y'+2xy=e^x$ 及 $2xy'-y=x\cos x$ 都是一阶线性非齐次微分方程,与它们相对应的一阶线性齐次微分方程分别为 $y'+2xy=0$ 及 $2xy'-y=0$.

又如,$y'+2y=y^2$, $(y')^2+2xy=0$ 及 $y'+\cos y=e^x$ 等,由于方程中都含有 y 或 y' 的非线性函数的项(如 $y^2,(y')^2,\cos y$),故都不是一阶线性微分方程.

下面我们研究一阶线性微分方程的解法:

(1) 求解一阶线性齐次微分方程
$$y'+P(x)y=0.$$

它一定是一个可以分离变量的方程. 分离变量,得
$$\frac{1}{y}dy=-P(x)dx.$$

两边各自积分,得
$$\int\frac{1}{y}dy=-\int P(x)dx,$$

从而得
$$\ln y=-\int P(x)dx+\ln C,$$

故一阶线性齐次微分方程的通解为
$$y=Ce^{-\int P(x)dx} \qquad (6-3)$$

(2) 求解一阶线性非齐次微分方程
$$y' + P(x)y = Q(x).$$
将上述方程改写成
$$\frac{1}{y}dy = \frac{Q(x)}{y}dx - P(x)dx. \tag{6-4}$$
由于 y 是 x 的函数，故可令 $\frac{Q(x)}{y} = \varphi(x)$，记
$$\int \varphi(x)dx = \int \frac{Q(x)}{y}dx = \Phi(x) + \ln C.$$
对(6-4)式两边各自积分，得
$$\ln y = \Phi(x) + \ln C - \int P(x)dx,$$
即
$$y = Ce^{\Phi(x)} \cdot e^{-\int P(x)dx}.$$
若设 $Ce^{\Phi(x)} = C(x)$，则
$$y = C(x)e^{-\int P(x)dx}. \tag{6-5}$$

现在，一阶线性非齐次微分方程的解虽然还没有求出，但是已能知道解的形式为(6-5). 把它与式(6-3)对照，容易看出，只要将对应的齐次方程通解中的任意常数 C 换成 x 的函数 $C(x)$（通常称这种方法为**常数变易法**），就可得到非齐次方程的解的形式. 知道了解的形式，进而定出函数 $C(x)$，便可求出一阶线性非齐次微分方程的通解. 于是，将(6-5)式求导数：
$$y' = C'(x)e^{-\int P(x)dx} + C(x)e^{-\int P(x)dx}[-P(x)],$$
并将 y, y' 一起代入原非齐次微分方程，得
$$C'(x)e^{-\int P(x)dx} - P(x)C(x)e^{-\int P(x)dx} + P(x)C(x)e^{-\int P(x)dx} = Q(x),$$
即
$$C'(x) = Q(x)e^{\int P(x)dx},$$
从而得
$$C(x) = \int Q(x)e^{\int P(x)dx}dx + C.$$
再代入(6-5)式，得一阶线性非齐次微分方程的通解
$$y = e^{-\int P(x)dx}\left[\int Q(x)e^{\int P(x)dx}dx + C\right]. \tag{6-6}$$

例 3 求微分方程 $2y' - y = e^x$ 的通解.

解 我们先把微分方程归整为一阶线性微分方程的标准形式 $y' + P(x)y = Q(x)$，认准谁是 $P(x)$，谁是 $Q(x)$，再代入通解公式(6-6)中求通解.

将微分方程化为标准形式
$$y' + \left(-\frac{1}{2}\right)y = \frac{1}{2}e^x,$$
则
$$P(x) = -\frac{1}{2}, \quad Q(x) = \frac{1}{2}e^x.$$
将 $P(x), Q(x)$ 代入公式(6-6)，有

$$y = e^{-\int(-\frac{1}{2})dx}\left(\int \frac{1}{2}e^x \cdot e^{\int(-\frac{1}{2})dx}dx + C\right) = e^{\frac{1}{2}x}\left(\int \frac{1}{2}e^x \cdot e^{-\frac{1}{2}x}dx + C\right)$$

$$= e^{\frac{1}{2}x}\left(\int \frac{1}{2}e^{\frac{1}{2}x}dx + C\right) = e^{\frac{1}{2}x}(e^{\frac{1}{2}x} + C).$$

即所求通解是

$$y = e^{\frac{1}{2}x}(e^{\frac{1}{2}x} + C).$$

例 4 求微分方程 $xdy = (e^{-\frac{1}{2}x^2} - x^2 y)dx$ 的通解.

解 将微分方程变形为

$$\frac{dy}{dx} + xy = \frac{e^{-\frac{1}{2}x^2}}{x},$$

即

$$y' + xy = \frac{e^{-\frac{1}{2}x^2}}{x}.$$

它是一阶线性非齐次微分方程,且有

$$P(x) = x, \quad Q(x) = \frac{1}{x}e^{-\frac{1}{2}x^2}.$$

将 $P(x), Q(x)$ 代入公式(6-6),有

$$y = e^{-\int xdx}\left(\int \frac{e^{-\frac{1}{2}x^2}}{x}e^{\int xdx}dx + C\right) = e^{-\frac{1}{2}x^2}\left(\int \frac{1}{x}dx + C\right),$$

所以原微分方程的通解为

$$y = e^{-\frac{1}{2}x^2}(\ln x + C).$$

***例 5** 求微分方程 $\dfrac{dy}{dx} = \dfrac{y}{2x - y^3}$ 的通解.

解 若按 y 是 x 的函数,将微分方程变形,有

$$\frac{dy}{dx} - \frac{y}{2x - y^3} = 0.$$

它既不是可分离变量的微分方程,也不是一阶线性微分方程.但如果把 x 看成 y 的函数,把原微分方程等号两端分子、分母颠倒,则原微分方程可变形为

$$\frac{dx}{dy} - \frac{2}{y}x = -y^2.$$

它是一阶线性非齐次微分方程,其中 $P(y) = -\dfrac{2}{y}$, $Q(y) = -y^2$. 模仿公式(6-6),有

$$x = e^{\int \frac{2}{y}dy}\left[\int(-y^2 e^{-\int \frac{2}{y}dy})dy + C\right] = e^{2\ln y}\left[\int(-y^2 e^{-2\ln y})dy + C\right]$$

$$= y^2\left[\int(-y^2 y^{-2})dy + C\right] = y^2(-y + C),$$

即所求通解是

$$x = -y^3 + Cy^2.$$

试一试 解下列微分方程:

(1) $y' + 2xy = 2xe^{-x^2}$; (2) $xy' + y = \cos x, y(\pi) = 1.$

习 题 6.2

(A)

一、选择题

1. 下列微分方程属于可分离变量的微分方程的是( ).
   A. $x\sin(xy)dx+ydy=0$ B. $y'=\ln(x+y)$
   C. $\dfrac{dy}{dx}=x\sin y$ D. $y'+\dfrac{1}{x}y=e^x y^2$

2. 下列微分方程为一阶线性方程的是( ).
   A. $xy'+y^2=x$ B. $y'+xy=\sin x$
   C. $yy'=x$ D. $(y')^2+xy=0$

3. 下列微分方程可以看做一阶线性方程的是( ).
   A. $y'+2xy=e^{xy}$ B. $xy^2 dy-\ln xy dx=x+y$
   C. $2yy'+x^2=y$ D. $(1+y^2)dx=(\sqrt{1+y^2}\sin y-xy)dy$

4. 微分方程 $y'-y=1$ 的通解是( ).
   A. $y=Ce^x$ B. $y=Ce^x+1$ C. $y=Ce^x-1$ D. $y=(C+1)e^x$

二、填空题

1. 微分方程 $\cos y dy=\sin x dx$ 的通解是_____.

2. 微分方程 $y'=e^{-\frac{1}{2}x}$ 的通解是_____.

3. 微分方程 $y'=y$ 的通解是_____.

4. 微分方程 $y'=10^{x+y}$ 的通解是_____.

5. 微分方程 $y'=-\dfrac{x}{y}$ 的通解是_____.

6. 微分方程 $y'=2xy$ 的通解是_____.

三、解答题

1. 解下列微分方程:

   (1) $y'-2y=0$, $y\big|_{x=0}=2$;
   (2) $\dfrac{dy}{dx}-\dfrac{1}{x}y=0$;
   (3) $y\ln x dx=x\ln y dy$, $y\big|_{x=1}=1$;
   (4) $(1+x^2)dy=(1+y^2)dx$;
   (5) $\dfrac{dx}{y}+\dfrac{dy}{x}=0$, $y\big|_{x=3}=4$;
   (6) $xydx+(1+x^2)dy=0$;
   (7) $xy^2 dx+(1+x^2)dy=0$;
   (8) $(1+x^2)y'-y\ln y=0$;
   (9) $y'=\dfrac{y^2-1}{2x}$, $y(1)=2$;
   (10) $y-xy'=y^2$.

2. 解下列微分方程:

   (1) $y'-y\cot x=2x\sin x$;
   (2) $y'+\dfrac{2}{x}y=x^4$;
   (3) $y'+\dfrac{y}{x}=\dfrac{1}{x(x^2+1)}$;
   (4) $xy'+y=3$, $y\big|_{x=1}=0$;
   (5) $\dfrac{dy}{dx}+y=e^{-x}$;
   (6) $y'-2xy=e^{x^2}\cos x$;
   (7) $xy'+y-e^x=0$;
   (8) $y'+2xy=xe^{-x^2}$, $y\big|_{x=0}=1$.

*3. 解下列微分方程：

(1) $(2x-y^2)dy - ydx = 0$；　　　　(2) $xy' + y^3y' - y = 0$, $y\big|_{x=1} = 1$.

（B）

一、选择题

微分方程 $y' = 2y$ 的通解为 $y = ($　　$)$. (2011年)

A. Ce^{2x}　　　　B. Ce^{x^2}　　　　C. Cxe^x　　　　D. Cxe^{2x}

二、填空题

1. 微分方程 $y' = x+1$ 的通解为 $y = \underline{\qquad}$. (2011年)
2. 微分方程 $dy + xdx = 0$ 的通解为 $y = \underline{\qquad}$. (2010年)

*§6.3　二阶常系数线性微分方程

二阶或高于二阶的微分方程统称为**高阶微分方程**. 二阶线性微分方程有与一阶线性微分方程类似的解法. 但一般说来,微分方程的阶数越高,越难求出它的解. 为此,我们仅介绍二阶常系数线性微分方程的几种特殊类型的解法.

一、二阶常系数线性微分方程解的结构

定义 6.5　形如 $y'' + py' + qy = f(x)$ 的方程称为**二阶常系数线性微分方程**,其中 p, q 为常数,函数 $f(x)$ 称为**自由项**,线性是指未知函数及它的各阶导数都是一次的.

当 $f(x) \equiv 0$ 时,方程

$$y'' + py' + qy = 0 \tag{6-7}$$

称为**二阶常系数线性齐次微分方程**.

当 $f(x) \not\equiv 0$ 时,方程

$$y'' + py' + qy = f(x) \tag{6-8}$$

称为**二阶常系数线性非齐次微分方程**.

例如, $y'' - 5y' + 6y = x^2$ 是二阶常系数线性非齐次微分方程, $y'' + 2y' - 3y = 0$ 是二阶常系数线性齐次微分方程.

而 $y'' + xy' - e^x y = xe^x$ 是二阶非常系数线性微分方程, $y'' + yy' = \sin x$ 不是线性微分方程,它所含的项 yy' 使它不再具有"线性"性质.

为了寻找二阶常系数线性微分方程的解法,需要先研究二阶常系数线性微分方程解的结构. 有如下定理：

定理 6.1　若 y_1, y_2 是方程 (6-7) 的两个解,则 $y = y_1 + y_2$ 仍然是方程 (6-7) 的解.

证明　因为 y_1, y_2 是方程 (6-7) 的两个解,所以有

$$y_1'' + py_1' + qy_1 = 0, \quad y_2'' + py_2' + qy_2 = 0.$$

于是

$$y'' + py' + qy = (y_1 + y_2)'' + p(y_1 + y_2)' + q(y_1 + y_2)$$
$$= y_1'' + y_2'' + py_1' + py_2' + qy_1 + qy_2$$

$$= (y_1'' + py_1' + qy_1) + (y_2'' + py_2' + qy_2)$$
$$= 0 + 0 = 0,$$

即 $y = y_1 + y_2$ 是方程(6-7)的解.

一般地,若 y_1,y_2 是方程(6-7)的两个解,则 $y = C_1y_1 + C_2y_2$ 仍然是方程(6-7)的解,其中 C_1,C_2 为任意常数.

值得注意的是:虽然 $y = C_1y_1 + C_2y_2$ 中有两个任意常数 C_1,C_2,但它不一定是方程(6-7)的通解.只有当 C_1,C_2 相互独立时,$y = C_1y_1 + C_2y_2$ 才是方程(6-7)的通解.

例如,设微分方程为 $y'' - y = 0$,显然 $y_1 = e^x, y_2 = e^{x+1}$ 都是该方程的解,但 $C_1 e^x + C_2 e^{x+1} = (C_1 + C_2 e) e^x$ 实际只含有一个任意常数 $C = C_1 + C_2 e$,所以它不是通解.

如果我们取微分方程的另一个解 $y_3 = e^{-x}$,则 $C_1 e^x + C_2 e^{-x} = (C_1 + C_2 e^{-2x}) e^x$ 确实含有两个任意常数,且 C_1,C_2 彼此独立.因此,它是该方程的通解.

对于两个解函数 y_1 与 y_2 是否能构成通解,我们引入两个函数的线性相关、线性无关的概念来理解它.

定义 6.6 若 $\dfrac{y_1}{y_2} = $ 常数,则称 y_1 与 y_2 **线性相关**;若 $\dfrac{y_1}{y_2} \neq$ 常数,则称 y_1 与 y_2 **线性无关**.

比如,因为 $\dfrac{e^x}{e^{-x}} = e^{2x} \neq$ 常数,所以函数 e^x 与 e^{-x} 线性无关;又如,因为 $\dfrac{e^{x+1}}{e^x} = e$ 为常数,所以 e^{x+1} 与 e^x 线性相关.而 $\dfrac{y_1}{y_2} \neq$ 常数,就能保证 $C_1 y_1 + C_2 y_2$ 中的 C_1,C_2 这两个任意常数相互独立.因此,我们得出下面的结论:

结论 1(二阶常系数线性齐次微分方程的通解结构) 若 y_1,y_2 是方程(6-7)的两个线性无关的解,则 $y = C_1 y_1 + C_2 y_2$ 就是方程(6-7)的通解,其中 C_1,C_2 为任意常数.

定理 6.2 设 y_0 是方程(6-8)的解,$\bar{y}$ 是方程(6-7)的解,则 $y = \bar{y} + y_0$ 是方程(6-8)的解.

证明 因为 y_0 是方程(6-8)的解,$\bar{y}$ 是方程(6-7)的解,所以有
$$y_0'' + py_0' + qy_0 = f(x), \quad \bar{y}'' + p\bar{y}' + q\bar{y} = 0.$$

于是
$$y'' + py' + qy = (\bar{y} + y_0)'' + p(\bar{y} + y_0)' + q(\bar{y} + y_0)$$
$$= \bar{y}'' + y_0'' + p(\bar{y}' + y_0') + q(\bar{y} + y_0)$$
$$= (\bar{y}'' + p\bar{y}' + q\bar{y}) + (y_0'' + py_0' + qy_0)$$
$$= 0 + f(x) = f(x),$$

即 $y = \bar{y} + y_0$ 是方程(6-8)的解.

结论 2(二阶常系数线性非齐次微分方程的通解结构) 若 y_0 是方程(6-8)的一个解,$\bar{y}$ 是方程(6-7)的通解,则 $y = \bar{y} + y_0$ 就是方程(6-8)的通解.此时,y_0 为方程(6-8)的一个特解.

二、二阶常系数线性齐次微分方程的解法

对给定的二阶常系数线性齐次微分方程
$$y'' + py' + qy = 0, \tag{6-9}$$
要求其通解,由上述结论 1 可知,关键是寻找它的两个线性无关的解.

求方程(6-9)的解,就是找一个函数 y,使 y'',y',y 分别乘以常数 $1,p,q$ 后相加等于零. 不难看出,指数函数 e^{rx} 恰好具有这种性质. 因为 e^{rx} 的一、二阶导数都是 e^{rx} 的常数倍,只要选取适当的 r,就可以使它满足方程(6-9).

假设 $y=e^{rx}$ 是方程(6-9)的解,则 $y'=re^{rx}$,$y''=r^2 e^{rx}$. 代入方程(6-9),就有
$$r^2 e^{rx} + pre^{rx} + qe^{rx} = 0,$$
从而得
$$r^2 + pr + q = 0.$$

要想 $y=e^{rx}$ 成为方程(6-9)的解,r 必须满足 $r^2+pr+q=0$. 只要求出这一关于 r 的一元二次方程的根,就可得出方程(6-9)的解. 假设 r_1,r_2 是方程 $r^2+pr+q=0$ 的根,则 $y=e^{r_1 x}$ 及 $y=e^{r_2 x}$ 就是方程(6-9)的解. 于是求方程(6-9)的解,也就转化为求一个一元二次代数方程的根. 我们把 $r^2+pr+q=0$ 称为方程(6-9)的**特征方程**,$r^2+pr+q=0$ 的根称为方程(6-9)的**特征根**.

特征方程的根有以下三种情况,特征根不同,方程(6-9)的通解也不同:

(1) 若 $p^2-4q>0$,则特征方程有两个不相等的实根 $r_1 \neq r_2$,$\dfrac{e^{r_1 x}}{e^{r_2 x}} = e^{(r_1-r_2)x} \neq$ 常数. 于是得到方程(6-9)的两个线性无关的解 $y_1=e^{r_1 x}$,$y_2=e^{r_2 x}$,从而得到方程(6-9)的通解
$$y = C_1 e^{r_1 x} + C_2 e^{r_2 x}.$$

例 1 求微分方程 $y''-2y'-3y=0$ 的通解.

解 ① 特征方程为 $r^2-2r-3=0$,即 $(r+1)(r-3)=0$;
② 特征根为 $r_1=-1$,$r_2=3$;
③ 微分方程的通解为 $y=C_1 e^{-x} + C_2 e^{3x}$.

试一试 求下列微分方程的通解:
① $y''+y'-2y=0$; ② $y''+4y'=0$.

例 2 求微分方程 $y''-4y'+3y=0$ 满足初始条件 $y|_{x=0}=6$,$y'|_{x=0}=10$ 的特解.

解 ① 特征方程为 $r^2-4r+3=0$,即 $(r-1)(r-3)=0$.
② 特征根为 $r_1=1$,$r_2=3$.
③ 微分方程的通解为 $y=C_1 e^x + C_2 e^{3x}$.
④ 对通解求导数,得 $y'=C_1 e^x + 3C_2 e^{3x}$. 将 $y|_{x=0}=6$,$y'|_{x=0}=10$ 分别代入 y 及 y',得
$$\begin{cases} C_1 + C_2 = 6, \\ C_1 + 3C_2 = 10, \end{cases}$$
解得 $C_1=4$,$C_2=2$. 所以微分方程的特解为 $y=4e^x+2e^{3x}$.

(2) 若 $p^2-4q=0$,则特征方程有两个相等的实根 $r_1=r_2$. 这时实质上只得到方程(6-9)的一个解 $y_1=e^{r_1 x}$. 为了求与它线性无关的另一个解,我们先假设 $y_2=u(x)e^{r_1 x}$ 是方程(6-9)的另一个解,则
$$y_2' = u'e^{r_1 x} + ur_1 e^{r_1 x} = (u'+r_1 u)e^{r_1 x},$$
$$y_2'' = (u''+r_1 u')e^{r_1 x} + (u'+r_1 u)r_1 e^{r_1 x} = (u''+2r_1 u'+r_1^2 u)e^{r_1 x}.$$

将 y_2,y_2',y_2'' 一起代入方程(6-9),得
$$(u''+2r_1 u'+r_1^2 u)e^{r_1 x} + p(u'+r_1 u)e^{r_1 x} + que^{r_1 x} = 0,$$
即
$$u'' + (2r_1+p)u' + (r_1^2+pr_1+q)u = 0.$$

因为 r_1 是特征方程的重根,所以有 $2r_1+p=0$, $r_1^2+pr_1+q=0$,从而得
$$u''=0, \quad u'=C_1, \quad u=C_1x+C_2.$$

到此为止,我们看到,对于任意常数 C_1, C_2, $y_2=(C_1x+C_2)e^{r_1x}$ 都是方程(6-9)的解,且在 $C_1\neq 0$ 的情况下是与 $y_1=e^{r_1x}$ 线性无关的解.

取 $C_1=1$, $C_2=0$,得 $y_2=xe^{r_1x}$. 于是得到方程(6-9)的通解
$$y=C_1e^{r_1x}+C_2xe^{r_1x}=(C_1+C_2x)e^{r_1x}.$$

综上所述,若 r_1 是特征方程 $r^2+pr+q=0$ 的重根,则 $y_1=e^{r_1x}$, $y_2=xe^{r_1x}$ 一定为方程(6-9)的两个线性无关的特解,$y=C_1e^{r_1x}+C_2xe^{r_1x}$ 一定为方程(6-9)的通解.

例 3 求微分方程 $\dfrac{d^2s}{dt^2}+4\dfrac{ds}{dt}+4s=0$ 的通解.

解 ① 特征方程为 $r^2+4r+4=0$,即 $(r+2)^2=0$;
② 特征根为 $r=-2$,它是重根;
③ 微分方程的通解为 $s=(C_1+C_2t)e^{-2t}$.

试一试 求下列微分方程的通解:
① $y''-2y'+y=0$;　　　　② $4y''+4y'+y=0$.

(3) 若 $p^2-4q<0$,则特征方程有两个复根 $r_{1,2}=\alpha\pm\beta i$ ($\beta>0$). 可以证明 $y_1=e^{(\alpha+\beta i)x}$, $y_2=e^{(\alpha-\beta i)x}$ 是方程(6-9)的两个线性无关的解,而 $y=C_1e^{(\alpha+\beta i)x}+C_2e^{(\alpha-\beta i)x}$ 就是方程(6-9)的通解. 下面我们想办法用两个实函数表达通解:

因为 $e^{\theta i}=\cos\theta+i\sin\theta$(欧拉公式),所以有
$$y_1=e^{(\alpha+\beta i)x}=e^{\alpha x}e^{\beta x i}=e^{\alpha x}(\cos\beta x+i\sin\beta x),$$
$$y_2=e^{(\alpha-\beta i)x}=e^{\alpha x}e^{-\beta x i}=e^{\alpha x}(\cos\beta x-i\sin\beta x),$$

从而得到方程(6-9)的另外两个解
$$y_1^*=\frac{1}{2}(y_1+y_2)=e^{\alpha x}\cos\beta x,$$
$$y_2^*=\frac{1}{2i}(y_1-y_2)=e^{\alpha x}\sin\beta x,$$

且 $\dfrac{y_1^*}{y_2^*}=\dfrac{e^{\alpha x}\cos\beta x}{e^{\alpha x}\sin\beta x}=\cot\beta x\neq$ 常数,即 y_1^* 与 y_2^* 线性无关. 故方程(6-9)的通解为
$$y=C_1y_1^*+C_2y_2^*=e^{\alpha x}(C_1\cos\beta x+C_2\sin\beta x).$$

在求通解时,认准 $e^{\alpha x}$ 中 x 的系数是 $r_{1,2}=\alpha\pm\beta i$ 的实部 α,而 $\cos\beta x$, $\sin\beta x$ 中 x 的系数是 $r_{1,2}=\alpha\pm\beta i$ 虚部中的 β.

例 4 求微分方程 $y''-4y'+13y=0$ 的通解.

解 ① 特征方程为 $r^2-4r+13=0$;
② 特征根为 $r_{1,2}=\dfrac{4\pm\sqrt{16-52}}{2}=2\pm3i$,即 $\alpha=2$, $\beta=3$;
③ 微分方程的通解为 $y=e^{2x}(C_1\cos 3x+C_2\sin 3x)$.

试一试 求下列微分方程的通解:
① $y''+2y'+5y=0$;　　　　② $y''+4y=0$.

三、二阶常系数线性非齐次微分方程的解法

对于二阶常系数线性非齐次微分方程

$$y'' + py' + qy = f(x), \qquad (6\text{-}10)$$

由前面得出的结论 2 可知,求其通解可分为以下三步:

(1) 求对应的齐次方程

$$y'' + py' + qy = 0$$

的通解 $\bar{y}$;

(2) 求方程(6-10)的某一个特解,记为 y^*;

(3) 方程(6-10)的通解 $y = \bar{y} + y^*$.

由于齐次方程通解的求法前面已经解决了,所以下面只需研究方程(6-10)的一个特解 y^* 的求法.

显然,特解 y^* 与方程(6-10)中的自由项 $f(x)$ 有关. 由于 $f(x)$ 的多样性,方程(6-10)的特解 y^* 一般很难抽象出来,因此必须针对具体的 $f(x)$ 做具体分析. 在实际问题中,常见的自由项 $f(x)$ 为多项式、指数函数和三角函数. 对于这些函数,可以用待定系数法来求 y^*. 下面讨论 $f(x)$ 具有下列三种情形时 y^* 的求法:

(1) $f(x) = P_n(x)$,其中 $P_n(x)$ 是 x 的一个 n 次多项式:

$$P_n(x) = a_0 x^n + a_1 x^{n-1} + \cdots + a_{n-1} x + a_n;$$

(2) $f(x) = P_n(x) e^{\alpha x}$,其中 α 是常数, $P_n(x)$ 是 x 的一个 n 次多项式;

(3) $f(x) = M\cos\beta x + N\sin\beta x$,其中 β, M, N 都是常数.

1. $f(x) = P_n(x)$ 型

由于方程(6-10)的右边 $f(x)$ 是多项式,所以 y^* 也一定具有多项式的形式,而且次数取决于 $P_n(x)$ 的次数和方程的系数 p, q.

(1) 若 $q \neq 0$,即方程中含 y 本身,则 y^* 一定是 x 的一个 n 次多项式,即

$$y^* = Q_n(x),$$

其中 $Q_n(x)$ 是与 $P_n(x)$ 同次的待定多项式.

(2) 若 $q = 0, p \neq 0$,即方程中不含 y 本身,但含 y', y 的一阶导数 y' 的次数要与 $P_n(x)$ 的次数相同,则 y^* 一定是 x 的一个 $n+1$ 次多项式,即 $y^* = x Q_n(x)$.

(3) 若 $q = 0, p = 0, y$ 的二阶导数 y'' 的次数要与 $P_n(x)$ 的次数相同,则 y^* 一定是 x 的一个 $n+2$ 次多项式,即 $y^* = x^2 Q_n(x)$. 不过在这种情况下,方程(6-10)为 $y'' = f(x) = P_n(x)$,这时方程(6-10)的通解可经过两次积分得到.

例 5 求微分方程 $y'' - 2y' + y = x^2$ 的一个特解.

解 (1) 确定特解形式. 因为 $P_n(x) = x^2$ 是一个二次多项式,而微分方程含 y 本身,所以设特解形式为

$$y^* = Ax^2 + Bx + C,$$

其中 A, B, C 为待定系数.

(2) 求待定系数. 对 y^* 求一、二阶导数,得

$$y^{*\prime} = 2Ax + B, \quad y^{*\prime\prime} = 2A.$$

将它们一起代入微分方程,得
$$2A - 2(2Ax+B) + (Ax^2+Bx+C) = x^2$$
或
$$Ax^2 + (B-4A)x + (2A-2B+C) = x^2.$$
对上式两边多项式系数进行比较,得
$$A = 1, \quad B - 4A = 0, \quad 2A - 2B + C = 0,$$
即
$$A = 1, \quad B = 4, \quad C = 6.$$

(3) 所求特解为 $y^* = x^2 + 4x + 6$.

例 6 求微分方程 $y'' - 2y' = 4x + 2$ 的通解.

解 (1) 求对应的齐次方程 $y'' - 2y' = 0$ 的通解. 特征方程为 $r^2 - 2r = 0$, 特征根为 $r_1 = 0$, $r_2 = 2$, 因而齐次方程的通解为
$$\bar{y} = C_1 + C_2 e^{2x}.$$

(2) 求原方程的一个特解. 因为 $P_n(x) = 4x + 2$, $q = 0$, 方程不含 y 本身, 但含 y', 所以令
$$y^* = x(Ax + B) = Ax^2 + Bx,$$
则
$$y^{*\prime} = 2Ax + B, \quad y^{*\prime\prime} = 2A.$$
将它们一起代入原方程,得
$$2A - 2(2Ax + B) = 4x + 2, \quad 即 \quad -4Ax + (2A - 2B) = 4x + 2.$$
对上式两边多项式系数进行比较,得
$$-4A = 4, \quad 2A - 2B = 2, \quad 即 \quad A = -1, \quad B = -2,$$
从而求得特解为 $y^* = -x^2 - 2x$.

(3) 原方程的通解为 $y = \bar{y} + y^* = C_1 + C_2 e^{2x} - x^2 - 2x$.

试一试 (1) 求微分方程 $y'' + y' - 2y = -4x^2$ 的一个特解;

(2) 求微分方程 $y'' + 3y' = 2$ 的一个特解.

2. $f(x) = P_n(x) e^{\alpha x}$ **型**

由于多项式与指数函数乘积的一、二阶导数仍然是同一类函数,因此我们推测
$$y^* = Q(x) e^{\alpha x} \quad (Q(x) \text{ 是待定的多项式})$$
是方程(6-10)的特解. 这种设想是否可行, 要看多项式 $Q(x)$ 能否确定下来. 由于
$$y^{*\prime} = Q'(x) e^{\alpha x} + \alpha Q(x) e^{\alpha x} = [Q'(x) + \alpha Q(x)] e^{\alpha x},$$
$$y^{*\prime\prime} = [Q''(x) + \alpha Q'(x)] e^{\alpha x} + \alpha [Q'(x) + \alpha Q(x)] e^{\alpha x}$$
$$= [Q''(x) + 2\alpha Q'(x) + \alpha^2 Q(x)] e^{\alpha x},$$
将它们一起代入方程(6-10)两边, 并同时约去 $e^{\alpha x}$, 得
$$[Q''(x) + 2\alpha Q'(x) + \alpha^2 Q(x)] + p[Q'(x) + \alpha Q(x)] + q Q(x) = P_n(x),$$
即
$$Q''(x) + (2\alpha + p) Q'(x) + (\alpha^2 + p\alpha + q) Q(x) = P_n(x).$$

(1) 当 $\alpha^2 + p\alpha + q \neq 0$, 即 α 不是特征根时, $Q(x)$ 的次数与 $P_n(x)$ 的次数相同, 可取
$$Q(x) = Q_n(x),$$
其中 $Q_n(x)$ 是与 $P_n(x)$ 同次的待定多项式.

(2) 当 $\alpha^2 + p\alpha + q = 0$, 但 $2\alpha + p \neq 0$, 即 α 是特征单根时, $Q'(x)$ 的次数与 $P_n(x)$ 的次数相同, 而 $Q(x)$ 的次数就要比 $P_n(x)$ 的次数高一次, 可取
$$Q(x) = x Q_n(x).$$

(3) 当 $\alpha^2+p\alpha+q=0$,且 $2\alpha+p=0$,即 α 是特征重根时,$Q''(x)$ 的次数与 $P_n(x)$ 的次数相同,而 $Q(x)$ 的次数比 $P_n(x)$ 的次数高二次,可取

$$Q(x) = x^2 Q_n(x).$$

综上所述,方程 $y''+py'+qy=P_n(x)e^{\alpha x}$ 的特解形式可设为

$$y^* = x^k Q_n(x) e^{\alpha x},$$

其中 $Q_n(x)$ 是与 $P_n(x)$ 同次的多项式,指数 k 为

$$k = \begin{cases} 0, & \text{当 } \alpha \text{ 不是特征根时}, \\ 1, & \text{当 } \alpha \text{ 是特征单根时}, \\ 2, & \text{当 } \alpha \text{ 是特征重根时}. \end{cases}$$

例 7 求微分方程 $y''+y'+y=-7e^{2x}$ 的一个特解.

解 (1) 确定特解形式.特征方程为 $r^2+r+1=0$,显然 $\alpha=2$ 不是特征根,所以取 $k=0$. 又因为 $P_n(x)=-7$,所以令 $Q_n(x)=A$. 因此,设特解形式为

$$y^* = Ae^{2x}.$$

(2) 求待定系数.对 y^* 求导数,得

$$y^{*\prime} = 2Ae^{2x}, \quad y^{*\prime\prime} = 4Ae^{2x}.$$

将它们一起代入原方程并消去 e^{2x},得

$$4A + 2A + A = -7, \quad \text{即} \quad A = -1.$$

(3) 求得特解为 $y^* = -e^{2x}$.

例 8 求微分方程 $y''+6y'+9y=5xe^{-3x}$ 的通解.

解 (1) 求齐次方程 $y''+6y'+9y=0$ 的通解.特征方程为 $r^2+6r+9=0$,即 $(r+3)^2=0$,得特征重根 $r=-3$,所以齐次方程的通解为

$$\bar{y} = (C_1 + C_2 x) e^{-3x}.$$

(2) 求原方程的一个特解.因为 $P_n(x)=5x$,所以令 $Q_n(x)=Ax+B$. 又因为 $\alpha=-3$ 是特征重根,所以取 $k=2$. 故特解形式可设为

$$y^* = x^2(Ax+B)e^{-3x} = (Ax^3+Bx^2)e^{-3x},$$

则

$$y^{*\prime} = (3Ax^2+2Bx)e^{-3x} - 3(Ax^3+Bx^2)e^{-3x}$$
$$= [-3Ax^3 + (3A-3B)x^2 + 2Bx]e^{-3x},$$
$$y^{*\prime\prime} = [-9Ax^2 + (6A-6B)x + 2B]e^{-3x}$$
$$\quad - 3[-3Ax^3 + (3A-3B)x^2 + 2Bx]e^{-3x}$$
$$= [9Ax^3 + (-18A+9B)x^2 + (6A-12B)x + 2B]e^{-3x}.$$

将它们一起代入原方程并消去 e^{-3x},得

$$[9Ax^3 + (-18A+9B)x^2 + (6A-12B)x + 2B]$$
$$+ 6[-3Ax^3 + (3A-3B)x^2 + 2Bx] + 9(Ax^3+Bx^2) = 5x,$$

化简得 $6Ax+2B=5x$. 比较等式两边多项式对应项的系数,得 $A=\dfrac{5}{6}$,$B=0$,从而求得特解为

$$y^* = \frac{5}{6}x^3 e^{-3x}.$$

(3) 原方程的通解为
$$y = \bar{y} + y^* = (C_1 + C_2 x)e^{-3x} + \frac{5}{6}x^3 e^{-3x} = \left(C_1 + C_2 x + \frac{5}{6}x^3\right)e^{-3x}.$$

试一试 (1) 求微分方程 $y'' - 2y' - 3y = e^{3x}$ 的一个特解；

(2) 求微分方程 $y'' - 2y' + 4y = 4e^{2x}$ 的通解.

3. $f(x) = M\cos\beta x + N\sin\beta x$ 型

对于 $f(x) = M\cos\beta x + N\sin\beta x$，其中 M, N, β 均为常数，并且 $\beta > 0$, M, N 不同时为 0, 方程 (6-10) 的特解形式可设为
$$y^* = x^k(A\cos\beta x + B\sin\beta x),$$
其中 A, B 为待定常数，$k = \begin{cases} 0, & \text{当} \pm\beta i \text{ 不是特征根时}, \\ 1, & \text{当} \pm\beta i \text{ 是特征根时}. \end{cases}$ （证明略）

例 9 求微分方程 $y'' + 2y' = \sin x$ 的一个特解.

解 (1) 确定特解形式. 特征方程为 $r^2 + 2r = 0$, 特征根为 $r_1 = 0$, $r_2 = -2$. 因为 $\pm\beta i = \pm i$ 不是特征根，所以取 $k = 0$. 因此，设特解形式为
$$y^* = A\cos x + B\sin x.$$

(2) 求待定系数. 对 y^* 求导数，得
$$y^{*\prime} = -A\sin x + B\cos x, \quad y^{*\prime\prime} = -A\cos x - B\sin x.$$
将它们代入原方程，得
$$-A\cos x - B\sin x + 2(-A\sin x + B\cos x) = \sin x,$$
即
$$(2B - A)\cos x + (-B - 2A)\sin x = \sin x.$$
比较等式两边对应项的系数，得
$$2B - A = 0, \quad -B - 2A = 1,$$
即
$$A = -\frac{2}{5}, \quad B = -\frac{1}{5}.$$

(3) 原方程的特解为 $y^* = -\frac{2}{5}\cos x - \frac{1}{5}\sin x.$

例 10 求微分方程 $y'' = \cos x$ 的通解.

解 由所给的方程有
$$y' = \int y'' dx = \int \cos x \, dx = \sin x + C_1,$$
$$y = \int y' dx = \int (\sin x + C_1) dx = -\cos x + C_1 x + C_2,$$
所以原方程的通解为
$$y = -\cos x + C_1 x + C_2.$$

习 题 6.3

(A)

一、选择题

1. 下列函数为微分方程 $y'' + y = 0$ 的解的是（　　）.

A. $y = 1$　　　　B. $y = x$　　　　C. $y = \sin x$　　　　D. $y = e^x$

2. 在下列函数为微分方程 $y''-7y'+12y=0$ 的解的是( ).

A. $y=x^3$ B. $y=x^2$ C. $y=e^{2x}$ D. $y=e^{3x}$

3. 下列各项中两函数线性无关的是( ).

A. $\ln x$, $\ln x^2$ B. e^{2x}, $2e^x$ C. $\sin x$, $\cos\left(\dfrac{\pi}{2}-x\right)$ D. $\sqrt{x^2}$, $|x|$

二、填空题

1. 特征方程 $2r^2-r=6$ 所对应的二阶常系数线性齐次微分方程是_____.
2. 特征方程 $r^3-3r^2+2r-5=0$ 所对应的常系数线性齐次微分方程是_____.
3. 微分方程 $y''+y'-2y=x^2$ 的一个特解形式为_____.
4. 微分方程 $y''+9y'=x-4$ 的一个特解形式为_____.
5. 微分方程 $y''+2y'=4e^{3x}$ 的一个特解形式为_____.
6. 微分方程 $y''-2y'+y=xe^x$ 的一个特解形式为_____.
7. 微分方程 $y''+y=\cos x$ 的一个特解形式为_____.

三、解答题

1. 解下列微分方程:

(1) $y''+4y'+3y=0$；   (2) $y''-4y'=0$；   (3) $y''+4y'+4y=0$；

(4) $4y''+4y'+y=0$；   (5) $y''-4y'+5y=0$；   (6) $y''+2y=0$.

2. 求微分方程 $4y''-3y'-y=0$ 满足初始条件 $y\big|_{x=0}=0$, $y'\big|_{x=0}=5$ 的特解.

3. 求下列微分方程的通解:

(1) $y''-4y'+4y=8x^2$；   (2) $2y''+5y'=5x^2-2x-1$；   (3) $y''-5y'+6y=2e^x$；

(4) $y''+2y'=3e^{-2x}$；   (5) $y''-7y'+6y=\sin x$；   (6) $y''=\cos 2x$.

(B)

解答题

1. 求微分方程 $y''-2y'+y=e^{-x}$ 的通解. (2013年)
2. 求微分方程 $y''-2y'-3y=3$ 的通解. (2012年)
3. 求微分方程 $y''-9y=0$ 的通解. (2011年)
4. 求微分方程 $y''+3y'+2y=6e^x$ 的通解. (2010年)

§6.4 微分方程的应用

学习微分方程最终是要联系实际解决问题. 一方面, 与建立代数方程一样, 哪些是已知量, 哪些是未知量, 已知量与未知量是什么关系, 这些要弄清楚; 另一方面, 导数、微分的一般意义和几何意义, 物理学、化学以及其他自然科学中的定理、定律、公式等也要弄清楚. 只有这样, 才能利用它们建立起已知条件与未知函数导数或微分的关系来. 常见的导数、微分的意义如下:

(1) 设函数 $y=f(x)$ 在点 x 处可导, 则 $y'=f'(x)$ 为函数 $y=f(x)$ 在点 x 处的变化率;

(2) 设曲线 $y=f(x)$ 在点 x 处的切线斜率为 k, 则

$$\dfrac{\mathrm{d}y}{\mathrm{d}x}=y'=k;$$

(3) 距离 $s(t)$,速度 v,时间 t,加速度 a 之间的关系:
$$\frac{\mathrm{d}s}{\mathrm{d}t} = s' = v, \quad \frac{\mathrm{d}^2 s}{\mathrm{d}t^2} = s'' = \frac{\mathrm{d}v}{\mathrm{d}t} = a;$$

(4) 牛顿第二定律: $F = ma = ms'' = m\dfrac{\mathrm{d}v}{\mathrm{d}t}$;

(5) 功 W,距离 s,变力 F 之间的关系:
$$\mathrm{d}W = F\mathrm{d}s;$$

(6) 电压 U,电流 i,电阻 R,电荷量 Q 之间的关系:
$$\frac{\mathrm{d}Q}{\mathrm{d}t} = i, \quad \mathrm{d}U = R\mathrm{d}i;$$

(7) 电容量 C,电容电压 U_C,电感量 L,电感电压 U_L,电荷量 Q,电流 i 之间的关系:
$$U_C = \frac{Q}{C}, \quad U_L = L\frac{\mathrm{d}i}{\mathrm{d}t}.$$

下面我们通过具体的实际问题,看一看怎样从问题的已知条件出发,建立起已知条件与未知函数导数的一、二阶微分方程,再利用上几节介绍的微分方程求解方法求出未知函数,从而解决实际问题.

例 1 求一曲线方程,使这条曲线通过原点,并且它在点 $P(x,y)$ 处的切线斜率为 e^{x-y+1}.

解 设所求的曲线方程为 $y = f(x)$,则由导数的几何意义得微分方程
$$y' = \mathrm{e}^{x-y+1}, \quad 即 \quad \frac{\mathrm{d}y}{\mathrm{d}x} = \mathrm{e}^{x+1} \cdot \mathrm{e}^{-y}.$$

分离变量,得
$$\mathrm{e}^y \mathrm{d}y = \mathrm{e}^{x+1} \mathrm{d}x.$$

两边各自积分,得
$$\mathrm{e}^y = \mathrm{e}^{x+1} + C,$$

从而微分方程的通解为
$$y = \ln(\mathrm{e}^{x+1} + C).$$

因为曲线过原点 $O(0,0)$,所以当 $x=0$ 时,$y=0$.代入通解,有
$$0 = \ln(\mathrm{e} + C), \quad 即 \quad C = 1 - \mathrm{e},$$

所以所求的曲线方程为
$$y = \ln(\mathrm{e}^{x+1} + 1 - \mathrm{e}) \quad 或 \quad \mathrm{e}^y = \mathrm{e}(\mathrm{e}^x - 1) + 1.$$

例 2 一质量为 m(单位:kg)的物体从高处下落,所受空气阻力与速度成正比.设物体开始下落时($t=0$)的速度为零,求物体下落的速度与时间的函数关系 $v(t)$.

解 设物体所受空气阻力为 f,则由题意得 $f = kv$(k 为比例系数),物体下落所受重力为 mg.根据牛顿第二定律,有
$$mg - f = mg - kv = ma.$$

而物体下落的加速度为 $a = \dfrac{\mathrm{d}v}{\mathrm{d}t}$,所以有
$$mg - kv = m\frac{\mathrm{d}v}{\mathrm{d}t}.$$

这是一个关于未知函数 $v(t)$ 的一阶可分离变量微分方程.分离变量,得
$$\frac{\mathrm{d}v}{mg - kv} = \frac{1}{m}\mathrm{d}t.$$

解此方程,得通解

$$v = Ce^{-\frac{k}{m}t} + \frac{mg}{k}.$$

将初始条件 $v|_{t=0}=0$ 代入通解,有

$$0 = Ce^0 + \frac{mg}{k}, \quad 即 \quad C = -\frac{mg}{k},$$

所以

$$v = -\frac{mg}{k}e^{-\frac{k}{m}t} + \frac{mg}{k} = \frac{mg}{k}(1-e^{-\frac{k}{m}t}).$$

故物体下落的速度与时间的函数关系为 $v = \frac{mg}{k}(1-e^{-\frac{k}{m}t})$.

*例 3 一质量为 m（单位:kg）的潜水艇从水面由静止状态开始下降,所受水的阻力 f 与下降的速度 v 成正比（比例系数为 k）,求潜水艇下降的深度与时间 t 的函数关系.

解 设潜水艇下降的深度与时间 t 的函数关系为 $h(t)$. 由题意得水的阻力为 $f=kv=kh'(t)$,潜水艇所受重力 $G=mg$,且

$$h(0)=0, \quad v(0)=0.$$

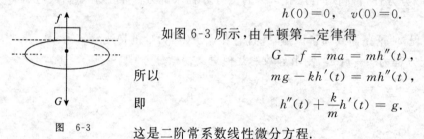

图 6-3

如图 6-3 所示,由牛顿第二定律得

$$G-f = ma = mh''(t),$$

所以

$$mg - kh'(t) = mh''(t),$$

即

$$h''(t) + \frac{k}{m}h'(t) = g.$$

这是二阶常系数线性微分方程.

先解对应的齐次方程,得

$$h_1(t) = C_1 + C_2 e^{-\frac{k}{m}t}.$$

再求非齐次方程的特解. 设特解形式为 $h^*(t)=At$,代回方程得 $A=\frac{mg}{k}$,所以 $h^*(t)=\frac{mg}{k}t$. 故非齐次方程的通解为

$$h(t) = \frac{mg}{k}t + C_1 + C_2 e^{-\frac{k}{m}t}.$$

当 $t=0$ 时,$h=0$,$h'=0$. 代入上式,得

$$\begin{cases} 0 = C_1 + C_2, \\ 0 = \frac{mg}{k} - C_2 \frac{k}{m}, \end{cases}$$

所以

$$C_2 = \frac{m^2 g}{k^2}, \quad C_1 = -\frac{m^2 g}{k^2},$$

从而

$$h(t) = \frac{mg}{k}t - \frac{m^2 g}{k^2} + \frac{m^2 g}{k^2}e^{-\frac{k}{m}t} = \frac{m^2}{k^2}g(e^{-\frac{k}{m}t}-1) + \frac{mg}{t},$$

即潜水艇下降的深度与时间 t 的函数关系为

$$h(t) = \frac{m^2}{k^2}g(e^{-\frac{k}{m}t}-1) + \frac{mg}{k}t.$$

*例 4 如图 6-4,在 RCL 电路中先将开关 K 拨向 A,使电容充电,当达到稳定状态后,再将开关 K 拨向 B. 设开关 K 拨向 B 的时刻为 $t=0$. 已知 $E=20$ V,$C=0.5$ F,$L=1.6$ H,

$R=4.8\ \Omega$,且 $i(0)=0$, $\left.\dfrac{\mathrm{d}i}{\mathrm{d}t}\right|_{t=0}=\dfrac{25}{2}$,求 $t>0$ 时刻电路中的电流 $i(t)$.

解 在 RCL 电路中,各元件两端的电压降分别为

$$U_R = Ri(t),\quad U_C = \dfrac{Q}{C}\quad (Q \text{ 为电容的电量}),$$

电感器电压为 $U_L = L\dfrac{\mathrm{d}i}{\mathrm{d}t}$. 再由回路电压定律(基尔霍夫定律)得

$$U_R + U_C + U_L = 0,$$

即
$$Ri + \dfrac{Q}{C} + L\dfrac{\mathrm{d}i}{\mathrm{d}t} = 0.$$

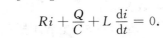

图 6-4

又因电容的电量 Q 随时间变化,即有 $\dfrac{\mathrm{d}Q}{\mathrm{d}t}=i(t)$,所以方程两边对 t 求导数,得

$$R\dfrac{\mathrm{d}i}{\mathrm{d}t} + \dfrac{1}{C}i + L\dfrac{\mathrm{d}^2 i}{\mathrm{d}t^2} = 0,$$

即
$$Li'' + Ri' + \dfrac{1}{C}i = 0.$$

将 R,C,L 的值代入此方程,得

$$i'' + 3i' + \dfrac{5}{4}i = 0.$$

这是一个关于电流 i 的二阶常系数线性齐次微分方程. 特征根为 $r_1=-\dfrac{5}{2}$,$r_2=-\dfrac{1}{2}$,故微分方程的通解为

$$i = C_1 \mathrm{e}^{-\frac{5}{2}t} + C_2 \mathrm{e}^{-\frac{1}{2}t}.$$

为了求特解,将通解对 t 求导数,得

$$i' = -\dfrac{5}{2}C_1 \mathrm{e}^{-\frac{5}{2}t} - \dfrac{1}{2}C_2 \mathrm{e}^{-\frac{1}{2}t},$$

将初始条件代入,得

$$\begin{cases} C_1 + C_2 = 0, \\ \dfrac{5}{2}C_1 + \dfrac{1}{2}C_2 = -\dfrac{25}{2}, \end{cases}$$

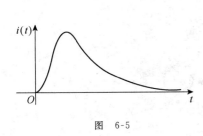

图 6-5

解得 $C_1 = -\dfrac{25}{4}$,$C_2 = \dfrac{25}{4}$. 所以回路电流为

$$i(t) = -\dfrac{25}{4}\mathrm{e}^{-\frac{5}{2}t} + \dfrac{25}{4}\mathrm{e}^{-\frac{1}{2}t}.$$

它的图形如图 6-5 所示. 由图 6-5 可看出,电流开始从 0 迅速增大,达到一个最大值后,又逐渐递减趋于 0.

习 题 6.4

解答题

1. 已知一曲线在其上任一点 $P(x,y)$ 处的切线斜率等于该点的纵坐标,且曲线经过点 $P_0(0,1)$,求曲线的方程.

2. 一个沿直线运动的物体,其速度与所经过的路程成正比. 当 $t=10$ s 时,物体位于 $s=100$ m 处;当 $t=15$ s 时,物体位于 $s=200$ m 处. 求物体运动的规律.

3. 一汽艇以 6 m/s 的速度在静水上运动时关闭了发动机,经过了 $t=10$ s 后,由于水的阻力作用,汽艇的速度减到 4 m/s. 假定水的阻力与汽艇的速度成正比,试求发动机停止 1 min 后汽艇的速度.

4. 设有一个质量为 m 的质点做直线运动,从速度等于零开始,有一个与质点运动方向一致、大小与速度成正比的力作用于它,同时还受一个与速度方向相反、大小与时间成正比的阻力作用,求质点运动的速度与时间的函数关系.

*5. 一个 L 亨利(H)的电感和一个 C 法拉(F)的电容串联,当 $t=0$ 时,电容电压 $U_C(0)=u_0$,电流 $i(0)=0$,求 $t>0$ 时的电容电压 $U_C(t)$ 和电流 $i(t)$.

*6. 在一竖挂的弹簧下端系着一个质量为 m 的钢球,它在做上下振动. 假设弹簧的质量与钢球体的质量可以忽略不计,也不计空气阻力,试求钢球振动的规律.

*7. 设有一个质量为 m 的物体在空气中由静止开始下落,如果空气阻力为 $f=kv$ (k 为比例系数,v 为物体运动速度),试求物体下落的距离 s 与时间 t 的函数关系.

综合练习六

解答题

1. 求下列微分方程的通解:

(1) $y'=\dfrac{x}{y}$;　　　　　　　(2) $y'=xy$;

(3) $(1+y)dx+(1+x)dy=0$;　(4) $y'=\dfrac{1}{y}e^{y^2+3x}$;

(5) $y'+\dfrac{1}{x}y=\sin x$;　　　(6) $x^2y'+3xy=\dfrac{\sin x}{x}$;

(7) $y'+y\tan x=x\sin 2x$;　　(8) $(x+1)y'-ny=e^x(x+1)^{n+1}$;

(9) $y'=\dfrac{y}{2x-y^2}$;　　　　(10) $(1+y^2)dx=(\arctan y-x)dy$.

2. 求下列微分方程的通解或特解:

(1) $y''-2y'+y=x-1$;　　　(2) $y''+4y=3x$;

(3) $y''-5y'-6y=e^{-x}$;　　(4) $y''+3y'+2y=xe^{-2x}$;

(5) $y''+y=\cos 2x$;　　　　(6) $y''-y'-2y=x+\cos 2x$;

(7) $y''=e^{-3x}$;　　　　　　(8) $y''+2y=\sin x$,$y(0)=1$,$y'(0)=1$.

3. 求一曲线方程,使曲线通过坐标原点,且其上任一点 $P(x,y)$ 处的切线斜率为 $2x+y$.

4. 一质点从离地面很高的地方由静止开始下落,设地球相对于质点是固定的,且忽略空气阻力等其他因素,试求质点的速度对距离的函数关系. 如果开始时质点离地面的距离为 s_0,问:质点到达地面的时间是多少?

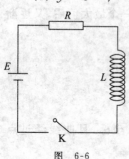

图 6-6

5. 由电阻 R,电感 L 以及电动势 E 所组成的回路,如图 6-6 所示,

这里 R, L 和 E 都是常数. 设当时间 $t=0$ 时，电流 $i=0$，试求此回路中电流 i 随时间 t 的变化规律.

自 测 题 六

一、选择题（每题 3 分，共 15 分）

1. 下列微分方程可分离变量的是（　　）.
   A. $(x+y)dy + \sin(xy)dx = 0$
   B. $e^{x+y}dx + e^{xy}dy = 0$
   C. $y' = y + x$
   D. $y' = \sin(x+y) + \sin(x-y)$

2. 下列各项中两函数线性相关的是（　　）.
   A. e^x, e^{x+1}
   B. $\sin x, \cos x$
   C. $\ln x, \ln(x+1)$
   D. $x^2, 3x^3$

3. 下列方程为线性微分方程的是（　　）.
   A. $xy'^2 - 2yy' + x = 0$
   B. $y''' + 3xy = x^2$
   C. $y^{(5)} + \cos y + 4y = 0$
   D. $y'' - y' + 2y = e^y$

4. 设 S_1, S_2 是二阶常系数线性齐次微分方程 $y'' + py' + qy = 0$ 的两个线性无关的解，C_1, C_2 是任意常数，下列各式为方程的通解的是（　　）.
   A. $y = C_1 S_1 + C_2(S_2 - S_1)$
   B. $y = C_1(S_2 - S_1) + C_2(S_1 - S_2)$
   C. $y = (C_1 - C_2)S_1 + S_2$
   D. $y = S_1 + (C_2 - C_1)S_2$

5. 下列函数是微分方程 $(x-2y)y' = 2x - y$ 的解的是（　　）.
   A. $x - y + xy = C$
   B. $y = \sqrt{2 - x^2} + C$
   C. $y^2 = 2x - y$
   D. $x^2 - xy + y^2 = C$

二、填空题（每空 4 分，共 20 分）

6. 以 $r^5 + 6r^3 - 2r^2 + r + 5 = 0$ 为特征方程的常微分方程为＿＿＿＿＿.

7. 微分方程 $y'' - 4y' = 0$ 的通解为＿＿＿＿＿.

8. 微分方程 $y'' - 2y' + y = e^x$ 的特解形式为＿＿＿＿＿.

9. 二阶常系数线性齐次微分方程的通解为 $S(x) = C_1 + C_2 e^{3x}$，该方程是＿＿＿＿＿.

10. 微分方程 $y'' + py' + qy = 3x + 2$ 当 $p=0, q=0$ 时的通解是＿＿＿＿＿.

三、解答题

11. 解微分方程 $dy - xy^2 dx = 0$. (10 分)

12. 解微分方程 $\dfrac{dy}{dx} = y + x^2$. (15 分)

*13. 求微分方程 $y'' + 4y' + 4y = 2e^{-2x}$ 满足初始条件 $y(0) = 0, y'(0) = 1$ 的特解. (20 分)

*14. 离地面 10 m 高度的钉子上悬挂着一链条，链条开始滑落时一端距离钉子 4 m，另一端距离钉子 5 m. 若不计钉子与链条之间的摩擦力，试求整个链条滑下钉子所用的时间. (20 分)

第七章 多元函数微积分

第一章至第五章我们讨论了一元函数的微积分.但人们在实践中所遇到的往往是两个或两个以上自变量的函数,即多元函数,因而有必要研究多元函数的微积分.多元函数的微积分是一元函数微积分的推广,其概念和性质大多数与一元函数的情形是类似的,但有些地方存在着本质的不同.为了更好地掌握多元函数微积分的一些基本概念和方法,读者学习时,要善于与一元函数的相应情形进行对比,注意它们的异同点.

对于二元函数的研究,我们可以借助空间直角坐标系给予直观的解释,而三元及三元以上的函数就显得更为抽象,但它们与二元函数没有本质上的区别.鉴于此,本章重点讨论二元函数的微积分.

§7.1 预备知识

一、空间直角坐标系

在空间选定一点 O,过点 O 作三条互相垂直的数轴 Ox,Oy,Oz,它们都以点 O 为原点且一般具有相同的长度单位.这三条数轴分别叫做 x 轴(横轴),y 轴(纵轴),z 轴(竖轴),统称为**坐标轴**.通常把 x 轴和 y 轴放置在水平面上,则 z 轴就垂直于水平面.各轴正向之间的顺序符合图 7-1 中的右手系.这样的三条数轴就组成了一个空间直角坐标系 $Oxyz$,点 O 称为**坐标原点**,简称为**原点**(如图 7-1).

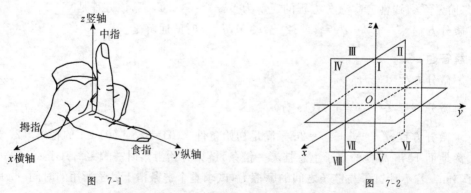

图 7-1　　　　　　　　图 7-2

三条坐标轴两两确定互相垂直的三个平面:Oxy,Oyz,Ozx,统称为**坐标面**.它们把整个空间分成八个部分,每一部分称为一个**卦限**.位于 Oxy 坐标面上方的部分依次称为第Ⅰ,Ⅱ,Ⅲ,Ⅳ卦限;而位于其下方的部分依次称为第Ⅴ,Ⅵ,Ⅶ,Ⅷ卦限,如图 7-2 所示.

设 M 为空间中任意一点,过点 M 分别作垂直于 x 轴,y 轴,z 轴的三个平面,它们与坐标轴的交点依次是 P,Q,R(如图 7-3),与它们对应的三个坐标分别是 x,y,z,于是点 M 唯一确定了一个有序实数组 (x,y,z).

反之,若给定一个有序实数组 (x,y,z),在 x 轴,y 轴,z 轴上分别取坐标为 x,y,z 的点 P,Q,R,过点 P,Q,R 分别作垂直于 x 轴,y 轴,z 轴的平面,则这三个平面相交于空间唯一的一个点 M. 这样通过空间直角坐标系就建立了空间点 M 与一个有序实数组 (x,y,z) 之间的一一对应. 我们分别称 x,y,z 为点 M 的**横坐标**、**纵坐标**、**竖坐标**,记为 $M(x,y,z)$.

显然,原点的坐标为 $(0,0,0)$,坐标轴上的点至少有两个坐标为零,坐标面上的点至少有一个坐标为零. 例如,z 轴上的点一定都有 $x=y=0$,Oxy 平面上的点一定都有 $z=0$,Oyz 平面上的点一定都有 $x=0$,等等. 在各卦限中,点的坐标的符号也是确定的. 第 Ⅰ 卦限中点的坐标的符号一定为 $(+,+,+)$,第 Ⅲ 卦限中点的坐标的符号一定为 $(-,-,+)$.

想一想 点 $M(x,y,z)$ 在各坐标轴、各坐标面及各卦限上时,其坐标各自有何特点?

例1 在空间直角坐标系 $Oxyz$ 中画出以下各点:
$$M_1(1,-2,3), \quad M_2(1,2,-3), \quad M_3(-1,-2,-3).$$

解 在 Oxy 平面上先确定点 $A_1(1,-2)$,过点 A_1 作 A_1M_1 垂直于 Oxy 平面,从点 A_1 向上取点 M_1,使 A_1M_1 的长度为三个单位,则 M_1 就是以 $(1,-2,3)$ 为坐标的点,在第 Ⅳ 卦限.

同理可作出点 $M_2(1,2,-3)$,$M_3(-1,-2,-3)$(如图 7-4).

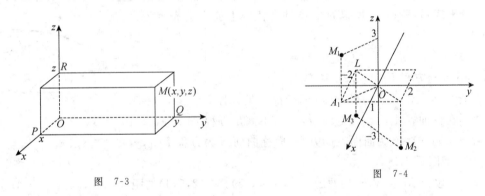

图 7-3 图 7-4

试一试 设空间点 $M(a,b,c)$,写出点 M 分别关于 Oxy 平面,x 轴及原点的对称点的坐标.

二、空间任意两点之间的距离

给定空间任意两个不同点 $M_1(x_1,y_1,z_1)$ 和 $M_2(x_2,y_2,z_2)$,过点 M_1,M_2 分别作垂直于三个坐标轴的平面,这六个平面构成一个以线段 M_1M_2 为一条对角线的长方体(如图 7-5). 由图可知,在直角三角形 M_1SM_2 中,有
$$|M_1M_2|^2 = |M_1S|^2 + |SM_2|^2;$$
在直角三角形 M_1NS 中,有
$$|M_1S|^2 = |M_1N|^2 + |NS|^2.$$
于是有
$$|M_1M_2|^2 = |M_1N|^2 + |NS|^2 + |SM_2|^2.$$
过点 M_1,M_2 的与 x 轴垂直的两个平面,分别交 x 轴于点 P_1,P_2,则

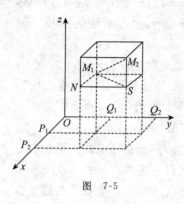

图 7-5

$$OP_1 = x_1, \quad OP_2 = x_2.$$

于是
$$|M_1N| = |P_1P_2| = |x_2 - x_1|.$$

同理可得
$$|NS| = |y_2 - y_1|, \quad |SM_2| = |z_2 - z_1|.$$

所以
$$|M_1M_2|^2 = |x_2 - x_1|^2 + |y_2 - y_1|^2 + |z_2 - z_1|^2$$
$$= (x_2 - x_1)^2 + (y_2 - y_1)^2 + (z_2 - z_1)^2.$$

于是得到空间两点 $M_1(x_1, y_1, z_1)$ 与 $M_2(x_2, y_2, z_2)$ 之间的距离公式

$$|M_1M_2| = \sqrt{(x_2 - x_1)^2 + (y_2 - y_1)^2 + (z_2 - z_1)^2}.$$

想一想　(1) 点 $M_1(x_1, y_1, z_1)$ 到坐标原点 O 的距离公式是什么？

(2) 如果点 M_1, M_2 都在 Oxy 平面上，则 M_1, M_2 两点之间的距离公式是什么？

三、空间曲面及其方程

与在平面解析几何中把平面曲线当做动点的轨迹一样，在空间解析几何中，把曲面 S 当做动点 M 按照一定的规律运动而产生的轨迹. 因为动点 M 可以用坐标 (x, y, z) 来表示，所以 M 所满足的条件在代数上通常就表示为含有变量的方程

$$F(x, y, z) = 0.$$

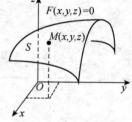

图 7-6

若曲面 S 与方程 $F(x, y, z) = 0$ 满足：

(1) 曲面 S 上任一点的坐标 (x, y, z) 都满足方程 $F(x, y, z) = 0$；

(2) 不在曲面 S 上的点的坐标 (x, y, z) 不满足方程 $F(x, y, z) = 0$，

则称方程 $F(x, y, z) = 0$ 为曲面 S 的方程，而称曲面 S 为方程 $F(x, y, z) = 0$ 的图形（如图 7-6）.

例2　一动点 $M(x, y, z)$ 到两定点 $M_1(1, 1, 5), M_2(2, 5, 4)$ 的距离相等，求此动点 M 的轨迹方程.

解　由题意有 $|MM_1| = |MM_2|$，再由两点之间距离公式有

$$\sqrt{(x-1)^2 + (y-1)^2 + (z-5)^2} = \sqrt{(x-2)^2 + (y-5)^2 + (z-4)^2}.$$

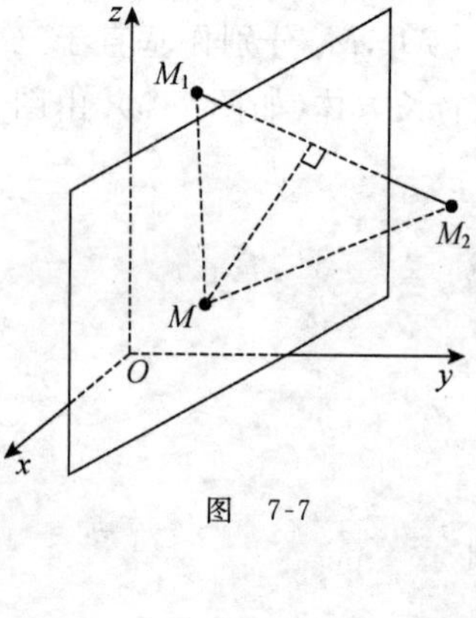

整理后得动点 M 的轨迹方程为

$$x + 4y - z - 9 = 0.$$

由中学几何知识知，动点 M 的轨迹是线段 M_1M_2 的垂直平分面，故上述方程为平面方程（如图 7-7）.

可以证明：空间平面方程为三元一次方程

$$Ax + By + Cz + D = 0 \quad (A, B, C \text{ 不同时为零})；$$

三元一次方程

$$Ax + By + Cz + D = 0 \quad (A, B, C \text{ 不同时为零})$$

也一定是空间平面方程.

图 7-7

我们可将平面看成曲面的特殊情况.

想一想 （1）方程 $z=2$ 表示什么特殊平面？$x=x_0$，$y=y_0$ 呢？

（2）三个坐标面方程分别是什么？

例 3 求球心在点 $M_0(x_0,y_0,z_0)$，半径为 R 的球面方程.

解 设 $M(x,y,z)$ 为球面上任一点（如图 7-8），则有 $|MM_0|=R$. 由两点之间距离公式有

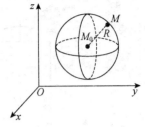

图 7-8

$$\sqrt{(x-x_0)^2+(y-y_0)^2+(z-z_0)^2}=R,$$

即
$$(x-x_0)^2+(y-y_0)^2+(z-z_0)^2=R^2. \quad (7\text{-}1)$$

显然，球面上点的坐标都满足方程(7-1)，不在球面上的点的坐标不满足方程(7-1)，于是(7-1)为球面方程，称其为球面的标准方程.

特别地，当 $x_0=y_0=z_0=0$ 时，$x^2+y^2+z^2=R^2$ 表示球心在原点，半径为 R 的球面方程. 而 $z=\sqrt{R^2-x^2-y^2}$ 表示以原点为球心，R 为半径的上半球面（如图 7-9(a)）；$z=-\sqrt{R^2-x^2-y^2}$ 表示以原点为圆心，R 为半径的下半球面（如图 7-9(b)）.

由球面方程(7-1)得
$$x^2+y^2+z^2-2x_0x-2y_0y-2z_0z+x_0^2+y_0^2+z_0^2=R^2,$$

可记为
$$x^2+y^2+z^2+Dx+Ey+Fz+G=R^2, \quad (7\text{-}2)$$

其中 $D=-2x_0$，$E=-2y_0$，$F=-2z_0$，$G=x_0^2+y_0^2+z_0^2$，D,E,F,G 不同时为零. 称方程(7-2)为球面的一般方程.

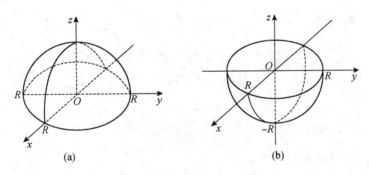

图 7-9

想一想 方程 $x^2+y^2+z^2-2x+4y=0$ 表示怎样的曲面？

例 4 作方程 $x^2+y^2=R^2(R>0)$ 的图形.

解 方程 $x^2+y^2=R^2$ 在 Oxy 平面上表示圆心在原点，半径为 R 的圆. 由于方程不含 z，意味着 z 没有任何限制，可取任意值，只要 x 和 y 满足 $x^2+y^2=R^2$ 即可，因此方程 $x^2+y^2=R^2$ 表示的曲面如图 7-10 所示，为由平行于 z 轴的直线沿 Oxy 平面上的圆 $x^2+y^2=R^2$ 移动而形成的圆柱面.

想一想 $y^2+z^2=4$ 表示空间什么曲面？

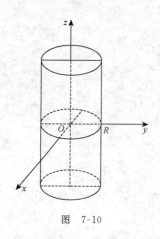

图 7-10

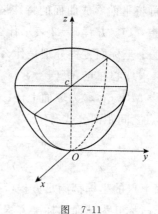

图 7-11

例 5 作方程 $z=x^2+y^2$ 的图形.

解 用平面 $z=c$ 截曲面 $z=x^2+y^2$,截痕方程为 $\begin{cases} x^2+y^2=c, \\ z=c. \end{cases}$

当 $c=0$ 时,截痕为坐标原点 $(0,0,0)$.

当 $c>0$ 时,截痕为平面 $z=c$ 上,以 $(0,0,c)$ 为圆心,$\sqrt{c}$ 为半径的圆.将平面 $z=c$ 向上移动,即让 c 逐渐增大,则截痕的圆也越来越大.

当 $c<0$ 时,平面与曲面无交点.

用平面 $x=a$ 截曲面 $z=x^2+y^2$,截痕方程 $\begin{cases} z=a^2+y^2, \\ x=a \end{cases}$ 为抛物线.

用平面 $y=b$ 截曲面 $z=x^2+y^2$,截痕方程 $\begin{cases} z=x^2+b^2, \\ y=b \end{cases}$ 也为抛物线.

所以,方程 $z=x^2+y^2$ 的图形如图 7-11 所示,称为旋转抛物面.

想一想 方程 $y=x^2+z^2$ 表示空间什么曲面?

例 6 作方程 $z^2=x^2+y^2$ 的图形.

解 用平面 $z=c$ 截曲面 $z^2=x^2+y^2$,截痕方程为 $\begin{cases} x^2+y^2=c^2, \\ z=c. \end{cases}$

当 $c=0$ 时,截痕为坐标原点 $(0,0,0)$.

当 $c\neq 0$ 时,截痕为平面 $z=c$ 上,以 $(0,0,c)$ 为圆心,$|c|$ 为半径的圆.$|c|$ 越大,截痕的圆也越大.

用平面 $x=0$ 截曲面 $z^2=x^2+y^2$,截痕方程为 $\begin{cases} z^2=y^2, \\ x=0, \end{cases}$ 即在 Oyz 平面上,有 $\begin{cases} z=\pm y, \\ x=0, \end{cases}$ 它为 Oyz 平面上的两条角平分线.

用平面 $y=0$ 截曲面 $z^2=x^2+y^2$,截痕方程为 $\begin{cases} z^2=x^2, \\ y=0 \end{cases}$ 即在 Oxz 平面上,有 $\begin{cases} z=\pm x, \\ y=0, \end{cases}$ 它为 Oxz 平面上的两条角平分线.

所以,方程 $z^2=x^2+y^2$ 的图形如图 7-12 所示,称为圆锥面.

想一想 $y=-\sqrt{x^2+z^2}$ 表示空间什么曲面?

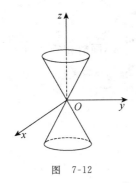

图 7-12

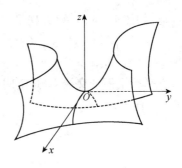

图 7-13

例 7 作方程 $z=y^2-x^2$ 的图形.

解 用平面 $z=c$ 截曲面 $z=y^2-x^2$,截痕方程为 $\begin{cases} y^2-x^2=c, \\ z=c. \end{cases}$

当 $c=0$ 时,截痕为两条相交于原点 $(0,0,0)$ 的直线,其方程为 $\begin{cases} y-x=0, \\ z=0 \end{cases}$ 和 $\begin{cases} y+x=0, \\ z=0. \end{cases}$

当 $c\neq 0$ 时,截痕为双曲线.

用平面 $y=c$ 截曲面 $z=y^2-x^2$,截痕方程为 $\begin{cases} z=c^2-x^2, \\ y=c, \end{cases}$ 其为抛物面.

用平面 $x=c$ 截曲面 $z=y^2-x^2$,截痕方程为 $\begin{cases} z=y^2-c^2, \\ x=c, \end{cases}$ 其为抛物面.

所以,方程 $z=y^2-x^2$ 的图形如图 7-13 所示,称为双曲抛物面,也称马鞍面.

四、空间曲线及其方程

如同空间的直线可以看成两个平面的交线一样,空间的曲线可以看做两个曲面的交线.

设
$$F_1(x,y,z)=0 \quad \text{和} \quad F_2(x,y,z)=0$$

分别为曲面 S_1 和 S_2 的方程,两曲面的交线为曲线 C(如图 7-14),曲线 C 上任何点的坐标应同时满足这两个曲面方程,即应满足方程组

$$\begin{cases} F_1(x,y,z)=0, \\ F_2(x,y,z)=0. \end{cases}$$

而不在曲线 C 上的点不可能同时在这两个曲面上,其坐标不满足此方程组.所以此方程组就是空间曲线 C 的方程,称为空间曲线的一般方程.

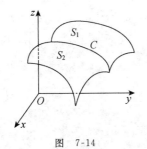

图 7-14

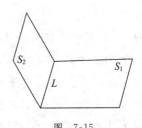

图 7-15

特别地,如图 7-15 所示,方程组

$$\begin{cases} A_1x + B_1y + C_1z + D_1 = 0 \\ A_2x + B_2y + C_2z + D_2 = 0 \end{cases} \left(\frac{A_1}{A_2}, \frac{B_1}{B_2}, \frac{C_1}{C_2} \text{不同时相等}\right)$$

表示两个不平行平面的交线 L,是空间直线.

例 8 方程组

$$\begin{cases} z = \sqrt{4 - x^2 - y^2}, \\ y = 1 \end{cases} \quad (x > 0, y > 0)$$

表示怎样的曲线?

解 方程 $z = \sqrt{4 - x^2 - y^2}$ $(x > 0, y > 0)$ 表示以原点为球心,2 为半径的球面位于第 I 卦限的部分,方程 $y = 1$ 为平行于 Ozx 平面的平面,它们的交线 C 如图 7-16 所示.

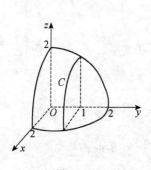

图 7-16

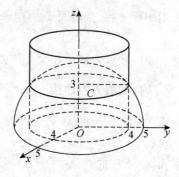

图 7-17

例 9 方程组

$$\begin{cases} x^2 + y^2 + z^2 = 25 \ (z \geqslant 0), \\ x^2 + y^2 = 16 \end{cases}$$

表示怎样的曲线?

解 如图 7-17 所示,方程 $x^2 + y^2 + z^2 = 25 (z \geqslant 0)$ 表示以原点为球心,5 为半径的上半球面,方程 $x^2 + y^2 = 16$ 表示圆柱面,它们的交线 C 表示平面 $z = 3$ 上以 $(0, 0, 3)$ 为圆心,4 为半径的圆.

习 题 7.1

(A)

填空题

1. 方程 $2x + 3y - 4z = 12$ 表示的空间图形是_____.
2. 方程 $x = 2$ 表示的空间图形是_____.
3. 方程 $x^2 + y^2 + z^2 + 2x = 8$ 表示的空间图形是_____.
4. 方程 $z = \sqrt{4 - x^2 - y^2}$ 表示的空间图形是_____.
5. 方程 $x^2 + 2y^2 + 3z^2 = 10$ 表示的空间图形是_____.
6. 方程 $x^2 + z^2 = R^2$ 表示的空间图形是_____.

7. 方程 $x^2=y^2+z^2$ 表示的空间图形是_____.

8. 方程 $x^2+y^2=4z$ 表示的空间图形是_____.

9. 方程 $z=x^2-y^2$ 表示的空间图形是_____.

10. 方程组 $\begin{cases} x-2y+3z=1, \\ 2x+z=3 \end{cases}$ 表示的空间图形是_____.

11. 方程组 $\begin{cases} x^2+y^2=9, \\ z=-1 \end{cases}$ 表示的空间图形是_____.

12. 方程组 $\begin{cases} x^2+y^2+z^2=16, \\ z=2 \end{cases}$ 表示的空间图形是_____.

13. 方程组 $\begin{cases} z=\sqrt{8-x^2-y^2}, \\ x=2 \end{cases}$ 表示的空间图形是_____.

14. 方程 $x^2+y^2+z^2=1$ 的图形与 Oxy 平面的交线是_____.

(B)

选择题

在空间直角坐标系中,方程 $x^2+y^2=1$ 表示的曲面是(　　).(2011 年)

A. 柱面　　　　B. 球面　　　　C. 锥面　　　　D. 旋转抛物面

§7.2　多元函数的基本概念

一、多元函数的概念

我们知道函数的本质是变量之间的依赖关系. 两个变量之间的依赖关系可由一元函数来刻画. 为了刻画三个或三个以上变量之间的依赖关系,需要引入多元函数的概念.

例如,圆柱体的体积 V,底半径 R 及高 H 之间有下列依赖关系:
$$V=\pi R^2 H,$$
这里 R,H 是两个独立的变量,对于它们在其变化范围($R>0,H>0$)内所取的每一对数值,体积 V 都有唯一确定的值与之对应. 于是给出下面的定义:

定义 7.1　设有三个变量 x,y,z,若对于变量 x,y 在它们的变化范围 D 内所取的每一对数值 (x,y),按照一定的法则,变量 z 都有唯一确定的值与之对应,则称变量 z 为变量 x,y 的**二元函数**,简称为函数,记为
$$z=f(x,y), \quad (x,y) \in D,$$
其中 x,y 称为**自变量**,z 称为**因变量**或**函数**,自变量 x,y 的变化范围 D 称为**定义域**.

类似地,可定义 n 元函数. 二元及二元以上函数,统称为**多元函数**.

下面我们重点介绍二元函数的微积分.

二元函数自变量的取值是一个数对 (x,y),定义域 D 是自变量 x,y 的取值范围,也就是使函数 $z=f(x,y)$ 有意义的全体数对 (x,y) 组成的集合. 若点 $(x_0,y_0) \in D$,我们就说函数 $z=f(x,y)$ 在点 (x_0,y_0) 处**有定义**,与 (x_0,y_0) 对应的数值 z,称为函数 $z=f(x,y)$ 在点 (x_0,y_0)

处的**函数值**,记为

$$f(x_0,y_0), \quad z_0 \quad \text{或} \quad z\big|_{(x_0,y_0)}.$$

当 (x,y) 取遍定义域 D 内的一切点时,所对应的全体函数值的集合称为函数的**值域**.

二元函数也可以用方程 $F(x,y,z)=0$ 的形式表示.

一元函数的定义域是数轴上点的集合,一般情况下是数轴上的某个区间. 二元函数的定义域则是 Oxy 平面上点的集合,一般情况下是平面上的某个区域. 所谓平面上的**区域**,可以是整个 Oxy 平面或者是 Oxy 平面上由若干条曲线所围成的部分平面. 围成区域的曲线称为该区域的**边界**. 不包括边界在内的区域称为**开区域**;连同边界在内的区域称为**闭区域**. 边界上的点称为**边界点**.

若区域可以被包含在某一个以原点为圆心,以某正数 M 为半径的圆域内,则该区域称为**有界区域**;否则,称为**无界区域**.

下面我们介绍二元函数定义域的求法.

例 1 求下列函数的定义域:

(1) $z=y+\ln x$; (2) $z=\sqrt{4-x^2}+\sqrt{9-y^2}$; (3) $z=\sqrt{4-x^2-y^2}+\dfrac{1}{\sqrt{x^2+y^2-1}}$.

解 (1) 要使函数有意义,必须满足 $\begin{cases} x>0, \\ -\infty<y<+\infty, \end{cases}$ 因此所求定义域为

$$D=\{(x,y)\mid x>0,-\infty<y<+\infty\},$$

如图 7-18 中的阴影部分.

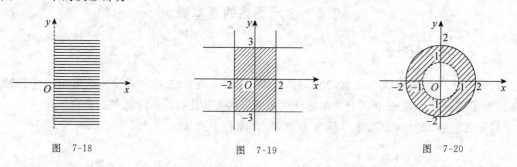

图 7-18   图 7-19   图 7-20

(2) 要使函数有意义,必须满足 $\begin{cases} 4-x^2\geqslant 0, \\ 9-y^2\geqslant 0, \end{cases}$ 即 $\begin{cases} -2\leqslant x\leqslant 2, \\ -3\leqslant y\leqslant 3, \end{cases}$ 因此所求定义域为

$$D=\{(x,y)\mid -2\leqslant x\leqslant 2,-3\leqslant y\leqslant 3\},$$

如图 7-19 中的阴影部分.

(3) 要使函数有意义,必须满足 $\begin{cases} 4-x^2-y^2\geqslant 0, \\ x^2+y^2-1>0, \end{cases}$ 即 $1<x^2+y^2\leqslant 4$,因此所求定义域为

$$D=\{(x,y)\mid 1<x^2+y^2\leqslant 4\},$$

如图 7-20 中的阴影部分.

一般情况下,二元函数的定义域的图形用阴影表示,若区域包括边界,则区域的边界线用实线表示;否则,用虚线表示.

想一想 图 7-18,图 7-19 和图 7-20 中阴影部分哪些是开区域,哪些是闭区域,哪些是

有界区域,哪些是无界区域?

求二元函数函数值的方法与一元函数的情况完全相同,只需把点 (x,y) 代入函数 $z=f(x,y)$ 的表达式.

例 2 已知函数 $f(x,y)=\dfrac{x^2 y}{x+y^2}$,求 $f(1,2)$.

解 $f(1,2)=\dfrac{1^2\cdot 2}{1+2^2}=\dfrac{2}{5}$.

二、二元函数的几何意义

设函数 $z=f(x,y)$ 的定义域为 D(如图 7-21),对于 D 中的任意一点 $P(x,y)$,对应唯一一个 $z=f(x,y)$,即在三维空间中确定了唯一的点 $M(x,y,z)$. 所有这样确定的点构成的点集

$$\{(x,y,z)\mid (x,y)\in D, z=f(x,y)\}$$

称为二元函数 $z=f(x,y)$ 的图形. 我们经常遇到的二元函数 $z=f(x,y)$ 的图形绝大多数都是曲面. 例如,函数 $z=2x^2+2y^2$ 的图形是旋转抛物面(如图 7-22);函数 $z=\sqrt{a^2-x^2-y^2}$ 的图形是一个球心在原点,半径为 a 的上半球面(如图 7-23);函数 $z=-\sqrt{x^2+y^2}$ 的图形是圆锥面的下半部分(如图 7-24).

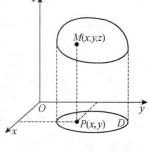

图 7-21

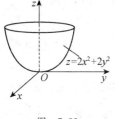

图 7-22

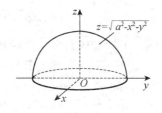

图 7-23

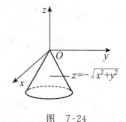

图 7-24

三、二元函数的极限

二元函数的极限定义与一元函数的极限定义类似,它研究的是:当点 $P(x,y)$ 无限趋近于点 $P_0(x_0,y_0)$ 时,$f(x,y)$ 的变化趋势. 为此,我们先引入 Oxy 平面上点的邻域的概念.

点集 $\{(x,y)\mid (x-x_0)^2+(y-y_0)^2<\delta^2\}$ 称为点 $P_0(x_0,y_0)$ 的 δ **邻域**,记为 $U(P_0,\delta)$. 从图形上看,它就是一个以 (x_0,y_0) 为中心,以 δ 为半径的不含边界的圆形开区域.

点集 $\{(x,y)\mid 0<(x-x_0)^2+(y-y_0)^2<\delta^2\}$ 称为点 $P_0(x_0,y_0)$ 的 δ **去心邻域**,记为 $\overset{\circ}{U}(P_0,\delta)$.

定义 7.2 设函数 $z=f(x,y)$ 在点 $P_0(x_0,y_0)$ 的某去心邻域内有定义,如果当点 $P(x,y)$ 以任何方式无限趋近于点 $P_0(x_0,y_0)$ 时,所对应的函数值 $f(x,y)$ 都趋近于一个确定的常数 A,则称常数 A 为函数 $f(x,y)$ 当 $x\to x_0$,$y\to y_0$ 时的**极限**,记做

$$\lim_{\substack{x\to x_0\\ y\to y_0}} f(x,y)=A \quad \text{或} \quad \lim_{\rho\to 0} f(x,y)=A \ (\rho=\sqrt{(x-x_0)^2+(y-y_0)^2}).$$

值得注意的是，点 $P(x,y)$ 趋于点 $P_0(x_0,y_0)$ 的方式可以有无穷多种，比一元函数仅能从 x_0 的左、右两个方向趋于 x_0 要复杂得多. 对此，读者只需从直观上予以了解，本书不再做更详细的描述. 求二元函数的极限也比求一元函数的极限复杂. 在某些情况下，我们需要把二元函数的极限转化为一元函数的极限来求. 下面举几个简单的例子.

例 3 求极限 $\lim\limits_{\substack{x\to 0\\ y\to 0}}\dfrac{\sin(x^2+y^2)}{x^2+y^2}$.

解 令 $u=x^2+y^2$，则当 $x\to 0, y\to 0$ 时，$u\to 0$. 于是

$$\lim_{\substack{x\to 0\\ y\to 0}}\frac{\sin(x^2+y^2)}{x^2+y^2}=\lim_{u\to 0}\frac{\sin u}{u}=1.$$

例 4 讨论极限 $\lim\limits_{\substack{x\to 0\\ y\to 0}}\dfrac{xy}{x^2+y^2}$ 是否存在.

解 当点 $P(x,y)$ 沿直线 $y=kx$ 趋于点 $(0,0)$ 时，由于

$$z=f(x,y)=f(x,kx)=\frac{x(kx)}{x^2+(kx)^2}=\frac{k}{1+k^2},$$

于是

$$\lim_{\substack{x\to 0\\ y=kx\to 0}}\frac{xy}{x^2+y^2}=\lim_{\substack{x\to 0\\ y=kx\to 0}}\frac{k}{1+k^2}=\frac{k}{1+k^2}.$$

可见，随着 k 取不同的数值，极限值也不同，即当点 $P(x,y)$ 沿不同的直线（$y=kx$ 中的 k 取不同的值）趋于原点时，函数 $f(x,y)$ 趋于不同的值，因此极限 $\lim\limits_{\substack{x\to 0\\ y\to 0}}\dfrac{xy}{x^2+y^2}$ 不存在.

四、二元函数的连续性

与一元函数中的连续概念相类似，下面我们给出二元函数在点 $P_0(x_0,y_0)$ 处连续的定义.

定义 7.3 设函数 $z=f(x,y)$ 在点 $P_0(x_0,y_0)$ 的某邻域内有定义，如果

$$\lim_{\substack{x\to x_0\\ y\to y_0}}f(x,y)=f(x_0,y_0),$$

则称函数 $f(x,y)$ 在点 $P_0(x_0,y_0)$ 处**连续**，并称点 $P_0(x_0,y_0)$ 为函数 $f(x,y)$ 的**连续点**；否则，称函数 $f(x,y)$ 在点 $P_0(x_0,y_0)$ 处**不连续**或**间断**，并称点 $P_0(x_0,y_0)$ 为函数 $f(x,y)$ 的**间断点**.

若函数 $f(x,y)$ 在区域 D 上每一点处都连续，则称函数 $f(x,y)$ 在区域 D 上连续. 与一元初等函数相类似，若多元函数可用一个解析式来表示，且这个解析式是由基本初等函数经过有限次四则运算和复合运算构成的，这类多元函数称为**多元初等函数**. 例如，$z=\dfrac{x+x^2-y^2}{1+x^2}$，$z=\sin(x+y)$，$z=\mathrm{e}^{y/x}$，$z=\ln(1+x+y)$ 等都是二元初等函数. 有如下结论：

结论 多元初等函数在其定义区域内连续.

例如，函数 $f(x,y)=\dfrac{1}{xy}$ 的定义域是 $D=\{(x,y)\mid x\neq 0, y\neq 0\}=D_1\cup D_2\cup D_3\cup D_4$（如图 7-25），其中

$$D_1=\{(x,y)\mid x>0,y>0\},\quad D_2=\{(x,y)\mid x<0,y>0\},$$
$$D_3=\{(x,y)\mid x<0,y<0\},\quad D_4=\{(x,y)\mid x>0,y<0\}.$$

因此该函数在 D_1, D_2, D_3, D_4 内均连续.

又如，函数 $f(x,y)=\dfrac{1}{x^2+y^2}$ 的定义域是 $D=\{(x,y)\mid (x,y)\neq(0,0)\}$（如图 7-26），所以

该函数在全平面内除原点外均连续.

图 7-25　　　　　　　　　　　图 7-26

关于一元连续函数的有关性质,如最值定理、介值定理,对于二元函数也有相应的性质,此处不再重述.

习　题　7.2

一、选择题

1. 函数 $z=\dfrac{1}{\sqrt{x^2+y^2-1}}$ 的定义域是(　　).

A. $\{(x,y)|x^2+y^2<1\}$　　　　B. $\{(x,y)|x^2+y^2>1\}$

C. $\{(x,y)|0<x^2+y^2<1\}$　　　D. $\{(x,y)|x^2+y^2\geqslant 1\}$

2. 设函数 $f(x,y)=|xy|+\dfrac{y}{x}$,则 $f\left(-1,\dfrac{2}{3}\right)=($　　).

A. $4/3$　　　　B. $-4/3$　　　　C. $2/3$　　　　D. 0

二、填空题

1. 函数 $z=\dfrac{1}{\sqrt{R^2-x^2-y^2}}$ 的定义域是_____.

2. Oxy 平面上点 $M_0(x_0,y_0)$ 的 δ 邻域是满足条件_____的一切点 (x,y) 构成的集合.

3. 设函数 $f(x,y)=\dfrac{2xy}{x^2+y^2}$,则 $f(0,1)=$_____,$f(-2,3)=$_____.

三、计算与作图题

1. 画出下列区域 D 的图形:

(1) $D=\{(x,y)|1<x<3,2<y<4\}$;　　(2) $D=\left\{(x,y)\,\bigg|\,1\leqslant x\leqslant 2,\dfrac{1}{x}\leqslant y\leqslant 2\right\}$;

(3) $D=\{(x,y)|x^2+y^2\leqslant 2x\}$;　　(4) 由直线 $y=x,x=2$ 和 x 轴围成的闭区域.

2. 求下列函数的函数值:

(1) 设函数 $z=\sin(xy)-\sqrt{3+y^2}$,求 $z\big|_{(\frac{\pi}{2},1)}$;

(2) 设函数 $f(x,y)=\dfrac{x+y}{2xy}$,求 $f(xy,x+y)$.

3. 求下列函数的定义域,并画出定义域的图形:

(1) $f(x,y)=\dfrac{a^2}{x^2+y^2}$;　　(2) $f(x,y)=\ln(x+y)$;

(3) $f(x,y)=\sqrt{x^2+y^2-1}+\sqrt{9-x^2-y^2}$.

§7.3 偏 导 数

一、偏导数的概念

我们知道，一元函数 $y=f(x)$ 的导数(变化率)是一个十分重要的概念，它是研究函数性态的重要工具，更是一元函数微积分的基础. 同样，二元函数也有变化率的问题，但由于自变量多了一个，问题将变得非常复杂. 主要是因为在 Oxy 平面上点 $P_0(x_0,y_0)$ 可以沿任意方向变动，因而函数 $f(x,y)$ 就有沿各个方向的变化率. 这里，我们仅限于讨论当点 $P_0(x_0,y_0)$ 沿着平行于 x 轴和平行于 y 轴这两个特殊方向变动时，函数 $f(x,y)$ 的变化率问题，即固定 y 仅 x 变化时和固定 x 仅 y 变化时，函数 $f(x,y)$ 的变化率问题. 下面先介绍关于二元函数增量的概念.

设函数 $z=f(x,y)$ 在点 (x_0,y_0) 的某邻域内有定义. 当 x 在点 x_0 处取得改变量 $\Delta x (\Delta x \neq 0)$，而 $y=y_0$ 保持不变时，函数 $z=f(x,y)$ 得到一个改变量

$$\Delta_x z = f(x_0+\Delta x, y_0) - f(x_0, y_0),$$

称之为函数 $f(x,y)$ 在点 (x_0,y_0) 处关于 x 的**偏改变量**或**偏增量**. 类似地，定义函数 $f(x,y)$ 在点 (x_0,y_0) 处关于 y 的**偏改变量**或**偏增量**为

$$\Delta_y z = f(x_0, y_0+\Delta y) - f(x_0, y_0).$$

自变量 x,y 在点 (x_0,y_0) 处取得改变量 $\Delta x, \Delta y$ 后，函数 $z=f(x,y)$ 的相应改变量为

$$\Delta z = f(x_0+\Delta x, y_0+\Delta y) - f(x_0, y_0),$$

称之为函数 $f(x,y)$ 在点 (x_0,y_0) 处的**全改变量**或**全增量**.

对函数 $z=f(x,y)$，我们可以暂时固定 $y=y_0$，而考虑函数 $z=f(x,y_0)$ 对 x 的导数. 这实质上是求一元函数的导数，我们称它为二元函数的偏导数.

定义 7.4 设函数 $z=f(x,y)$ 在点 (x_0,y_0) 的某邻域内有定义，当 y 固定在 y_0(将变量 y 暂时视为常数)，而让 x 在 x_0 处有一改变量 Δx ($\Delta x \neq 0$)时，如果极限

$$\lim_{\Delta x \to 0} \frac{f(x_0+\Delta x, y_0) - f(x_0, y_0)}{\Delta x}$$

存在，则称此极限值为函数 $z=f(x,y)$ 在点 (x_0,y_0) 处关于 x 的**偏导数**，记为

$$f_x(x_0, y_0), \quad z_x\big|_{(x_0,y_0)}, \quad \frac{\partial z}{\partial x}\bigg|_{(x_0,y_0)} \quad \text{或} \quad \frac{\partial f}{\partial x}\bigg|_{(x_0,y_0)},$$

即

$$f_x(x_0, y_0) = \lim_{\Delta x \to 0} \frac{f(x_0+\Delta x, y_0) - f(x_0, y_0)}{\Delta x}.$$

同样，如果极限

$$\lim_{\Delta y \to 0} \frac{f(x_0, y_0+\Delta y) - f(x_0, y_0)}{\Delta y}$$

存在，则称此极限值为函数 $z=f(x,y)$ 在点 (x_0,y_0) 处关于 y 的**偏导数**，记为

$$f_y(x_0, y_0), \quad z_y\big|_{(x_0,y_0)}, \quad \frac{\partial z}{\partial y}\bigg|_{(x_0,y_0)} \quad \text{或} \quad \frac{\partial f}{\partial y}\bigg|_{(x_0,y_0)},$$

即

$$f_y(x_0, y_0) = \lim_{\Delta y \to 0} \frac{f(x_0, y_0+\Delta y) - f(x_0, y_0)}{\Delta y}.$$

若函数 $z=f(x,y)$ 在平面区域 D 内每一点 $P(x,y)$ 处都有关于 x 或者 y 的偏导数,这个偏导数一般仍是 x,y 的函数,称为函数 $z=f(x,y)$ 对自变量 x 或者 y 的**偏导函数**,记为

$$f_x(x,y), z_x, \frac{\partial z}{\partial x} \text{ 或 } \frac{\partial f}{\partial x}, \quad \text{或者} \quad f_y(x,y), z_y, \frac{\partial z}{\partial y} \text{ 或 } \frac{\partial f}{\partial y},$$

即

$$f_x(x,y) = \lim_{\Delta x \to 0} \frac{f(x+\Delta x, y) - f(x,y)}{\Delta x},$$

$$f_y(x,y) = \lim_{\Delta y \to 0} \frac{f(x, y+\Delta y) - f(x,y)}{\Delta y}.$$

由偏导函数的概念可知,$f(x,y)$ 在点 (x_0,y_0) 处对 x 的偏导数 $f_x(x_0,y_0)$ 就是偏导函数 $f_x(x,y)$ 在点 (x_0,y_0) 处的函数值;对 y 的偏导数 $f_y(x_0,y_0)$ 就是偏导函数 $f_y(x,y)$ 在点 (x_0,y_0) 处的函数值. 以后在不至于混淆的地方把偏导函数简称为偏导数.

显然,根据偏导数的定义,并不需要建立新的运算法则来计算偏导数,只需注意是对哪一个变量求偏导数,而将其余变量都视为常数.

注意 不能把偏导数的记号 $\dfrac{\partial z}{\partial x}$ 理解为 ∂z 与 ∂x 之比,它是一个整体符号,而一元函数的导数记号 $\dfrac{\mathrm{d}y}{\mathrm{d}x}$ 可以看成两个微分 $\mathrm{d}y$ 与 $\mathrm{d}x$ 之比,这是两者的不同点.

例 1 求函数 $z=x^2-3xy+2y^3$ 在点 $(2,1)$ 处的偏导数.

解法 1 先求偏导函数,再代入相应点的坐标:

$f_x(x,y) = (x^2-3xy+2y^3)'_x = 2x-3y,$ (把 y 暂时看做常数)

$f_y(x,y) = (x^2-3xy+2y^3)'_y = -3x+6y^2,$ (把 x 暂时看做常数)

$f_x(2,1) = f_x(x,y)\big|_{(2,1)} = (2x-3y)\big|_{(2,1)} = 2\times 2 - 3\times 1 = 1,$

$f_y(2,1) = f_y(x,y)\big|_{(2,1)} = (-3x+6y^2)\big|_{(2,1)} = -3\times 2 + 6\times 1 = 0.$

解法 2 求函数对变量 x 在一点处的偏导数时,可先将函数中的其余变量用该点相应的坐标代入后再求一元函数的导数.

对 x 求偏导数,可先将 $y=1$ 代入,则

$$f(x,1) = x^2 - 3x + 2, \quad f_x(x,1) = 2x-3,$$
$$f_x(2,1) = (2x-3)\big|_{x=2} = 2\times 2 - 3 = 1;$$

对 y 求偏导数,可先将 $x=2$ 代入,则

$$f(2,y) = 4 - 6y + 2y^3, \quad f_y(2,y) = -6 + 6y^2,$$
$$f_y(2,1) = (-6+6y^2)\big|_{y=1} = -6 + 6 = 0.$$

试一试 求下列函数的偏导数:

(1) $z = x^2 \sin 2y$; (2) $z = \ln(x^2+y^2).$

例 2 求函数 $z=x^y$ $(x>0, x\neq 1)$ 的偏导数.

解 $\dfrac{\partial z}{\partial x} = yx^{y-1};$ (把 y 暂时看做常数,用幂函数的导数公式)

$\dfrac{\partial z}{\partial y} = x^y \ln x.$ (把 x 暂时看做常数,用指数函数的导数公式)

二元函数偏导数的概念和求偏导数的方法可以类推到三元及三元以上的函数.

例3 设函数 $u = \dfrac{z^2}{x^2+y^2}$,求 $\dfrac{\partial u}{\partial x}, \dfrac{\partial u}{\partial y}, \dfrac{\partial u}{\partial z}$.

解 这是一个关于 x, y, z 的三元函数,有三个自变量,因此它有三个偏导数:
$$\frac{\partial u}{\partial x} = \frac{0 \cdot (x^2+y^2) - z^2 \cdot 2x}{(x^2+y^2)^2} = \frac{-2xz^2}{(x^2+y^2)^2};\quad (把 y 与 z 都暂时看做常数)$$
同理
$$\frac{\partial u}{\partial y} = \frac{-2yz^2}{(x^2+y^2)^2}, \quad \frac{\partial u}{\partial z} = \frac{2z}{x^2+y^2}.$$

二、偏导数的几何意义

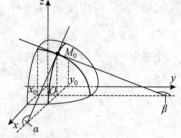

图 7-27

我们知道,一元函数 $y = f(x)$ 在点 x_0 处的导数 $f'(x_0)$ 的几何意义是曲线 $y = f(x)$ 在点 (x_0, y_0) 处的切线斜率. 由于二元函数 $z = f(x, y)$ 在点 (x_0, y_0) 处关于 x 的偏导数 $f_x(x_0, y_0)$ 实质上就是一元函数 $z = f(x, y_0)$ 在点 x_0 处的导数,而曲线 $z = f(x, y_0)$ 可看成空间曲面 $z = f(x, y)$ 与平面 $y = y_0$ 的交线,即
$$\begin{cases} y = y_0, \\ z = f(x, y), \end{cases}$$
因此 $f_x(x_0, y_0)$ 可看做平面 $y = y_0$ 上以 x 为自变量的一元函数 $z = f(x, y_0)$ 在点 x_0 处的导数,其几何意义为平面 $y = y_0$ 上的曲线 $z = f(x, y_0)$ 在点 $M_0(x_0, y_0, z_0)$ 处的切线关于 x 轴的斜率(如图7-27),即
$$f_x(x_0, y_0) = \tan\alpha.$$

同理,$f_y(x_0, y_0)$ 的几何意义是平面 $x = x_0$ 上的曲线 $z = f(x_0, y)$ 在点 $M_0(x_0, y_0, z_0)$ 处的切线关于 y 轴的斜率(如图 7-27),即
$$f_y(x_0, y_0) = \tan\beta.$$

三、高阶偏导数

与一元函数的高阶导数一样,可以定义二元函数的高阶偏导数.

设函数 $z = f(x, y)$ 在区域 D 内具有偏导数:
$$\frac{\partial z}{\partial x} = f_x(x, y), \quad \frac{\partial z}{\partial y} = f_y(x, y).$$

这两个偏导数仍是 D 内关于 x, y 的二元函数,如果这两个函数的偏导数仍存在,则称这两个函数的偏导数为原来函数 $f(x, y)$ 的**二阶偏导数**,分别记为

$$\frac{\partial}{\partial x}\left(\frac{\partial z}{\partial x}\right) = \frac{\partial^2 z}{\partial x^2} = f_{xx}(x, y), \quad \frac{\partial}{\partial y}\left(\frac{\partial z}{\partial y}\right) = \frac{\partial^2 z}{\partial y^2} = f_{yy}(x, y),$$

$$\frac{\partial}{\partial y}\left(\frac{\partial z}{\partial x}\right) = \frac{\partial^2 z}{\partial x \partial y} = f_{xy}(x, y), \quad \frac{\partial}{\partial x}\left(\frac{\partial z}{\partial y}\right) = \frac{\partial^2 z}{\partial y \partial x} = f_{yx}(x, y),$$

其中 $\dfrac{\partial^2 z}{\partial x \partial y}$ 和 $\dfrac{\partial^2 z}{\partial y \partial x}$ 称为**混合偏导数**.

类似地,可定义三阶及三阶以上的偏导数,如

$$\frac{\partial}{\partial x}\left(\frac{\partial^2 z}{\partial x^2}\right)=\frac{\partial^3 z}{\partial x^3}=f_{xxx}(x,y), \qquad \frac{\partial}{\partial y}\left(\frac{\partial^2 z}{\partial x^2}\right)=f_{xxy}(x,y),$$

等等. 二阶及二阶以上的偏导数,统称为**高阶偏导数**.

例 4 求函数 $z=e^{x^2 y}+5xy^2$ 的各二阶偏导数.

解 $\dfrac{\partial z}{\partial x}=2xye^{x^2 y}+5y^2$, $\quad \dfrac{\partial z}{\partial y}=x^2 e^{x^2 y}+10xy$,

$\dfrac{\partial^2 z}{\partial x^2}=2ye^{x^2 y}+2xy\cdot 2xye^{x^2 y}+0=2y(1+2x^2 y)e^{x^2 y}$,

$\dfrac{\partial^2 z}{\partial y^2}=x^2\cdot x^2 e^{x^2 y}+10x=x^4 e^{x^2 y}+10x$,

$\dfrac{\partial^2 z}{\partial x\partial y}=2xe^{x^2 y}+2xy\cdot x^2 e^{x^2 y}+10y=2x(1+x^2 y)e^{x^2 y}+10y$,

$\dfrac{\partial^2 z}{\partial y\partial x}=2xe^{x^2 y}+x^2\cdot 2xye^{x^2 y}+10y=2x(1+x^2 y)e^{x^2 y}+10y.$

在例 4 中, 有 $\dfrac{\partial^2 z}{\partial x\partial y}=\dfrac{\partial^2 z}{\partial y\partial x}$, 但这个等式并不是对所有函数都能成立. 可以证明: 如果 $\dfrac{\partial^2 z}{\partial x\partial y}$ 和 $\dfrac{\partial^2 z}{\partial y\partial x}$ 在区域 D 内连续, 则在 D 内有

$$\frac{\partial^2 z}{\partial x\partial y}=\frac{\partial^2 z}{\partial y\partial x}.$$

试一试 求函数 $z=x^3+2x^2 y-y^3$ 的各二阶偏导数.

习 题 7.3

（A）

一、选择题

1. 设 $z=x^y$, 则 $\dfrac{\partial z}{\partial x}=($).

A. yx^{y-1} B. $x^y\ln x$ C. $\dfrac{1}{y+1}x^{y+1}$ D. $x^y\dfrac{1}{\ln x}$

2. 设 $z=\cos(x^2 y)$, 则 $\dfrac{\partial z}{\partial y}=($).

A. $\sin(x^2 y)$ B. $x^2\sin(x^2 y)$ C. $-\sin(x^2 y)$ D. $-x^2\sin(x^2 y)$

3. 设 $z=2x^2+3xy-y^2$, 则 $\dfrac{\partial^2 z}{\partial x\partial y}=($).

A. 6   B. 3   C. -2 D. 2

二、填空题

1. 设 $z=ye^x$, 则 $\dfrac{\partial z}{\partial x}=$ _____, $\dfrac{\partial z}{\partial y}=$ _____.

2. 设 $z=x^3+3x^2 y+y^2$, 则 $\dfrac{\partial z}{\partial x}=$ _____, $\dfrac{\partial^2 z}{\partial x\partial y}=$ _____.

3. 设 $z=x\ln(x+y)$，则 $\dfrac{\partial z}{\partial y}=$ _____，$\dfrac{\partial^2 z}{\partial y^2}=$ _____．

三、计算题

1. 求下列函数的偏导数：

(1) $z=x^3y^2-3xy^3+xy$； (2) $z=y\cos x$； (3) $z=y^x$；

(4) $z=e^{xy}$； (5) $z=\arctan\dfrac{y}{x}$； (6) $u=\dfrac{y}{x}+\dfrac{z}{y}-\dfrac{x}{z}$．

2. 求下列函数在指定点处的偏导数：

(1) $f(x,y)=x^2+xy+y^3$，点 $(1,2)$ 及 $(2,1)$ 处；

(2) $f(x,y,z)=\ln(xy+z)$，求 $f_x(2,1,0),f_y(2,1,0),f_z(2,1,0)$；

(3) $z=e^{xy}+yx^2$，求 $\dfrac{\partial z}{\partial x}\bigg|_{(1,2)},\dfrac{\partial z}{\partial y}\bigg|_{(1,2)}$．

3. 求下列函数的各二阶偏导数：

(1) $z=x^3+y^3-3xy^2$； (2) $z=e^{\sin x}\cos y$； (3) $z=\ln(e^x+e^y)$．

(B)

一、选择题

1. 设 $z=3x^2+5y$，则 $\dfrac{\partial z}{\partial x}=($　　$)$．（2013 年）

A. $5y$　　　　　B. $3x$　　　　　C. $6x$　　　　　D. $6x+5$

2. 设 $z=x^2y$，则 $\dfrac{\partial z}{\partial x}=($　　$)$．（2012 年）

A. xy　　　　　B. $2xy$　　　　C. x^2　　　　D. $2xy+x^2$

3. 设 $z=\arcsin x+e^y$，则 $\dfrac{\partial z}{\partial y}=($　　$)$．（2011 年）

A. $\dfrac{1}{\sqrt{1-x^2}}+e^y$　　B. $\dfrac{1}{\sqrt{1-x^2}}$　　C. $-\dfrac{1}{\sqrt{1-x^2}}$　　D. e^y

4. 设 $z=x^2y+xy^2$，则 $\dfrac{\partial z}{\partial x}=($　　$)$．（2010 年）

A. $2xy+y^2$　　B. x^2+2xy　　C. $4xy$　　　　D. x^2+y^2

二、填空题

设 $z=xy$，则 $\dfrac{\partial^2 z}{\partial x\partial y}=$ _____．（2010 年）

三、计算题

1. 设 $z=xy^2+e^y\cos x$，求 $\dfrac{\partial z}{\partial y}$．（2013 年）

2. 设 $z=x^2y-xy^3$，求 $\dfrac{\partial^2 z}{\partial x\partial y}$．（2012 年）

§7.4 全 微 分

一、全微分的概念

我们已经知道，若一元函数 $y=f(x)$ 在点 x 处可微，则有
$$dy = f'(x)\Delta x, \quad 且 \quad \Delta y = dy + o(\Delta x),$$
即微分 dy 是 Δx 的线性函数，并且 dy 与 Δy 之差是 Δx 的高阶无穷小. 一元函数的微分推广到多元函数就是全微分.

引例 设某矩形的长为 x_0，宽为 y_0，则其面积为
$$z = x_0 y_0.$$
当矩形的长增加 Δx，宽增加 Δy 时（如图 7-28），面积相应增加
$$\Delta z = (x_0 + \Delta x)(y_0 + \Delta y) - x_0 y_0 = y_0 \Delta x + x_0 \Delta y + \Delta x \Delta y,$$
现在，令 $A = y_0, B = x_0, \rho = \sqrt{(\Delta x)^2 + (\Delta y)^2}$. 由于
$$\left|\frac{\Delta x \Delta y}{\rho}\right| \leqslant \frac{\frac{1}{2}[(\Delta x)^2 + (\Delta y)^2]}{\rho} = \frac{1}{2}\rho \to 0 \quad (\rho \to 0),$$
于是
$$\Delta z = A\Delta x + B\Delta y + o(\rho).$$

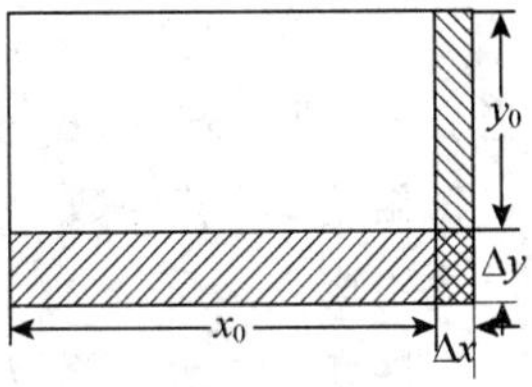

图 7-28

可见，Δz 能够分成两部分：

第一部分：$A\Delta x + B\Delta y$，它与 Δx 和 Δy 呈线性关系；

第二部分：$o(\rho)$，它是 ρ 的高阶无穷小.

定义 7.5 若函数 $z = f(x, y)$ 在点 (x, y) 处的全增量 $\Delta z = f(x + \Delta x, y + \Delta y) - f(x, y)$ 可表示为
$$\Delta z = A\Delta x + B\Delta y + o(\rho),$$
其中 A, B 不依赖于 Δx 和 Δy，而仅与点 (x, y) 有关，$\rho = \sqrt{(\Delta x)^2 + (\Delta y)^2}$，$o(\rho)$ 是 $\rho \to 0$ 时 ρ 的高阶无穷小，则称函数 $f(x, y)$ 在点 (x, y) 处**可微**，并称 $A\Delta x + B\Delta y$ 为函数 $f(x, y)$ 在点 (x, y) 处的**全微分**，记为 dz，即
$$dz = A\Delta x + B\Delta y. \tag{7-3}$$

由全微分的定义，不难看到全微分的两个特点：dz 是 Δx 与 Δy 的线性函数；dz 与 Δz 之差是 ρ 的高阶无穷小.

二、全微分的计算

下面讨论二元函数可微的必要条件和充分条件，并确定 (7-3) 式中的系数 A, B.

定理 7.1（可微的必要条件） 若函数 $z = f(x, y)$ 在点 (x, y) 处可微，则函数 $z = f(x, y)$ 在点 (x, y) 处的偏导数 $\frac{\partial z}{\partial x}, \frac{\partial z}{\partial y}$ 必存在，并且有 $\frac{\partial z}{\partial x} = A, \frac{\partial z}{\partial y} = B$.

证明 因为函数 $z = f(x, y)$ 在点 (x, y) 处可微，所以对任意的 Δx 和 Δy，均有
$$\Delta z = f(x + \Delta x, y + \Delta y) - f(x, y) = A\Delta x + B\Delta y + o(\rho).$$
当 $\Delta y = 0$ 时，$\Delta z = f(x + \Delta x, y) - f(x, y) = A\Delta x + o(|\Delta x|)$，于是

$$\lim_{\Delta x \to 0} \frac{\Delta z}{\Delta x} = \lim_{\Delta x \to 0} \frac{f(x+\Delta x, y) - f(x,y)}{\Delta x} = \lim_{\Delta x \to 0} \frac{A\Delta x + o(|\Delta x|)}{\Delta x} = A,$$

即 $\frac{\partial z}{\partial x} = A$. 同理 $\frac{\partial z}{\partial y} = B$.

与一元函数相同，按照定义可推得自变量的改变量等于自变量的微分，即 $\Delta x = \mathrm{d}x, \Delta y = \mathrm{d}y$. 于是，函数 $f(x,y)$ 在点 (x,y) 处的全微分 $\mathrm{d}z$ 可表示为 $\mathrm{d}z = \frac{\partial z}{\partial x}\mathrm{d}x + \frac{\partial z}{\partial y}\mathrm{d}y$，即有如下结论：

结论 1 若函数 $z = f(x,y)$ 在点 (x,y) 处可微，则函数 $z = f(x,y)$ 在点 (x,y) 处的两个偏导数 $\frac{\partial z}{\partial x}, \frac{\partial z}{\partial y}$ 都存在，并且

$$\mathrm{d}z = \frac{\partial z}{\partial x}\mathrm{d}x + \frac{\partial z}{\partial y}\mathrm{d}y.$$

由于

$$\Delta z = A\Delta x + B\Delta y + o(\rho),$$

当 $\rho \to 0$，即 $\Delta x \to 0, \Delta y \to 0$ 时，有 $\Delta z \to 0$，因此得到下面的结论.

结论 2 若函数 $z = f(x,y)$ 在点 (x,y) 处可微，则函数 $z = f(x,y)$ 在点 (x,y) 处一定连续；反之不成立.

注意 二元函数 $f(x,y)$ 在点 (x,y) 处偏导数存在却不一定可微.

例如，可以证明函数

$$z = \begin{cases} \dfrac{xy}{x^2+y^2}, & x^2+y^2 \neq 0, \\ 0, & x^2+y^2 = 0 \end{cases}$$

在点 $(0,0)$ 处偏导数存在，但它在点 $(0,0)$ 处的极限不存在(可参考 §7.2 例4)，因而在点 $(0,0)$ 处不连续. 由结论2的逆否命题知，上述函数在点 $(0,0)$ 处不可微.

定理 7.2(可微的充分条件) 若函数 $z = f(x,y)$ 的偏导数 $\frac{\partial z}{\partial x}$ 和 $\frac{\partial z}{\partial y}$ 在点 (x,y) 处连续，则函数 $z = f(x,y)$ 在点 (x,y) 处必可微.

定理的证明从略. 这个定理说明：如果一个函数的偏导数存在，且它们是连续的(一般对于初等函数，这些条件都是满足的)，则这个函数一定可微，并且其全微分为

$$\mathrm{d}z = \frac{\partial z}{\partial x}\mathrm{d}x + \frac{\partial z}{\partial y}\mathrm{d}y. \tag{7-4}$$

例 1 求函数 $z = x^2 y + y^2$ 的全微分 $\mathrm{d}z$.

解 $\frac{\partial z}{\partial x} = 2xy, \frac{\partial z}{\partial y} = x^2 + 2y$，于是由公式(7-4)有

$$\mathrm{d}z = \frac{\partial z}{\partial x}\mathrm{d}x + \frac{\partial z}{\partial y}\mathrm{d}y = 2xy\mathrm{d}x + (x^2+2y)\mathrm{d}y.$$

我们可以把二元函数的全微分推广到三元函数. 若函数 $u = f(x,y,z)$ 的偏导数 $\frac{\partial u}{\partial x}, \frac{\partial u}{\partial y}, \frac{\partial u}{\partial z}$ 在点 (x,y,z) 处连续，则函数 $u = f(x,y,z)$ 在点 (x,y,z) 处可微，且有

$$\mathrm{d}u = \frac{\partial u}{\partial x}\mathrm{d}x + \frac{\partial u}{\partial y}\mathrm{d}y + \frac{\partial u}{\partial z}\mathrm{d}z. \tag{7-5}$$

例 2 设函数 $u = x + \sin\dfrac{y}{2} + e^{yz}$,求全微分 du.

解 $\dfrac{\partial u}{\partial x} = 1, \dfrac{\partial u}{\partial y} = \dfrac{1}{2}\cos\dfrac{y}{2} + ze^{yz}, \dfrac{\partial u}{\partial z} = ye^{yz}$,于是由公式(7-5)有

$$du = \dfrac{\partial u}{\partial x}dx + \dfrac{\partial u}{\partial y}dy + \dfrac{\partial u}{\partial z}dz = dx + \left(\dfrac{1}{2}\cos\dfrac{y}{2} + ze^{yz}\right)dy + ye^{yz}dz.$$

例 3 设函数 $z = \ln(x + y^2)$,求全微分 $dz\big|_{(1,0)}$.

解 $\dfrac{\partial z}{\partial x} = \dfrac{1}{x+y^2}, \dfrac{\partial z}{\partial y} = \dfrac{2y}{x+y^2}, dz = \dfrac{\partial z}{\partial x}dx + \dfrac{\partial z}{\partial y}dy = \dfrac{1}{x+y^2}dx + \dfrac{2y}{x+y^2}dy,$

$$dz\big|_{(1,0)} = \left(\dfrac{1}{x+y^2}dx + \dfrac{2y}{x+y^2}dy\right)\bigg|_{(1,0)} = \dfrac{1}{x+y^2}\bigg|_{(1,0)}dx + \dfrac{2y}{x+y^2}\bigg|_{(1,0)}dy = dx.$$

习 题 7.4

(A)

一、选择题

1. 设 $z = e^{xy}$,则 $dz = ($ $)$.

   A. $e^{xy}dx$ B. $(xdy + ydx)e^{xy}$ C. $xdy + ydx$ D. $(x+y)e^{xy}$

2. 函数 $z = f(x,y)$ 在点 (x_0, y_0) 处两个偏导数 $f_x(x_0, y_0), f_y(x_0, y_0)$ 存在是 $f(x,y)$ 在该点处存在全微分的(   ).

   A. 充分条件   B. 必要条件   C. 充分必要条件   D. 无关条件

二、填空题

1. 设 $z = x^2 y$,则 $dz = $ _____.

2. 设 $z = \ln(x+y^2)$,则 $dz = $ _____.

三、计算题

1. 求下列函数的全微分:

   (1) $z = x^3 + 3x^2 y + y^4 + 2$;　　(2) $z = e^x \sin y$;　　(3) $z = x\cos(x+y)$;

   (4) $z = x\ln y$;　　(5) $z = \dfrac{y}{x}$;　　(6) $u = xy + yz + zx$.

2. 求下列函数在指定点处的全微分:

   (1) $z = x^4 + 2xy^3 - y$,在点 $(1,1)$ 处;

   (2) $z = \ln(1 + x^2 + y^2)$,在点 $(1,2)$ 处;

   (3) $z = \dfrac{x}{x^2 + y^2}$,在点 $(1,0)$ 和 $(0,1)$ 处.

(B)

一、选择题

设 $z = x^2 - 3y$,则 $dz = ($ $)$. (2011 年)

A. $2xdx - 3ydy$ B. $x^2 dx - 3dy$ C. $2xdx - 3dy$ D. $x^2 dx - 3ydy$

二、填空题

1. 设 $z=xy$，则 $dz=$ _____．(2013 年)
2. 设 $z=x^2-y$，则 $dz=$ _____．(2012 年)
3. 设 $z=2x+y^2$，则 $dz=$ _____．(2010 年)

§7.5 二元复合函数的求导法则

一、二元复合函数的求导法则

若 $z=f(u,v)$，而 $u=u(x,y)$，$v=v(x,y)$，于是 z 是 x,y 的复合函数，记为
$$z=f[u(x,y),v(x,y)].$$
我们不加证明地给出二元复合函数的偏导数公式．

定理 7.3 若函数 $u=u(x,y)$，$v=v(x,y)$ 在点 (x,y) 处有偏导数，而 $z=f(u,v)$ 在对应点 (u,v) 处有连续偏导数，则复合函数 $z=f[u(x,y),v(x,y)]$ 在点 (x,y) 处有偏导数，并且

$$\frac{\partial z}{\partial x}=\frac{\partial z}{\partial u}\frac{\partial u}{\partial x}+\frac{\partial z}{\partial v}\frac{\partial v}{\partial x}, \tag{7-6}$$

$$\frac{\partial z}{\partial y}=\frac{\partial z}{\partial u}\frac{\partial u}{\partial y}+\frac{\partial z}{\partial v}\frac{\partial v}{\partial y}. \tag{7-7}$$

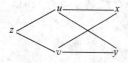

图 7-29

复合函数的结构示意图如图 7-29 所示．此图表示线段所连的两个变量有关系，其中 z 是 u,v 的函数，而 u,v 又都是 x,y 的函数，x,y 是自变量，u,v 是中间变量．

在确定复合函数的偏导数 $\frac{\partial z}{\partial x}$ 时，虽然 y 不变，但是 x 的变化会同时影响到 u,v，从而引起 z 的变化．因此，z 相对于 x 的变化是通过 u,v 两部分带来的，在 (7-6) 式中，$\frac{\partial z}{\partial x}$ 由 $\frac{\partial z}{\partial u}\frac{\partial u}{\partial x}$ 与 $\frac{\partial z}{\partial v}\frac{\partial v}{\partial x}$ 之和组成；同理 $\frac{\partial z}{\partial y}$ 由 $\frac{\partial z}{\partial u}\frac{\partial u}{\partial y}$ 与 $\frac{\partial z}{\partial v}\frac{\partial v}{\partial y}$ 之和组成．

想一想 (1) 若复合函数的中间变量有三个，$z=f(u,v,w)$，$u=u(x,y)$，$v=v(x,y)$，$w=w(x,y)$，写出 $\frac{\partial z}{\partial x}$，$\frac{\partial z}{\partial y}$ 的表达式．

(2) 若 $s=f(u,v)$，$u=u(x,y,z)$，$v=v(x,y,z)$ 可求几个偏导数？如何求？

例 1 设 $z=e^u\sin v$，$u=x^2+y$，$v=x-y$，求 $\frac{\partial z}{\partial x}$ 和 $\frac{\partial z}{\partial y}$．

解 复合函数的结构示意图如图 7-29 所示，于是有

$$\frac{\partial z}{\partial u}=e^u\sin v, \quad \frac{\partial z}{\partial v}=e^u\cos v,$$

$$\frac{\partial u}{\partial x}=2x, \quad \frac{\partial u}{\partial y}=1, \quad \frac{\partial v}{\partial x}=1, \quad \frac{\partial v}{\partial y}=-1,$$

$$\frac{\partial z}{\partial x}=\frac{\partial z}{\partial u}\frac{\partial u}{\partial x}+\frac{\partial z}{\partial v}\frac{\partial v}{\partial x}=e^u\sin v\cdot 2x+e^u\cos v\cdot 1$$

$$=e^{x^2+y}[2x\cdot\sin(x-y)+\cos(x-y)],$$

$$\frac{\partial z}{\partial y} = \frac{\partial z}{\partial u}\frac{\partial u}{\partial y} + \frac{\partial z}{\partial v}\frac{\partial v}{\partial y} = e^u \sin v \cdot 1 + e^u \cos v \cdot (-1)$$
$$= e^{x^2+y}[\sin(x-y) - \cos(x-y)].$$

例2 设 $z = (2x+y)^{2y}$,求 $\frac{\partial z}{\partial x}$ 和 $\frac{\partial z}{\partial y}$.

该函数对 x 求偏导数时,可看做 x 的复合函数;对 y 求偏导数时,可看做 y 的幂指函数.为了避免对 y 求偏导数时取对数,可采用如下方法:

解 令 $u = 2x+y, v = 2y$,则 $z = u^v$.复合结构图如图 7-30 所示,于是

$$\frac{\partial z}{\partial x} = \frac{\partial z}{\partial u}\frac{\partial u}{\partial x} = vu^{v-1} \cdot 2 = 2 \cdot 2y(2x+y)^{2y-1}$$
$$= 4y(2x+y)^{2y-1},$$
$$\frac{\partial z}{\partial y} = \frac{\partial z}{\partial u}\frac{\partial u}{\partial y} + \frac{\partial z}{\partial v}\frac{\partial v}{\partial y} = vu^{v-1} \cdot 1 + u^v \ln u \cdot 2$$
$$= 2y(2x+y)^{2y-1} + 2(2x+y)^{2y}\ln(2x+y).$$

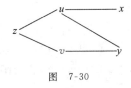

图 7-30

图 7-31

下面介绍一种特殊情形:

设 $z = f(u,v)$,而 u,v 依赖于一个变量 x,即 $u = u(x), v = v(x)$,复合结构图如图 7-31 所示.此时,$z = f[u(x), v(x)]$ 是以 u,v 为中间变量的 x 的一元复合函数,故 z 对自变量 x 的导数是 $\frac{dz}{dx}$,称其为**全导数**.于是有

$$\frac{dz}{dx} = \frac{\partial z}{\partial u}\frac{du}{dx} + \frac{\partial z}{\partial v}\frac{dv}{dx}.$$

注意 由于 $z = f(u,v)$ 为二元函数,故使用偏导数符号 $\frac{\partial z}{\partial u}$ 和 $\frac{\partial z}{\partial v}$,而 $u = u(x)$ 及 $v = v(x)$ 均为一元函数,应使用导数符号 $\frac{du}{dx}$ 和 $\frac{dv}{dx}$.

例3 设 $z = u^2 v, u = \cos x, v = \sin x$,求 $\frac{dz}{dx}$.

解 $\frac{dz}{dx} = \frac{\partial z}{\partial u}\frac{du}{dx} + \frac{\partial z}{\partial v}\frac{dv}{dx} = 2uv \cdot (-\sin x) + u^2 \cdot \cos x = \cos^3 x - 2\sin^2 x \cos x.$

求全导数的问题也可先将函数复合成 $z = f[u(x), v(x)]$,再利用一元函数的求导法则来求.例如,对于例3,有

$$z = \cos^2 x \sin x,$$

则
$$\frac{dz}{dx} = 2\cos x(-\sin x)\sin x + \cos^2 x \cos x = \cos^3 x - 2\sin^2 x \cos x.$$

二、隐函数的求导公式

对由方程

$$F(x,y,z) = 0$$

所确定的函数 $z=z(x,y)$,也可以像一元函数那样,在方程两边对 x(或 y)求偏导数,并注意到 z 不是独立的自变量,而是 x,y 的隐函数即可.

例 4 方程 $e^z - xyz = 1$ 确定 z 是 x,y 的二元函数,求 $\dfrac{\partial z}{\partial x}, \dfrac{\partial z}{\partial y}$.

解 把 z 看成 $z=z(x,y)$,方程两边对 x 求偏导数,得

$$e^z \cdot z_x - [x_x \cdot yz + x \cdot y_x \cdot z + xy \cdot z_x] = 0,$$

即
$$e^z z_x - (yz + xyz_x) = 0,$$

从而
$$\frac{\partial z}{\partial x} = z_x = \frac{yz}{e^z - xy}.$$

方程两边对 y 求偏导数,得

$$e^z \cdot z_y - [x_y \cdot yz + x \cdot y_y \cdot z + xy \cdot z_y] = 0,$$

即
$$e^z z_y - (xz + xyz_y) = 0,$$

从而
$$\frac{\partial z}{\partial y} = z_y = \frac{xz}{e^z - xy}.$$

下面我们用类似的方法推导二元隐函数的偏导数公式. 方程 $F(x,y,z)=0$ 确定一个二元隐函数 $z=f(x,y)$,将其代入方程得 $F(x,y,f(x,y))=0$,左端为 x,y 的复合函数. 分别对 x,y 求偏导数,得

$$\frac{\partial F}{\partial x} + \frac{\partial F}{\partial z}\frac{\partial z}{\partial x} = 0, \quad \frac{\partial F}{\partial y} + \frac{\partial F}{\partial z}\frac{\partial z}{\partial y} = 0.$$

若设 $\dfrac{\partial F}{\partial z} \neq 0$,则有

$$\frac{\partial z}{\partial x} = -\frac{\dfrac{\partial F}{\partial x}}{\dfrac{\partial F}{\partial z}} = -\frac{F_x}{F_z}, \quad \frac{\partial z}{\partial y} = -\frac{\dfrac{\partial F}{\partial y}}{\dfrac{\partial F}{\partial z}} = -\frac{F_y}{F_z}. \tag{7-8}$$

注意 使用公式(7-8)时,应先对方程移项,使一侧为 0,另一侧则为三元函数 $F(x,y,z)$. F_x 是 $F(x,y,z)$ 对变量 x 求偏导数,y,z 视为常数;F_y 是 $F(x,y,z)$ 对变量 y 求偏导数,x,z 视为常数;F_z 是 $F(x,y,z)$ 对变量 z 求偏导数,x,y 视为常数.

例 5 方程 $x^2 z^3 + y^3 + xyz = 3$ 确定 z 是 x,y 的二元函数,求 $\left.\dfrac{\partial z}{\partial x}\right|_{(1,1,1)}$ 和 $\left.\dfrac{\partial z}{\partial y}\right|_{(1,1,1)}$.

解法 1 把 z 看成 $z=z(x,y)$,方程两边对 x 求偏导数,得

$$(x^2)_x \cdot z^3 + x^2 \cdot (z^3)_x + (y^3)_x + x_x \cdot yz + x \cdot y_x \cdot z + xy \cdot z_x = 3_x,$$

即
$$2x \cdot z^3 + x^2 \cdot 3z^2 \cdot z_x + yz + xy \cdot z_x = 0,$$

从而
$$\frac{\partial z}{\partial x} = z_x = -\frac{2xz^3 + yz}{3x^2 z^2 + xy}.$$

方程两边对 y 求偏导数,得

$$(x^2)_y \cdot z^3 + x^2 \cdot (z^3)_y + (y^3)_y + x_y \cdot yz + x \cdot y_y \cdot z + xy \cdot z_y = 3_y,$$

即
$$x^2 \cdot 3z^2 \cdot z_y + 3y^2 + xz + xy \cdot z_y = 0,$$

从而
$$\frac{\partial z}{\partial y}=z_y=-\frac{3y^2+xz}{3x^2z^2+xy}.$$

故
$$\left.\frac{\partial z}{\partial x}\right|_{(1,1,1)}=-\frac{2+1}{3+1}=-\frac{3}{4}, \quad \left.\frac{\partial z}{\partial y}\right|_{(1,1,1)}=-\frac{3+1}{3+1}=-1.$$

解法 2 设 $F(x,y,z)=x^2z^3+y^3+xyz-3$,利用公式(7-8). 由于
$$F_x=2xz^3+yz, \quad F_y=3y^2+xz, \quad F_z=3x^2z^2+xy,$$

因此
$$\frac{\partial z}{\partial x}=-\frac{F_x}{F_z}=-\frac{2xz^3+yz}{3x^2z^2+xy}, \quad \frac{\partial z}{\partial y}=-\frac{F_y}{F_z}=-\frac{3y^2+xz}{3x^2z^2+xy}.$$

故
$$\left.\frac{\partial z}{\partial x}\right|_{(1,1,1)}=-\frac{2+1}{3+1}=-\frac{3}{4}, \quad \left.\frac{\partial z}{\partial y}\right|_{(1,1,1)}=-\frac{3+1}{3+1}=-1.$$

试一试 方程 $x^2+y^2+z^2=4z$ 确定 z 是 x,y 的二元函数,求 $\frac{\partial z}{\partial x}$ 和 $\frac{\partial z}{\partial y}$.

对于一元隐函数,我们用同样的方法也可以推导出其导数公式. 设方程 $F(x,y)=0$ 确定的一元隐函数为 $y=y(x)$,将其代入方程,得
$$F[x,y(x)]=0.$$

两边对 x 求导数,得
$$F_x+F_y\cdot\frac{dy}{dx}=0.$$

当 $F_y\neq 0$ 时,得
$$\frac{dy}{dx}=-\frac{F_x}{F_y}.$$

例 6 方程 $x^2+y^2=2x$ 确定 y 是 x 的函数,求 $\frac{dy}{dx}$.

解 $F(x,y)=x^2+y^2-2x, F_x=2x-2, F_y=2y$,于是
$$\frac{dy}{dx}=-\frac{F_x}{F_y}=-\frac{2x-2}{2y}=\frac{1-x}{y}.$$

试一试 方程 $xy+e^y=e^x$ 确定 y 是 x 的函数,求 $\frac{dy}{dx}$.

习 题 7.5

计算题

1. 已知函数 $z=uv$,其中 $u=x+y, v=x-y$,求 $\frac{\partial z}{\partial x}+\frac{\partial z}{\partial y}$.

2. 已知函数 $z=v^2-u$,其中 $u=xy, v=x+y$,求 $\frac{\partial z}{\partial x}, \frac{\partial z}{\partial y}$.

3. 已知函数 $z=u^2\ln v$,其中 $u=\frac{x}{y}, v=3x-2y$,求 $\frac{\partial z}{\partial u}, \frac{\partial z}{\partial v}, \frac{\partial z}{\partial x}, \frac{\partial z}{\partial y}$.

4. 设函数 $z=e^{u\cos v}$,其中 $u=xy, v=\ln(x-y)$,求 $\frac{\partial z}{\partial x}, \frac{\partial z}{\partial y}$.

5. 设函数 $z=x^2-y^2$,其中 $x=\sin t, y=\cos t$,求 $\frac{dz}{dt}$.

6. 已知函数 $z=\frac{y}{x}$,其中 $x=e^t, y=1-e^{2t}$,求 $\frac{dz}{dt}$.

7. 求下列函数的偏导数：

(1) $z=(x^2+y^2)^{xy}$； (2) $z=(1+xy)^y$.

8. 求下列方程确定的隐函数 $z=z(x,y)$ 的偏导数：

(1) $e^z-2xyz=1$； (2) $x+\ln y-\ln z=2$； (3) $\dfrac{x^2}{a^2}+\dfrac{y^2}{b^2}+\dfrac{z^2}{c^2}=1$.

§7.6 二元函数的极值与最值

一、二元函数的极值

在一元函数微分学中，我们运用导数解决了一些最大值和最小值问题. 在实践中，我们还会遇到多元函数的最大值和最小值问题，而二元函数的情形尤为常见. 与一元函数一样，二元函数的最值与极值有密切联系. 为此，我们先来介绍二元函数的极值.

定义 7.6 设函数 $z=f(x,y)$ 在点 $P_0(x_0,y_0)$ 的某邻域内有定义，若对于该邻域内异于 $P_0(x_0,y_0)$ 的一切点 $P(x,y)$，恒有

$$f(x_0,y_0)>f(x,y) \quad (\text{或}\ f(x_0,y_0)<f(x,y))$$

成立，则称 $f(x_0,y_0)$ 为函数 $f(x,y)$ 的一个**极大值**（或**极小值**），并称点 $P_0(x_0,y_0)$ 为函数 $f(x,y)$ 的**极大值点**（或**极小值点**）.

极大值和极小值统称为**极值**，极大值点和极小值点统称为**极值点**.

例如，函数 $z=2x^2+2y^2$ 在点 $(0,0)$ 处取得极小值，极小值是 0（如图 7-32）.

事实上，对任意点 $(x,y)\neq(0,0)$，总有 $2x^2+2y^2>0$，即

$$f(x,y)>f(0,0)=0.$$

又如，函数 $z=-\sqrt{x^2+y^2}$ 在点 $(0,0)$ 处取得极大值，极大值是 0（如图 7-33）.

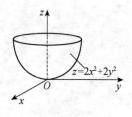

图 7-32

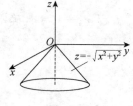

图 7-33

那么，函数 $f(x,y)$ 在哪些点才能取得极值呢？即函数 $f(x,y)$ 在点 (x_0,y_0) 处取得极值的必要条件是什么呢？

定理 7.4（极值存在的必要条件） 若函数 $z=f(x,y)$ 在点 $P_0(x_0,y_0)$ 处偏导数存在，并且 $P_0(x_0,y_0)$ 是极值点，则 $f_x(x_0,y_0)=0$ 且 $f_y(x_0,y_0)=0$.

事实上，若函数 $z=f(x,y)$ 在点 (x_0,y_0) 处有偏导数，并且 (x_0,y_0) 是极值点，则一元函数 $z=f(x,y_0)$ 和 $z=f(x_0,y)$ 也一定分别在点 x_0,y_0 处取得极值（如图 7-34），因此由一元函数取得极值的必要条件得

$$f_x(x_0,y_0)=0 \quad \text{且} \quad f_y(x_0,y_0)=0.$$

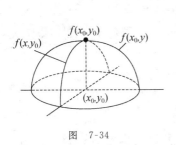
图 7-34

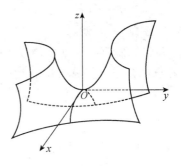
图 7-35

定义 7.7 满足 $f_x(x_0,y_0)=0$ 且 $f_y(x_0,y_0)=0$ 的点 $P_0(x_0,y_0)$ 称为函数 $f(x,y)$ 的**驻点**. 对偏导数存在的函数而言,极值点一定是驻点,但驻点却不一定是极值点.

例如,函数 $z=-x^2+y^2$ 在点 $(0,0)$ 处有
$$f_x(0,0)=-2x\big|_{(0,0)}=0,\quad f_y(0,0)=2y\big|_{(0,0)}=0,$$
而此函数的几何图形是一个马鞍面,由图 7-35 可以看出,它在点 $(0,0)$ 处显然没有取得极值.

那么,函数 $f(x,y)$ 在什么样的驻点上才取得极值呢? 即函数 $f(x,y)$ 在点 (x_0,y_0) 处取得极值的充分条件是什么呢?

定理 7.5(极值存在的充分条件) 设函数 $z=f(x,y)$ 在点 (x_0,y_0) 的某邻域内有一阶及二阶连续偏导数,并且 $f_x(x_0,y_0)=0$,$f_y(x_0,y_0)=0$,若记 $A=f_{xx}(x_0,y_0)$,$B=f_{xy}(x_0,y_0)$,$C=f_{yy}(x_0,y_0)$,则

(1) 当 $B^2-AC<0$ 时,函数 $f(x,y)$ 在点 (x_0,y_0) 处取得极值,并且 $A<0$(或 $C<0$)时取得极大值,$A>0$(或 $C>0$)时取得极小值;

(2) 当 $B^2-AC>0$ 时,函数 $f(x,y)$ 在点 (x_0,y_0) 处无极值;

(3) 当 $B^2-AC=0$ 时,情况不定.

求可微函数 $f(x,y)$ 极值的步骤如下:

(1) 求偏导数,解方程组
$$\begin{cases} f_x(x,y)=0, \\ f_y(x,y)=0, \end{cases}$$
求出驻点 $P_0(x_0,y_0)$.

(2) 求二阶偏导数,写出判别式 $B^2-AC=[f_{xy}(x_0,y_0)]^2-f_{xx}(x_0,y_0)f_{yy}(x_0,y_0)$.

(3) 讨论判别式 B^2-AC 在驻点 $P_0(x_0,y_0)$ 处的符号,如下表:

B^2-AC	−	−	+	0
A(或 C)	+	−		
$f(x,y)$	取得极小值	取得极大值	没有极值	不确定

由第(1)步求得的驻点可以不止一个,若存在多个驻点 $P_1,P_2,\cdots,P_n$,只需对这 n 个驻点逐一进行步骤(2)和(3).

例 1 求函数 $f(x,y)=x^3-4x^2-2xy-y^2+1$ 的极值.

解 (1) 由 $\begin{cases} f_x(x,y)=3x^2-8x-2y=0, \\ f_y(x,y)=-2x-2y=0 \end{cases}$ 解得驻点 $(0,0)$,$(2,-2)$.

(2) $f_{xx}(x,y)=6x-8$, $f_{xy}(x,y)=-2$, $f_{yy}(x,y)=-2$.

(3) ① 在点$(0,0)$处，$A=-8$，$B=-2$，$C=-2$. 因为$B^2-AC=4-16=-12<0$，并且$A<0$，所以函数在点$(0,0)$处取得极大值，极大值是$f(0,0)=1$.

② 在点$(2,-2)$处，$A=4$，$B=-2$，$C=-2$. 因为$B^2-AC=4+8=12>0$，所以函数在点$(2,-2)$处无极值.

试一试 求函数$f(x,y)=x^2-xy+y^2+9x-6y+20$的极值.

二、二元函数的最值及其应用

如果欲求可微函数$f(x,y)$在有界闭区域D上的最值，除了求出函数$f(x,y)$在D内的全部极值外，还应与函数$f(x,y)$在D的边界上的最值进行比较，其中最大（小）者就是函数$f(x,y)$在D上的最大（小）值. 一般来说，求函数$f(x,y)$在D的边界点上的最值比较麻烦. 由于对很多实际问题，我们事先就知道它必在区域内部某一点达到最大（小）值，有时恰好只有一个驻点，则函数必在此驻点处达到最大（小）值.

例2 要设计一个容积为32 m^3的长方体无盖水箱，试问：水箱长、宽、高各等于多少米时，其所用的材料最少？

解 所用材料最少就是水箱的表面积最小. 设水箱的长、宽、高分别为x, y, z，则表面积S为

$$S=2(xz+yz)+xy,$$

且$xyz=32$，即$z=\dfrac{32}{xy}$. 于是

$$S=64\left(\dfrac{1}{y}+\dfrac{1}{x}\right)+xy.$$

S是x,y的二元函数，其定义域为$D=\{(x,y)\mid x>0, y>0\}$.

由 $\begin{cases} S_x=-\dfrac{64}{x^2}+y=0, \\ S_y=-\dfrac{64}{y^2}+x=0 \end{cases}$ 解得唯一驻点$(4,4)$，从而$z=2$.

由于S在$D=\{(x,y)\mid x>0, y>0\}$内确有最小值，故当水箱的长为4 m，宽为4 m，高为2 m时，其所用的材料最少.

习 题 7.6

（A）

一、选择题

1. 设二元函数$z=f(x,y)$在点(x_0,y_0)处可微，则$f_x(x_0,y_0)=f_y(x_0,y_0)=0$为$f(x,y)$在点$(x_0,y_0)$处取得极值的（　　）.

A. 充分条件　　B. 必要条件　　C. 充分必要条件　　D. 无关条件

2. 二元函数$f(x,y)=2(x-y)+x^2-y^2$的驻点为（　　）.

A. $(1,1)$　　B. $(-1,1)$　　C. $(1,-1)$　　D. $(-1,-1)$

3. 二元函数 $f(x,y)=5-x^2-y^2$ 的极大值点是( ).
   A. (1,0)　　　　B. (0,1)　　　　C. (0,0)　　　　D. (1,1)

二、解答题

1. 求下列函数的极值：

   (1) $f(x,y)=\dfrac{1}{2}x^2-xy+y^2+3x$;　　　(2) $f(x,y)=9xy-x^3-y^3$.

2. 某农场欲围一个面积为 60 m² 的矩形场地，正面所用材料每米造价为 10 元，其余三面每米造价为 5 元，求场地长、宽各多少米时，所用材料费最少.

3. 某企业用钢板做一个容积为 8 m³ 的长方体箱子，试问：其长、宽、高各为多少米时，所用钢板最省？

4. 从斜边之长为 L 的一切直角三角形中求有最大周长的三角形.

(B)

填空题

设函数 $z=f(x,y)$ 可微，(x_0,y_0) 为其极值点，则 $\dfrac{\partial z}{\partial x}\bigg|_{(x_0,y_0)}=$ _____.（2011 年）

§7.7 二重积分的概念与性质

二元函数的积分与一元函数的积分一样，都是由实际问题的需要而产生的. 二元函数的积分概念是一元函数定积分概念的推广，被积函数由一元变为二元，积分范围由直线上的区间变成平面上的区域，积分概念的引入仍然采用了"分割—近似代替—求和—取极限"的思路.

一、二重积分的概念

1. 引例——曲顶柱体的体积

在一元函数中，我们通过曲边梯形的面积引入了定积分的概念. 下面我们通过曲顶柱体的体积引入二重积分的概念.

设二元函数 $z=f(x,y)$ 为有界闭区域 D 上的非负连续函数，求以曲面 $z=f(x,y)$ 为顶、区域 D 为底的"曲顶柱体"的体积 V（如图 7-36）.

我们知道，平顶柱体的体积公式是 $V=Sh$，即底面积乘以高. 但由于曲顶柱体的高不是常数，不能用该公式计算. 与计算曲边梯形的面积类似，可采用局部"以平代曲"的思想.

(1) 分割：将曲顶柱体分成 n 个小曲顶柱体.

将区域 D 任意分成 n 个子区域：

$$\Delta\sigma_1,\ \Delta\sigma_2,\ \cdots,\ \Delta\sigma_n,$$

其中 $\Delta\sigma_i(i=1,2,\cdots,n)$ 既代表第 i 个子区域，也代表第 i 个子区域的面积. 记 λ 为所有子区域直径（即区域内任意两点之间距离的最大值）的最大值. 于是，曲顶柱体被分成 n 个小曲顶柱体，记它们的体积为 $\Delta V_i(i=1,2,\cdots,n)$.

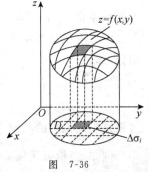

图 7-36

(2) 近似代替：用小平顶柱体的体积近似代替小曲顶柱体的体积.

在每个子区域 $\Delta\sigma_i$ 上任取一点 (ξ_i,η_i)，用以 $\Delta\sigma_i$ 为底，$f(\xi_i,\eta_i)$ 为高的小平顶柱体的体积近似代替相应的小曲顶柱体的体积，即

$$\Delta V_i \approx f(\xi_i,\eta_i)\Delta\sigma_i \quad (i=1,2,\cdots,n).$$

(3) 求和：将各小平顶柱体的体积之和作为所求曲顶柱体体积的近似值，即

$$V = \sum_{i=1}^{n}\Delta V_i \approx \sum_{i=1}^{n}f(\xi_i,\eta_i)\Delta\sigma_i.$$

D 分得越细，$\sum_{i=1}^{n}f(\xi_i,\eta_i)\Delta\sigma_i$ 越逼近于曲顶柱体的体积 V.

(4) 取极限：通过分法无限变细，使近似值变为精确值，即

$$V = \lim_{\lambda\to 0}\sum_{i=1}^{n}f(\xi_i,\eta_i)\Delta\sigma_i.$$

还有很多实际问题的求解，最终都归结为求上述和式的极限，于是我们抛开引例的具体意义，从中抽象出二重积分的定义.

2. 二重积分的定义

定义 7.8 设函数 $z=f(x,y)$ 在有界闭区域 D 上有定义. 将 D 任意分成 n 个子区域 $\Delta\sigma_i$ $(i=1,2,\cdots,n)$，记 λ 为所有子区域直径的最大值. 在每个子区域 $\Delta\sigma_i$ $(i=1,2,\cdots,n)$ 上任取一点 (ξ_i,η_i)，当 $\lambda\to 0$ 时，若极限

$$\lim_{\lambda\to 0}\sum_{i=1}^{n}f(\xi_i,\eta_i)\Delta\sigma_i$$

存在，且此极限值与区域 D 的分法及点 (ξ_i,η_i) 的取法无关，则称函数 $f(x,y)$ 在区域 D 上**可积**，并将此极限值称为函数 $f(x,y)$ 在区域 D 上的**二重积分**，记为 $\iint\limits_{D}f(x,y)\mathrm{d}\sigma$，即

$$\iint\limits_{D}f(x,y)\mathrm{d}\sigma = \lim_{\lambda\to 0}\sum_{i=1}^{n}f(\xi_i,\eta_i)\Delta\sigma_i,$$

其中 $\iint$ 称为**二重积分符号**，D 称为**积分区域**，x,y 称为**积分变量**，$f(x,y)$ 称为**被积函数**，$\mathrm{d}\sigma$ 称为**面积微元**，$f(x,y)\mathrm{d}\sigma$ 称为**被积表达式**.

由二重积分的定义可知，上述曲顶柱体的体积 V 就是曲顶 $z=f(x,y)$ 在其底 D 上的二重积分，即

$$V = \iint\limits_{D}f(x,y)\mathrm{d}\sigma.$$

这正是二重积分的几何意义.

例如，当积分区域 D 为 $x^2+y^2\leqslant R^2$ 时，二重积分 $\iint\limits_{D}\sqrt{R^2-x^2-y^2}\,\mathrm{d}\sigma$ 表示球心在坐标原点，半径为 R 的上半球的体积，所以

$$\iint\limits_{D}\sqrt{R^2-x^2-y^2}\,\mathrm{d}\sigma = \frac{1}{2}\cdot\frac{4}{3}\pi R^3 = \frac{2}{3}\pi R^3.$$

在一元函数中,闭区间上的连续函数一定可积.同样,对二元函数也可以证明:**有界闭区域 D 上的连续函数 $f(x,y)$ 一定可积**.

今后我们讨论时,总假设被积函数 $f(x,y)$ 在积分区域 D 上可积.

二、二重积分的性质

二重积分也有类似于一元函数定积分的性质.

性质 1 $\iint\limits_{D} \mathrm{d}\sigma = \|D\|$,其中 $\iint\limits_{D} \mathrm{d}\sigma$ 表示被积函数为 1 时的二重积分,$\|D\|$ 表示积分区域 D 的面积(下同).

这个性质的几何意义是:高为 1 的平顶柱体的体积在数值上恰好等于柱体的底面积.

例 求二重积分 $\iint\limits_{D} \mathrm{d}\sigma$,其中积分区域 D 分别为

(1) $x^2 + y^2 \leqslant 4$;   (2) $1 \leqslant x \leqslant 4, -1 \leqslant y \leqslant 1$.

解 积分区域 D 如图 7-37(a),(b)中阴影部分.根据二重积分的性质 1,$\iint\limits_{D} \mathrm{d}\sigma$ 为积分区域的面积值,所以

(1) $\iint\limits_{D} \mathrm{d}\sigma = \pi \cdot 2^2 = 4\pi$;

(2) $\iint\limits_{D} \mathrm{d}\sigma = (4-1) \cdot [1-(-1)] = 6$.

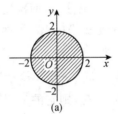 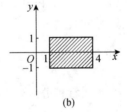

(a)　　　　(b)

图 7-37

性质 2 $\iint\limits_{D} kf(x,y)\mathrm{d}\sigma = k\iint\limits_{D} f(x,y)\mathrm{d}\sigma$ (k 为常数).

性质 3 $\iint\limits_{D} [f(x,y) \pm g(x,y)]\mathrm{d}\sigma = \iint\limits_{D} f(x,y)\mathrm{d}\sigma \pm \iint\limits_{D} g(x,y)\mathrm{d}\sigma$.

性质 4(积分区域可加性) 若 $D = D_1 \bigcup D_2$,且 D_1 与 D_2 除边界外无其他公共点,则

$$\iint\limits_{D} f(x,y)\mathrm{d}\sigma = \iint\limits_{D_1} f(x,y)\mathrm{d}\sigma + \iint\limits_{D_2} f(x,y)\mathrm{d}\sigma.$$

性质 5(比较性质) 若在积分区域 D 上恒有 $f(x,y) \leqslant g(x,y)$,则

$$\iint\limits_{D} f(x,y)\mathrm{d}\sigma \leqslant \iint\limits_{D} g(x,y)\mathrm{d}\sigma.$$

性质6(估值定理) 若函数 $f(x,y)$ 在积分区域 D 上的最大值为 M,最小值为 m,则
$$m\|D\| \leqslant \iint_D f(x,y)\mathrm{d}\sigma \leqslant M\|D\|.$$

性质7(中值定理) 设函数 $f(x,y)$ 在有界闭区域 D 上连续,则在 D 上至少存在一点 (ξ,η),使得
$$\iint_D f(x,y)\mathrm{d}\sigma = f(\xi,\eta)\sigma.$$

习 题 7.7

计算题

利用二重积分的性质求 $\iint_D \mathrm{d}\sigma$,其中积分区域 D 分别如下:

1. $D: x^2+y^2 \leqslant 9$.
2. D 是由曲线 $y=\sqrt{4-x^2}$ 与 x 轴所围成的区域.
3. $D: 1 \leqslant x^2+y^2 \leqslant 9$.
4. $D: -1 \leqslant x \leqslant 3, 2 \leqslant y \leqslant 5$.
5. D 是由直线 $y=x, x=1$ 及 x 轴所围成的区域.
6. D 是由直线 $y=x, y=2x$ 及 $y=2$ 所围成的区域.

§7.8 二重积分的计算与应用

计算二重积分的思路是:将二重积分转化为二次积分,即两次定积分.转化可在两种坐标系下完成,一种是我们熟悉的直角坐标系,另一种是极坐标系.下面分别加以介绍.

一、直角坐标系下二重积分的计算

根据二重积分的定义,若二重积分 $\iint_D f(x,y)\mathrm{d}\sigma$ 存在,则它的值只与被积函数和积分区域有关,而与积分区域 D 的划分方式无关.于是,在直角坐标系下,可用平行于坐标轴的两组直线划分区域 D(如图7-38),这样一来,除了靠边界曲线的小区域外,其余的小区域都是矩形.但由于每个小区域的直径都趋于零,因此有 $\Delta\sigma = \Delta x \Delta y$,从而面积微元 $\mathrm{d}\sigma = \mathrm{d}x\mathrm{d}y$.

于是,在直角坐标系下,二重积分 $\iint_D f(x,y)\mathrm{d}\sigma$ 可表示为
$$\iint_D f(x,y)\mathrm{d}x\mathrm{d}y.$$

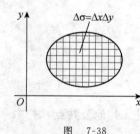

图 7-38

借助于二重积分的几何意义,我们来推导化二重积分为二次积分的方法.

下面分别对积分区域为 X 型区域和 Y 型区域两种情况进行讨论.

1. 积分区域为 X 型区域

如图7-39(a)所示,积分区域 D 为 X 型区域,它由上、下两条连续曲线 $y=\varphi_2(x), y=$

$\varphi_1(x)$ 及左、右两条垂直于 x 轴的直线 $x=a$ 和 $x=b$ 所围成,该区域可表示为

$$\begin{cases} a \leqslant x \leqslant b, \\ \varphi_1(x) \leqslant y \leqslant \varphi_2(x). \end{cases}$$

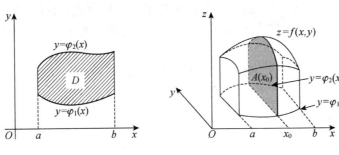

图 7-39

现在用"已知平行截面面积的立体体积"的求法来求曲顶柱体的体积 V. 用平面 $x=x_0(a \leqslant x_0 \leqslant b)$ 去截柱体,得到平面 $x=x_0$ 上的一个曲边梯形,如图 7-39(b) 阴影部分所示. 该曲边梯形的底是 Oxy 平面上由 $y=\varphi_1(x_0)$ 到 $y=\varphi_2(x_0)$ 的直线段,曲线是 $\begin{cases} z=f(x,y), \\ x=x_0, \end{cases}$ 即平面 $x=x_0$ 上的曲线 $z=f(x_0,y)$. 由一元函数的定积分可得到此曲边梯形的面积为

$$A(x_0) = \int_{\varphi_1(x_0)}^{\varphi_2(x_0)} f(x_0, y) \mathrm{d}y.$$

一般地,过区间 $[a,b]$ 上任一点 x,且平行于 Oyz 平面的平面,与曲顶柱体相交所得截面的面积为

$$A(x) = \int_{\varphi_1(x)}^{\varphi_2(x)} f(x, y) \mathrm{d}y.$$

于是,曲顶柱体的体积微元为 $A(x)\mathrm{d}x$,由此得曲顶柱体的体积为

$$V = \int_a^b A(x) \mathrm{d}x = \int_a^b \left[\int_{\varphi_1(x)}^{\varphi_2(x)} f(x, y) \mathrm{d}y \right] \mathrm{d}x.$$

根据二重积分的几何意义,这个体积也就是二重积分 $\iint f(x,y) \mathrm{d}x \mathrm{d}y$ $(f(x,y) \geqslant 0)$ 的值,于是有公式

$$\iint_D f(x,y) \mathrm{d}x \mathrm{d}y = \int_a^b \left[\int_{\varphi_1(x)}^{\varphi_2(x)} f(x,y) \mathrm{d}y \right] \mathrm{d}x,$$

或记为

$$\iint_D f(x,y) \mathrm{d}x \mathrm{d}y = \int_a^b \mathrm{d}x \int_{\varphi_1(x)}^{\varphi_2(x)} f(x,y) \mathrm{d}y.$$

显然,此公式对于 $f(x,y)<0$ 的情形也成立. 该公式右端的积分称为**先对 y 后对 x 的二次积分**. 其计算方法是:

(1) 暂时将 x 看做常量,对 y 从 $\varphi_1(x)$ 到 $\varphi_2(x)$ 积分,结果为 x 的函数;

(2) 将(1)的结果作为被积函数,x 作为积分变量,完成从 a 到 b 的积分.

例1 化二重积分 $\iint_D f(x,y) \mathrm{d}x \mathrm{d}y$ 为二次积分,其中 D 是由 $y=x, y=2x, x=1, x=2$

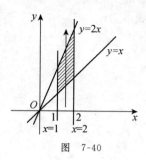

图 7-40

四条直线围成的区域.

解 (1) 画出积分区域 D 的草图(如图 7-40),该积分区域为 X 型区域.

(2) 过区域 D 作平行于 y 轴的射线,射线方向为 y 轴正向. 令射线的穿入曲线为 $y=\varphi_1(x)$,穿出曲线为 $y=\varphi_2(x)$,则
$$\varphi_1(x)=x, \quad \varphi_2(x)=2x.$$

(3) 用不等式组表示积分区域 D:
$$\begin{cases} 1 \leqslant x \leqslant 2, \\ x \leqslant y \leqslant 2x. \end{cases}$$

(4) 化二重积分为二次积分:
$$\iint\limits_D f(x,y)\mathrm{d}x\mathrm{d}y = \int_1^2 \left[\int_x^{2x} f(x,y)\mathrm{d}y\right]\mathrm{d}x = \int_1^2 \mathrm{d}x \int_x^{2x} f(x,y)\mathrm{d}y.$$

试一试 将二重积分 $\iint\limits_D f(x,y)\mathrm{d}x\mathrm{d}y$ 化为二次积分,其中 D 是由曲线 $y=\mathrm{e}^x$,直线 $x=0$, $x=1$ 与 x 轴所围成的区域.

2. 积分区域为 Y 型区域

如图 7-41 所示,积分区域 D 为 Y 型区域,它由左、右两条连续曲线 $x=\psi_1(y)$, $x=\psi_2(y)$ 及上、下两条垂直于 y 轴的直线 $y=d$ 和 $y=c$ 所围成,该区域可表示为
$$\begin{cases} \psi_1(y) \leqslant x \leqslant \psi_2(y), \\ c \leqslant y \leqslant d. \end{cases}$$

类似于 X 型区域,这时二重积分可化为
$$\iint\limits_D f(x,y)\mathrm{d}x\mathrm{d}y = \int_c^d \mathrm{d}y \int_{\psi_1(y)}^{\psi_2(y)} f(x,y)\mathrm{d}x.$$

上式右端的积分称为**先对 x 后对 y 的二次积分**. 其计算方法是:

(1) 暂时将 y 看做常量,对 x 从 $\psi_1(y)$ 到 $\psi_2(y)$ 积分,结果为 y 的函数;

(2) 将(1)的结果作为被积函数,y 作为积分变量,完成从 c 到 d 的积分.

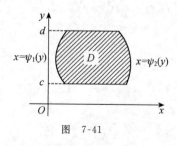

图 7-41

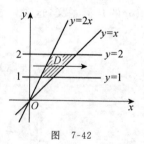

图 7-42

例 2 将二重积分 $\iint\limits_D f(x,y)\mathrm{d}x\mathrm{d}y$ 化为二次积分,其中 D 是由直线 $y=x$, $y=2x$, $y=1$ 与 $y=2$ 所围成的区域.

解 (1) 画出积分区域 D 的草图(如图 7-42),该区域为 Y 型区域.

(2) 过区域 D 作平行于 x 轴的射线,射线方向为 x 轴正向. 令射线的穿入曲线为 $x=$

$\psi_1(y)$,穿出曲线为 $x=\psi_2(y)$,则
$$\psi_1(y) = y/2, \quad \psi_2(y) = y.$$

(3) 用不等式组表示积分区域 D:
$$\begin{cases} y/2 \leqslant x \leqslant y, \\ 1 \leqslant y \leqslant 2. \end{cases}$$

(4) 化二重积分为二次积分:
$$\iint\limits_D f(x,y)\mathrm{d}x\mathrm{d}y = \int_1^2 \mathrm{d}y \int_{y/2}^y f(x,y)\mathrm{d}x.$$

试一试 将二重积分 $\iint\limits_D f(x,y)\mathrm{d}x\mathrm{d}y$ 化为二次积分,其中 D 是由曲线 $y=x^2$,直线 $y=x$, $y=2$ 和 $y=4$ 所围成的区域.

计算二重积分的关键是将二重积分化为二次积分,其步骤如下:

(1) 画出积分区域 D 的草图,求出交点坐标;

(2) 把复杂的积分区域分成若干个简单的区域,并确定各简单积分区域的类型和积分次序(对于 X 型区域,选择先 y 后 x 的积分次序,作平行于 y 轴的射线;对于 Y 型区域,选择先 x 后 y 的积分次序,作平行于 x 轴的射线);

(3) 用不等式组表示积分区域;

(4) 化二重积分为二次积分.

例 3 化二重积分 $\iint\limits_D f(x,y)\mathrm{d}x\mathrm{d}y$ 为二次积分,其中 D 是由直线 $x+y=1$, $y=x$ 及 $y=0$ 所围成的区域.

解 积分区域 D 如图 7-43(a)所示. 解方程组 $\begin{cases} x+y=1, \\ y=x, \end{cases}$ 得交点 $\left(\dfrac{1}{2},\dfrac{1}{2}\right)$.

解法 1 D 是 Y 型区域,化为先对 x 后对 y 的二次积分.

作平行于 x 轴的射线,穿入曲线为 $x=y$,穿出曲线为 $x=1-y$,故积分区域 D 可表示为
$$\begin{cases} y \leqslant x \leqslant 1-y, \\ 0 \leqslant y \leqslant 1/2. \end{cases}$$

于是
$$\iint\limits_D f(x,y)\mathrm{d}x\mathrm{d}y = \int_0^{1/2} \mathrm{d}y \int_y^{1-y} f(x,y)\mathrm{d}x.$$

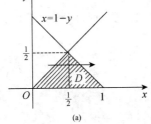
(a)

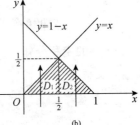
(b)

图 7-43

解法 2 将积分区域 D 分成 X 型区域,化为先对 y 后对 x 的二次积分.

作平行于 y 轴的射线,穿入曲线为 $y=0$,穿出曲线有两条 $y=x$ 和 $y=1-x$. 由于穿出曲线有两条,不能由一个表达式表示,需将 D 分割成 D_1 和 D_2 两个区域,使两个区域都是 X 型区域(如图 7-43(b)),其中 D_1 的穿入曲线为 $y=0$,穿出曲线为 $y=x$,它可表示为

$$\begin{cases} 0 \leqslant x \leqslant 1/2, \\ 0 \leqslant y \leqslant x; \end{cases}$$

D_2 的穿入曲线为 $y=0$,穿出曲线为 $y=1-x$,它可表示为

$$\begin{cases} 1/2 \leqslant x \leqslant 1, \\ 0 \leqslant y \leqslant 1-x. \end{cases}$$

根据积分区域可加性,有

$$\iint\limits_{D} f(x,y) \mathrm{d}x\mathrm{d}y = \iint\limits_{D_1} f(x,y) \mathrm{d}x\mathrm{d}y + \iint\limits_{D_2} f(x,y) \mathrm{d}x\mathrm{d}y$$

$$= \int_0^{1/2} \mathrm{d}x \int_0^x f(x,y) \mathrm{d}y + \int_{1/2}^1 \mathrm{d}x \int_0^{1-x} f(x,y) \mathrm{d}y.$$

由此我们看出:对于同一个积分区域,我们既可把它看成 X 型区域,也可看成 Y 型区域,只是繁简程度不同.

试一试 化二重积分 $\iint\limits_{D} f(x,y) \mathrm{d}x\mathrm{d}y$ 为二次积分,其中 D 分别如下:

(1) D 是由曲线 $y=\sqrt{x}$ 与直线 $y=x$ 所围成的区域;

(2) D 是由曲线 $y^2=x$ 与直线 $x-y=2$ 所围成的区域.

到目前为止,我们已完成了由二重积分到二次积分的转化.下面将结合具体的被积函数进行二重积分的计算.

例 4 计算二重积分 $I = \iint\limits_{D} (x^2+y^2) \mathrm{d}x\mathrm{d}y$,其中 D 是由直线 $y=x, y=\dfrac{1}{2}x$ 及 $y=2$ 所围成的区域.

解 积分区域 D 如图 7-44 所示.从积分区域 D 考虑,看成 Y 型区域,先对 x 后对 y 积分比较简单,此时 D 可表示为 $\begin{cases} y \leqslant x \leqslant 2y, \\ 0 \leqslant y \leqslant 2, \end{cases}$ 于是

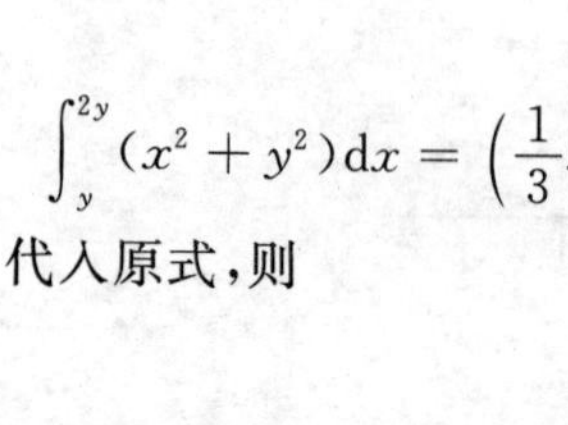

$$I = \int_0^2 \mathrm{d}y \int_y^{2y} (x^2+y^2) \mathrm{d}x$$

$$= \int_0^2 \left[\int_y^{2y} (x^2+y^2) \mathrm{d}x \right] \mathrm{d}y.$$

图 7-44

先做积分 $\int_y^{2y} (x^2+y^2) \mathrm{d}x$,此时暂时将 y 看成常数,由一元函数的定积分知

$$\int_y^{2y}(x^2+y^2)\mathrm{d}x = \left(\frac{1}{3}x^3+y^2 x\right)\bigg|_{x=y}^{x=2y} = \left[\frac{1}{3}(2y)^3+y^2\cdot 2y\right] - \left(\frac{1}{3}y^3+y^2\cdot y\right) = \frac{10}{3}y^3.$$

代入原式,则

$$I = \frac{10}{3}\int_0^2 y^3 \mathrm{d}y = \frac{5}{6}y^4 \bigg|_0^2 = \frac{40}{3}.$$

此题计算过程可按下列方式连续书写:

$$I = \int_0^2 dy \int_y^{2y} (x^2+y^2)dx = \int_0^2 \left[\int_y^{2y}(x^2+y^2)dx\right]dy = \int_0^2\left[\left(\frac{1}{3}x^3+y^2x\right)\Big|_{x=y}^{x=2y}\right]dy$$

$$= \int_0^2 \left\{\left[\frac{1}{3}(2y)^3+y^2\cdot 2y\right]-\left(\frac{1}{3}y^3+y^2y\right)\right\}dy$$

$$= \int_0^2 \frac{3}{10}y^3 dy = \left(\frac{3}{10}\cdot\frac{1}{4}y^4\right)\Big|_0^2 = \frac{40}{3}.$$

此例若先对 y 后对 x 积分,则需将 D 分割成两个区域,显然没有先对 x 后对 y 积分简捷.

试一试 计算二重积分 $\iint_D (x+y)dxdy$,其中 D 是由 $y=x$, $y=\frac{1}{x}$ 及 $y=2$ 所围成的区域.

有些二重积分不能仅从积分区域的角度确定积分次序,还必须考虑被积函数的特点.

例 5 计算二重积分 $I=\iint_D xy\cos(xy^2)dxdy$,其中 D 是由直线 $x=0$, $x=\frac{\pi}{2}$, $y=0$ 及 $y=2$ 所围成的区域.

解 如图 7-45 所示,积分区域 D 是矩形区域,对积分次序无要求.再分析被积函数,若先对 x 积分,则积分 $\int xy\cos(xy^2)dx$ 需用分部积分法来计算;而若先对 y 积分,则积分 $\int xy\cos(xy^2)dy$ 需用凑微分法来计算.经比较,先对 y 后对 x 积分为好.此时 D 可表示为

$$\begin{cases} 0 \leqslant x \leqslant \pi/2, \\ 0 \leqslant y \leqslant 2, \end{cases}$$

于是

$$I = \int_0^{\pi/2} dx \int_0^2 xy\cos(xy^2)dy = \int_0^{\pi/2}\left[\int_0^2 xy\cos(xy^2)dy\right]dx$$

$$= \frac{1}{2}\int_0^{\pi/2}\left[\int_0^2 \cos(xy^2)d(xy^2)\right]dx = \frac{1}{2}\int_0^{\pi/2}\left[\sin(xy^2)\Big|_{y=0}^{y=2}\right]dx$$

$$= \frac{1}{2}\int_0^{\pi/2}\sin 4x\, dx = \frac{1}{2}\left(-\frac{1}{4}\cos 4x\right)\Big|_0^{\pi/2} = 0.$$

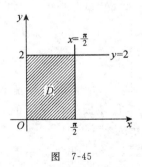

图 7-45

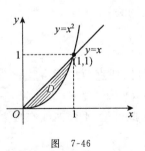

图 7-46

试一试 计算二重积分 $\iint_D xy e^{x^2 y}dxdy$,其中 D 是由直线 $x=0$, $x=1$, $y=0$ 及 $y=2$ 所围成的区域.

例 6 计算二重积分 $I=\iint_D \frac{\sin x}{x}dxdy$,其中 D 是由直线 $y=x$ 和曲物线 $y=x^2$ 所围成的区域.

解 积分区域 D 如图 7-46 所示,它既是 X 型区域,又是 Y 型区域. 若看成 Y 型区域,先对 x 积分,则积分 $\int \frac{\sin x}{x} dx$ "积" 不出来. 故只得看成 X 型区域,先对 y 积分. 此时 D 可表示为

$$\begin{cases} 0 \leqslant x \leqslant 1, \\ x^2 \leqslant y \leqslant x, \end{cases}$$

于是

$$I = \int_0^1 dx \int_{x^2}^x \frac{\sin x}{x} dy = \int_0^1 \frac{\sin x}{x} \cdot \left(y \Big|_{x^2}^x \right) dx = \int_0^1 \frac{\sin x}{x} (x - x^2) dx$$

$$= \int_0^1 (\sin x - x \sin x) dx = -\cos x \Big|_0^1 + \int_0^1 x d\cos x$$

$$= 1 - \cos 1 + x \cos x \Big|_0^1 - \int_0^1 \cos x dx = 1 - \sin 1.$$

注意 影响积分次序的因素有两个:一个是积分区域 D 的类型;另一个是被积函数. 一般先考虑积分区域 D 的类型,若 D 对积分次序无要求,再考虑被积函数对积分次序是否有要求.

试一试 计算二重积分 $\iint\limits_D \frac{\cos y}{y} dx dy$,其中 D 是由直线 $x = 0, y = x, y = \frac{\pi}{2}$ 及 $y = \pi$ 所围成的区域.

*二、极坐标系下二重积分的计算

一般,当区域 D 是圆形、扇形、环形区域,或被积函数含 $x^2 + y^2$ 项时,采用极坐标计算二重积分较为方便.

要在极坐标系下计算二重积分,应先将二重积分化为极坐标系下的二重积分,再化为极坐标系下的二次积分.

1. 将二重积分化为极坐标系下的二重积分

在平面解析几何中,我们已经了解到,平面上任意一点的极坐标 (r, θ) 与它的直角坐标 (x, y) 之间的关系为

$$\begin{cases} x = r\cos\theta, \\ y = r\sin\theta. \end{cases}$$

这样我们可以把直角坐标方程化成极坐标方程. 例如, $x^2 + y^2 = R^2$ 在极坐标系下的方程为 $r = R$;$(x-R)^2 + y^2 = R^2$ 表示圆心在 $(R, 0)$,半径为 R 的圆,它在极坐标系下的方程为 $r = 2R\cos\theta$. 由此可见,平面曲线在极坐标系下的方程一般可表示为 $r = r(\theta)$.

下面分析极坐标系下的二重积分与直角坐标系下的二重积分之间的关系.

首先用一族同心圆 $r = c$ 和一族射线 $\theta = d$ 来分割积分区域 D (如图 7-47). 将极角分别为 θ 与 $\theta + \Delta\theta$ 的两条射线和半径分别为 r 与 $r + \Delta r$ 的两条圆弧所围成的小区域记做 $\Delta\sigma$,并仍用 $\Delta\sigma$ 来表示它的面积. 由扇形面积公式得

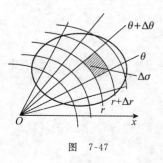

图 7-47

$$\Delta\sigma = \frac{1}{2}(r + \Delta r)^2 \Delta\theta - \frac{1}{2} r^2 \Delta\theta = r\Delta r \Delta\theta + \frac{1}{2}(\Delta r)^2 \Delta\theta.$$

略去高阶无穷小 $\frac{1}{2}(\Delta r)^2 \Delta\theta$，得 $\Delta\sigma \approx r\Delta r\Delta\theta$，所以面积微元为

$$d\sigma = rdrd\theta.$$

由直角坐标与极坐标的关系：$x = r\cos\theta, y = r\sin\theta$，得

$$f(x,y) = f(r\cos\theta, r\sin\theta),$$

于是

$$\iint\limits_D f(x,y)d\sigma = \iint\limits_D f(r\cos\theta, r\sin\theta)rdrd\theta.$$

上述公式右端即为极坐标系下的二重积分.

2. 极坐标系下化二重积分为二次积分的方法

在极坐标系下化二重积分为二次积分，积分次序通常为先 r 后 θ，积分上、下限取决于极点 O 与积分区域 D 的位置关系. 通常将极点 O 与积分区域 D 的位置关系分成以下三种情况：

(1) 极点 O 在区域 D 的内部（如图 7-48）. 这时 D 可表示为 $\begin{cases} 0 \leqslant r \leqslant \varphi(\theta), \\ 0 \leqslant \theta \leqslant 2\pi, \end{cases}$ 于是

$$\iint\limits_D f(r\cos\theta, r\sin\theta)rdrd\theta = \int_0^{2\pi} d\theta \int_0^{\varphi(\theta)} f(r\cos\theta, r\sin\theta)rdr.$$

(2) 极点 O 在区域 D 的外部（如图 7-49）. 这时 D 可表示为 $\begin{cases} \varphi_1(\theta) \leqslant r \leqslant \varphi_2(\theta), \\ \alpha \leqslant \theta \leqslant \beta, \end{cases}$ 于是

$$\iint\limits_D f(r\cos\theta, r\sin\theta)rdrd\theta = \int_\alpha^\beta d\theta \int_{\varphi_1(\theta)}^{\varphi_2(\theta)} f(r\cos\theta, r\sin\theta)rdr.$$

(3) 极点 O 在区域 D 的边界上（如图 7-50）. 这时 D 可表示为 $\begin{cases} 0 \leqslant r \leqslant \varphi(\theta), \\ \alpha \leqslant \theta \leqslant \beta, \end{cases}$ 于是

$$\iint\limits_D f(r\cos\theta, r\sin\theta)rdrd\theta = \int_\alpha^\beta d\theta \int_0^{\varphi(\theta)} f(r\cos\theta, r\sin\theta)rdr.$$

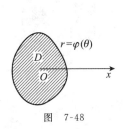

图 7-48

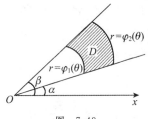

图 7-49

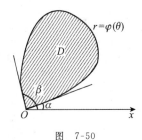

图 7-50

计算极坐标系下的二重积分通常按下列步骤进行：
(1) 画出积分区域 D 的图形；
(2) 将 D 的边界曲线及被积函数用极坐标方程表示；
(3) 将直角坐标系下的二重积分写成极坐标系下的二重积分；
(4) 根据 D 的图形和极点的位置确定积分上、下限，写出二次积分；
(5) 计算二次积分.

例 7　计算二重积分 $\iint\limits_D x^2 y\mathrm{d}x\mathrm{d}y$,其中 D 为 $1\leqslant x^2+y^2\leqslant 4$ 在第一象限的部分.

解　如图 7-51 所示,积分区域 D 可表示为

$$\begin{cases}1\leqslant r\leqslant 2,\\ 0\leqslant\theta\leqslant\pi/2,\end{cases}$$

而

$$x^2=r^2\cos^2\theta,\quad y=r\sin\theta,$$

于是

$$\begin{aligned}\iint\limits_D x^2 y\mathrm{d}x\mathrm{d}y&=\iint\limits_D r^2\cos^2\theta\cdot r\sin\theta\cdot r\mathrm{d}r\mathrm{d}\theta\\&=\int_0^{\pi/2}\mathrm{d}\theta\int_1^2\cos^2\theta\sin\theta r^4\,\mathrm{d}r\\&=\int_0^{\pi/2}\left(\cos^2\theta\sin\theta\cdot\frac{r^5}{5}\Big|_1^2\right)\mathrm{d}\theta\\&=-\frac{31}{5}\int_0^{\pi/2}\cos^2\theta\mathrm{d}\cos\theta\\&=-\frac{31}{5}\cdot\frac{1}{3}\cos^3\theta\Big|_0^{\pi/2}=\frac{31}{15}.\end{aligned}$$

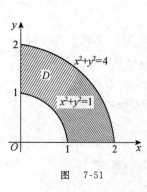

图　7-51

试一试　(1) 计算二重积分 $I=\iint\limits_D(x^2+y^2)\mathrm{d}\sigma$,其中 D: $1\leqslant x^2+y^2\leqslant 2$;

(2) 计算二重积分 $I=\iint\limits_D \mathrm{e}^{-x^2-y^2}\mathrm{d}\sigma$,其中 D: $1\leqslant x^2+y^2\leqslant 9, x\geqslant 0, y\geqslant 0$.

例 8　计算二重积分 $I=\iint\limits_D\sqrt{x^2+y^2}\mathrm{d}\sigma$,其中 D: $x^2+y^2\leqslant 2ax$ $(a>0)$.

图　7-52

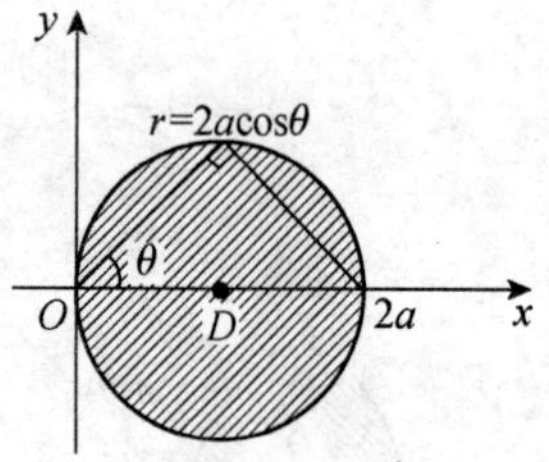

解　积分区域 D 如图 7-52 所示. 由 $x^2+y^2=2ax$ 得 $r=2a\cos\theta$,所以 D 可表示为

$$\begin{cases}0\leqslant r\leqslant 2a\cos\theta,\\ -\pi/2\leqslant\theta\leqslant\pi/2.\end{cases}$$

于是

$$\begin{aligned}I&=\iint\limits_D r\cdot r\mathrm{d}r\mathrm{d}\theta=\int_{-\pi/2}^{\pi/2}\mathrm{d}\theta\int_0^{2a\cos\theta}r^2\,\mathrm{d}r\\&=\frac{1}{3}\int_{-\pi/2}^{\pi/2}\left(r^3\Big|_0^{2a\cos\theta}\right)\mathrm{d}\theta=\frac{8}{3}a^3\int_{-\pi/2}^{\pi/2}\cos^3\theta\mathrm{d}\theta\\&=2\cdot\frac{8}{3}a^3\int_0^{\pi/2}\cos^3\theta\mathrm{d}\theta=\frac{16}{3}a^3\int_0^{\pi/2}(1-\sin^2\theta)\mathrm{d}\sin\theta\\&=\frac{16}{3}a^3\left(\sin\theta-\frac{1}{3}\sin^3\theta\right)\Big|_0^{\pi/2}=\frac{32}{9}a^3.\end{aligned}$$

显然,当积分区域为圆形、环形或扇形区域时,在极坐标系下计算二重积分较为简单.

试一试 将二重积分 $I = \iint\limits_{D} f(x,y) d\sigma$ 化为极坐标系下的二次积分,其中 $D: x^2 + y^2 \leqslant 4y$.

三、二重积分的应用

二重积分在几何及物理等许多领域中都有广泛的应用.下面我们举例说明二重积分在求立体体积及平面薄板质量两个方面的应用.

1. 立体的体积

由二重积分的几何意义知,当 $f(x,y) \geqslant 0$ 时,$\iint\limits_{D} f(x,y) d\sigma$ 表示以曲面 $z = f(x,y)$ 为顶,Oxy 平面上的区域 D 为底的曲顶柱体的体积.

*例 9 求由旋转抛物面 $z = x^2 + y^2$ 与圆锥面 $z = 2 - \sqrt{x^2 + y^2}$ 所围成的立体的体积.

解 所围成的立体如图 7-53 所示.

(1) 求立体在 Oxy 平面上的投影区域 D.

方程组 $\begin{cases} z = x^2 + y^2, \\ z = 2 - \sqrt{x^2 + y^2} \end{cases}$ 表示两已知曲面的交线,记为 l. 由 $\begin{cases} z = x^2 + y^2, \\ z = 2 - \sqrt{x^2 + y^2} \end{cases}$ 消去 x, y 得 $z = 2 - \sqrt{z}$,即 $z^2 - 5z + 4 = 0$,亦即 $z = 1$,$z = 4$(舍去). 考虑 $\begin{cases} z = x^2 + y^2, \\ z = 1, \end{cases}$ 于是得柱面方程 $x^2 + y^2 = 1$. 所以,积分区域 D 可表示为 $x^2 + y^2 \leqslant 1$,如图 7-53 阴影部分所示.

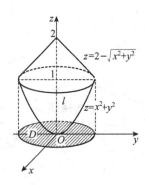

图 7-53

(2) 写出体积的计算式:

$$V = \iint\limits_{D} (2 - \sqrt{x^2 + y^2}) d\sigma - \iint\limits_{D} (x^2 + y^2) d\sigma$$

$$= \iint\limits_{D} [(2 - \sqrt{x^2 + y^2}) - (x^2 + y^2)] d\sigma.$$

(3) 用极坐标进行计算:

$$V = \iint\limits_{D} [(2 - r) - r^2] r dr d\theta,$$

其中 D 可表示为 $\begin{cases} 0 \leqslant \theta \leqslant 2\pi, \\ 0 \leqslant r \leqslant 1. \end{cases}$ 于是

$$V = \int_0^{2\pi} d\theta \int_0^1 (2r - r^2 - r^3) dr = \int_0^{2\pi} \left(r^2 - \frac{1}{3} r^3 - \frac{1}{4} r^4 \right) \Big|_0^1 d\theta = \frac{5}{12} \cdot 2\pi = \frac{5}{6}\pi.$$

2. 平面薄板的质量

当平面薄板的密度分布均匀(即面密度为常数)时,平面薄板的质量 m = 面密度 × 平面薄板面积. 当平面薄板的密度分布不均匀时,可局部"以匀代变",利用微元法计算薄板的质量.

例 10 一薄板在 Oxy 平面上所占的区域为 $\begin{cases} |x| \leqslant 1, \\ |y| \leqslant 1, \end{cases}$ 其面密度为 $\mu(x,y) = x + 2y + 10$,求该薄板的质量 m.

解 运用微元法. 在区域 D 上任取一个小区域 $\Delta\sigma$, 将该小区域上的面密度视为常数, 得质量微元

$$dm = (x + 2y + 10)d\sigma,$$

则薄板的质量为

$$m = \iint\limits_{D} (x + 2y + 10)d\sigma,$$

其中 D 可表示为 $\begin{cases} |x| \leqslant 1, \\ |y| \leqslant 1. \end{cases}$ 用直角坐标系计算, 有

$$m = \int_{-1}^{1} dx \int_{-1}^{1} (x + 2y + 10)dy = \int_{-1}^{1} (xy + y^2 + 10y)\Big|_{-1}^{1} dx$$

$$= \int_{-1}^{1} (2x + 20)dx = (x^2 + 20x)\Big|_{-1}^{1} = 40.$$

习 题 7.8

(A)

一、选择题

1. 设区域 D 为 $1 \leqslant x^2 + y^2 \leqslant 4$, 则 $\iint\limits_{D} dxdy = ($).

   A. π B. 4π C. 3π D. 15π

2. 设 D 是由直线 $y = x, y = 0, x = 1$ 所围成的区域, 则 $\iint\limits_{D} dxdy = ($).

   A. $\int_0^1 dx \int_0^x dy$ B. $\int_0^1 dy \int_0^y dx$ C. $\int_0^1 dx \int_x^0 dy$ D. $\int_0^1 dy \int_x^y dx$

3. 设区域 $D: 0 \leqslant x \leqslant 1, 0 \leqslant y \leqslant 1$, 则 $\iint\limits_{D} xy \, dxdy = ($).

   A. 1 B. $\dfrac{1}{2}$ C. $\dfrac{1}{4}$ D. 2

4. 设 D 是区域 $\{(x,y) \mid x^2 + y^2 \leqslant a^2\}$, 又有 $\iint\limits_{D} (x^2 + y^2)dxdy = 8\pi$, 则 $a = ($).

   A. 1 B. 2 C. 4 D. 8

二、填空题

1. 设 D 是由直线 $y = x, y = 2x, y = 1$ 所围成的区域, 则 $\iint\limits_{D} dxdy = $ _____.

2. 设 $\iint\limits_{D} f(x,y)d\sigma = \int_0^1 dx \int_0^x f(x,y)dy$, 则积分区域 D 可用不等式表示为 _____.

3. 设区域 $D = \{(x,y) \mid 1 \leqslant x \leqslant 2, x^2 \leqslant y \leqslant 4\}$, 则在直角坐标系中, 二重积分 $\iint\limits_{D} f(x,y)d\sigma$ 化成二次积分为 _____ 或 _____.

4. 二重积分 $\iint\limits_{x^2+y^2\leqslant 2} f(x,y)\mathrm{d}\sigma$ 在极坐标系下的二次积分为_____.

三、计算题

1. 将二重积分 $\iint\limits_{D} f(x,y)\mathrm{d}x\mathrm{d}y$ 按两种积分次序化为二次积分,其中 D 分别如下:

(1) $D=\{(x,y)\mid 1\leqslant x\leqslant 2, 1\leqslant y\leqslant x\}$;　　(2) $D=\{(x,y)\mid x^2+y^2\leqslant 1, x+y\geqslant 1\}$;

(3) D 是由曲线 $y^2=4x$ 及直线 $y=x$ 所围成的区域;

(4) D 是由曲线 $y=\dfrac{1}{x}$ 与直线 $y=x, y=2$ 所围成的区域;

(5) D 是由曲线 $y=x^3$ 和直线 $y=x$ 所围成的区域.

2. 计算下列二重积分:

(1) $\iint\limits_{D} 6xy^2 \mathrm{d}\sigma$,其中 $D: 0\leqslant x\leqslant 1, -1\leqslant y\leqslant 1$;

(2) $\iint\limits_{D} (x^2+y^2)\mathrm{d}\sigma$,其中 $D: |x|\leqslant 1, |y|\leqslant 1$;

(3) $\iint\limits_{D} \mathrm{e}^{x+y}\mathrm{d}\sigma$,其中 $D: 0\leqslant x\leqslant 1, 0\leqslant y\leqslant 1$;

(4) $\iint\limits_{D} xy\mathrm{d}\sigma$,其中 D 是由曲线 $y=\dfrac{1}{x}$ 与直线 $y=x, x=2$ 所围成的区域;

(5) $\iint\limits_{D} 2xy\mathrm{d}\sigma$,其中 D 是由直线 $y=x, y=\dfrac{1}{2}x$ 及 $y=1$ 所围成的区域;

(6) $\iint\limits_{D} x\mathrm{e}^{xy}\mathrm{d}\sigma$,其中 D 是由曲线 $y=\dfrac{1}{x}$ 与直线 $y=1, x=2$ 所围成的区域.

*3. 用极坐标计算下列二重积分:

(1) $\iint\limits_{D} x^2 \mathrm{d}\sigma$,其中 $D: 1\leqslant x^2+y^2\leqslant 4$;　　(2) $\iint\limits_{D} \mathrm{e}^{x^2+y^2}\mathrm{d}\sigma$,其中 $D: x^2+y^2\leqslant 4$.

4. 计算下列二重积分:

(1) $\iint\limits_{D} \cos(x+y)\mathrm{d}\sigma$,其中 D 是由直线 $x=0, y=\pi$ 及 $y=x$ 所围成的区域;

(2) $\iint\limits_{D} \dfrac{x^2}{y^2}\mathrm{d}\sigma$,其中 D 是由直线 $y=x, y=1$ 及 $x=2$ 所围成的区域;

(3) $\iint\limits_{D} \mathrm{e}^{-y^3}\mathrm{d}\sigma$,其中 D 是由曲线 $y^2=x$ 与直线 $x=0, y=1$ 所围成的区域;

*(4) $\iint\limits_{D} \dfrac{1}{\sqrt{x^2+y^2-9}}\mathrm{d}\sigma$,其中 $D: 16\leqslant x^2+y^2\leqslant 25\ (x\geqslant 0, y\geqslant 0)$;

*(5) $\iint\limits_{D} (1-2x-3y)\mathrm{d}\sigma$,其中 $D: x^2+y^2\leqslant 25$.

*5. 将二次积分 $\int_0^R \mathrm{d}x \int_0^{\sqrt{R^2-x^2}} f(\sqrt{x^2+y^2})\mathrm{d}y$ 化为极坐标系下的二次积分.

四、解答题

1. 求由旋转抛物面 $z=x^2+y^2$ 与平面 $z=4$ 所围成的立体的体积.

2. 一薄板在 Oxy 平面上所占的区域为 $0\leqslant x\leqslant 1, 2\leqslant y\leqslant 3$,其面密度为 $x+y$,求这一薄板的质量.

(B)

一、填空题

1. 设区域 $D=\{(x,y)\mid x^2+y^2\leqslant 4\}$,则 $\iint\limits_D \dfrac{1}{4}dxdy=$ _____.（2013 年）

2. 设区域 $D=\{(x,y)\mid x^2+y^2\leqslant 1\}$,则 $\iint\limits_D 3dxdy=$ _____.（2012 年）

二、计算题

1. 计算二重积分 $\iint\limits_D xy^2 dxdy$,其中 D 是由直线 $y=x, x=1$ 及 x 轴所围成的区域.（2013 年）

2. 设区域 $D=\{(x,y)\mid 0\leqslant x\leqslant 1, 0\leqslant y\leqslant 1\}$,求二重积分 $\iint\limits_D x^2 y dxdy$.（2012 年）

3. 计算二重积分 $\iint\limits_D y dxdy$,其中 D 是由圆 $x^2+y^2=1$ 与直线 $y=x, y=0$ 在第一象限所围成的区域.（2011 年）

4. 计算二重积分 $\iint\limits_D x^2 y dxdy$,其中 D 是由曲线 $y=x^2$ 与直线 $x=1, y=0$ 所围成的区域.（2010 年）

综合练习七

一、选择题

1. 函数 $z=f(x,y)$ 在点 (x_0,y_0) 处存在全微分是 $f(x,y)$ 在点 (x_0,y_0) 处具有两个偏导数 $f_x(x_0,y_0), f_y(x_0,y_0)$ 的（　　）.

   A. 充分条件　　　B. 必要条件　　　C. 充分必要条件　　　D. 无关条件

2. 如果函数 $z=f(x,y)$ 的两个偏导数存在,且在点 (x_0,y_0) 处取得极大值,则必有（　　）.

   A. $f_x(x_0,y_0)>0, f_y(x_0,y_0)>0$　　　B. $f_x(x_0,y_0)=f_y(x_0,y_0)=0$

   C. $f_x(x_0,y_0)>0, f_y(x_0,y_0)=0$　　　D. $f_x(x_0,y_0)=0, f_y(x_0,y_0)>0$

3. 已知函数 $f(xy, x+y)=x^2+y^2+xy$,则 $\dfrac{\partial f(x,y)}{\partial x}, \dfrac{\partial f(x,y)}{\partial y}$ 分别为（　　）.

   A. $2y, -1$　　　B. $2x+y, 2y+x$　　　C. $-1, 2y$　　　D. $2y, 2x$

4. 设 $z = x^y$，则 $\dfrac{\partial z}{\partial y} = ($).

A. yx^{y-1} B. $x^y \ln x$ C. $\dfrac{1}{y+1}x^{y+1}$ D. $x^y \dfrac{1}{\ln x}$

5. 设区域 $D = \{(x, y) \mid 4 \leqslant x^2 + y^2 \leqslant 9\}$，则 $\iint\limits_{D} \mathrm{d}x\mathrm{d}y = ($).

A. 2π B. 3π C. 4π D. 5π

二、填空题

1. 函数 $f(x, y) = \dfrac{1}{x^2 + y^2}$ 的定义域为_____；函数 $f(x, y) = \dfrac{1}{\sqrt{4 - x^2 - y^2}}$ 的定义域为_____.

2. 设 $f(x, y) = \dfrac{xy}{x^2 + y^2}$，则 $f(0, 1) = $_____，$f(x+y, x-y) = $_____.

3. 设 $z = xe^y$，则 $\dfrac{\partial z}{\partial x} = $_____，$\dfrac{\partial z}{\partial y} = $_____.

4. 设 $z = \ln(x^2 + y)$，则 $\dfrac{\partial z}{\partial x} = $_____，$\dfrac{\partial z}{\partial y} = $_____.

5. 设 $z = x^2 + xy + y^2$，则 $\dfrac{\partial z}{\partial x} = $_____，$\dfrac{\partial^2 z}{\partial x^2} = $_____.

6. 设 $z = \sin(x + y)$，则 $\dfrac{\partial z}{\partial y} = $_____，$\dfrac{\partial^2 z}{\partial y \partial x} = $_____.

7. 多元初等函数的高阶混合偏导数与求偏导数的次序_____（是否有关）.

8. 函数 $z = \sqrt{x^2 + y^2}$ 在点 $(0, 0)$ 处_____（是否连续），在点 $(0, 0)$ 处_____（偏导数是否存在）.

9. 可微函数 $f(x, y)$ 的极值点_____（是否一定）是函数 $f(x, y)$ 的驻点.

10. 函数 $f(x, y) = 4(x - y) - x^2 - y^2$ 的驻点为_____.

11. 设 $z = \dfrac{x}{y}$，则 $\mathrm{d}z = $_____.

12. 设区域 $D: 0 \leqslant x \leqslant 1, 0 \leqslant y \leqslant 2$，则 $\iint\limits_{D} xy\,\mathrm{d}x\mathrm{d}y = $_____.

13. 设 $\iint\limits_{D} f(x, y)\mathrm{d}\sigma = \int_0^2 \mathrm{d}x \int_0^{x^2} f(x, y)\mathrm{d}y$，则积分区域 D 可用不等式表示为_____.

*14. 二重积分 $\iint\limits_{x^2 + y^2 \leqslant 4} f(x, y)\mathrm{d}\sigma$ 在极坐标系下的二次积分为_____.

三、计算题

1. 求下列函数的偏导数：

(1) $z = \sin(xy^2)$，求 z_x, z_y；

(2) $z = \ln(1 + x^2 + y^2)$，求在点 $(1, 0)$ 处的偏导数；

(3) $z = (x^2 + y^2)^{2x}$，求 $\dfrac{\partial z}{\partial x}, \dfrac{\partial z}{\partial y}$；

(4) 函数 $z=z(x,y)$ 由方程 $x^2+y^3=xyz^3$ 确定,求 $\dfrac{\partial z}{\partial x},\dfrac{\partial z}{\partial y}$.

2. 求下列函数的二阶偏导数:

(1) $z=xy^2+x^3y$,求 z_{xx},z_{xy},z_{yy}; (2) $z=\ln(x+y^2)$,求 $\dfrac{\partial^2 z}{\partial y\partial x}\bigg|_{(0,1)},\dfrac{\partial^2 z}{\partial y^2}$.

3. 求下列函数的全微分:

(1) $z=x\sin(x+y)$,求 $\mathrm{d}z$; (2) $z=\mathrm{e}^{x^2 y}$,求 $\mathrm{d}z\big|_{(1,0)}$.

4. 计算下列二重积分:

(1) $\iint\limits_{D}(3x+2y)\mathrm{d}\sigma$,其中 D 是由两坐标轴及直线 $x+y=2$ 所围成的区域;

*(2) $\iint\limits_{D}\ln(1+x^2+y^2)\mathrm{d}\sigma$,其中 D 是由圆周 $x^2+y^2=1$ 及直线 $x\geqslant 0,y\geqslant 0$ 所围成的区域.

四、解答题

1. 求函数 $f(x,y)=x^3+y^3-3x^2-3y^2+16$ 的极值.
2. 欲做一个容积为 $64\mathrm{m}^3$ 的长方体箱子,长、宽、高各为多少米,可使所用材料最省?

自 测 题 七

一、选择题(每题 3 分,共 15 分)

1. 函数 $z=f(x,y)$ 在点 (x,y) 处的两个偏导数 $\dfrac{\partial z}{\partial x}$ 和 $\dfrac{\partial z}{\partial y}$ 都连续,是函数 $z=f(x,y)$ 在点 (x,y) 处可微的(   ).

　　A. 充分条件　　　B. 必要条件　　　C. 充分必要条件　　　D. 无关条件

2. 设 $z=\mathrm{e}^{x^2-y^2}$,则 $\mathrm{d}z=$(   ).

　　A. $\mathrm{e}^{x^2-y^2}(\mathrm{d}x-\mathrm{d}y)$　　　　　　B. $\mathrm{e}^{x^2-y^2}(\mathrm{d}x+\mathrm{d}y)$

　　C. $2\mathrm{e}^{x^2-y^2}(x\mathrm{d}x+y\mathrm{d}y)$　　　　D. $2\mathrm{e}^{x^2-y^2}(x\mathrm{d}x-y\mathrm{d}y)$

3. 设函数 $f(x,y)$ 在点 (x_0,y_0) 处可微,且 $f_x(x_0,y_0)=f_y(x_0,y_0)=0$,则函数 $f(x,y)$ 在点 (x_0,y_0) 处(   ).

　　A. 必有极值　　　B. 必有极大值　　　C. 必有极小值　　　D. 不一定有极值

*4. 设区域 $D=\{(x,y)\mid 1\leqslant x^2+y^2\leqslant 2\}$,则 $\iint\limits_{D}\ln(1+x^2+y^2)\mathrm{d}x\mathrm{d}y=$(   ).

　　A. $\iint\limits_{D}\ln(1+r^2)\mathrm{d}r\mathrm{d}\theta$　　　　B. $\int_0^{2\pi}\mathrm{d}\theta\int_1^{\sqrt{2}}r\ln(1+r^2)\mathrm{d}r$

　　C. $\int_0^{2\pi}\mathrm{d}\theta\int_1^{\sqrt{2}}\ln(1+r^2)\mathrm{d}r$　　D. $\int_0^{2\pi}\mathrm{d}\theta\int_1^{\sqrt{2}}r\ln(1+r^2)\mathrm{d}r$

5. 设区域 $D=\{(x,y)\mid 1\leqslant x\leqslant 2,1\leqslant y\leqslant x\}$,则 $\iint\limits_{D}f(x,y)\mathrm{d}x\mathrm{d}y$ 化为二次积分是(   ).

　　A. $\int_1^2\mathrm{d}x\int_1^2 f(x,y)\mathrm{d}y$　　　　B. $\int_y^2\mathrm{d}x\int_1^x f(x,y)\mathrm{d}y$

C. $\int_1^x dy \int_1^2 f(x,y)dx$ D. $\int_1^2 dx \int_1^x f(x,y)dy$

二、填空题(每题 3 分, 共 15 分)

6. 函数 $f(x,y) = \dfrac{1}{\sqrt{9-x^2-y^2}} + \ln(x^2+y^2-4)$ 的定义域为 _____.

7. 已知 $z = \sin\dfrac{y}{x}$, 则 $\dfrac{\partial z}{\partial x} =$ _____, $\dfrac{\partial z}{\partial y} =$ _____.

8. 设 $z = (2x+1)^y$, 则 $\dfrac{\partial z}{\partial x} =$ _____, $\dfrac{\partial z}{\partial y} =$ _____.

9. 设 $z = x^y$, 则 $dz =$ _____.

10. $\iint\limits_D d\sigma =$ _____, 其中 $D: 1 \leqslant x^2+y^2 \leqslant 9$.

三、计算题(每题 7 分, 共 56 分)

11. 已知函数 $z = \sqrt{2+x^2+y^2}$, 求 $dz\big|_{(1,1)}$.

12. 已知函数 $z = \ln(e^x + e^y)$, 求 $\dfrac{\partial^2 z}{\partial x \partial y}$.

13. 已知函数 $z = e^u \sin v$, 其中 $u = xy, v = x-y$, 求 $\dfrac{\partial z}{\partial y}$.

14. 函数 $z = f(x,y)$ 由方程 $x^2 + y^3 + 1 = e^{xyz}$ 确定, 求 $\dfrac{\partial z}{\partial x}$.

15. 将二重积分 $\iint\limits_D f(x,y)dxdy$ 按两种次序化为二次积分, 其中 D 是由直线 $y=x, y=2x$ 及 $y=2$ 所围成的区域.

16. 计算二重积分 $I = \iint\limits_D x^2 y d\sigma$, 其中 D 是由曲线 $y=\dfrac{1}{x}$ 与直线 $y=x, x=2$ 所围成的区域.

17. 计算二重积分 $I = \iint\limits_D \dfrac{\sin y}{y} d\sigma$, 其中 D 是由直线 $y=x, x=0$ 及 $y=\dfrac{\pi}{2}, y=\pi$ 所围成的区域.

*18. 利用极坐标计算二重积分 $I = \iint\limits_D e^{-(x^2+y^2)} d\sigma$, 其中 $D: x^2+y^2 \leqslant 9$.

四、解答题(每题 7 分, 共 14 分)

19. 求函数 $f(x,y) = x^3 + y^3 - 6xy$ 的极值.

20. 欲做一个容积为 $4\,m^3$ 的无盖长方体铁箱子, 如何设计最省料?

第八章 无穷级数

无穷级数是高等数学的一个重要组成部分,它是进行函数研究和近似计算的一种有力工具.本章先介绍常数项级数的概念、性质及敛散性的判别方法,然后介绍函数项级数中最重要的幂级数.

§8.1 数项级数

一、数项级数

在初等数学中,我们学过无穷数列(简称数列),如

$$1^2, 2^2, 3^2, \cdots, n^2, \cdots, \qquad u_n = n^2,$$

$$\frac{1}{1 \cdot 2}, \frac{1}{2 \cdot 3}, \cdots, \frac{1}{n(n+1)}, \cdots, \qquad u_n = \frac{1}{n(n+1)},$$

$$\cdots\cdots\cdots\cdots \qquad\qquad\qquad \cdots\cdots\cdots\cdots$$

并学习过等差数列、等比数列的前 n 项和公式. 任何数列的前 n 项和都是存在的,但数列的无穷项之和是否也一定存在呢? 仅从上面两个例子就可以看出:有的数列各项相加的结果为无穷大,如上面的第一个数列;而有的数列随着项数的增大各项之和虽然是递增的,但是却是有界的,如上面的第二个数列,有

$$\frac{1}{1 \cdot 2} + \frac{1}{2 \cdot 3} + \cdots + \frac{1}{n(n+1)} + \cdots$$

$$= 1 - \frac{1}{2} + \frac{1}{2} - \frac{1}{3} + \frac{1}{3} - \frac{1}{4} + \cdots + \frac{1}{n} - \frac{1}{n+1} + \cdots \leqslant 1.$$

这是数列本身的特点所决定的,无穷级数就是要研究数列的这一特性.

我们还是来看本书第一章中引用过的《庄子·天下篇》中的例子"一尺之棰,日取其半,万世不竭",其意思是:有一根一尺长的竹棒,第一天取其一半即 $\frac{1}{2}$;第二天再取剩余部分的一半,即 $\left(\frac{1}{2}\right)^2 = \frac{1}{4}$,两天取得的总长度是 $\frac{1}{2} + \frac{1}{2^2}$;第三天再取前两天取剩下的部分的一半,三天取得的总长度是 $\frac{1}{2} + \frac{1}{2^2} + \frac{1}{2^3}$;如果一直这样取下去,永远也取不完.所得到的长度之和是

$$\frac{1}{2} + \frac{1}{2^2} + \frac{1}{2^3} + \frac{1}{2^4} + \cdots.$$

当然,随着天数的增加,取下来的部分的总长度越来越接近于 1,但又永远不等于 1.

定义 8.1 如果给定一个无穷数列 $u_1, u_2, \cdots, u_n, \cdots$,形式上将数列的每一项依次相加,得到

$$u_1 + u_2 + \cdots + u_n + \cdots,$$

称之为**数项无穷级数**,简称为**数项级数**或**级数**,记做 $\sum\limits_{n=1}^{\infty} u_n$,即

$$\sum_{n=1}^{\infty} u_n = u_1 + u_2 + \cdots + u_n + \cdots, \tag{8-1}$$

其中第 n 项 u_n 称为级数的**一般项**.

上述级数的定义只是形式上的定义,无穷多个项如何相加,其和是否存在,都有待进一步讨论.下面给出级数的和的概念.

定义 8.2 设数项级数

$$\sum_{n=1}^{\infty} u_n = u_1 + u_2 + \cdots + u_n + \cdots,$$

作它的前 n 项和 $s_n = u_1 + u_2 + \cdots + u_n$. s_n 称为级数(8-1)的**前 n 项部分和**,简称为**部分和**. 当 n 依次取 $1,2,\cdots$ 时,它们构成一个新的数列

$$s_1 = u_1, \quad s_2 = u_1 + u_2, \quad \cdots, \quad s_n = u_1 + u_2 + \cdots + u_n = \sum_{k=1}^{n} u_k, \quad \cdots,$$

称其为**部分和数列**. 如果部分和数列 $s_1, s_2, \cdots, s_n, \cdots$ 有极限 s,即

$$\lim_{n \to \infty} s_n = s,$$

则称级数(8-1)**收敛**于 s,这时极限 s 称为级数(8-1)的**和**,并写成

$$s = \sum_{n=1}^{\infty} u_n = u_1 + u_2 + \cdots + u_n + \cdots. \tag{8-2}$$

如果部分和数列 $s_1, s_2, \cdots, s_n, \cdots$ 没有极限,则称级数(8-1)**发散**.

当级数(8-1)收敛时,其部分和 s_n 是级数和 s 的近似值,它们之间的差值

$$r_n = s - s_n = u_{n+1} + u_{n+2} + \cdots \tag{8-3}$$

称为级数(8-1)的**余项**,其绝对值 $|r_n|$ 称为由 s_n 代替 s 时所产生的**误差**.

前面的例子中,$\frac{1}{2} + \frac{1}{2^2} + \frac{1}{2^3} + \frac{1}{2^4} + \cdots$ 就是一个级数,其前 n 项和为

$$s_n = \frac{1}{2} + \frac{1}{2^2} + \frac{1}{2^3} + \frac{1}{2^4} + \cdots + \frac{1}{2^n} = \frac{\frac{1}{2}\left[1 - \left(\frac{1}{2}\right)^n\right]}{1 - \frac{1}{2}} = 1 - \left(\frac{1}{2}\right)^n,$$

从而

$$\lim_{n \to \infty} s_n = \lim_{n \to \infty}\left[1 - \left(\frac{1}{2}\right)^n\right] = 1,$$

所以级数 $\frac{1}{2} + \frac{1}{2^2} + \cdots + \frac{1}{2^n} + \cdots$ 收敛于 1.

例 1 讨论公比为 q 的**等比级数(几何级数)**

$$\sum_{n=1}^{\infty} aq^{n-1} = a + aq + aq^2 + \cdots + aq^{n-1} + \cdots \quad (a \neq 0)$$

的敛散性.

解 当 $|q| \neq 1$ 时,部分和为

$$s_n = \sum_{k=1}^{n} aq^{k-1} = a + aq + aq^2 + \cdots + aq^{n-1} = \frac{a(1-q^n)}{1-q}.$$

若 $|q| < 1$,则有 $\lim\limits_{n \to \infty} q^n = 0$. 所以

$$\lim_{n\to\infty} s_n = \lim_{n\to\infty} \frac{a(1-q^n)}{1-q} = \frac{a}{1-q},$$

即

$$\sum_{n=1}^{\infty} aq^{n-1} = a + aq + aq^2 + \cdots + aq^{n-1} + \cdots = \frac{a}{1-q}.$$

若 $|q|>1$，则有 $\lim\limits_{n\to\infty} q^n = \infty$. 所以

$$\lim_{n\to\infty} s_n = \infty.$$

因此，当 $|q|>1$ 时，等比级数发散，它没有和.

当 $q=1$ 时，级数为

$$a + a + a + \cdots + a + \cdots,$$

其部分和为

$$s_n = a + a + a + \cdots + a = na,$$

则

$$\lim_{n\to\infty} s_n = \lim_{n\to\infty} na = \infty.$$

所以级数发散.

当 $q=-1$ 时，级数为

$$a - a + a - a + \cdots + a - a + \cdots,$$

其部分和为

$$s_n = \begin{cases} 0, & n \text{ 为偶数,} \\ a\ (a \neq 0), & n \text{ 为奇数,} \end{cases}$$

所以，当 $n\to\infty$ 时，部分和数列没有极限，等比级数发散.

综上所述，有

$$\sum_{n=1}^{\infty} aq^{n-1} = \begin{cases} \dfrac{a}{1-q}, & |q|<1, \\ \text{发散}, & |q| \geqslant 1. \end{cases}$$

例 2 证明：级数 $\sum\limits_{n=1}^{\infty} n = 1 + 2 + 3 + \cdots + n + \cdots$ 发散.

证明 级数的部分和为

$$s_n = 1 + 2 + 3 + \cdots + n = \frac{1}{2}n(1+n),$$

取极限，有

$$\lim_{n\to\infty} s_n = \lim_{n\to\infty} \frac{1}{2}n(n+1) = +\infty,$$

所以级数发散.

例 3 判断级数

$$\sum_{n=1}^{\infty} \frac{1}{n(n+1)} = \frac{1}{1 \cdot 2} + \frac{1}{2 \cdot 3} + \frac{1}{3 \cdot 4} + \cdots + \frac{1}{n(n+1)} + \cdots$$

的敛散性.

解 级数的部分和为

$$s_n = \frac{1}{1 \cdot 2} + \frac{1}{2 \cdot 3} + \frac{1}{3 \cdot 4} + \cdots + \frac{1}{n(n+1)}$$

$$= \left(1-\frac{1}{2}\right)+\left(\frac{1}{2}-\frac{1}{3}\right)+\left(\frac{1}{3}-\frac{1}{4}\right)+\cdots+\left(\frac{1}{n}-\frac{1}{n+1}\right)$$
$$= 1-\frac{1}{n+1},$$

取极限,有
$$\lim_{n\to\infty}s_n = \lim_{n\to\infty}\left(1-\frac{1}{n+1}\right)=1,$$

所以级数收敛于 1,即
$$\sum_{n=1}^{\infty}\frac{1}{n(n+1)} = \frac{1}{1\cdot 2}+\frac{1}{2\cdot 3}+\frac{1}{3\cdot 4}+\cdots+\frac{1}{n(n+1)}+\cdots = 1.$$

试一试 用定义判断级数 $\sum_{n=1}^{\infty}\frac{1}{n(n+2)}$ 的敛散性.

用定义判断级数的敛散性有时是很困难的,因此需要借助于级数的性质.

二、收敛级数的性质与级数收敛的必要条件

下面给出的收敛级数的性质都是非常重要的,它们可以由级数的定义来证明.对于多数性质,我们略去它们的证明,只希望读者熟记这些结论,真正领会它们的含义,并会利用它们去讨论级数的敛散性.

性质 1 如果级数
$$\sum_{n=1}^{\infty}u_n = u_1+u_2+\cdots+u_n+\cdots$$
收敛于 s,则它的各项同乘以一个不为零的常数 k 所得的级数
$$\sum_{n=1}^{\infty}ku_n = ku_1+ku_2+\cdots+ku_n+\cdots$$
也收敛,且其和为 ks.

证明 设级数 $\sum_{n=1}^{\infty}u_n$ 与级数 $\sum_{n=1}^{\infty}ku_n$ 的部分和分别为 s_n 与 t_n,则
$$t_n = ku_1+ku_2+\cdots+ku_n = k(u_1+u_2+\cdots+u_n) = ks_n.$$

于是
$$\lim_{n\to\infty}t_n = \lim_{n\to\infty}ks_n = k\lim_{n\to\infty}s_n = ks,$$

所以级数 $\sum_{n=1}^{\infty}ku_n$ 收敛于 ks.

由这一性质可知,级数的每一项同乘以一个不为零的常数,它的敛散性不变.

性质 2 设有两个级数
$$\sum_{n=1}^{\infty}u_n = u_1+u_2+\cdots+u_n+\cdots = s,$$
$$\sum_{n=1}^{\infty}v_n = v_1+v_2+\cdots+v_n+\cdots = t,$$

则级数
$$\sum_{n=1}^{\infty}(u_n\pm v_n) = (u_1\pm v_1)+(u_2\pm v_2)+\cdots+(u_n\pm v_n)+\cdots$$

一定是收敛的,且其和为 $s\pm t$.

证明 设级数 $\sum_{n=1}^{\infty}(u_n \pm v_n)$ 的部分和为 l_n,则

$$l_n = (u_1 \pm v_1) + (u_2 \pm v_2) + \cdots + (u_n \pm v_n)$$
$$= (u_1 + u_2 + \cdots + u_n) \pm (v_1 + v_2 + \cdots + v_n)$$
$$= s_n \pm t_n,$$

其中 s_n 是 $\sum_{n=1}^{\infty} u_n$ 的部分和,t_n 是 $\sum_{n=1}^{\infty} v_n$ 的部分和. 由已知条件知

$$\lim_{n \to \infty} s_n = s, \quad \lim_{n \to \infty} t_n = t,$$

所以
$$\lim_{n \to \infty} l_n = \lim_{n \to \infty}(s_n \pm t_n) = \lim_{n \to \infty} s_n \pm \lim_{n \to \infty} t_n = s \pm t.$$

这说明,两个收敛级数 $\sum_{n=1}^{\infty} u_n$ 与 $\sum_{n=1}^{\infty} v_n$ 的和或差仍为收敛级数,且

$$\sum_{n=1}^{\infty}(u_n \pm v_n) = \sum_{n=1}^{\infty} u_n \pm \sum_{n=1}^{\infty} v_n = s \pm t.$$

性质3 级数 $\sum_{n=1}^{\infty} u_n$ 与级数 $\sum_{n=1}^{\infty} u_{k+n}$ 具有相同的敛散性,即在级数的前面添上或去掉有限项,不改变级数的敛散性,但当级数收敛时,其和有所改变.

例如,例 2 中的级数 $\sum_{n=1}^{\infty} n = 1 + 2 + \cdots + n + \cdots$ 发散,那么加上 3 项 $-5, 2, 0$,得

$$-5 + 2 + 0 + 1 + 2 + \cdots + n + \cdots,$$

或去掉某 3 项 $1, 2, 3$,得

$$4 + 5 + \cdots + (n+3) + \cdots,$$

所得到的新级数均发散.

而例 3 中的级数

$$\sum_{n=1}^{\infty} \frac{1}{n(n+1)} = \frac{1}{1 \cdot 2} + \frac{1}{2 \cdot 3} + \frac{1}{3 \cdot 4} + \cdots + \frac{1}{n(n+1)} + \cdots$$

收敛于 1,那么加上 3 项 $-1, 0, 2$,得

$$-1 + 0 + 2 + \frac{1}{1 \cdot 2} + \frac{1}{2 \cdot 3} + \cdots + \frac{1}{n(n+1)} + \cdots,$$

它收敛于 2;或去掉若干项,如第一、二项:$\frac{1}{1 \cdot 2}, \frac{1}{2 \cdot 3}$,得

$$\frac{1}{3 \cdot 4} + \frac{1}{4 \cdot 5} + \cdots + \frac{1}{(n+2)(n+3)} + \cdots,$$

它收敛于 $1 - \frac{1}{1 \cdot 2} - \frac{1}{2 \cdot 3} = \frac{1}{3}$.

性质4 收敛的级数对其项任意加括号后所成的级数仍然收敛于原来的和.

注意 收敛级数去括号所成的级数不一定收敛. 例如,级数

$$(1-1) + (1-1) + (1-1) + \cdots$$

收敛于 0,但级数

$$1 - 1 + 1 - 1 + 1 - 1 + \cdots$$

却是发散的.

根据级数的性质 4 可得如下推论:

推论 如果加括号后所成的级数发散,则原级数也发散.

性质 5(级数收敛的必要条件) 若级数 $\sum_{n=1}^{\infty} u_n$ 收敛,则 $\lim_{n \to \infty} u_n = 0$.

证明 设级数 $\sum_{n=1}^{\infty} u_n$ 收敛于 s. 由于
$$u_n = s_n - s_{n-1},$$
所以
$$\lim_{n \to \infty} u_n = \lim_{n \to \infty} (s_n - s_{n-1}) = s - s = 0.$$

注意 (1) 对于级数 $\sum_{n=1}^{\infty} u_n$, 若 $\lim_{n \to \infty} u_n \neq 0$, 则该级数一定发散.

例如,级数
$$\frac{1}{2} - \frac{2}{3} + \frac{3}{4} - \frac{4}{5} + \cdots + (-1)^{n-1} \frac{n}{n+1} + \cdots,$$
它的通项为 $u_n = (-1)^{n-1} \frac{n}{n+1}$. 当 $n \to \infty$ 时,u_n 不趋于零,因此这级数是发散的.

(2) 级数的通项趋于零并不是收敛的充分条件. 有些级数的通项虽然趋于零,但是级数仍然发散,例 4 中的调和级数就是一个例子.

例 4 证明:调和级数 $\sum_{n=1}^{\infty} \frac{1}{n}$ 发散.

证明 调和级数为
$$\sum_{n=1}^{\infty} \frac{1}{n} = 1 + \frac{1}{2} + \frac{1}{3} + \cdots + \frac{1}{n} + \cdots,$$
其通项为 $u_n = \frac{1}{n} \to 0 \, (n \to \infty)$. 我们按顺序把该级数的 2 项,2 项,4 项,8 项,$\cdots$,2^m 项,$\cdots$ 括在一起:
$$\left(1 + \frac{1}{2}\right) + \left(\frac{1}{3} + \frac{1}{4}\right) + \left(\frac{1}{5} + \frac{1}{6} + \frac{1}{7} + \frac{1}{8}\right) + \left(\frac{1}{9} + \frac{1}{10} + \cdots + \frac{1}{16}\right)$$
$$+ \cdots + \left(\frac{1}{2^m + 1} + \frac{1}{2^m + 2} + \cdots + \frac{1}{2^{m+1}}\right) + \cdots.$$

由于
$$1 + \frac{1}{2} > \frac{1}{2},$$
$$\frac{1}{3} + \frac{1}{4} > \frac{1}{4} + \frac{1}{4} = \frac{1}{2},$$
$$\frac{1}{5} + \frac{1}{6} + \frac{1}{7} + \frac{1}{8} > \frac{1}{8} + \frac{1}{8} + \frac{1}{8} + \frac{1}{8} = \frac{1}{2},$$
$$\cdots \cdots \cdots$$
$$\frac{1}{2^m + 1} + \frac{1}{2^m + 2} + \cdots + \frac{1}{2^{m+1}} > \frac{1}{2^{m+1}} + \frac{1}{2^{m+1}} + \cdots + \frac{1}{2^{m+1}} = \frac{1}{2},$$

因此这个加括号后的级数前 $m+1$ 项的和
$$t_{m+1} > \frac{1}{2}(m+1),$$

从而这级数是发散的.根据级数的性质 4 的推论,可知调和级数是发散的.

试一试 判断下列级数的敛散性:

(1) $\sum_{n=1}^{\infty} \frac{2n}{3n-1}$;   (2) $\sum_{n=1}^{\infty} \left(\frac{1}{2^n} + \frac{2}{3^n}\right)$.

判断级数的敛散性,可以根据级数收敛的定义,也可以根据级数收敛的性质,但这两种方法都有很大的局限性.下面分正项级数、交错级数和任意项级数三种类型分别介绍它们各自的敛散性判别法.

三、正项级数的敛散性判别

首先给出正项级数的概念.

定义 8.3 设有级数 $u_1 + u_2 + \cdots + u_n + \cdots$,若 $u_n \geqslant 0$ $(n=1,2,\cdots)$,则称此级数为**正项级数**.

正项级数的部分和数列是一个单调递增的数列,即

$$s_1 \leqslant s_2 \leqslant \cdots \leqslant s_n \leqslant \cdots,$$

如果数列 $\{s_n\}$ 有界,即存在某一常数 M,使得 $s_n \leqslant M$ $(n=1,2,\cdots)$,根据单调有界数列必有极限,可知级数必收敛于某一常数 s,且 $s_n \leqslant s \leqslant M$;反之,如果正项级数收敛于 s,根据数列极限的有界性,可知 $\{s_n\}$ 有界.因此,我们得到一个重要的结论:

定理 8.1 正项级数收敛的充分必要条件是它的部分和数列 $\{s_n\}$ 有界.

由此结论,我们得到一个基本判别法(证明略):

定理 8.2(比较判别法) 设有两个正项级数 $\sum_{n=1}^{\infty} u_n$ 及 $\sum_{n=1}^{\infty} v_n$,且 $u_n \leqslant v_n$ $(n=1,2,\cdots)$.

(1) 如果级数 $\sum_{n=1}^{\infty} v_n$ 收敛,则级数 $\sum_{n=1}^{\infty} u_n$ 也收敛;

(2) 如果级数 $\sum_{n=1}^{\infty} u_n$ 发散,则级数 $\sum_{n=1}^{\infty} v_n$ 也发散.

由级数的性质我们知道:级数的每一项同乘以一个大于零的常数 k,以及去掉级数的有限项不会影响级数的敛散性.我们可得到如下推论:

推论 如果正项级数 $\sum_{n=1}^{\infty} v_n$ 收敛,且从某一项起(如从第 N 项起)有 $u_n \leqslant k v_n$ $(n \geqslant N, k > 0)$ 成立,则正项级数 $\sum_{n=1}^{\infty} u_n$ 也收敛;如果正项级数 $\sum_{n=1}^{\infty} v_n$ 发散,且从某一项起有 $u_n \geqslant k v_n$ $(n \geqslant N, k > 0)$ 成立,则正项级数 $\sum_{n=1}^{\infty} u_n$ 也发散.

例 5 讨论 p 级数

$$1 + \frac{1}{2^p} + \frac{1}{3^p} + \cdots + \frac{1}{n^p} + \cdots$$

的敛散性,其中常数 $p > 0$.

解 当 $p=1$ 时,由例 4 可知,p 级数发散;

当 $0 < p < 1$ 时,$\frac{1}{n^p} \geqslant \frac{1}{n}$,根据比较判别法,可知 p 级数发散.

当 $p > 1$ 时,取 x 满足不等式 $n-1 \leqslant x \leqslant n$,有 $\frac{1}{n^p} \leqslant \frac{1}{x^p}$,所以

$$\frac{1}{n^p} = \int_{n-1}^{n} \frac{1}{n^p} dx \leqslant \int_{n-1}^{n} \frac{1}{x^p} dx = \frac{1}{p-1}\left[\frac{1}{(n-1)^{p-1}} - \frac{1}{n^{p-1}}\right] \quad (n=2,3,\cdots).$$

考虑级数

$$\sum_{n=2}^{\infty}\left[\frac{1}{(n-1)^{p-1}} - \frac{1}{n^{p-1}}\right].$$

其部分和为

$$s_n = \left[1 - \frac{1}{2^{p-1}}\right] + \left[\frac{1}{2^{p-1}} - \frac{1}{3^{p-1}}\right] + \cdots + \left[\frac{1}{n^{p-1}} - \frac{1}{(n+1)^{p-1}}\right] = 1 - \frac{1}{(n+1)^{p-1}},$$

从而

$$\lim_{n\to\infty} s_n = \lim_{n\to\infty}\left[1 - \frac{1}{(n+1)^{p-1}}\right] = 1,$$

故此级数收敛. 根据比较判别法,可知 p 级数收敛.

综上所述,p 级数 $\sum_{n=1}^{\infty}\frac{1}{n^p}$ 当 $p>1$ 时收敛,当 $0<p\leqslant 1$ 时发散.

试一试 根据例 5 中的结论,直接判断下列级数的敛散性:

(1) $\sum_{n=1}^{\infty}\frac{1}{n^2}$;　　(2) $\sum_{n=1}^{\infty}\frac{1}{n^{1.001}}$;　　(3) $\sum_{n=1}^{\infty}\frac{1}{\sqrt{n}}$;　　(4) $\sum_{n=1}^{\infty}\frac{1}{n\sqrt{n}}$.

例 6　讨论级数 $\sum_{n=1}^{\infty}\frac{1}{1+a^n}$ $(a>0)$ 的敛散性.

解　当 $a=1$ 时,$u_n = \frac{1}{2}$. 由级数收敛的必要条件知,此级数发散.

当 $a<1$ 时,$\lim_{n\to\infty} a^n = 0$,$\lim_{n\to\infty} u_n = \lim_{n\to\infty}\frac{1}{1+a^n} = 1$. 由级数收敛的必要条件知,此级数发散.

当 $a>1$ 时,$u_n = \frac{1}{1+a^n} \leqslant \frac{1}{a^n} = \left(\frac{1}{a}\right)^n$. 由于等比级数 $\sum_{n=1}^{\infty}\left(\frac{1}{a}\right)^n$ 当 $a>1$ 时收敛,根据比较判别法,可知原级数收敛.

另外,比较判别法有一个极限形式,利用极限形式判别级数敛散性是很方便的.

比较判别法的极限形式　设级数 $\sum_{n=1}^{\infty} u_n$ 与 $\sum_{n=1}^{\infty} v_n$ 为两个正项级数,且满足

$$\lim_{n\to\infty}\frac{u_n}{v_n} = l \quad (0<l<+\infty),$$

则这两个级数同时收敛或同时发散.

例 7　用比较判别法判断下列级数的敛散性:

(1) $\sum_{n=1}^{\infty}\frac{1}{\sqrt{n(n+1)}}$;　　　　(2) $\sum_{n=1}^{\infty}\frac{1}{\sqrt{n(n^2+1)}}$;

(3) $\sum_{n=1}^{\infty}\sin\frac{1}{n}$;　　　　(4) $\sum_{n=1}^{\infty} 2^n \sin\frac{x}{3^n}$ $(0<x<\pi)$.

解　(1) 因为 $\lim_{n\to\infty}\dfrac{\frac{1}{\sqrt{n(n+1)}}}{\frac{1}{\sqrt{n\cdot n}}} = \lim_{n\to\infty}\sqrt{\frac{n}{n+1}} = 1$,而级数 $\sum_{n=1}^{\infty}\frac{1}{\sqrt{n\cdot n}} = \sum_{n=1}^{\infty}\frac{1}{n}$ 是发散的,所以原级数发散.

(2) 因为 $\lim_{n\to\infty}\left[\dfrac{1}{\sqrt{n(n^2+1)}}\Big/\dfrac{1}{n^{3/2}}\right]=\lim_{n\to\infty}\dfrac{\sqrt{n^3}}{\sqrt{n(n^2+1)}}=1$,而级数 $\sum_{n=1}^{\infty}\dfrac{1}{n^{3/2}}$ 是 p 级数,其中 $p=\dfrac{3}{2}>1$,因而此 p 级数收敛,所以原级数收敛.

(3) 因为 $\lim_{n\to\infty}\dfrac{\sin(1/n)}{1/n}=1$,而级数 $\sum_{n=1}^{\infty}\dfrac{1}{n}$ 是发散的,所以原级数发散.

(4) 当 $0<x<\pi$ 时,因为 $\lim_{n\to\infty}\dfrac{2^n\cdot\sin\dfrac{x}{3^n}}{\left(\dfrac{2}{3}\right)^n}=\lim_{n\to\infty}\dfrac{2^n\sin\dfrac{x}{3^n}}{2^n\cdot\dfrac{x}{3^n}}\cdot x=x$,而 $0<x<\pi<+\infty$,且级数 $\sum_{n=1}^{\infty}\left(\dfrac{2}{3}\right)^n$ 收敛,所以原级数收敛.

试一试   判定下列级数的敛散性:

(1) $\sum_{n=1}^{\infty}\dfrac{n}{\sqrt{3n^3+2}}$;   (2) $\sum_{n=1}^{\infty}\dfrac{\sin\dfrac{n\pi}{4}}{n^2}$.

想一想   (1) 若极限 $\lim_{n\to\infty}\dfrac{u_n}{v_n}=0$,$\sum_{n=1}^{\infty}v_n$ 收敛,$\sum_{n=1}^{\infty}u_n$ 是否收敛?

(2) 若极限 $\lim_{n\to\infty}\dfrac{u_n}{v_n}=+\infty$,$\sum_{n=1}^{\infty}v_n$ 发散,$\sum_{n=1}^{\infty}u_n$ 是否发散?

定理 8.3(比值判别法或达朗贝尔判别法)   如果正项级数 $\sum_{n=1}^{\infty}u_n$ 满足 $\lim_{n\to\infty}\dfrac{u_{n+1}}{u_n}=l$,则

(1) 当 $l<1$ 时,该级数收敛;

(2) 当 $l>1$(或 $l=+\infty$)时,该级数发散;

(3) 当 $l=1$ 时,此判别法失效.

例 8   利用比值判别法判断下列级数的敛散性:

(1) $\sum_{n=1}^{\infty}\dfrac{2^n}{n!}$;   (2) $\sum_{n=1}^{\infty}\dfrac{x^n}{n^p}$ $(p>0,x>0)$;

(3) $\dfrac{1}{2}+\dfrac{3}{4}+\dfrac{5}{8}+\dfrac{7}{16}+\cdots$;   (4) $\sum_{n=1}^{\infty}\dfrac{1}{(2n-1)\cdot 2n}$.

解   (1) 因为

$$\dfrac{u_{n+1}}{u_n}=\dfrac{\dfrac{2^{n+1}}{(n+1)!}}{\dfrac{2^n}{n!}}=\dfrac{2}{n+1},\quad \lim_{n\to\infty}\dfrac{u_{n+1}}{u_n}=\lim_{n\to\infty}\dfrac{2}{n+1}=0<1,$$

所以级数收敛.

(2) 因为

$$\dfrac{u_{n+1}}{u_n}=\dfrac{\dfrac{x^{n+1}}{(n+1)^p}}{\dfrac{x^n}{n^p}}=x\left(\dfrac{n}{n+1}\right)^p,\quad \lim_{n\to\infty}\dfrac{u_{n+1}}{u_n}=\lim_{n\to\infty}x\left(\dfrac{n}{n+1}\right)^p=x,$$

所以,当 $x<1$ 时,级数收敛;当 $x>1$ 时,级数发散;当 $x=1$ 时,级数成为 p 级数,它的敛散性

由 p 来确定.

(3) 级数的通项为 $u_n = \dfrac{2n-1}{2^n}$. 因为

$$\dfrac{u_{n+1}}{u_n} = \dfrac{\dfrac{2(n+1)-1}{2^{n+1}}}{\dfrac{2n-1}{2^n}} = \dfrac{1}{2} \cdot \dfrac{2n+1}{2n-1}, \quad \lim_{n\to\infty} \dfrac{u_{n+1}}{u_n} = \lim_{n\to\infty} \dfrac{1}{2} \cdot \dfrac{2n+1}{2n-1} = \dfrac{1}{2} < 1,$$

所以级数收敛.

(4) $\lim\limits_{n\to\infty} \dfrac{u_{n+1}}{u_n} = \lim\limits_{n\to\infty} \dfrac{\dfrac{1}{[2(n+1)-1] \cdot 2(n+1)}}{\dfrac{1}{(2n-1) \cdot 2n}} = \lim\limits_{n\to\infty} \dfrac{(2n-1)2n}{(2n+1)(2n+2)} = 1$. 因为 $l=1$,比值判别法失效,我们改用比较判别法.

因为 $2n > 2n-1 > n$,所以 $\dfrac{1}{(2n-1) \cdot 2n} < \dfrac{1}{n^2}$. 而级数 $\sum\limits_{n=1}^{\infty} \dfrac{1}{n^2}$ 收敛,所以原级数收敛.

试一试 判定下列级数的敛散性:

(1) $\sum\limits_{n=1}^{\infty} \dfrac{n^n}{3^n n!}$;   (2) $\sum\limits_{n=1}^{\infty} \dfrac{x^n}{n}$ ($x > 0$).

四、交错级数和莱布尼茨判别法

定义 8.4 设 $u_n > 0$ ($n=1,2,\cdots$),形如

$$u_1 - u_2 + u_3 - u_4 + \cdots + (-1)^{n-1} u_n + \cdots$$

或

$$-u_1 + u_2 - u_3 + u_4 - \cdots + (-1)^n u_n + \cdots$$

的级数称为**交错级数**.

例如,$\sum\limits_{n=1}^{\infty} (-1)^{n-1} \dfrac{1}{n} = 1 - \dfrac{1}{2} + \dfrac{1}{3} - \dfrac{1}{4} + \cdots + (-1)^{n-1} \dfrac{1}{n} + \cdots$ 为交错级数. 下面我们不加证明地给出一个关于交错级数敛散性的判别法.

定理 8.4(莱布尼茨判别法) 若交错级数 $\sum\limits_{n=1}^{\infty} (-1)^{n-1} u_n$ 满足

(1) $u_n \geqslant u_{n+1}$ ($n=1,2,\cdots$);
(2) $\lim\limits_{n\to\infty} u_n = 0$,

则该交错级数收敛,且其和 $s \leqslant u_1$,其余项 r_n 的绝对值 $|r_n| \leqslant u_{n+1}$.

显然,交错级数 $\sum\limits_{n=1}^{\infty} (-1)^n u_n$ 与 $\sum\limits_{n=1}^{\infty} (-1)^{n-1} u_n$ 的敛散性相同,且在收敛时其和互为相反数.

例 9 判断级数

$$1 - \dfrac{1}{2} + \dfrac{1}{3} - \dfrac{1}{4} + \cdots + (-1)^{n-1} \dfrac{1}{n} + \cdots$$

的敛散性.

解 这里 $u_n = \dfrac{1}{n}$, $u_{n+1} = \dfrac{1}{n+1}$. 因为 $u_n > u_{n+1}$ ($n=1,2,\cdots$),且 $\lim\limits_{n\to\infty} u_n = \lim\limits_{n\to\infty} \dfrac{1}{n} = 0$,所以级数收敛.

试一试 判定下列级数的敛散性：

(1) $\sum_{n=1}^{\infty} \frac{(-1)^{n-1} n}{3^n}$；

(2) $\sum_{n=1}^{\infty} \frac{(-1)}{3\sqrt{n}}$.

五、任意项级数的绝对收敛与条件收敛

设有级数

$$\sum_{n=1}^{\infty} u_n = u_1 + u_2 + \cdots + u_n + \cdots, \qquad (8\text{-}4)$$

其中 $u_n(n=1,2,\cdots)$ 为任意实数，这个级数称为**任意项级数**. 其各项的绝对值所构成的级数为

$$\sum_{n=1}^{\infty} |u_n| = |u_1| + |u_2| + \cdots + |u_n| + \cdots, \qquad (8\text{-}5)$$

它是正项级数，可以通过它收敛来判断原级数收敛.

如果级数(8-5)收敛，则称级数(8-4)是**绝对收敛**的；如果级数(8-4)收敛，而它的各项取绝对值所成的级数(8-5)发散，则称级数(8-4)是**条件收敛**的.

定理 8.5 如果级数 $\sum_{n=1}^{\infty} |u_n|$ 收敛，则级数 $\sum_{n=1}^{\infty} u_n$ 必收敛.

此定理给出了一般级数的一个判敛法则，但条件是很强的.

例 10 讨论级数 $\sum_{n=1}^{\infty} \frac{\cos nx}{n!}$ 的敛散性.

解 因为 $\left|\frac{\cos nx}{n!}\right| \leqslant \frac{1}{n!}$，而级数 $\sum_{n=1}^{\infty} \frac{1}{n!}$ 收敛（用比值判别法），所以级数 $\sum_{n=1}^{\infty} \left|\frac{\cos nx}{n!}\right|$ 收敛. 因此原级数是绝对收敛的.

再来讨论级数

$$1 - \frac{1}{2} + \frac{1}{3} - \frac{1}{4} + \cdots + (-1)^{n-1} \frac{1}{n} + \cdots$$

是绝对收敛还是条件收敛. 由 §8.1 的例 9 我们知道此级数收敛，但是各项取绝对值所成的级数为调和级数

$$1 + \frac{1}{2} + \frac{1}{3} + \cdots + \frac{1}{n} + \cdots,$$

它却是发散的，因此原级数是条件收敛的.

试一试 判断下列级数是绝对收敛的，还是条件收敛的：

(1) $\sum_{n=1}^{\infty} \frac{\sin nx}{n\sqrt{n}}$；

(2) $\sum_{n=1}^{\infty} \frac{(-1)^n}{\sqrt{n^2-n}}$.

习 题 8.1

(A)

一、选择题

1. 若级数 $\sum_{n=1}^{\infty} u_n = 5$，$\sum_{n=1}^{\infty} v_n = 1$，则 $\sum_{n=1}^{\infty} (u_n - 2v_n) = ($)．

A. 6 B. 4 C. 9 D. 3

2. 若级数 $\sum\limits_{n=0}^{\infty} \dfrac{3^n}{n!} = a$,则 $\sum\limits_{n=1}^{\infty} \dfrac{3^{n-1}}{(n-1)!} = ($).

A. $a-1$ B. $a+1$ C. a D. $2a$

3. 若级数 $\sum\limits_{n=0}^{\infty} \dfrac{1}{n!} = e$,则 $\sum\limits_{n=0}^{\infty} \dfrac{2n+1}{n!} = ($).

A. e B. 2e C. 3e D. 6e

4. 下列级数收敛的是( ).

A. $1 + \dfrac{1}{2} + \dfrac{1}{3} + \dfrac{1}{4} + \cdots + \dfrac{1}{10} + \dfrac{1}{2} + \dfrac{1}{4} + \dfrac{1}{8} + \cdots + \left(\dfrac{1}{2}\right)^n + \cdots$

B. $\dfrac{1}{5} + \dfrac{1}{6} + \dfrac{1}{7} + \cdots$

C. $\dfrac{1}{5} + \dfrac{1}{10} + \dfrac{1}{15} + \cdots$

D. $1 + \dfrac{1}{2} + \dfrac{1}{3} + \cdots + \dfrac{1}{n} + \cdots + \dfrac{1}{2} + \dfrac{1}{4} + \dfrac{1}{8} + \cdots + \left(\dfrac{1}{2}\right)^n + \cdots$

5. 级数 $\sum\limits_{n=1}^{\infty} \left(\dfrac{\ln 2}{2^n} + \dfrac{\ln 3}{3^n} \right)($).

A. 发散 B. 收敛于 $\ln 2 + \ln 3$

C. 收敛于 $\dfrac{\ln 2}{2} + \ln 3$ D. 收敛于 $\ln 2 + \dfrac{\ln 3}{2}$

二、填空题

1. 级数 $1 + \dfrac{1}{3} + \dfrac{1}{5} + \dfrac{1}{7} + \cdots$ 的通项 $u_n = $ _____.

2. 级数 $1 - \dfrac{1}{2} + \dfrac{1}{4} - \dfrac{1}{8} + \cdots$ 的通项 $u_n = $ _____.

3. 级数 $\dfrac{1}{2} + \dfrac{3}{5} + \dfrac{5}{10} + \dfrac{7}{17} + \cdots$ 的通项 $u_n = $ _____.

4. 级数 $\sum\limits_{n=1}^{\infty} (-1)^{n-1} \left(\dfrac{4}{5} \right)^n = $ _____.

5. 设级数 $\sum\limits_{n=1}^{\infty} u_n$ 收敛,其和为 s,又 a 是不为零的常数,则级数 $\sum\limits_{n=1}^{\infty} a u_n = $ _____.

6. 几何级数 $\sum\limits_{n=1}^{\infty} q^{n-1}$ 当 $|q| < 1$ 时收敛,其和为_____.

7. 级数 $\sum\limits_{n=1}^{\infty} \left(\dfrac{2}{3} \right)^{n-1}$ 的和为_____.

8. 若级数 $\sum\limits_{n=1}^{\infty} u_n$ 收敛,则 $\lim\limits_{n \to \infty} u_n = $ _____.

9. 已知级数 $\sum\limits_{n=1}^{\infty} \dfrac{2^n}{n!}$ 收敛,则 $\lim\limits_{n \to \infty} \dfrac{2^n}{n!} = $ _____.

三、解答题

1. 根据级数收敛的定义判断下列级数的敛散性,并求其和:

(1) $1 - \dfrac{1}{2} + \dfrac{1}{4} - \dfrac{1}{8} + \cdots + (-1)^{n-1}\dfrac{1}{2^{n-1}} + \cdots$;

(2) $\left(\dfrac{1}{2} + \dfrac{1}{3}\right) + \left(\dfrac{1}{2^2} + \dfrac{1}{3^2}\right) + \cdots + \left(\dfrac{1}{2^n} + \dfrac{1}{3^n}\right) + \cdots$;

(3) $\dfrac{1}{1 \cdot 4} + \dfrac{1}{4 \cdot 7} + \cdots + \dfrac{1}{(3n-2)(3n+1)} + \cdots$;

(4) $\sum\limits_{n=1}^{\infty}(\sqrt{n+2} - 2\sqrt{n+1} + \sqrt{n})$;

(5) $1 + 2 + 3 + 4 + \cdots + n + \cdots$.

2. 用比较判别法判断下列级数的敛散性:

(1) $1 + \dfrac{1}{3} + \dfrac{1}{5} + \dfrac{1}{7} + \cdots + \dfrac{1}{2n-1} + \cdots$;

(2) $\dfrac{1}{1 \cdot 3} + \dfrac{1}{2 \cdot 4} + \dfrac{1}{3 \cdot 5} + \cdots + \dfrac{1}{n(n+2)} + \cdots$;

(3) $\dfrac{1}{2} + \dfrac{1}{5} + \dfrac{1}{10} + \dfrac{1}{17} + \cdots$;   (4) $\sin\dfrac{\pi}{2} + \sin\dfrac{\pi}{2^2} + \sin\dfrac{\pi}{2^3} + \cdots$;

(5) $1 + \dfrac{1+2}{1+2^2} + \dfrac{1+3}{1+3^2} + \cdots$;   (6) $\dfrac{(1!)^2}{2!} + \dfrac{(2!)^2}{4!} + \cdots + \dfrac{(n!)^2}{(2n)!} + \cdots$;

(7) $\sum\limits_{n=1}^{\infty} \dfrac{1}{\sqrt{n^3+n}}$;   (8) $\sum\limits_{n=1}^{\infty} \dfrac{1}{\sqrt{(2n-1)(2n+1)}}$.

3. 用比值判别法判断下列级数的敛散性:

(1) $\dfrac{3}{2} + \dfrac{4}{2^2} + \dfrac{5}{2^3} + \dfrac{6}{2^4} + \cdots$;   (2) $\dfrac{5}{1!} + \dfrac{5^2}{2!} + \dfrac{5^3}{3!} + \dfrac{5^4}{4!} + \cdots$;

(3) $\dfrac{1}{10} + \dfrac{2!}{10^2} + \dfrac{3!}{10^3} + \dfrac{4!}{10^4} + \cdots$;   (4) $\dfrac{1}{3} + \dfrac{4}{9} + \dfrac{9}{27} + \cdots$;

(5) $\dfrac{3}{1 \cdot 2} + \dfrac{3^2}{2 \cdot 2^2} + \dfrac{3^3}{3 \cdot 2^3} + \cdots$;   (6) $\sum\limits_{n=1}^{\infty} \dfrac{2^n n!}{n^n}$;

(7) $\sum\limits_{n=1}^{\infty} \dfrac{(n!)^2}{(2n)!}$;   (8) $\sum\limits_{n=1}^{\infty} \dfrac{1}{2^{2n-1}(2n-1)}$;

(9) $\sum\limits_{n=1}^{\infty} \dfrac{2^n}{n(n+1)}$;   (10) $\sum\limits_{n=1}^{\infty} \dfrac{n!}{3^n+2}$.

4. 用适当的方法判断下列级数的敛散性:

(1) $\sum\limits_{n=2}^{\infty} \dfrac{1}{n\ln n}$;   (2) $\sum\limits_{n=2}^{\infty} \dfrac{1}{n(\ln n)^3}$;   (3) $\sum\limits_{n=1}^{\infty} n\left(\dfrac{3}{4}\right)^n$;

(4) $\sum\limits_{n=1}^{\infty} \dfrac{n^4}{n!}$;   (5) $\sum\limits_{n=1}^{\infty} \dfrac{1}{na+b}\ (a>0, b>0)$;

(6) $\sum\limits_{n=1}^{\infty} \dfrac{1 \cdot 3 \cdot 5 \cdots (2n-1)}{2 \cdot 5 \cdot 8 \cdots (3n-1)}$;   (7) $\sum\limits_{n=1}^{\infty} \dfrac{n\cos^2\dfrac{n\pi}{3}}{2^n}$;   (8) $\sum\limits_{n=1}^{\infty} \dfrac{3^n n!}{n^n}$.

(9) $\sum_{n=1}^{\infty} \frac{1000^n}{n!}$； (10) $\sum_{n=1}^{\infty} \frac{n!}{n^n}$.

5. 判断下列级数是否收敛，若收敛，是绝对收敛还是条件收敛：

(1) $1-\frac{1}{\sqrt{2}}+\frac{1}{\sqrt{3}}-\frac{1}{\sqrt{4}}+\cdots$； (2) $1-\frac{1}{3^2}+\frac{1}{5^2}-\frac{1}{7^2}+\cdots$；

(3) $\frac{1}{\ln 2}-\frac{1}{\ln 3}+\frac{1}{\ln 4}-\frac{1}{\ln 5}+\cdots$； (4) $\sum_{n=1}^{\infty} \frac{(-1)^n}{\sqrt[n]{n}}$；

(5) $\sum_{n=1}^{\infty}(-1)^{\frac{n(n-1)}{2}} \frac{n^{100}}{2^n}$.

（B）

填空题

级数 $\sum_{n=0}^{\infty} \frac{1}{3^n} = $ _____．（2010 年）

§8.2 幂 级 数

前面我们讨论了数项级数的敛散性，其中级数每一项都是实数．这一节，我们将讨论函数项级数，也就是级数的每一项都是函数．这里，我们着重讨论一个最基本的函数项级数——幂级数．

一、函数项级数

定义 8.5 如果给定一个定义在区间 I 上的函数序列 $u_1(x), u_2(x), \cdots, u_n(x), \cdots$，则由此函数列构成的表达式

$$\sum_{n=1}^{\infty} u_n(x) = u_1(x) + u_2(x) + \cdots + u_n(x) + \cdots \tag{8-6}$$

称为**函数项无穷级数**，简称为**函数项级数**或**级数**．

对于每一个确定的值 $x_0 \in I$，函数项级数(8-6)成为数项级数，即

$$\sum_{n=1}^{\infty} u_n(x_0) = u_1(x_0) + u_2(x_0) + \cdots + u_n(x_0) + \cdots. \tag{8-7}$$

如果级数(8-7)收敛，我们称点 x_0 是函数项级数(8-6)的**收敛点**．函数项级数(8-6)的收敛点的全体组成的集合称为它的**收敛域**．如果级数(8-7)发散，我们称点 x_0 是函数项级数(8-6)的**发散点**．函数项级数(8-6)的发散点的全体组成的集合称为它的**发散域**．

对于收敛域内的任意一个数 x，函数项级数(8-6)都成为一个收敛的数项级数，因而有一个确定的和 s．这样，在收敛域上，函数项级数(8-6)的和 s 可以看成 x 的函数 $s(x)$，称此函数为函数项级数(8-6)的**和函数**，并写成

$$s(x) = u_1(x) + u_2(x) + \cdots + u_n(x) + \cdots.$$

这个和函数的定义域就是函数项级数(8-6)的收敛域．

函数项级数的前 n 项和，称为函数项级数的**部分和**，记做

$$s_n(x) = u_1(x) + u_2(x) + \cdots + u_n(x) = \sum_{k=1}^{n} u_k(x).$$

在收敛域上,有
$$\lim_{n\to\infty} s_n(x) = s(x).$$

我们把 $r_n(x) = s(x) - s_n(x)$ 叫做函数项级数的**余项**(当然,只有 x 在收敛域上 $r_n(x)$ 才有意义). 于是有
$$\lim_{n\to\infty} r_n(x) = 0.$$

下面我们讨论各项都是幂函数的函数项级数.

二、幂级数

定义 8.6 形如
$$\sum_{n=0}^{\infty} a_n(x-x_0)^n = a_0 + a_1(x-x_0) + a_2(x-x_0)^2 + \cdots + a_n(x-x_0)^n + \cdots$$

的函数项级数称为**幂级数**,其中常数 $a_0, a_1, a_2, \cdots, a_n, \cdots$ 称为幂级数的**系数**.

若令 $t = x - x_0$,则幂级数 $\sum_{n=0}^{\infty} a_n(x-x_0)^n$ 可化为如下简单的形式:
$$\sum_{n=0}^{\infty} a_n t^n = a_0 + a_1 t + a_2 t^2 + \cdots + a_n t^n + \cdots.$$

为此,下面我们主要讨论如下形式的幂级数:
$$\sum_{n=0}^{\infty} a_n x^n = a_0 + a_1 x + a_2 x^2 + \cdots + a_n x^n + \cdots. \tag{8-8}$$

例 1 设有幂级数
$$\sum_{n=0}^{\infty} x^n = 1 + x + x^2 + \cdots + x^n + \cdots,$$

它是一个公比为 x 的等比级数. 由 §8.1 例 1 得知:当 $|x| < 1$ 时,这个级数收敛于 $\dfrac{1}{1-x}$;当 $|x| \geqslant 1$ 时,这个级数发散. 因此,这个幂级数的收敛域为开区间 $(-1, 1)$.

当 $x \in (-1, 1)$ 时,有
$$\sum_{n=0}^{\infty} x^n = 1 + x + x^2 + \cdots + x^n + \cdots = \frac{1}{1-x}.$$

由此我们看到,此级数的收敛域是一个区间. 事实上,这个结论对于一般的幂级数也是成立的.

定理 8.6(阿贝尔定理) 如果幂级数 $\sum_{n=0}^{\infty} a_n x^n$ 在点 $x_0(x_0 \neq 0)$ 处收敛,则它在满足不等式 $|x| < |x_0|$ 的一切点 x 处一定绝对收敛;反之,如果幂级数 $\sum_{n=0}^{\infty} a_n x^n$ 在点 $x_0(x_0 \neq 0)$ 处发散,则它在满足不等式 $|x| > |x_0|$ 的一切点 x 处一定发散.

这个定理告诉我们:当幂级数在点 x_0 处收敛,则对于开区间 $(-|x_0|, |x_0|)$ 内的任何一点 x,幂级数都收敛且绝对收敛;如果幂级数在点 x_0 处发散,则在闭区间 $[-|x_0|, |x_0|]$ 外的

任何一点 x 处,幂级数都发散.

设幂级数(8-8)在数轴上既有收敛点(不仅在原点)也有发散点,现在从原点沿数轴向右方走,最初遇到收敛点,最后就只遇到发散点. 这两部分的分界点可能是收敛点也可能是发散点. 从原点沿数轴向左方走也是如此. 两个分界点 P 和 P' 在原点的两侧,且又由定理 8.6 可以证明它们到原点的距离是一样的(如图 8-1).

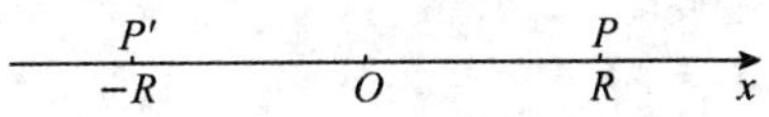

图 8-1

通过上面的几何说明,我们可以得到以下重要结论:

推论 如果幂级数(8-8)不是仅在 $x=0$ 一点收敛,也不是在整个数轴上都收敛,则必有一个完全确定的正数 R 存在,它具有以下性质:

当 $|x|<R$ 时,幂级数(8-8)绝对收敛;

当 $|x|>R$ 时,幂级数(8-8)发散;

当 $x=R$ 和 $x=-R$ 时,幂级数(8-8)可能收敛也可能发散.

这个正数 R 称为幂级数(8-8)的**收敛半径**,区间 $(-R,R)$ 称为幂级数(8-8)**收敛区间**. 如果幂级数(8-8)只在 $x=0$ 一点处收敛,则规定收敛半径 $R=0$;如果幂级数(8-8)在整个数轴上都收敛,则规定收敛半径为 $R=+\infty$,这时收敛区间为 $(-\infty,+\infty)$.

如何确定幂级数的收敛半径呢?我们有以下定理:

定理 8.7 设幂级数

$$\sum_{n=0}^{\infty} a_n x^n = a_0 + a_1 x + a_2 x^2 + \cdots + a_n x^n + \cdots$$

满足条件

$$\lim_{n \to \infty} \left| \frac{a_{n+1}}{a_n} \right| = l,$$

则

(1) 当 $l \neq 0$ 时,收敛半径为 $R = \dfrac{1}{l}$;

(2) 当 $l = 0$ 时,收敛半径为 $R = +\infty$;

(3) 当 $l = +\infty$ 时,收敛半径为 $R = 0$.

证明 考察正项级数

$$\sum_{n=0}^{\infty} |a_n x^n| = |a_0| + |a_1 x| + |a_2 x^2| + \cdots + |a_n x^n| + \cdots.$$

其相邻两项之比为

$$\frac{|a_{n+1} x^{n+1}|}{|a_n x^n|} = \left| \frac{a_{n+1}}{a_n} \right| |x|,$$

所以

$$\lim_{n \to \infty} \frac{|a_{n+1} x^{n+1}|}{|a_n x^n|} = \lim_{n \to \infty} \left| \frac{a_{n+1}}{a_n} \right| |x| = l|x|.$$

由此,根据比值判别法知:

(1) 当 $l \neq 0$ 时,若 $l|x|<1$,即 $|x|<\dfrac{1}{l}=R$,则幂级数 $\sum\limits_{n=0}^{\infty} |a_n x^n|$ 收敛,从而幂级数

$\sum\limits_{n=0}^{\infty} a_n x^n$ 绝对收敛;若 $l|x|>1$,即 $|x|>\dfrac{1}{l}=R$,则幂级数 $\sum\limits_{n=0}^{\infty}|a_n x^n|$ 发散,且从某一项开始有

$$|a_{n+1}x^{n+1}|>|a_n x^n|,$$

因此通项 $|a_n x^n|$ 不能趋于零,所以 $a_n x^n$ 也不能趋于零,从而幂级数 $\sum\limits_{n=0}^{\infty} a_n x^n$ 发散.于是收敛半径为 $R=\dfrac{1}{l}$.

(2) 当 $l=0$ 时,$l|x|=0<1$,则不论 x 取何值,幂级数都绝对收敛,所以收敛半径为 $R=+\infty$.

(3) 当 $l=+\infty$ 时,除了 $x=0$ 之外,幂级数都发散,所以此时收敛半径为 $R=0$.

例 2 求下列幂级数的收敛区间:

(1) $\sum\limits_{n=1}^{\infty}(-1)^{n-1}\dfrac{x^n}{n}$;   (2) $\sum\limits_{n=1}^{\infty}\dfrac{(-1)^n}{3^{n-1}\sqrt{n}}x^n$;   (3) $\sum\limits_{n=0}^{\infty}\dfrac{1}{n!}x^n$;   (4) $\sum\limits_{n=1}^{\infty}n!x^n$.

解 (1) 因为

$$l=\lim_{n\to\infty}\left|\dfrac{a_{n+1}}{a_n}\right|=\lim_{n\to\infty}\dfrac{\dfrac{1}{n+1}}{\dfrac{1}{n}}=1,$$

所以收敛半径为 $R=\dfrac{1}{l}=1$,收敛区间为 $(-1,1)$.

(2) 因为

$$l=\lim_{n\to\infty}\left|\dfrac{a_{n+1}}{a_n}\right|=\lim_{n\to\infty}\dfrac{\dfrac{1}{3^n\cdot\sqrt{n+1}}}{\dfrac{1}{3^{n-1}\cdot\sqrt{n}}}=\lim_{n\to\infty}\dfrac{1}{3}\dfrac{\sqrt{n}}{\sqrt{n+1}}=\dfrac{1}{3},$$

所以收敛半径为 $R=\dfrac{1}{l}=3$,收敛区间为 $(-3,3)$.

(3) 因为

$$l=\lim_{n\to\infty}\left|\dfrac{a_{n+1}}{a_n}\right|=\lim_{n\to\infty}\dfrac{\dfrac{1}{(n+1)!}}{\dfrac{1}{n!}}=\lim_{n\to\infty}\dfrac{1}{n+1}=0,$$

所以收敛半径为 $R=+\infty$,收敛区间为 $(-\infty,+\infty)$.

(4) 因为

$$l=\lim_{n\to\infty}\left|\dfrac{a_{n+1}}{a_n}\right|=\lim_{n\to\infty}\dfrac{(n+1)!}{n!}=\lim_{n\to\infty}(n+1)=+\infty,$$

所以收敛半径为 $R=0$.因此,幂级数仅在点 $x=0$ 处收敛.

例 3 求幂级数 $\sum\limits_{n=1}^{\infty}\dfrac{1}{2n+1}x^{2n+1}$ 的收敛区间.

解 由于级数缺少偶数项,不能直接应用定理 8.7.可以根据比值判别法求收敛区间:因为

$$\lim_{n\to\infty}\left|\frac{a_{n+1}x^{2n+3}}{a_n x^{2n+1}}\right| = \lim_{n\to\infty}\left|\frac{\frac{x^{2n+3}}{2n+3}}{\frac{x^{2n+1}}{2n+1}}\right| = \lim_{n\to\infty} x^2 \frac{2n+1}{2n+3} = x^2,$$

所以,当 $x^2 < 1$ 时,幂级数收敛;当 $x^2 > 1$ 时,幂级数发散.因此,收敛半径为 $R=1$,收敛区间为 $(-1,1)$.

例 4 求幂级数 $\sum_{n=1}^{\infty} \frac{1}{2^n n}(x-4)^n$ 的收敛区间.

解 令 $t = x - 4$,上述级数变为 $\sum_{n=1}^{\infty} \frac{t^n}{2^n n}$. 因为

$$l = \lim_{n\to\infty}\left|\frac{a_{n+1}}{a_n}\right| = \lim_{n\to\infty} \frac{\frac{1}{2^{n+1}(n+1)}}{\frac{1}{2^n n}} = \lim_{n\to\infty} \frac{1}{2} \frac{n}{n+1} = \frac{1}{2},$$

所以收敛半径为 $R=2$.因此,收敛区间为 $-2 < t < 2$,即 $-2 < x - 4 < 2$,亦即 $2 < x < 6$.所以原级数的收敛区间为 $(2,6)$.

试一试 求下列幂级数的收敛区间:

(1) $\sum_{n=1}^{\infty} \frac{x^n}{n 2^n}$;   (2) $\sum_{n=1}^{\infty} \frac{(-1)^n x^{2n+1}}{2n+1}$.

三、幂级数的运算

1. 加减法运算

设幂级数

$$\sum_{n=0}^{\infty} a_n x^n = a_0 + a_1 x + a_2 x^2 + \cdots + a_n x^n + \cdots = s_1(x)$$

和

$$\sum_{n=0}^{\infty} b_n x^n = b_0 + b_1 x + b_2 x^2 + \cdots + b_n x^n + \cdots = s_2(x)$$

的收敛半径分别是 $R_1 > 0, R_2 > 0$,则两个级数对应项相加(或减)得到新的幂级数

$$\sum_{n=0}^{\infty} a_n x^n \pm \sum_{n=0}^{\infty} b_n x^n = (a_0 + a_1 x + a_2 x^2 + \cdots + a_n x^n + \cdots)$$
$$\pm (b_0 + b_1 x + b_2 x^2 + \cdots + b_n x^n + \cdots)$$
$$= (a_0 \pm b_0) + (a_1 \pm b_1) x + (a_2 \pm b_2) x^2 + \cdots + (a_n \pm b_n) x^n + \cdots$$
$$= \sum_{n=0}^{\infty} (a_n \pm b_n) x^n = s_1(x) \pm s_2(x),$$

其收敛半径为 $R = \min\{R_1, R_2\}$.

2. 和函数的连续性

设幂级数

$$\sum_{n=0}^{\infty} a_n x^n = a_0 + a_1 x + a_2 x^2 + \cdots + a_n x^n + \cdots$$

在收敛区间上的和函数为 $s(x)$,则在收敛区间上 $s(x)$ 连续.

3. 和函数的可微性

设幂级数
$$\sum_{n=0}^{\infty} a_n x^n = a_0 + a_1 x + a_2 x^2 + \cdots + a_n x^n + \cdots$$
的和函数为 $s(x)$,其收敛半径为 R,则在收敛区间 $(-R,R)$ 上 $s(x)$ 可导,且其导数为
$$\begin{aligned}s'(x) &= (a_0 + a_1 x + a_2 x^2 + \cdots + a_n x^n + \cdots)' \\ &= a_1 + 2a_2 x + 3a_3 x^2 + \cdots + n a_n x^{n-1} + \cdots,\end{aligned} \tag{8-9}$$
即
$$\left(\sum_{n=0}^{\infty} a_n x^n\right)' = \sum_{n=0}^{\infty} (a_n x^n)',$$
亦即和函数的导数等于其级数逐项求导数后所得到的新幂级数的和,且新幂级数的收敛半径也是 R. 通常称(8-9)式为幂级数的**逐项求导公式**.

显然,和函数 $s(x)$ 在收敛区间 $(-R,R)$ 上可求任意阶导数.

4. 和函数的可积性

设幂级数
$$\sum_{n=0}^{\infty} a_n x^n = a_0 + a_1 x + a_2 x^2 + \cdots + a_n x^n + \cdots$$
的和函数为 $s(x)$,其收敛半径为 R,则在收敛区间 $(-R,R)$ 上 $s(x)$ 可积,且其积分为
$$\begin{aligned}\int_0^x s(x) \mathrm{d}x &= \int_0^x (a_0 + a_1 x + a_2 x^2 + \cdots + a_n x^n + \cdots) \mathrm{d}x \\ &= a_0 x + \frac{1}{2} a_1 x^2 + \frac{1}{3} a_2 x^3 + \cdots + \frac{1}{n+1} a_n x^{n+1} + \cdots,\end{aligned} \tag{8-10}$$
即
$$\int_0^x \left(\sum_{n=0}^{\infty} a_n x^n\right) \mathrm{d}x = \sum_{n=0}^{\infty} \left(\int_0^x a_n x^n \mathrm{d}x\right),$$
亦即对和函数 $s(x)$ 的积分等于其级数逐项积分后所得到的新幂级数的和,且新幂级数的收敛半径也是 R. 我们称(8-10)式为幂级数的**逐项积分公式**.

例 5 求幂级数
$$\sum_{n=1}^{\infty} n x^{n-1} = 1 + 2x + 3x^2 + \cdots + n x^{n-1} + \cdots$$
的收敛区间、和函数,并求 $\sum_{n=1}^{\infty} \dfrac{n}{2^{n-1}}$ 的和.

解 因为 $l = \lim\limits_{n \to \infty} \left| \dfrac{a_{n+1}}{a_n} \right| = \lim\limits_{n \to \infty} \dfrac{n+1}{n} = 1$,所以收敛半径为 $R=1$,收敛区间为 $(-1,1)$. 设
$$s(x) = 1 + 2x + 3x^2 + \cdots + n x^{n-1} + \cdots = \sum_{n=1}^{\infty} n x^{n-1}.$$
对 $s(x)$ 积分,得
$$\int_0^x s(x) \mathrm{d}x = \int_0^x \left(\sum_{n=1}^{\infty} n x^{n-1}\right) \mathrm{d}x = \sum_{n=1}^{\infty} \int_0^x n x^{n-1} \mathrm{d}x = \sum_{n=1}^{\infty} x^n = \frac{x}{1-x}.$$
对上式两端求导数,得
$$s(x) = \frac{1}{(1-x)^2},$$

即幂级数的和函数为
$$\sum_{n=1}^{\infty} nx^{n-1} = 1 + 2x + 3x^2 + \cdots + nx^{n-1} + \cdots = s(x) = \frac{1}{(1-x)^2} \quad (-1 < x < 1).$$

当 $x = \frac{1}{2}$ 时,有 $\sum_{n=1}^{\infty} \frac{n}{2^{n-1}} = s\left(\frac{1}{2}\right) = \frac{1}{\left(1-\frac{1}{2}\right)^2} = 4.$

例 6 求幂级数
$$\sum_{n=1}^{\infty} \frac{1}{n} x^n = x + \frac{1}{2} x^2 + \frac{1}{3} x^3 + \cdots + \frac{1}{n} x^n + \cdots$$
的收敛域、和函数,并求 $\sum_{n=1}^{\infty} \frac{1}{n}\left(\frac{1}{3}\right)^n$ 的和.

解 因为
$$l = \lim_{n \to \infty} \left|\frac{a_{n+1}}{a_n}\right| = \lim_{n \to \infty} \frac{n}{n+1} = 1,$$
所以幂级数的收敛半径为 $R = 1$,收敛区间为 $(-1, 1)$.

当 $x = -1$ 时,级数为 $\sum_{n=1}^{\infty} \frac{1}{n}(-1)^n$,是交错级数.由莱布尼茨判别法可知,级数收敛.

当 $x = 1$ 时,级数为 $\sum_{n=1}^{\infty} \frac{1}{n}$,是调和级数,发散.

所以幂级数的收敛域为 $[-1, 1)$.

设 $s(x) = \sum_{n=1}^{\infty} \frac{1}{n} x^n$,两边求导数,得
$$s'(x) = \left(\sum_{n=1}^{\infty} \frac{1}{n} x^n\right)' = \sum_{n=1}^{\infty} \left(\frac{1}{n} x^n\right)' = \sum_{n=1}^{\infty} x^{n-1} = \frac{1}{1-x}.$$

对上式两端积分,得
$$s(x) = \int_0^x s'(x) dx = \int_0^x \frac{1}{1-x} dx = -\ln(1-x),$$

于是
$$\sum_{n=1}^{\infty} \frac{1}{n}\left(\frac{1}{3}\right)^n = s\left(\frac{1}{3}\right) = -\ln\left(1-\frac{1}{3}\right) = -\ln\frac{2}{3} = \ln 3 - \ln 2.$$

注意 求收敛域需在求出收敛区间的基础上,对收敛区间的端点进行讨论.

试一试 求下列幂级数的和函数:

(1) $\sum_{n=1}^{\infty} \frac{x^n}{2n}$; (2) $\sum_{n=1}^{\infty} (-1)^{2n+1} \frac{x^{n+1}}{n(n+1)}.$

习 题 8.2

(A)

一、选择题

1. 幂级数 $\sum_{n=0}^{\infty} e^n x^{2n}$ 的收敛半径为 $R = (\quad)$.

A. 1 B. $\sqrt{e}$ C. e D. $1/\sqrt{e}$

2. 设 m 是大于 1 的正整数,幂级数 $\sum_{n=1}^{\infty} a_n x^{mn}$ 满足条件 $\lim_{n \to \infty} \left| \frac{a_{n+1}}{a_n} \right| = a$,则其收敛半径为 $R = ($ $)$.

    A. a B. $\sqrt[m]{a}$ C. $1/a$ D. $1/\sqrt[m]{a}$

3. 设 $a_1 = a_2 = 1$,$a_{n+1} = a_n + a_{n-1}$ $(n \geq 2)$,则幂级数 $\sum_{n=1}^{\infty} a_n x^{n-1}$ 当($\quad$)时,收敛.

    A. $|x| < 1/2$ B. $|x| < 1$ C. $|x| < 2$ D. x 为任意实数

4. 幂级数 $1 \cdot 2x + 2 \cdot 3x^2 + 3 \cdot 4x^3 + \cdots$ 的收敛区间是($\quad$).

    A. $(-1, 1)$ B. $(-2, 2)$ C. $(-1.5, 1.5)$ D. $(-0.5, 0.5)$

5. 级数 $\sum_{n=0}^{\infty} \frac{n+1}{2^n}$ 的和为($\quad$).

    A. 2   B. 4   C. 6   D. 8

二、填空题

1. 幂级数 $\sum_{n=0}^{\infty} \frac{x^n}{3^n}$ 的收敛半径是_____.

2. 幂级数 $\sum_{n=0}^{\infty} (-1)^n \frac{x^n}{n!}$ 的收敛半径是_____.

3. 幂级数 $\sum_{n=1}^{\infty} \frac{1}{n} x^{n+1}$ 的收敛区间是_____.

4. 幂级数 $\sum_{n=0}^{\infty} \frac{x^n}{2^n}$ 的收敛区间是_____.

三、解答题

1. 求下列幂级数的收敛区间:

(1) $\sum_{n=1}^{\infty} (-1)^n \frac{x^{n-1}}{(n-1)^2}$;

(2) $\frac{x}{2} + \frac{x^2}{2 \cdot 4} + \frac{x^3}{2 \cdot 4 \cdot 6} + \cdots$;

(3) $\sum_{n=1}^{\infty} \frac{2^n}{n^2 + 1} x^n$;

(4) $x - \frac{x^3}{3 \cdot 3!} + \frac{x^5}{5 \cdot 5!} - \cdots$;

(5) $\frac{x}{1 \cdot 3} + \frac{x^2}{2 \cdot 3^2} + \frac{x^3}{3 \cdot 3^3} + \frac{x^4}{4 \cdot 3^4} + \cdots$;

(6) $\sum_{n=1}^{\infty} (-1)^n \frac{(x+1)^n}{n}$;

(7) $\sum_{n=1}^{\infty} (-1)^n \frac{(x-5)^n}{\sqrt{n}}$;

(8) $\sum_{n=1}^{\infty} \frac{x^n}{n^p}$;

(9) $\sum_{n=1}^{\infty} \frac{3^n + (-2)^n}{n} (x+1)^n$;

(10) $\sum_{n=1}^{\infty} \frac{(2n)! x^n}{(n!)^2}$.

2. 求下列幂级数在其收敛区间内的和函数:

(1) $\sum_{n=1}^{\infty} \frac{x^{2n+1}}{2n+1}$;

(2) $\sum_{n=1}^{\infty} n x^n$;

(3) $\sum_{n=1}^{\infty} \frac{n(n+1)}{2} x^{n-1}$;

(4) $\sum_{n=1}^{\infty} \frac{2n-1}{2^n} x^{2n-2}$,并求 $\sum_{n=1}^{\infty} \frac{2n-1}{2^n}$ 的和;

(5) $\sum_{n=1}^{\infty} \frac{(-1)^{n-1}}{2n-1} x^{2n-1}$,并求 $\sum_{n=1}^{\infty} \frac{(-1)^{n-1}}{2n-1} \left(\frac{3}{4}\right)^{2n-1}$ 的和.

(B)

一、选择题

1. 下列点为幂级数 $\sum_{n=1}^{\infty} \frac{1}{2^n} x^n$ 的收敛点的是( ).（2012 年）

A. $x=-2$ B. $x=1$ C. $x=2$ D. $x=3$

2. 幂级数 $\sum_{n=1}^{\infty} \frac{x^n}{n}$ 的收敛半径为 $R=($).（2010 年）

A. 0   B. 1   C. 2   D. $+\infty$

二、填空题

幂级数 $\sum_{n=1}^{\infty} n x^n$ 的收敛半径为 $R=$ _____.（2013 年）

§8.3 函数的幂级数展开

在 §8.2 中，我们看到：幂级数不仅形式简单而且在它的收敛区间内还可以像多项式那样进行运算. 因此，把一个函数表示为幂级数，对于研究函数有着重要的意义.

一、泰勒级数

1. 泰勒公式

对于一个给定的函数 $f(x)$，如果能找到一个幂级数 $\sum_{n=0}^{\infty} a_n x^n$，使得

$$f(x) = \sum_{n=0}^{\infty} a_n x^n = a_0 + a_1 x + a_2 x^2 + \cdots + a_n x^n + \cdots \quad (-R < x < R) \quad (8\text{-}11)$$

成立，那么我们就说 $f(x)$ 可以展开为 x 的幂级数，并称(8-11)式为 $f(x)$ **关于 x 的幂级数展开式**.

这里有两个问题需要我们解决：

(1) $f(x)$ 满足什么条件时才能展开为 x 的幂级数？

(2) 若(8-11)式成立，系数 $a_0, a_1, \cdots, a_n, \cdots$ 如何确定？

我们先解决问题(2). 假设(8-11)式成立，根据幂级数的逐项求导公式，对(8-11)式依次求出各阶导数：

$$f'(x) = a_1 + 2a_2 x + 3a_3 x^2 + \cdots + n a_n x^{n-1} + \cdots,$$

$$f''(x) = 2a_2 + 3 \cdot 2 a_3 x + \cdots + n \cdot (n-1) a_n x^{n-2} + \cdots,$$

$$\cdots\cdots\cdots\cdots$$

$$f^{(n)}(x) = n! a_n + (n+1)! a_{n+1} x + \cdots,$$

$$\cdots\cdots\cdots\cdots$$

将 $x=0$ 代入(8-11)式及上述各式，得

$$a_0 = f(0), \quad a_1 = f'(0), \quad a_2 = \frac{1}{2!}f''(0), \quad \cdots, \quad a_n = \frac{1}{n!}f^{(n)}(0), \quad \cdots.$$

把它们代入(8-11)式,得

$$f(x) = f(0) + f'(0)x + \frac{1}{2!}f''(0)x^2 + \cdots + \frac{1}{n!}f^{(n)}(0)x^n + \cdots \quad (-R < x < R).$$

由上面得出的 $f(x)$ 幂级数展开式的系数可以看到:$f(x)$ 的幂级数展开式是唯一的.

下面我们来解决问题(1).为此,先介绍泰勒公式.

定理 8.8 如果函数 $f(x)$ 在 x_0 的某邻域内具有 $n+1$ 阶导数,则在 x 与 x_0 之间存在一点 ξ,使得

$$\begin{aligned}f(x) = & f(x_0) + f'(x_0)(x-x_0) + \frac{1}{2!}f''(x_0)(x-x_0)^2 \\ & + \cdots + \frac{1}{n!}f^{(n)}(x_0)(x-x_0)^n + \frac{1}{(n+1)!}f^{(n+1)}(\xi)(x-x_0)^{n+1}\end{aligned} \quad (8\text{-}12)$$

成立.公式(8-12)称为函数 $f(x)$ 在点 x_0 处的 n **阶泰勒公式**,简称为**泰勒公式**.

公式(8-12)中的前 $n+1$ 项

$$f(x_0) + f'(x_0)(x-x_0) + \frac{1}{2!}f''(x_0)(x-x_0)^2 + \cdots + \frac{1}{n!}f^{(n)}(x_0)(x-x_0)^n$$

称为 $f(x)$ 在点 x_0 处的**泰勒多项式**,它是 $x-x_0$ 的 n 次多项式;公式(8-12)中的最后一项

$$\frac{1}{(n+1)!}f^{(n+1)}(\xi)(x-x_0)^{n+1}$$

称为 $f(x)$ 的**拉格朗日余项**,记做 $R_n(x)$,即

$$R_n(x) = \frac{1}{(n+1)!}f^{(n+1)}(\xi)(x-x_0)^{n+1},$$

其中 ξ 在 x 与 x_0 之间.当用 n 次泰勒多项式代替 $f(x)$ 时,其误差就是拉格朗日余项的绝对值,即 $|R_n(x)|$.

当 $x_0 = 0$ 时,则有**麦克劳林公式**

$$f(x) = f(0) + f'(0)x + \frac{1}{2!}f''(0)x^2 + \cdots + \frac{1}{n!}f^{(n)}(0)x^n + R_n(x),$$

其中 $R_n(x) = \frac{f^{(n+1)}(\xi)}{(n+1)!}x^{n+1}$,$\xi$ 在 0 与 x 之间.

2. 泰勒级数

定义 8.7 假设函数 $f(x)$ 在 x_0 的某邻域内具有任意阶导数,按泰勒公式计算出系数

$$a_n = \frac{f^{(n)}(x_0)}{n!}, \quad n = 0, 1, 2, \cdots,$$

再做出幂级数

$$\sum_{n=0}^{\infty} \frac{f^{(n)}(x_0)}{n!}(x-x_0)^n. \tag{8-13}$$

我们称幂级数(8-13)为 $f(x)$ 在点 x_0 处的**泰勒级数**,记为

$$f(x) \sim \sum_{n=0}^{\infty} \frac{f^{(n)}(x_0)}{n!}(x-x_0)^n,$$

其中 $\frac{f^{(n)}(x_0)}{n!} = a_n \ (n=0,1,2,\cdots)$ 称为 $f(x)$ 在点 x_0 处的**泰勒系数**.

当然，函数 $f(x)$ 的泰勒级数(8-13)不一定收敛，就是收敛也不一定收敛到 $f(x)$.

当 $x_0=0$ 时，得到函数 $f(x)$ 的**麦克劳林级数**：

$$f(x) \sim \sum_{n=0}^{\infty} \frac{f^{(n)}(0)}{n!} x^n.$$

定理 8.9 如果函数 $f(x)$ 在点 x_0 的某邻域内具有任意阶导数，则 $f(x)$ 在点 x_0 处的泰勒级数在该邻域内收敛于 $f(x)$ 的充分必要条件是：当 $n \to \infty$ 时，$f(x)$ 的泰勒余项 $R_n(x)$ 趋于零，即

$$\lim_{n \to \infty} R_n(x) = 0.$$

这个定理告诉我们：若想使函数 $f(x)$ 的泰勒级数(8-13)收敛且收敛于 $f(x)$ 本身，必须保证当 $n \to \infty$ 时，泰勒余项 $R_n(x) \to 0$.

当函数 $f(x)$ 满足定理 8.9 的条件时，$f(x)$ 的泰勒级数(8-13)在点 x_0 的某邻域内收敛于 $f(x)$ 本身，这时称 $f(x)$ 在点 x_0 处可展开成泰勒级数，记为

$$f(x) = \sum_{n=0}^{\infty} \frac{f^{(n)}(x_0)}{n!} (x-x_0)^n. \tag{8-14}$$

当 $x_0=0$ 时，$f(x)$ 可展开为麦克劳林级数，记为

$$f(x) = \sum_{n=0}^{\infty} \frac{f^{(n)}(0)}{n!} x^n. \tag{8-15}$$

通常称(8-14)式为函数 $f(x)$ 的**泰勒展开式**，(8-15)式为函数 $f(x)$ 的**麦克劳林展开式**.

二、函数的泰勒展开式

函数 $f(x)$ 在点 x_0 邻域中的幂级数展开式

$$f(x) = \sum_{n=0}^{\infty} a_n (x-x_0)^n$$

是唯一的，即

$$a_n = \frac{f^{(n)}(x_0)}{n!} \quad (n=0,1,2,\cdots),$$

它不可能再有其他形式的幂级数展开式. 因此，$f(x)$ 在点 x_0 邻域中的幂级数展开式就是 $f(x)$ 在点 x_0 邻域中的泰勒展开式(8-14).

函数 $f(x)$ 在点 x_0 处有泰勒级数与 $f(x)$ 在点 x_0 处可展开成泰勒级数的意义是不同的. 前者是指：可求出 $f(x)$ 在点 x_0 处的泰勒级数点；后者是指：不仅 $f(x)$ 在点 x_0 处有泰勒级数，而且该级数收敛于 $f(x)$ 本身.

现在我们只讨论如何将 $f(x)$ 在点 $x_0=0$ 处展开成 x 的幂级数，即麦克劳林级数. 其方法有两种：直接展开法和间接展开法. 至于在 $x_0 \neq 0$ 的其他点处展开成泰勒级数，可以借助于麦克劳林级数将函数 $f(x)$ 展开成泰勒级数，这一点可在后面的例子中看到.

1. 直接展开法

直接展开法的步骤是：

(1) 计算函数 $f(x)$ 在点 $x_0=0$ 处的各阶导数，并求出 $f(x)$ 在点 $x_0=0$ 处的泰勒级数；

(2) 讨论在什么区间上泰勒公式的余项 $R_n(x)$ 的极限为零，即 $\lim\limits_{n \to \infty} R_n(x) = 0$.

例 1 求函数 $f(x) = e^x$ 的麦克劳林展开式(即在点 $x_0=0$ 处展开成泰勒级数).

解 因为

$$f(x) = e^x, \quad f(0) = 1,$$
$$f'(x) = e^x, \quad f'(0) = 1,$$
$$f''(x) = e^x, \quad f''(0) = 1,$$
$$\cdots\cdots\cdots\cdots \quad \cdots\cdots\cdots\cdots$$
$$f^{(n)}(x) = e^x, \quad f^{(n)}(0) = 1,$$
$$f^{(n+1)}(x) = e^x, \quad f^{(n+1)}(\xi) = e^\xi,$$

得出 $f(x) = e^x$ 的麦克劳林级数为

$$1 + x + \frac{1}{2!}x^2 + \frac{1}{3!}x^3 + \cdots + \frac{1}{n!}x^n + \cdots,$$

其泰勒余项为

$$R_n(x) = \frac{1}{(n+1)!} e^\xi x^{n+1} \quad (\xi \text{ 介于 } 0 \text{ 与 } x \text{ 之间}).$$

又因为 $\xi \leqslant |\xi| \leqslant |x|$，所以有 $0 \leqslant e^\xi \leqslant e^{|x|}$，从而有

$$|R_n(x)| \leqslant \frac{1}{(n+1)!} e^{|x|} |x|^{n+1}.$$

为了证明当 $n \to \infty$ 时，$R_n(x) \to 0$，我们考虑正项级数 $\sum_{n=1}^{\infty} \frac{1}{(n+1)!} e^{|x|} |x|^{n+1}$. 根据正项级数的判别法则，有

$$\lim_{n \to \infty} \frac{\frac{1}{(n+1)!} e^{|x|} |x|^{n+1}}{\frac{1}{n!} e^{|x|} |x|^n} = \lim_{n \to \infty} \frac{1}{n+1} |x| = 0 < 1 \quad (-\infty < x < +\infty),$$

因此此正项级数收敛. 根据收敛级数的必要条件，可知其一般项趋于零，即

$$\lim_{n \to \infty} \frac{1}{(n+1)!} e^{|x|} |x|^{n+1} = 0,$$

所以有

$$\lim_{n \to \infty} R_n(x) = 0, \quad x \in (-\infty, +\infty).$$

于是，我们得到 $f(x) = e^x$ 的麦克劳林展开式为

$$e^x = 1 + x + \frac{1}{2!}x^2 + \frac{1}{3!}x^3 + \cdots + \frac{1}{n!}x^n + \cdots \quad (-\infty < x < +\infty),$$

它的收敛半径显然为 $R = +\infty$.

2. 间接展开法

用直接展开法常常会遇到计算函数 $f(x)$ 的 n 阶导数及考虑 $R_n(x)$ 趋于零的困难. 间接展开法避开了这些困难，它是根据函数展开成幂级数的唯一性及利用一些已知函数的幂级数展开式，通过适当运算将函数展开成幂级数的方法. 此处我们重点介绍间接展开法，这也是读者重点掌握的内容.

下面是几个用直接展开法得出的函数幂级数展开式：

(1) $e^x = 1 + x + \frac{1}{2!}x^2 + \frac{1}{3!}x^3 + \cdots + \frac{1}{n!}x^n + \cdots \quad (-\infty < x < +\infty)$；

(2) $\sin x = x - \frac{1}{3!}x^3 + \frac{1}{5!}x^5 - \frac{1}{7!}x^7 + \cdots + \frac{(-1)^{n-1}}{(2n-1)!}x^{2n-1} + \cdots \quad (-\infty < x < +\infty)$;

(3) $\cos x = 1 - \frac{1}{2!}x^2 + \frac{1}{4!}x^4 - \frac{1}{6!}x^6 + \cdots + \frac{(-1)^n}{(2n)!}x^{2n} + \cdots \quad (-\infty < x < +\infty)$;

(4) $\ln(1+x) = x - \frac{1}{2}x^2 + \frac{1}{3}x^3 + \cdots + \frac{(-1)^{n-1}}{n}x^n + \cdots \quad (-1 < x \leqslant 1)$;

(5) $\frac{1}{1-x} = 1 + x + x^2 + x^3 + \cdots + x^n + \cdots \quad (-1 < x < 1)$.

我们利用这五个展开式和逐项求导公式、逐项积分公式,可获得其他函数的幂级数展开式.

例 2 将函数 $f(x) = e^{-x}$ 展开成麦克劳林级数.

解 已知
$$e^x = 1 + x + \frac{1}{2!}x^2 + \frac{1}{3!}x^3 + \cdots + \frac{1}{n!}x^n + \cdots \quad (-\infty < x < +\infty),$$

将 x 换成 $-x$,得
$$e^{-x} = 1 - x + \frac{1}{2!}x^2 - \frac{1}{3!}x^3 + \cdots + (-1)^n \frac{1}{n!}x^n + \cdots \quad (-\infty < x < +\infty).$$

例 3 将函数 $f(x) = \arctan x$ 展开成麦克劳林级数.

解 因为
$$\frac{1}{1-x} = 1 + x + x^2 + x^3 + \cdots + x^n + \cdots \quad (-1 < x < 1),$$

所以
$$\frac{1}{1+x} = 1 - x + x^2 - x^3 + \cdots + (-1)^n x^n + \cdots \quad (-1 < x < 1).$$

将 x 换成 x^2,得
$$\frac{1}{1+x^2} = 1 - x^2 + x^4 - x^6 + \cdots + (-1)^n x^{2n} + \cdots \quad (-1 < x < 1).$$

两端积分,得
$$\int_0^x \frac{1}{1+x^2} dx = x - \frac{1}{3}x^3 + \frac{1}{5}x^5 - \frac{1}{7}x^7 + \cdots + \frac{(-1)^n}{(2n+1)}x^{2n+1} + \cdots \quad (-1 < x < 1),$$

故
$$\arctan x = x - \frac{1}{3}x^3 + \frac{1}{5}x^5 - \frac{1}{7}x^7 + \cdots + \frac{(-1)^n}{(2n+1)}x^{2n+1} + \cdots \quad (-1 < x < 1).$$

下面我们介绍用间接展开法将函数展开成 $x-x_0$ 的幂级数(或称将函数在点 x_0 处展开成泰勒级数)的例子.

例 4 将函数 $f(x) = \ln x$ 展开成 $x-1$ 的幂级数.

解 因为
$$\ln(1+x) = x - \frac{1}{2}x^2 + \frac{1}{3}x^3 + \cdots + (-1)^{n-1}\frac{1}{n}x^n + \cdots \quad (-1 < x \leqslant 1),$$

所以
$$\ln x = \ln[1 + (x-1)]$$
$$= (x-1) - \frac{1}{2}(x-1)^2 + \frac{1}{3}(x-1)^3 + \cdots + (-1)^{n-1}\frac{1}{n}(x-1)^n + \cdots.$$

由 $-1 < x-1 \leqslant 1$ 得 $0 < x \leqslant 2$,所以收敛区间为 $(0, 2]$.

例 5 将函数 $f(x)=\sin x$ 展开成 $x-\dfrac{\pi}{4}$ 的幂级数.

解 因为

$$\sin x = \sin\left[\frac{\pi}{4}+\left(x-\frac{\pi}{4}\right)\right] = \sin\frac{\pi}{4}\cos\left(x-\frac{\pi}{4}\right)+\cos\frac{\pi}{4}\sin\left(x-\frac{\pi}{4}\right)$$

$$= \frac{\sqrt{2}}{2}\left[\cos\left(x-\frac{\pi}{4}\right)+\sin\left(x-\frac{\pi}{4}\right)\right],$$

又因为

$$\cos\left(x-\frac{\pi}{4}\right) = 1 - \frac{1}{2!}\left(x-\frac{\pi}{4}\right)^2 + \frac{1}{4!}\left(x-\frac{\pi}{4}\right)^4 - \cdots \quad (-\infty < x < +\infty),$$

$$\sin\left(x-\frac{\pi}{4}\right) = \left(x-\frac{\pi}{4}\right) - \frac{1}{3!}\left(x-\frac{\pi}{4}\right)^3 + \frac{1}{5!}\left(x-\frac{\pi}{4}\right)^5 - \cdots \quad (-\infty < x < +\infty),$$

所以

$$\sin x = \frac{\sqrt{2}}{2}\left[1+\left(x-\frac{\pi}{4}\right)-\frac{1}{2!}\left(x-\frac{\pi}{4}\right)^2-\frac{1}{3!}\left(x-\frac{\pi}{4}\right)^3+\frac{1}{4!}\left(x-\frac{\pi}{4}\right)^4+\frac{1}{5!}\left(x-\frac{\pi}{4}\right)^5-\cdots\right]$$

$$(-\infty < x < +\infty).$$

例 6 将函数 $f(x)=\dfrac{1}{x^2+3x+2}$ 展开成 $x+4$ 的幂级数.

解 我们有

$$\frac{1}{x^2+3x+2} = \frac{1}{x+1} - \frac{1}{x+2} = \frac{1}{-3+(x+4)} - \frac{1}{-2+(x+4)}$$

$$= -\frac{1}{3}\frac{1}{1-\frac{x+4}{3}} + \frac{1}{2}\frac{1}{1-\frac{x+4}{2}}.$$

而

$$-\frac{1}{3}\frac{1}{1-\frac{x+4}{3}} = -\frac{1}{3}\left[1+\frac{1}{3}(x+4)+\frac{1}{3^2}(x+4)^2+\frac{1}{3^3}(x+4)^3+\cdots+\frac{1}{3^n}(x+4)^n+\cdots\right]$$

$$= -\sum_{n=0}^{\infty}\frac{1}{3^{n+1}}(x+4)^n,$$

其中 x 满足 $-1 < \dfrac{x+4}{3} < 1$,即 $-7 < x < -1$,所以收敛区间为 $(-7, -1)$. 又

$$\frac{1}{2}\frac{1}{1-\frac{x+4}{2}} = \frac{1}{2}\left[1+\frac{1}{2}(x+4)+\frac{1}{2^2}(x+4)^2+\frac{1}{2^3}(x+4)^3+\cdots+\frac{1}{2^n}(x+4)^n+\cdots\right]$$

$$= \sum_{n=0}^{\infty}\frac{1}{2^{n+1}}(x+4)^n,$$

其中 x 满足 $-1 < \dfrac{x+4}{2} < 1$,即 $-6 < x < -2$,所以收敛区间为 $(-6, -2)$. 于是

$$\frac{1}{x^2+3x+2} = -\sum_{n=0}^{\infty}\frac{1}{3^{n+1}}(x+4)^n + \sum_{n=0}^{\infty}\frac{1}{2^{n+1}}(x+4)^n$$

$$= \sum_{n=0}^{\infty}\left(\frac{1}{2^{n+1}}-\frac{1}{3^{n+1}}\right)(x+4)^n,$$

其收敛区间为两个级数收敛区间的公共部分,即 $(-6,-2)$.

试一试 (1) 将下列函数展开成麦克劳林级数:

① $f(x)=x\sin x$; ② $f(x)=\dfrac{1}{2-x}$; ③ $f(x)=e^{x^2}$.

(2) 将函数 $f(x)=\ln x$ 在点 $x=2$ 处展开成幂级数.

习 题 8.3

(A)

解答题

1. 将下列函数展开成 x 的幂级数,并求收敛区间:

(1) $f(x)=x\sin x$; (2) $f(x)=\dfrac{1}{3+x}$; (3) $f(x)=\dfrac{e^x-e^{-x}}{2}$;

(4) $f(x)=a^x$; (5) $f(x)=\ln(x+a)$ $(a>0)$; (6) $f(x)=\cos^2 x$;

(7) $f(x)=(1+x)\ln(1+x)$; (8) $f(x)=\dfrac{x}{1+x-2x^2}$.

2. 将下列函数展开成 $x-1$ 的幂级数:

(1) $f(x)=e^x$; (2) $f(x)=\dfrac{1}{x}$; (3) $f(x)=\dfrac{1}{3}+x$.

3. 将函数 $f(x)=\ln\dfrac{1}{x^2+2x+2}$ 展开成 $x+1$ 的幂级数.

4. 将函数 $f(x)=\ln\sqrt{\dfrac{1+x}{1-x}}$ 展开成 x 的幂级数.

5. 将函数 $f(x)=\dfrac{1}{(1+x)^m}$ ($m>0$ 为整数)展开成 x 的幂级数.

(B)

解答题

将函数 $f(x)=\dfrac{1}{1-5x}$ 展开成 x 的幂级数,并指出其收敛区间. (2011 年)

综合练习八

解答题

1. 判定下列级数的敛散性:

(1) $\displaystyle\sum_{n=1}^{\infty}\dfrac{n-3}{n^3}$; (2) $\displaystyle\sum_{n=1}^{\infty}\dfrac{n}{3^n}$; (3) $\displaystyle\sum_{n=1}^{\infty}\dfrac{1000^n}{n!}$;

(4) $\displaystyle\sum_{n=1}^{\infty}\dfrac{\sin n^2\pi}{3^n}$; (5) $\displaystyle\sum_{n=1}^{\infty}\dfrac{n^n}{e^n}$; (6) $\displaystyle\sum_{n=1}^{\infty}\ln\left(1+\dfrac{2}{n^2}\right)$.

2. 判定下列级数绝对收敛、条件收敛、还是发散的？

(1) $\sum_{n=1}^{\infty} \frac{(-1)^n}{\sqrt{n}}$；

(2) $\sum_{n=1}^{\infty} \frac{(-1)^{n-1} n}{3^n}$；

(3) $\sum_{n=1}^{\infty} \frac{(-1)^n}{\ln n}$；

(4) $\sum_{n=1}^{\infty} (-1)^n \frac{n+3}{4n}$.

3. 确定下列幂级数的收敛半径：

(1) $\sum_{n=0}^{\infty} \frac{(2n)!}{(n!)^2} x^{2n}$；

(2) $\sum_{n=0}^{\infty} \frac{(x-1)^n}{2^n \cdot n}$；

(3) $x + \frac{4}{2!} x^2 + \frac{9}{3!} x^3 + \cdots$；

(4) $x^2 + \frac{2^2}{2^2+1} x^4 + \frac{2^3}{3^2+1} x^6 + \frac{2^4}{4^2+1} x^8 + \cdots$.

4. 确定下列幂级数的收敛区间：

(1) $\sum_{n=1}^{\infty} \frac{2^n}{n^2+1} x^n$；

(2) $\sum_{n=1}^{\infty} \frac{2}{(n+1) \cdot 3^n} x^n$；

(3) $\sum_{n=1}^{\infty} \frac{n!}{2n+1} x^n$；

(4) $\sum_{n=1}^{\infty} \frac{(-1)^{n-1}}{n} (x-1)^n$；

(5) $\frac{x+2}{1} + \frac{(x+2)^2}{2 \cdot 2} + \frac{(x+2)^3}{3 \cdot 2^2} + \frac{(x+2)^4}{4 \cdot 2^3} + \cdots$.

5. 根据取 p 值的不同讨论幂级数 $\sum_{n=1}^{\infty} \frac{x^n}{n^p}$ 的收敛区间.

6. 用幂级数性质求下列幂级数的和：

(1) $\sum_{n=1}^{\infty} \frac{x^{n-1}}{2^n}$；

(2) $\sum_{n=1}^{\infty} \frac{x^{n+1}}{n(n+1)}$；

(3) $x + \frac{1}{3} x^3 + \frac{1}{5} x^5 + \frac{1}{7} x^7 + \cdots$.

7. 将下列函数展开成麦克劳林级数，并指出收敛区间：

(1) $\ln(4+x^2)$；

(2) $\cos \sqrt{x}$；

(3) $\frac{x}{2-x}$；

(4) $\frac{x}{1+x^2}$.

8. 将函数 $\ln x$ 在点 $x_0 = 2$ 处展开成幂级数，并指出收敛区间，再求级数 $\sum_{n=1}^{\infty} \frac{(-1)^{n-1}}{n \cdot 2^n}$ 的和.

自 测 题 八

一、选择题（每题 3 分，共 15 分）

1. 下列级数收敛的是( ).

A. $\sum_{n=1}^{\infty} \frac{n}{\sqrt{n^2+n}}$
B. $\sum_{n=1}^{\infty} \frac{(-1)^{n-1} n}{\sqrt{n^2+n}}$
C. $\sum_{n=1}^{\infty} \frac{(-1)^{n-1} \sqrt{n}}{\sqrt{n^2+n}}$
D. $\sum_{n=1}^{\infty} \frac{\sqrt{n^2+1}}{n+1}$

2. 已知级数 $\sum_{n=1}^{\infty} \frac{\sqrt{n+1}}{n^p}$ 收敛，p 的值为( ).

A. $p > 1$
B. $p > 0$
C. $0 < p < 1$
D. $p > 3/2$

3. 级数 $\sum_{n=1}^{\infty} \frac{(-1)^{2n}}{n \sqrt[3]{n^2}}$ 收敛的特点是( ).

A. 绝对收敛
B. 条件收敛
C. 收敛于 -2
D. 收敛区间为 $(0,2)$

4. 设幂级数 $\sum_{n=1}^{\infty} a_n x^n$ 及 $\sum_{n=1}^{\infty} b_n x^n$ 的收敛半径分别是 R_1, R_2，则幂级数 $\sum_{n=1}^{\infty} (a_n + b_n) x^n$ 的收

敛半径 R 为( ).

 A. $R_1 + R_2$ B. $R_1 \cdot R_2$ C. $\max\{R_1, R_2\}$ D. $\min\{R_1, R_2\}$

5. 函数 $f(x) = \dfrac{x}{3+2x}$ 在点 $x_0 = 1$ 处的幂级数收敛区间是( ).

 A. $-\dfrac{7}{5} < x < -\dfrac{3}{5}$ B. $-\dfrac{3}{2} < x < \dfrac{3}{2}$

 C. $-\dfrac{1}{2} < x < \dfrac{1}{2}$ D. $-\dfrac{3}{2} < x < \dfrac{7}{2}$

二、填空题(每题 4 分,共 20 分)

6. 等比级数 $\sum\limits_{n=0}^{\infty} a q^n \ (a \neq 0)$ 当_____时收敛,当_____时发散.

7. 级数 $\sum\limits_{n=1}^{\infty} \dfrac{1}{n(n+2)}$ 收敛于_____.

8. 交错级数 $\sum\limits_{n=0}^{\infty} (-1)^n a_n \ (a_n > 0)$ 收敛的莱布尼茨判别法是_____.

9. 函数 $f(x)$ 的泰勒级数收敛于 $f(x)$ 的充分必要条件是_____.

10. 函数 $f(x) = \ln(1-x)$ 的麦克劳林级数展开式是_____.

三、解答题

11. 判定下列级数的敛散性:(每小题 6 分,共 18 分)

 (1) $\sum\limits_{n=1}^{\infty} (-1)^n (\sqrt{n+1} - \sqrt{n})$;   (2) $\sum\limits_{n=1}^{\infty} \dfrac{n!}{n^n}$;

 (3) $1 - \dfrac{3}{4} + \dfrac{4}{6} - \dfrac{5}{8} + \dfrac{6}{10} + \cdots$.

12. 求下列幂级数的收敛半径和收敛区间:(每小题 8 分,共 16 分)

 (1) $\sum\limits_{n=1}^{\infty} \dfrac{1}{n \cdot 2^n} x^n$;   (2) $1 + \dfrac{1}{3}x + \dfrac{2}{5}x^2 + \dfrac{6}{7}x^3 + \dfrac{24}{9}x^4 + \cdots$.

13. 利用幂级数的性质求下列幂级数的和:(每小题 10 分,共 20 分)

 (1) $\sum\limits_{n=1}^{\infty} \dfrac{x^{4n+1}}{4n+1}$;   (2) $1 \cdot 2x + 2 \cdot 3x^2 + 3 \cdot 4x^3 + 4 \cdot 5x^4 + \cdots$.

14. 将函数 $f(x) = \dfrac{1}{x^2 + x - 2}$ 展开成麦克劳林级数,并指出收敛区间.(11 分)

第九章 Mathematica 数学软件简介

Mathematica 是一个交互式的计算系统.这里说的交互是指:在使用 Mathematica 系统的时候,计算是在使用者(用户)和 Mathematica 互相交换、传递信息数据的过程中完成的.用户通过输入设备(一般指计算机键盘)给系统发出计算的指令(命令),Mathematica 完成给定的计算工作后把计算结果告诉用户(一般通过计算机显示器).

Mathematica 是一个集成化的计算机软件系统.它的主要功能包括三个方面:符号演算、数值计算和图形绘制.例如,它可以完成多项式的各种计算(如四则运算、展开、因式分解),求多项式方程、有理式方程和超越方程的精确解与近似解,做数值的或一般表达式的向量和矩阵的各种计算,求一般函数的极限、导数、积分、幂级数展开、拉普拉斯变换,求解微分方程,等等.

目前 Mathematica 已由大量使用 4.0 版本发展到 9.0.1 版本,但基本功能和计算仍是相同的.考虑到这种兼容性,我们以 Mathematica 9.0.1 为蓝本介绍 Mathematica 的基本功能和计算方法,它们在 Mathematica 9.0.1 以下版本都是可以运用的.

限于篇幅和本书内容的需要,我们在这里只介绍与本书内容有关的 Mathematica 使用方法,其他应用可参考有关的 Mathematica 使用著作.

§9.1 Mathematica 简介

一、Mathematica 的启动与退出

启动计算机,屏幕上显示 Windows 界面,单击"开始"进入主菜单,将鼠标移向"程序",找到包含 Mathematica 的程序组,单击可执行程序 ✱ Mathematica 就进入了 Mathematica 系统(如图 9-1).此时系统已进入交互状态,单击工作窗口界面左上方"文件"菜单选择"新建",再选择"笔记本"命令(如图 9-2),屏幕出现的界面就是用户待输入各种操作命令的界面(如图 9-3).

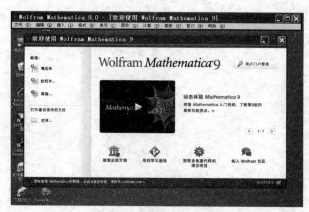

图 9-1

图 9-2

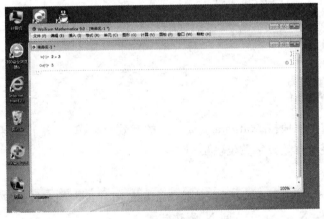

图 9-3

例如,输入 2+3 后,按组合键"Shift+Enter"或右边小键盘上的"Enter"键运行,屏幕上就显示出:

In[1]:=2+3

Out[1]=5

其中"In[1]:="表示第一个输入,"Out[1] ="表示第一个输出,它们是在运行后由系统自动显示的,用户不必输入.

注意 若直接按 Enter 键,只是在输入的组合命令中起换行的作用.

当软件使用完毕后,需要退出 Mathematica 系统时,只需单击工作窗口右上方的✕图标,或者在左上方"文件"菜单中选用命令"退出"即可,也可按"Alt+F4"组合键退出系统,回到 Windows 界面状态.

二、建立文件与保存文件

对在工作窗口做好的某些内容,如果想要保留以供今后多次使用,通常是建立一个文件,将做好的内容保存在文件中. 具体操作是:单击左上方"文件",找到"保存"或"另存为",选择保存路径,在文件名 N 一栏内键入一个文件名,单击保存 S.

§9.2 数值计算与函数使用

一、基本运算符号

基本运算及其符号如下：

加法：$+$

减法：$-$

乘法：$*$（或用一个空格表示相乘）

除法：$/$

幂：$\wedge$

优先运算用圆括号()括起来，并可重复多次使用.

例1 计算 $\left(\dfrac{53-27}{4}+37\right)\times 14.7^2$.

解 输入：$\left(\dfrac{53-27}{4}+37\right)*14.7^2$

结果显示：9399.91

二、近似值与精确值

输入数值计算时，一般按 Mathematica 设定的有效数字(6位)输出结果. 输入以下带有 N 的指令，将以所需要的有效数字数位输出结果：

输入指令	含义
N[表达式]	近似值按 Mathematica 设定的有效数字(6位)处理
表达式//N	同 N[表达式]
N[表达式,n]	按有效数字运算规则取到 n 位有效数字
%	最后一次 Mathematica 输出结果

例2 计算 $\dfrac{\pi-2}{5}+7$.

解 （1）输入：$\dfrac{\pi-2}{5}+7$

输出：$7+\dfrac{1}{5}(-2+\pi)$ （表示运算结果的精确值）

（2）输入：$N\left[\dfrac{\pi-2}{5}+7\right]$

输出：7.22832 （表示按 Mathematica 设定的 6 位有效数字的近似值）

（3）输入：$\dfrac{\pi-2}{5}+7//N$

输出：7.22832 （表示按 Mathematica 设定的 6 位有效数字的近似值）

（4）输入：$N\left[\dfrac{\pi-2}{5}+7,10\right]$

输出：7.228318531　（表示运算结果取 10 位有效数字的近似值）

注意　当输出的精度值大于 Mathematica 设定的 10^6 时，Mathematica 以它所设定有效数字(6 位)的科学计数法输出精度值.

例如：

(1) 输入：4562987643

　　输出：4562987643　（表示输出大于 10^6 的精确值）

(2) 输入：4562987643.2

　　输出：4.56299×10^9　（表示输出大于 10^6 的精度值）

三、Mathematica 中的常数、数学函数与常见的代数操作

1. 常数、数学函数与常见的代数操作

(1) Mathematica 的常数：

符号	含义
Pi 或 π	π
E 或 e	e
Degree	度（π/180）
I	虚数 i
Infinity	无穷大 ∞

(2) Mathematica 中常用的数学函数：

函数	符号
开平方函数	Sqrt[x]（求算术平方根）
指数函数	Exp[x]（以 e 为底的指数函数）
对数函数	Log[x]（以 e 为底的对数函数） Log[a,x]（以 a 为底的对数函数）
三角函数	Sin[x], Cos[x], Tan[x], Cot[x], Sec[x], Csc[x]
反三角函数	ArcSin[x], ArcCos[x], ArcTan[x], …

(3) Mathematica 中常见的代数操作：

符号	含义
Factor[表达式]	将表达式分解因式
Expand[表达式]	将表达式展开成多项式和的形式
Simplify[表达式]	将表达式化简成最简形式

2. 函数表达式的输入规则

(1) 函数表达式都以大写字母开头，后面用小写字母. 当函数名可以分成几段时，每一个段的头一个字母用大写，后面的字母用小写，如 ArcSin[x].

(2) 函数的名字是一个字符串，其中不能有空格.

(3) 函数的自变量应用方括号括起来，不能用圆括号.

(4) 多元函数的自变量之间用逗号分隔.

四、面板介绍

在 Mathematica 系统状态下,在上面功能栏中选择"面板",再选择"数学助手"项(如图 9-4),屏幕右边将出现"数学助手"的各种数学符号和工具按钮(如图 9-5),单击所需要的工具按钮,即可输入各种运算格式和符号.

图 9-4

图 9-5

例 3 计算 $\log_2 6.28$.

解 输入:Log[2,6.28]

输出:2.65076

例 4 已知 $p_1 = x^2 + x - 6, p_2 = x^2 - 4$,计算 $p_1 + p_2, p_1 \times p_2, p_1 \div p_2$,并将 $p_1 + p_2, p_1 \times p_2$ 的结果分解因式、展开成多项式.

解 输入:p1=x^2+x-6　　　　　　　　输出:x^2+x-6

p2 = x² − 4	$x^2 - 4$
p1 + p2	$2x^2 + x - 10$
p1 * p2	$(x^2-4)(x^2+x-6)$
p1/p2	$\dfrac{x^2+x-6}{x^2-4}$
Factor[p1 * p2]	$(x-2)^2(x+2)(x+3)$
Expand[p1 * p2]	$x^4+x^3-10x^2-4x+24$

如果要求刚输出的结果 $x^4+x^3-10x^2-4x+24$ 在点 $x=1$ 处的值，可以输入：%/.x→1，运行后输出：12．这里可看出"%"的作用．

在运算 p1/p2 的结果 $\dfrac{x^2+x-6}{x^2-4}$ 中，分子、分母有分解式 $\dfrac{(x+3)(x-2)}{(x+2)(x-2)}$，显然系统没有化简．这时可以用代数指令 Simplify 化简，输入：Simplify$\left[\dfrac{x^2+x-6}{x^2-4}\right]$，运行后将输出：$\dfrac{x+3}{x+2}$．

五、变量赋值与自定义函数

1. 变量赋值

Mathematica 的变量可以是本系统保护的字母 E, D, I 等以外的大小写单字母或多字母，以及它们加数字构成，并且不能有空格．变量的赋值以单等号"="为规则．例如：

指令格式	含义
x = a	将值 a 赋给变量 x
u = v = a	将值 a 赋给变量 u, v（同时给多个变量赋值）
f[x]/.x→a	变量 x 赋值为 a（求函数 $f(x)$ 在点 $x=a$ 处的值）
x :=	延迟赋值，运行没有结果输出，待给变量赋值运行后才有结果
x =	直接赋值，运行后有结果输出
x =.	清除变量 x 的值
Clear[x]	清除变量 x 的值

注意 应随时将以后不再使用的变量中的赋值清除掉，以免再使用该变量时影响后面某些计算结果的正确性．

例5 已知 $y=\sqrt{x^2+9}+\ln(x^2+3x+2)$，计算当 $x=3$ 时，y 的值．

解 输入：y=$\sqrt{x^2+9}$+Log[x²+3x+2]/.x→3

输出：$3\sqrt{2}+\text{Log}(20)$

若求数值化的近似值，则

输入：y//N

输出：7.23837

2. 自定义函数

Mathematica 可以让用户自己定义任意一个函数，其定义规则如下：

(1) 一般函数：

指令格式	含义
f[x_]=表达式	定义函数 $f(x)$
f[x_]:=表达式	延迟赋值
f[x_]=.	清除 $f(x)$ 的定义
Clear[f]	清除所有以 f 为函数名的函数定义

函数名"f"和自变量"x"均可使用 Mathematica 未保护的其他字符．

(2) 分段函数：

定义分段函数 $f(x)$ 的指令格式为

    f[x_]=Which[条件 1,表达式 1,条件 2,表达式 2,…,条件 n,表达式 n]

Which 是条件语句，是一种表示分段函数的常用语句．

注意 在表达式中，若遇到若干个字母相乘，输入时字母之间必须加乘号"＊"或空格，如 xy 应输入成"x＊y"或"x y"．

例 6 定义函数 $f(x)=3x^2+\sqrt{x}+\cos x$，并求 $f(2)$ 的值．

解 输入：f[x_]=3x^2+√x+Cos[x]

          f[2]

          f[2]//N

  输出：$12+\sqrt{2}+\cos(2)$

      12.9981

试一试 输入 f[2.]．

注意 f[2.]表示求自变量为 2 时函数的近似值，而 f[2]表示求精确值．

例 7 定义函数 $g(x)=\begin{cases} x^2, & x<0, \\ 1, & x=0, \\ x+2, & x>0, \end{cases}$ 并求 $g(3),g(-2),g(0)$ 的值．

解 输入：g[x_]=Which[x<0,x^2,x==0,1,x>0,x+2]

      （将分段函数自定义成一个函数，相等时要输入成双等号"=="）

      g[3]

  输出：5

  输入：g[-2]

  输出：4

  输入：g[0]

  输出：1

习 题 9.2

1. 利用 Mathematica 软件求下列各式的值：

(1) $3^4+\log_2 56+e^6$，并保留 10 位有效数字；

(2) $\pi^2+\sin 30°+\tan\dfrac{\pi}{3}$，并精确到小数点后 7 位；

(3) 将 $\arcsin\dfrac{\sqrt{2}}{2}+\arctan\sqrt{3}+\lg 70$ 数值化.

2. 给变量赋值并计算：

(1) 若 $x=6$，$y=e$，$z=x+3y$，计算 $3z-5y^2+6(x-7)^5$；

(2) 设 $x=3$，$y=\dfrac{\pi}{5}$，计算 $\lg x \cdot \arctan 2x-9$，并保留 18 位有效数字.

3. 设 $p_1=2x-1$，$p_2=3x-7$，求 $p_1\times p_2$，并展开它，再分解因式.

4. 定义函数 $f(x)=x^2+3x-2$，并求 $f(3)$，$f(-5)$ 的值.

5. 定义函数 $g(x)=\begin{cases} x^2+x, & x\leqslant 0, \\ \ln x+6, & x>0, \end{cases}$ 并求 $g(-3)$，$g(0)$，$g(e)$ 的值.

6. 定义函数 $h(x)=\begin{cases} \dfrac{x-1}{x^2+3}, & x<1, \\ e^{2x-1}, & x=1, \\ \sin^2 x, & x>1, \end{cases}$ 并求 $h(-2)$，$h(1)$，$h\left(\dfrac{3\pi}{4}\right)$ 的值.

§9.3 解方程与绘图

一、解方程

1. 一元方程

解一元方程的指令格式为
$$\mathrm{Solve}[f(x)==0,x]$$
指令格式中"$f(x)==0$"为方程表达式，"x"为未知量.

注意 方程中的"="号在指令格式中必须以双等号"=="出现. Mathematica 的规则列表中，变量赋值使用单等号"="，相等使用双等号"==".

上述指令可以通过在"数学助手"的基本指令中选择"y=x"选项卡，再从"表达式和方程"中调出（如图 9-6）.

图 9-6

例1 求方程 $x^2-6x+8=0$ 的根.

解 输入：Solve[x²－6x+8==0,x]

输出：{{x→2},{x→4}}

输出形式中箭头"→"表示"等于"的意思.

例2 求方程 $x^3-2x^2-5x+6=0$ 的根.

解 输入：Solve[x³－2x²－5x+6==0,x]

输出：{{x→－2},{x→1},{x→3}}

2. 方程组

解方程组的指令格式为

$$\text{Solve}[\{f(x)==0, g(y)==0, \cdots\}, \{x,y,\cdots\}]$$

方程组中各方程和各个未知量在指令格式中分别用大括号"{ }"括起来,中间用逗号","分开.

例3 求方程组 $\begin{cases} x^2-y=5, \\ x+y=1 \end{cases}$ 的解.

解 输入：Solve[{x²－y==5,x+y==1},{x,y}]

输出：{{x→－3, y→4},{x→2, y→－1}}

二、绘图

Mathematica 可以绘制各种图形,如散点图,一元函数、二元函数、隐函数、参数方程的图形,在极坐标系下作图,等等,还可以作动画演示效果图.这里根据本书内容的需要,只介绍一、二元函数在直角坐标系下的绘图.

1. 一元函数图形

一元函数的基本绘图指令格式如下：

(1) 只规定自变量范围的绘图指令：

$$\text{Plot}[f(x), \{x, x_1, x_2\}]$$

(2) 不仅规定自变量范围,还规定因变量范围的绘图指令：

$$\text{Plot}[f(x), \{x, x_1, x_2\}, \text{PlotRange} \to \{y_1, y_2\}]$$

(3) 不仅规定自变量范围,还可以加标注"函数名称","坐标轴"的绘图指令：

$$\text{Plot}[f(x), \{x, x_1, x_2\}, \text{PlotLabel} \to \text{"表达式"}, \text{AxesLabel} \to \{\text{"x"}, \text{"y"}\}]$$

(4) 若干图形绘制一个坐标系里的绘图指令：

$$\text{Plot}[\{f_1(x), f_2(x), \cdots\}, \{x, x_1, x_2\}]$$

各种绘图指令可以在"数学助手"面板中的基本指令框下选择"2D"点击出现(如图 9-7),也可以从键盘输入指令.

图 9-7

例 4 作出函数 $y=x^2-1$ 在 $[-2,2]$ 之间的图形.

解 输入：Plot[x^2-1,{x,$-2,2$}]

输出：

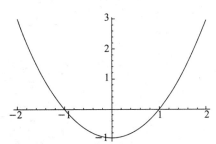

例 5 作出函数 $y=\tan x$ 在 $[-2\pi,2\pi]$ 之间的图形,且标注函数 $\tan x$ 及 x 轴,y 轴的标签.

解 输入：Plot[Tan[x],{x,$-2\pi,2\pi$},PlotLabel→"tanx",AxesLabel→{"x","y"}]

输出：

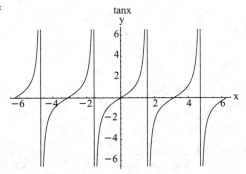

例 6 在同一个坐标系中作出三个函数 $y=\sin x$,$y=\sin 2x$,$y=\sin 3x$ 在 $x\in[0,2\pi]$ 的图形.

解 输入：Plot[{Sin[x],Sin[2x],Sin[3x]},{x,$0,2\pi$}]

输出:

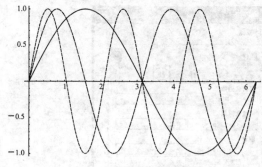

例7 作出 $g(x)=\begin{cases}-x-\dfrac{\pi}{2}, & x\leqslant-\dfrac{\pi}{2},\\ \cos x, & -\dfrac{\pi}{2}<x\leqslant\dfrac{\pi}{2},\\ x-\dfrac{\pi}{2}, & x>\dfrac{\pi}{2}\end{cases}$,在$[-3,3]$范围内的图形.

解 先利用条件语句 Which 自定义分段函数,然后用 Plot 语句画出分段函数的图形:

输入:g[x_]:=Which$\left[x\leqslant-\dfrac{\pi}{2},-x-\dfrac{\pi}{2},-\dfrac{\pi}{2}<x\leqslant\dfrac{\pi}{2},\text{Cos}[x],x>\dfrac{\pi}{2},x-\dfrac{\pi}{2}\right]$

Plot[g[x],{x,−3,3}]

输出:

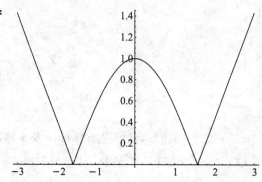

2. 二元函数的图形

对于二元函数作图,一般先定义一个二元函数:z[x_,y_]:=表达式,然后在"数学助手"面板中的基本指令框下选择"3D"作图. 指令格式如下:

$$\text{Plot3D}[z[x,y],\{x,x_1,x_2\},\{y,y_1,y_2\}]$$

其中$\{y,y_1,y_2\}$是 y 坐标的取值范围.

将光标放到图形上,按住鼠标左键移动,3D 图形将有不同的旋转角度.

例8 作出半径为 3,球心在原点的上半球面的图形.

解 输入:z[x_,y_]:=$\sqrt{9-x^2-y^2}$

Plot3D[z[x,y],{x,−3,3},{y,−3,3}]

输出：

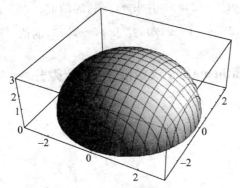

例 9 作出双曲抛物面 $z = x^2 - y^2$ 的图形.

解 输入：Plot3D[x²-y²,{x,-2,2},{y,-2,2}]
输出：

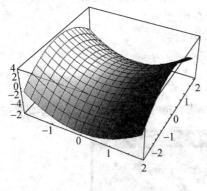

习 题 9.3

1. 解下列方程：

(1) $x^3 - 2x^2 - 11x + 12 = 0$； (2) $\sqrt{x-1} + \sqrt{x+1} = 2$.

2. 解下列方程组：

(1) $\begin{cases} x - 2y = 3, \\ 3x + y = 2; \end{cases}$ (2) $\begin{cases} x^2 + y^2 = 5, \\ 2x - y = 3. \end{cases}$

3. 作出下列函数的图形：

(1) $f(x) = x^2 - x - 2$, $x \in (-2, 3)$； (2) $f(x) = 2\cos 3x$, $x \in (-\pi, \pi)$；

(3) $f(x) = \frac{1}{3}x^3 - \frac{1}{2}x^2 - 2x + 5$, $x \in (-4, 4)$.

4. 作出 $g(x) = \begin{cases} \sin x, & x < 0, \\ \sqrt[3]{2x - x^2}, & 0 \leqslant x \leqslant 2, \\ x - 2, & x > 2 \end{cases}$ 的图形，并求 $g(0.3)$，$g(2.7)$ 的值.

5. 在同一个直角坐标系中作出函数 $y = \cos x, y = \cos 2x, y = \cos 3x$ 在 $[0, 2\pi]$ 内的图形.

6. 作出函数 $y = \frac{\sin x}{x}$ ($x \in [-4\pi, 4\pi]$) 的图形且坐标轴标注有 x, y.

7. 作出下列函数的图形且求值：

(1) $f(x, y) = x^2$, $x \in (-2, 2)$, $y \in (-2, 2)$；

(2) $f(x,y)=x^2y^2, x\in(-2,2), y\in(-2,2)$,并求 $f(-1,2)$ 的值;

(3) $f(x,y)=\arctan xy, x\in(-2,2), y\in(-2,2)$,并求 $f(-1,\sqrt{3})$ 的值.

§9.4 利用 Mathematica 求极限、导数及微分

一、极限

求一元函数极限的指令格式如下:

符号	含义
Limit[f(x), x→x₀]	求函数当 $x\to x_0$ 时的极限
Limit[f(x), x→x₀, Direction→1]	求函数当 $x\to x_0^-$ 时的极限(左极限)
Limit[f(x), x→x₀, Direction→ -1]	求函数当 $x\to x_0^+$ 时的极限(右极限)

当变量趋于无穷大时,即 $x\to\infty$ 时,指令格式为

$$\text{Limit}[f(x), x\to\infty]$$

当变量趋于负无穷大和正无穷大时,指令格式分别为

$$\text{Limit}[f(x), x\to -\infty], \quad \text{Limit}[f(x), x\to +\infty]$$

极限指令格式也可以通过"数学助手"的基本指令集中的"$d\int\sum$"选项卡获得(如图9-8).

图 9-8

例1 求下列极限:

(1) $\lim\limits_{x\to 4}\dfrac{x^2-3x-4}{x-4}$; (2) $\lim\limits_{x\to +\infty}\dfrac{\arctan x}{3x}$; (3) $\lim\limits_{x\to\infty}\left(1+\dfrac{5}{7x-4}\right)^{2x}$.

解 (1) 输入:$\text{Limit}\left[\dfrac{x^2-3x-4}{x-4}, x\to 4\right]$

输出:5

(2) 输入：$\text{Limit}\left[\dfrac{\text{ArcTan}[x]}{3x}, x \to +\infty\right]$

　　输出：0

(3) 输入：$\text{Limit}\left[\left(1+\dfrac{5}{7x-4}\right)^{2x}, x \to \infty\right]$

　　输出：$e^{10/7}$

例 2 求极限 $\lim\limits_{x \to 3^-} e^{\frac{1}{x-3}}$ 及 $\lim\limits_{x \to 3^+} e^{\frac{1}{x-3}}$.

解 输入：$\text{Limit}[e^{\frac{1}{x-3}}, x \to 3, \text{Direction} \to 1]$

　　　　$\text{Limit}[e^{\frac{1}{x-3}}, x \to 3, \text{Direction} \to -1]$（$e$ 在"数学助手"中输入）

　　输出：0

　　输出：∞

还有一些函数没有极限，此时系统会进行相应的处理，返回一些特殊的结果.

例 3 求当 $x \to 0$ 时，$y = \sin\dfrac{1}{x}$ 的极限.

解 输入：$\text{Limit}[\text{Sin}[1/x], x \to 0]$

　　输出：$\text{Interval}[\{-1, 1\}]$

上面这个例子表示，当 $x \to 0$ 时，函数 $\sin\dfrac{1}{x}$ 在 -1 与 1 之间无休止地震荡，所以没有确定的极限.

例 4 判定函数 $f(x) = \begin{cases} \dfrac{\sin 2x}{x}, & x > 0, \\ 3x+2, & x \leqslant 0 \end{cases}$ 在点 $x = 0$ 处是否连续.

解 输入：$\text{Limit}\left[\dfrac{\text{Sin}[2x]}{x}, x \to 0, \text{Direction} \to -1\right]$　　（右极限）

　　输出：2

　　输入：$\text{Limit}[3x+2, x \to 0, \text{Direction} \to 1]$　　（左极限）

　　输出：2

　　输入：$3x+2 /. x \to 0$　　　　　　　　　　　　　　（计算函数值）

　　输出：2

因此，函数 $f(x)$ 在点 $x = 0$ 处连续.

二、导数与偏导数

1. 导数

(1) 求一阶导数 $f'(x)$ 的指令格式为

　　　　$\text{D}[f(x), x]$　　（其中 $f(x)$ 为函数表达式，x 为自变量）

(2) 求 n 阶导数 $f^{(n)}(x)$ 的指令格式为

　　　　$\text{D}[f(x), \{x, n\}]$　　（其中 n 为导数的阶数）

例 5 求下列函数的导数：

(1) $y = x^3 + \sin 2x$;　　　　　　(2) $y = \ln(x + \sqrt{x^2+1})$.

解 （1）输入：D[x³+Sin[2x], x]

输出：$3x^2 + 2\cos(2x)$

（2）输入：D[Log[x+√(x²+1)], x]

输出：$\dfrac{\dfrac{x}{\sqrt{x^2+1}}+1}{\sqrt{x^2+1}+x}$ （没有化简）

输入：Simplify[%]

输出：$\dfrac{1}{\sqrt{x^2+1}}$

这是导数的最后结果,从而也看到 Simplify 指令的作用.

例 6 求下列函数的高阶导数：

(1) $y = x^5 + 2x^3$，求 y''；　　(2) $y = e^{-x}\sin x$，求 $y^{(5)}$.

解 （1）输入：D[x⁵+2x³, {x, 2}]

输出：$20x^3 + 12x$

（2）输入：D[e⁻ˣ Sin[x], {x, 5}]

输出：$4e^{-x}\sin(x) - 4e^{-x}\cos(x)$

求导数时也可以在"数学助手"的基本指令集中单击"d∫∑"选项卡,再单击"D"键钮,这时会出现导数指令格式(如图 9-9).

图 9-9

2. 偏导数

求偏导数时,可以利用"数学助手"的基本指令集中"d∫∑"选项卡里的符号键钮"$\partial_\square \blacksquare$"(如图 9-9),其中□框输入求偏导数的变量,■框输入函数表达式.

此时的函数表达式可以是一元或多元函数,变量可有一个或多个,可求导数或偏导数,非常灵活.例如:

输入:$\partial_x(x^3+5x^2)$　（求一元函数 x^3+5x^2 对 x 的一阶导数）

输出:$3x^2+10x$

输入:$\partial_{x,x}(x^3+5x^2)$　（求一元函数 x^3+5x^2 对 x 的二阶导数）

输出:$6x+10$

对高阶偏导数的变量的输入,也可以在"数学助手"的基本指令集中选择"d∫∑"选项卡里的"$\partial_{\square,\square}\blacksquare$"为输入格式(如图 9-9).例如:

输入:$\partial_{x,x}(x^3y+5x^2y^2)$　（求二元函数 $x^3y+5x^2y^2$ 对 x 的二阶偏导数）

输出:$6xy+10y^2$

输入:$\partial_{x,y}(x^3y+5x^2y^2)$　（求二元函数 $x^3y+5x^2y^2$ 先对 x 后对 y 的二阶偏导数）

输出:$3x^2+20xy$

输入:$\partial_{y,x}(x^3y+5x^2y^2)$　（求二元函数 $x^3y+5x^2y^2$ 先对 y 后对 x 的二阶偏导数）

输出:$3x^2+20xy$

输入:$\partial_{y,y}(x^3y+5x^2y^2)$　（求二元函数 $x^3y+5x^2y^2$ 对 y 的二阶偏导数）

输出:$10x^2$

例 7　求函数 $f(x,y)=\ln\sqrt{x^2+y^2}$ 的偏导数 $\dfrac{\partial f}{\partial x},\dfrac{\partial f}{\partial y},\dfrac{\partial^2 f}{\partial x\partial y}$.

解　输入:$\partial_x \mathrm{Log}[\sqrt{x^2+y^2}]$

输出:$\dfrac{x}{x^2+y^2}$

输入:$\partial_y \mathrm{Log}[\sqrt{x^2+y^2}]$

输出:$\dfrac{y}{x^2+y^2}$

输入:$\partial_{x,y} \mathrm{Log}[\sqrt{x^2+y^2}]$

输出:$-\dfrac{2xy}{(x^2+y^2)^2}$

三、微分与全微分

求函数 $y=f(x)$ 的微分 dy,其指令格式为

$$\mathrm{Dt}[f(x)]$$

求函数 $z=f(x,y)$ 的全微分 dz,其指令格式为

$$\mathrm{Dt}[f(x,y)]$$

若函数 $y=f(x)$ 中有三角函数,输出表达式中还会有三角函数,三角函数的表达式将放在 dx 的后边.

例8 求函数 $y=x^3+e^{2x}$ 的微分 dy.

解 输入：$Dt[x^3+e^{2x}]$

输出：$3x^2 dx+2e^{2x} dx$

例9 求函数 $y=x^3\sin 2x$ 的微分 dy.

解 输入：$Dt[x^3 Sin[2x]]$

输出：$2x^3 dx\cos(2x)+3x^2 dx\sin(2x)$

例10 求函数 $u=xyz^3$ 的全微分.

解 输入：$Dt[xyz^3]$

输出：$yz^3 dx+xz^3 dy+3xyz^2 dz$

习 题 9.4

1. 求下列极限：

(1) $\lim\limits_{x\to 0}\dfrac{e^x-1}{xe^x+e^x-1}$；

(2) $\lim\limits_{x\to\infty}\left(1+\dfrac{2}{3x+1}\right)^{6x}$；

(3) $\lim\limits_{x\to +\infty} x\left(\dfrac{\pi}{2}-\arctan x\right)$.

2. 求下列函数的各阶导数：

(1) $y=\ln(\sqrt{1+x^2}+x)$, 求 y'；

(2) $y=\dfrac{x^2+1}{2x-1}$, 求 y' 及 y''；

(3) $y=e^{-x}\cos 2x$, 求 y' 及 y''；

(4) $y=e^x x^6$, 求 $y^{(5)}(1)$；

(5) $y=\arctan\sqrt{\dfrac{1-x}{1+x}}$, 求 y'.

3. 求函数 $z=e^{xy}\sin(x+y^2)$ 的一阶偏导数.

4. 求函数 $z=\ln(2x^3 y^2+5x)$ 的二阶偏导数.

5. 求下列函数的微分或全微分：

(1) $y=x^2 e^{3x}$；

(2) $y=\sin x^2+\cos 3x$；

(3) $z=x^2 y^3+\sin xy$；

(4) $u=\ln xy^2 z^4$.

§9.5 利用 Mathematica 求积分

一、不定积分

求不定积分时,利用"数学助手"中"计算器"的"高级"选项卡,选择符号键钮"$\int \blacksquare d\square$"来实现(如图 9-10),其中■框里输入被积函数,□框里输入积分变量.

§9.5 利用 Mathematica 求积分　263

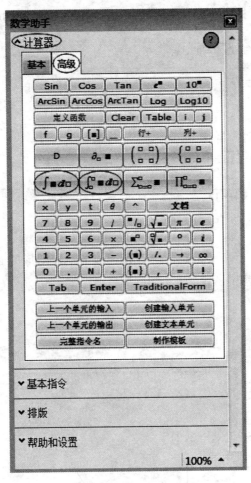

图 9-10

Mathematica 输出不定积分结果不带积分常数.

例 1 求不定积分 $\int x^5 \mathrm{d}x$.

解　输入：$\int \mathrm{x}^5 \, d\mathrm{x}$

输出：$\dfrac{\mathrm{x}^6}{6}$

例 2 求不定积分 $\int \dfrac{1}{x(\ln^2 x+1)} \mathrm{d}x$.

解　输入：$\int \dfrac{1}{\mathrm{x}(\mathrm{Log}[\mathrm{x}]^2+1)} d\mathrm{x}$

输出：$\tan^{-1}(\log(\mathrm{x}))$　（$\tan^{-1}x$ 是 $\tan x$ 的反函数）

二、定积分

计算定积分时选择的键钮为"$\int_{□}^{□} ■ \, d\, □$"（如图 9-10），其中■框里输入被积函数，定积分

符号 $\int_{\square}^{\square}\square$ 中的上、下两个 □ 框里分别输入定积分的上、下限,最后面的 □ 框里输入积分变量.

例 3 计算定积分 $\int_1^2 x\sqrt{x^2-1}\,\mathrm{d}x$.

解 输入:$\int_1^2 \mathrm{x}\sqrt{\mathrm{x}^2-1}d\mathrm{x}$

输出:$\sqrt{3}$

例 4 计算定积分 $\int_1^e \dfrac{1}{x(\ln x+1)}dx$.

解 输入:$\int_1^e \dfrac{1}{\mathrm{x}(\mathrm{Log}[\mathrm{x}]+1)}d\mathrm{x}$

输出:$\dfrac{\pi}{4}$

例 5 计算由抛物线 $y=x^2$ 和直线 $y=x$ 所围成的平面图形的面积及该图形绕 x 轴旋转一周而得到的旋转体的体积.

解 (1) 求交点:

　　　　输入:Clear[x]

　　　　　　Clear[y]

　　　　　　Solve[{y==x^2,y==x},{x,y}]

　　　输出:{{x→0,y→0},{x→1,y→1}}

(2) 作图:

　　输入:Plot[{x^2,x},{x,−2,2}]

　　输出:

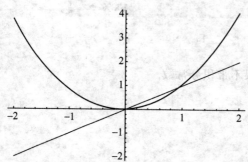

(3) 利用定积分求面积:

　　输入:$\int_0^1 (\mathrm{x}-\mathrm{x}^2)d\mathrm{x}$

　　输出:$\dfrac{1}{6}$

(4) 定积分求体积:

　　输入:$\pi\int_0^1 (\mathrm{x}^2-\mathrm{x}^4)d\mathrm{x}$

　　输出:$\dfrac{2\pi}{15}$

三、广义积分

求广义积分与求定积分选择的符号键钮是一样的，为"$\int_{\square}^{\square} \blacksquare \, d\, \square$". 只需在 $\int_{\square}^{\square}$ 中的上、下 □ 框里输入 $+\infty$ 或 $-\infty$，就会计算无穷区间上的广义积分值.

例 6 求广义积分 $\int_{-\infty}^{+\infty} \dfrac{1}{1+x^2} \mathrm{d}x$.

解 输入：$\int_{-\infty}^{+\infty} \dfrac{1}{1+\mathrm{x}^2} d\mathrm{x}$

输出：π

例 7 求广义积分 $\int_{1}^{+\infty} \dfrac{1}{x(\ln x + 1)^2} \mathrm{d}x$.

解 输入：$\int_{1}^{+\infty} \dfrac{1}{\mathrm{x}(\mathrm{Log}[\mathrm{x}]+1)^2} d\mathrm{x}$

输出：1

例 8 求广义积分 $\int_{0}^{+\infty} \dfrac{x^2}{1+x^3} \mathrm{d}x$.

解 输入：$\int_{0}^{+\infty} \dfrac{\mathrm{x}^2}{1+\mathrm{x}^3} d\mathrm{x}$

输出：Integrate::idiv:"Integral of $\dfrac{\mathrm{x}^2}{1+\mathrm{x}^3}$ does not converge on _{0,∞}"

$\left(\text{广义积分} \int_{0}^{+\infty} \dfrac{x^2}{1+x^3} \mathrm{d}x \text{ 在} [0,+\infty) \text{区间上发散}\right)$

四、二重积分

用 Mathematica 计算二重积分实际上就是化二重积分为二次积分，它的指令格式如下：

$$\int_{\square}^{\square} \int_{\square}^{\square} \blacksquare \, d\, \square \, d\, \square$$

输入方法是：先输入一次定积分指令格式，在 ■ 框里再输入一次定积分指令格式作为累次积分的第一次积分，外面的积分作为第二次积分.

例 9 计算二次积分 $\int_{0}^{1} \mathrm{d}x \int_{2x}^{x^2+1} xy \, \mathrm{d}y$.

解 输入：$\int_{0}^{1} \int_{2\mathrm{x}}^{\mathrm{x}^2+1} \mathrm{xy} \, d\mathrm{y} \, d\mathrm{x}$

输出：$\dfrac{1}{12}$

例 10 计算二重积分 $I = \iint\limits_{D} (x^2 + y^2) \mathrm{d}x \mathrm{d}y$，其中 D 是由直线 $y = x, y = \dfrac{1}{2}x$ 及 $y = 2$ 所围成的区域.

解 (1) 画积分区域 D 的图形：

输入：$\text{Plot}\left[\left\{\mathrm{x}, \dfrac{1}{2}\mathrm{x}, 2\right\}, \{\mathrm{x}, -1, 4\}\right]$

输出：

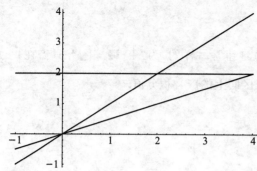

（2）计算二重积分：

输入：$\int_0^2 \int_{2y}^{y} (x^2+y^2) dxdy$

输出：$\dfrac{40}{3}$

习 题 9.5

1. 求下列不定积分：

(1) $\int \left(1 - \dfrac{1}{x^2}\sqrt{x\sqrt{x}}\right) dx$；　　(2) $\int \dfrac{1}{1+\sin x} dx$；　　(3) $\int (\sin x + \cos x)^3 dx$；

(4) $\int \dfrac{\ln(\sin x)}{\sin^2 x} dx$；　　(5) $\int x^2 \arctan x\, dx$．

2. 求下列定积分：

(1) $\int_0^{\pi/2} \dfrac{x+\sin x}{1+\cos x} dx$；　　(2) $\int_{-1}^{1} \dfrac{x}{\sqrt{5-4x}} dx$；　　(3) $\int_0^9 \dfrac{\sqrt{x}}{1+\sqrt{x}} dx$．

3. 求下列广义积分：

(1) $\int_{-\infty}^0 x e^{-x^2} dx$；　　(2) $\int_{-\infty}^{+\infty} \dfrac{1}{4+x^2} dx$．

4. 计算由曲线 $y=8-2x^2$ 和 x 轴所围成的平面图形的面积及该图形绕 x 轴旋转一周而得到的旋转体的体积．

5. 计算由曲线 $y=x^2$ 和直线 $y=x+2$ 所围成的平面图形的面积及该图形绕 x 轴旋转一周而得到的旋转体的体积．

6. 计算二重积分 $\iint\limits_D e^{-y^3} d\sigma$，其中 D 是由直线 $x=0, y=1$ 与曲线 $y^2=x$ 所围成的区域．

7. 计算二重积分 $\iint\limits_D (x^2+y^2) d\sigma$，其中 D 是由曲线 $y=x^2$ 与 $y^2=x$ 所围成的区域．

§9.6 利用 Mathematica 解微分方程与将函数展开成幂级数

一、解微分方程

由 §9.3 知道利用 Mathematica 可以解代数方程，同样利用 Mathematica 也可以解微分方程. 只要在指令 Solve 前加一个大写字母"D",就可以解微分方程. 当然利用"数学助手"在基本指令集中的"$d\int\sum$"选项卡里打开更多"▼"选项单也可以找到格式模板.

解微分方程的指令格式如下：
$$\text{DSolve}[微分方程, y[x], x]$$

其中微分方程中的微分符号 d 要输入成空心形式"d"或输入成"Dt"并后跟方括号[ ],方括号[ ]里输入变量,如果 y 是 x 的函数,在输入 y 时要将 y 输入成 $y[x]$.

例 1 解微分方程 $y'(x)+y(x)=1$.

解 输入：DSolve[y'[x]+y[x]==1, y[x], x]

输出：{{y(x)→$c_1 e^{-x}$+1}} （其中 c_1 是任意常数）

例 2 求微分方程 $(x^2+y^2)dx-xy dy=0$ 的通解.

解 输入：DSolve[$(x^2+y[x]^2)$Dt[x]$-x\,y[x]$ Dt[y[x]]==0, y[x], x]

输出：{{y(x)→$-x\sqrt{c_1+2\log(x)}$}, {y(x)→$x\sqrt{c_1+2\log(x)}$}}

例 3 求微分方程 $(x^2+1)y''=2xy'$ 满足初始条件 $y\big|_{x=0}=1, y'\big|_{x=0}=3$ 的特解.

解 输入：DSolve[{$(x^2+1)y''[x]$==2 x y'[x], y[0]==1, y'[0]==3}, y[x], x]

输出：{{y(x)→x^3+3 x+1}}

微分方程的初始条件要作为方程与微分方程一起组成微分方程组来求特解.

二、将函数展开成幂级数

1. 求级数和

可以利用"数学助手"中"计算器"的"高级"选项卡里的符号键钮"$\sum_{\square=\square}^{\square}$"模块来求级数的和或部分和,其中 $\sum$ 字符底下第一个□框里输入级数通项下标,第二个□框里输入级数通项下标的起始值,而 $\sum$ 字符上面的□框里输入级数通项下标的终止值.

例 4 求级数 $\dfrac{1}{1\cdot 2}+\dfrac{1}{2\cdot 3}+\cdots+\dfrac{1}{n(n+1)}+\cdots$ 的前 n 项和.

解 输入：$\displaystyle\sum_{i=1}^{n}\dfrac{1}{i(i+1)}$

输出：$1-\dfrac{1}{n+1}$

例 5 求幂级数 $\displaystyle\sum_{n=1}^{\infty}\dfrac{(-1)^{n-1}}{n}(x-1)^n$ 的和函数及收敛半径、收敛区间.

解 输入：$\displaystyle\sum_{n=1}^{+\infty}\dfrac{(-1)^{n-1}}{n}(x-1)^n$

输出：log(x)

输入：$\lim\left[\text{Abs}\left[\dfrac{\frac{(-1)^n}{n+1}}{\frac{(-1)^{n-1}}{n}}\right], n\to+\infty\right]$ （Abs[x]是绝对值函数）

输出：1

所以收敛半径为 1,收敛区间为 (0,2).

2. 函数的幂级数展开

函数的幂级数展开的指令格式为

$$\text{Series}[函数表达式,\{x,x_0,n\}]$$

其含义为将函数在点 $x=x_0$ 处展开成包含最高次项为 $(x-x_0)^n$ 的幂级数.

例 6 求函数 $y=xe^{-x}$ 在点 $x=0$ 处包含最高次项为 x^5 的幂级数展开式.

解 输入:Series[xe^{-x},{x,0,5}]

输出:$x-x^2+\dfrac{x^3}{2}-\dfrac{x^4}{6}+\dfrac{x^5}{24}+O(x^6)$

($O(x^6)$ 表示展开式余项的绝对值 $\leqslant M|x^6|$,其中 $M>0$ 为常数).

例 7 求函数 $y=\dfrac{x}{2-x}$ 在点 $x=1$ 处包含最高次项为 $(x-1)^4$ 的幂级数展开式.

解 输入:Series$\left[\dfrac{x}{2-x},\{x,1,4\}\right]$

输出:$1+2(x-1)+2(x-1)^2+2(x-1)^3+2(x-1)^4+O((x-1)^5)$

习 题 9.6

1. 求微分方程 $\dfrac{dy}{dx}=-\dfrac{x}{y}$ 的通解.

2. 求微分方程 $xy^2 dx+(1+x^2)dy=0$ 的通解.

3. 求微分方程 $\dfrac{dy}{dx}-y\cot x=2x\sin x$ 的通解.

4. 求微分方程 $xy'+2y=x^4$ 满足初始条件 $y(1)=1/6$ 的特解.

5. 求下列级数的和或和函数:

(1) $1+4+9+25+\cdots+n^2$; (2) $1-\dfrac{1}{2}+\dfrac{1}{3}-\dfrac{1}{4}+\dfrac{1}{5}-\cdots$;

(3) $1-x+\dfrac{1}{2}x^2-\dfrac{1}{6}x^3+\dfrac{1}{24}x^4-\cdots$; (4) $x-\dfrac{1}{2}x^3+\dfrac{1}{24}x^5-\dfrac{1}{720}x^7+\cdots$.

6. 求函数 $y=x^2e^{-2x}$ 在点 $x=0$ 处包含最高次项为 x^7 的展开式.

7. 求函数 $y=\dfrac{x^3}{x-3}$ 在点 $x=2$ 处包含最高次项为 $(x-2)^5$ 的展开式.

8. 求函数 $y=\dfrac{x^2+2}{(x^2-2)^2}$ 在点 $x=1$ 处包含最高次项为 $(x-1)^4$ 的展开式,并求收敛半径.

附录 I 基本初等函数的图形及其主要性质

函数名称及表达式	定义域	图 形	主 要 性 质
常值函数 $y=C$	$(-\infty,+\infty)$		图形是经过点 $(0,C)$，且平行于 x 轴的一条直线
幂函数 $y=x^a$ ($a\neq 0$)	随 a 的不同而不同，但不论 a 取何值，$y=x^a$ 在 $(0,+\infty)$ 内都有定义	（$a>1$，$a=1$，$a=2$，$a=3$）	$a>0$，在 $[0,+\infty)$ 上严格单调递增；图形经过点 $(0,0)$ 和 $(1,1)$
		（$0<a<1$，$a=1$，$a=\frac{1}{2}$，$a=\frac{1}{3}$）	
		（$a<0$，$a=-2$，$a=-1$）	$a<0$，在 $(0,+\infty)$ 内严格单调递减；图形经过点 $(1,1)$

函数名称及表达式	定义域	图 形	主 要 性 质
指数函数 $y=a^x$ ($a>0, a\neq 1$)	$(-\infty,+\infty)$	$a>1$ 图形	$a>1$，严格单调递增；图形经过点 $(0,1)$；在 x 轴上方；以 x 轴为水平渐近线
		$0<a<1$ 图形	$0<a<1$，严格单调递减；图形经过点 $(0,1)$；在 x 轴上方；以 x 轴为水平渐近线
对数函数 $y=\log_a x$ ($a>0, a\neq 1$)	$(0,+\infty)$	$a>1$ 图形	$a>1$，严格单调递增；图形经过点 $(1,0)$；在 y 轴右侧；以 y 轴为垂直渐近线
		$0<a<1$ 图形	$0<a<1$，严格单调递减；图形经过点 $(1,0)$；在 y 轴右侧；以 y 轴为垂直渐近线
正弦函数 $y=\sin x$	$(-\infty,+\infty)$	图形	奇函数，图形关于原点对称；以 2π 为周期；有界函数，图形经过点 $(0,0)$，并始终在 $y=\pm 1$ 之间摆动

函数名称及表达式	定义域	图　形	主　要　性　质
余弦函数 $y=\cos x$	$(-\infty,+\infty)$		偶函数，图形关于 y 轴对称；以 2π 为周期；有界函数，图形经过点 $(0,1)$，并始终在 $y=\pm 1$ 之间摆动
正切函数 $y=\tan x$	$x\neq k\pi+\dfrac{\pi}{2}$ $(k\in \mathbf{Z})$		奇函数，图形关于原点对称；以 π 为周期；在开区间 $\left(-\dfrac{\pi}{2},\dfrac{\pi}{2}\right)$ 内为严格单调递增的无界函数；直线 $x=k\pi+\dfrac{\pi}{2}(k\in\mathbf{Z})$ 为其垂直渐近线
余切函数 $y=\cot x$	$x\neq k\pi$ $(k\in\mathbf{Z})$		奇函数，图形关于原点对称；以 π 为周期；在 $(0,\pi)$ 内为严格单调递减的无界函数；直线 $x=k\pi(k\in\mathbf{Z})$ 为其垂直渐近线
反正弦函数 $y=\arcsin x$	$[-1,1]$		图形经过点 $(0,0)$；严格单调递增的奇函数；值域为 $\left[-\dfrac{\pi}{2},\dfrac{\pi}{2}\right]$
反余弦函数 $y=\arccos x$	$[-1,1]$		图形经过点 $(1,0)$；严格单调递减的函数（不是偶函数）；值域为 $[0,\pi]$

附录Ⅱ 高等数学中常用的初等数学公式

一、乘法与因式分解公式

(1) $(x+a)(x+b)=x^2+(a+b)x+ab$；　　(2) $(a\pm b)^2=a^2\pm 2ab+b^2$；

(3) $(a\pm b)^3=a^3\pm 3a^2b+3ab^2\pm b^3$；　　(4) $a^2-b^2=(a-b)(a+b)$；

(5) $a^3\pm b^3=(a\pm b)(a^2\mp ab+b^2)$；

(6) $a^n-b^n=(a-b)(a^{n-1}+a^{n-2}b+a^{n-3}b^2+\cdots+b^{n-1})$.

二、分式运算

(1) $\dfrac{a}{b}\pm\dfrac{c}{b}=\dfrac{a\pm c}{b}$；　　(2) $\dfrac{a}{b}\pm\dfrac{c}{d}=\dfrac{ad\pm bc}{bd}$；　　(3) $\dfrac{a}{b}\cdot\dfrac{c}{d}=\dfrac{ac}{bd}$；

(4) $\dfrac{a}{b}\div\dfrac{c}{d}=\dfrac{a}{b}\cdot\dfrac{d}{c}=\dfrac{ad}{bc}$；　　(5) $\left(\dfrac{a}{b}\right)^m=\dfrac{a^m}{b^m}$；　　(6) $\sqrt[n]{\dfrac{a}{b}}=\dfrac{\sqrt[n]{a}}{\sqrt[n]{b}}$ $(a>0,b>0)$.

三、幂与指数

1. 幂的概念

(1) 整数指数幂：$a^n=\underbrace{a\cdot a\cdot\cdots\cdot a}_{n\uparrow}$ $(n\in \mathbf{N}^*)$，$a^0=1$，$a^{-n}=\dfrac{1}{a^n}$；

(2) 分数指数幂：$a^{\frac{m}{n}}=\sqrt[n]{a^m}$，$a^{-\frac{m}{n}}=\dfrac{1}{\sqrt[n]{a^m}}$.

2. 指数运算法则

(1) $a^p\cdot a^q=a^{p+q}$；　　(2) $(a^p)^q=a^{pq}$；　　(3) $(ab)^p=a^p b^p$.

四、对数

(1) 对数性质：$\log_a 1=0$，$\log_a a=1$；

(2) 对数运算法则：

$$\log_a(MN)=\log_a M+\log_a N,\quad \log_a\dfrac{M}{N}=\log_a M-\log_a N,\quad \log_a M^n=n\log_a M;$$

(3) 对数恒等式：$a^{\log_a x}=x$，$\log_a a^x=x$；

(4) 对数换底公式：$\log_a N=\dfrac{\log_b N}{\log_b a}$.

五、三角公式

1. 同角三角函数的基本关系式

(1) 平方关系：$\sin^2 x+\cos^2 x=1$，$1+\tan^2 x=\sec^2 x$，$1+\cot^2 x=\csc^2 x$；

(2) 商数关系：$\tan x = \dfrac{\sin x}{\cos x}$，$\cot x = \dfrac{\cos x}{\sin x}$；

(3) 倒数关系：$\csc x = \dfrac{1}{\sin x}$，$\sec x = \dfrac{1}{\cos x}$，$\cot x = \dfrac{1}{\tan x}$.

2. 二倍角公式

(1) $\sin 2x = 2\sin x \cos x$；   (2) $\cos 2x = \cos^2 x - \sin^2 x = 2\cos^2 x - 1 = 1 - 2\sin^2 x$；

(3) $\tan 2x = \dfrac{2\tan x}{1 - \tan^2 x}$；   (4) $\cot 2x = \dfrac{\cot^2 x - 1}{2\cot x}$.

3. 半角公式

(1) $\sin \dfrac{x}{2} = \pm\sqrt{\dfrac{1-\cos x}{2}}$；   (2) $\cos \dfrac{x}{2} = \pm\sqrt{\dfrac{1+\cos x}{2}}$；

(3) $\tan \dfrac{x}{2} = \pm\sqrt{\dfrac{1-\cos x}{1+\cos x}} = \dfrac{1-\cos x}{\sin x} = \dfrac{\sin x}{1+\cos x}$；

(4) $\cot \dfrac{x}{2} = \pm\sqrt{\dfrac{1+\cos x}{1-\cos x}} = \dfrac{1+\cos x}{\sin x} = \dfrac{\sin x}{1-\cos x}$.

六、等差数列与等比数列

1. 等差数列

(1) 一般形式：$a_1, a_1+d, a_1+2d, \cdots$；

(2) 通项公式：$a_n = a_1 + (n-1)d$；

(3) 前 n 项和公式：$S_n = \dfrac{n(a_1+a_n)}{2}$ 或 $S_n = na_1 + \dfrac{n(n-1)}{2}d$.

2. 等比数列

(1) 一般形式：$a_1, a_1q, a_1q^2, \cdots$；

(2) 通项公式：$a_n = a_1 q^{n-1}$；

(3) 前 n 项和公式：$S_n = \dfrac{a_1(1-q^n)}{1-q}$ $(q \neq 1)$ 或 $S_n = \dfrac{a_1 - a_n q}{1-q}$ $(q \neq 1)$.

七、平面上的直线方程

(1) 斜截式：$y = kx + b$，k 为斜率，b 为纵截距.

(2) 截距式：$\dfrac{x}{a} + \dfrac{y}{b} = 1$，$a, b$ 分别为横截距和纵截距.

(3) 点斜式：$y - y_0 = k(x - x_0)$，k 为斜率，(x_0, y_0) 为直线上一个已知点.

(4) 两点式：$\dfrac{x-x_1}{x_2-x_1} = \dfrac{y-y_1}{y_2-y_1}$，$(x_1, y_1)$ 与 (x_2, y_2) 为直线上两个不同的已知点.

(5) 一般式：$Ax + By + C = 0$，A, B 不同时为 0.

(6) 三种特殊的直线：

① 过点 $P_0(x_0, y_0)$ 且平行于 x 轴(或垂直于 y 轴)的直线方程：$y = y_0$；

② 过点 $P_0(x_0, y_0)$ 且平行于 y 轴(或垂直于 x 轴)的直线方程：$x = x_0$；

③ 过原点的直线方程：$y = kx$.

附录Ⅲ 2013年成人高等学校专升本招生全国统一考试
高等数学(一)试题及答案与评分参考

高等数学(一)试题

一、选择题(1~10题,每题4分,共40分)

1. $\lim\limits_{x\to 0}e^{x-1}=(\quad)$.
   A. e B. 1 C. e^{-1} D. $-e$

2. 设 $y=3+x^2$,则 $y'=(\quad)$.
   A. $2x$ B. $3+2x$ C. 3 D. x^2

3. 设 $y=2x^3$,则 $dy=(\quad)$.
   A. $2x^2 dx$ B. $6x^2 dx$ C. $3x^2 dx$ D. $x^2 dx$

4. 设 $y=-2e^x$,则 $y'=(\quad)$.
   A. e^x B. $2e^x$ C. $-e^x$ D. $-2e^x$

5. 设 $y=3+\sin x$,则 $y'=(\quad)$.
   A. $-\cos x$ B. $\cos x$ C. $1-\cos x$ D. $1+\cos x$

6. $\dfrac{d}{dx}\displaystyle\int_0^x t^2 dt=(\quad)$.
   A. x^2 B. $2x^2$ C. x D. $2x$

7. $\displaystyle\int \dfrac{3}{x}dx=(\quad)$.
   A. $-\dfrac{3}{x^2}+C$ B. $-3\ln|x|+C$ C. $\dfrac{3}{x^2}+C$ D. $3\ln|x|+C$

8. $\displaystyle\int_0^\pi \dfrac{1}{2}\cos x\, dx=(\quad)$.
   A. $-\dfrac{1}{2}$ B. 0 C. $\dfrac{1}{2}$ D. 1

9. 设 $z=3x^2+5y$,则 $\dfrac{\partial z}{\partial x}=(\quad)$.
   A. $5y$ B. $3x$ C. $6x$ D. $6x+5$

10. 微分方程 $(y')^2=x$ 的阶数为($\quad$).
    A. 1 B. 2 C. 3 D. 4

二、填空题(11~20题,每题4分,共40分)

11. $\lim\limits_{x\to 0}2(1+x)^{1/x}=$_____.

12. 设 $y=(x+3)^2$,则 $y'=$_____.

13. 设 $y=2e^{x-1}$,则 $y''=$_____.

14. 设 $y=5+\ln x$,则 $dy=$_____.

15. $\int \cos(x+2)\,\mathrm{d}x = \underline{\qquad}$.

16. $\int_0^1 2\mathrm{e}^x\,\mathrm{d}x = \underline{\qquad}$.

17. 过坐标原点且与平面 $2x-y+z+1=0$ 平行的平面方程为 $\underline{\qquad}$.

18. 设 $z=xy$,则 $\mathrm{d}z=\underline{\qquad}$.

19. 幂级数 $\sum_{n=1}^{\infty} nx^n$ 的收敛半径为 $R=\underline{\qquad}$.

20. 设区域 $D=\{(x,y)\,|\,x^2+y^2\leqslant 4\}$,则 $\iint_D \dfrac{1}{4}\mathrm{d}x\mathrm{d}y = \underline{\qquad}$.

三、解答题(21~28题,共70分)

21. (本题满分8分)设函数 $f(x)=\begin{cases} x^2-2x+3, & x\neq 1, \\ a, & x=1 \end{cases}$ 在点 $x=1$ 处连续,求 a.

22. (本题满分8分)求 $\lim\limits_{x\to 0}\dfrac{\mathrm{e}^x-x-1}{x}$.

23. (本题满分8分)求 $\int_0^1 \dfrac{2}{x+1}\mathrm{d}x$.

24. (本题满分8分)求函数 $f(x)=x^3-3x+5$ 的极大值与极小值.

25. (本题满分8分)设 $z=xy^2+\mathrm{e}^y\cos x$,求 $\dfrac{\partial z}{\partial y}$.

26. (本题满分10分)求由曲线 $y=x^2\,(x\geqslant 0)$,直线 $y=1$ 及 y 轴所围成的平面图形的面积.

27. (本题满分10分)计算 $\iint_D xy^2\,\mathrm{d}x\mathrm{d}y$,其中 D 是由直线 $y=x$,$x=1$ 及 x 轴所围成的区域.

28. (本题满分10分)求微分方程 $y''-2y'+y=\mathrm{e}^{-x}$ 的通解.

答案与评分参考

一、选择题

1. C.   2. A.   3. B.   4. D.   5. B.
6. A.   7. D.   8. B.   9. C.   10. A.

二、填空题

11. $2\mathrm{e}$.   12. $2(x+3)$.   13. $2\mathrm{e}^{x-1}$.

14. $\dfrac{1}{x}\mathrm{d}x$.   15. $\sin(x+2)+C$.   16. $2(\mathrm{e}-1)$.

17. $2x-y+z=0$.   18. $y\mathrm{d}x+x\mathrm{d}y$.   19. 1.

20. π.

三、解答题

21. 解 $\lim\limits_{x\to 1}f(x)=\lim\limits_{x\to 1}(x^2-2x+3)=2$. 4分

由于 $f(x)$ 在点 $x=1$ 处连续,因此 $\lim\limits_{x\to 1}f(x)=f(1)=a$, ...6分

可得 $a=2$. 8分

22. 解 $\lim\limits_{x\to 0}\dfrac{\mathrm{e}^x-x-1}{x}=\lim\limits_{x\to 0}\dfrac{\mathrm{e}^x-1}{1}$ 4分

$=0$. 8分

23. 解 $\int_0^1 \dfrac{2}{x+1}\mathrm{d}x = 2\int_0^1 \dfrac{1}{x+1}\mathrm{d}(x+1)$ ·················4 分

$\qquad = 2\ln(x+1)\Big|_0^1$ ·················7 分

$\qquad = 2\ln 2.$ ·················8 分

24. 解 $f'(x) = 3x^2 - 3.$ ·················2 分

令 $f'(x) = 0$，解得

$x_1 = -1, x_2 = 1.$ ·················4 分

又 $f''(x) = 6x$，可知 $f''(-1) = -6 < 0, f''(1) = 6 > 0.$ ·················6 分

故 $x = -1$ 为 $f(x)$ 的极大值点，极大值 $f(-1) = 7$；

$x = 1$ 为 $f(x)$ 的极小值点，极小值为 $f(1) = 3.$ ·················8 分

25. 解 $z = xy^2 + \mathrm{e}^y \cos x,$

$\dfrac{\partial z}{\partial y} = 2xy + \mathrm{e}^y \cos x.$ ·················8 分

26. 解 由 $y = x^2 (x \geqslant 0), y = 1$ 及 y 轴所围成的平面图形 D 如右图所示，其面积为

$S = \int_0^1 (1-x^2)\mathrm{d}x$ ·················5 分

$\quad = \left(x - \dfrac{1}{3}x^3\right)\Big|_0^1$ ·················9 分

$\quad = \dfrac{2}{3}.$ ·················10 分

27. 解 $\iint\limits_D xy^2 \mathrm{d}x\mathrm{d}y = \int_0^1 \mathrm{d}x \int_0^x xy^2 \mathrm{d}y$ ·················4 分

$\qquad = \int_0^1 \left(x \cdot \dfrac{1}{3}y^3 \Big|_0^x\right)\mathrm{d}x = \dfrac{1}{3}\int_0^1 x^4 \mathrm{d}x$ ·················7 分

$\qquad = \dfrac{1}{15}x^5 \Big|_0^1 = \dfrac{1}{15}.$ ·················10 分

28. 解 对应的齐次微分方程的特征方程为

$r^2 - 2r + 1 = 0,$ ·················2 分

特征根为 $r = 1$(二重根). ·················4 分

齐次方程的通解为

$\bar{y} = (C_1 + C_2 x)\mathrm{e}^x$ (C_1, C_2 为任意常数). ·················6 分

设原方程的特解为 $y^* = A\mathrm{e}^{-x}$，代入原方程可得 $A = \dfrac{1}{4}.$

因此 $y^* = \dfrac{1}{4}\mathrm{e}^{-x}.$ ·················8 分

故原方程的通解为

$y = \bar{y} + y^* = (C_1 + C_2 x)\mathrm{e}^x + \dfrac{1}{4}\mathrm{e}^{-x}$ (C_1, C_2 为任意常数). ·················10 分

习题参考答案

习 题 1.1

一、选择题

1. B. **2.** D. **3.** D. **4.** D. **5.** B. **6.** B. **7.** D. **8.** C. **9.** B. **10.** C.
11. C. **12.** C. **13.** C.

二、填空题

1. $(-\infty,-2]\cup(2,+\infty)$. **2.** $(-\infty,+\infty)$, $-\dfrac{a}{1+a^2}$. **3.** $(-2,2]$, $1+\dfrac{\pi^2}{4}$. **4.** $(-\infty,+\infty)$, 0.

5. -1. 提示 因为 $f(0)=(3x+1)\big|_{x=0}=1$, 所以 $f[f(0)]=(x-2)\big|_{x=1}=-1$.

6. $1-\dfrac{1}{x}$. 提示 $f[f(x)]=f\left(\dfrac{1}{1-x}\right)=\dfrac{1}{1-\dfrac{1}{1-x}}$. **7.** 4^x, 2^{x^2}. **8.** $y=\log_a^2 x$.

9. $y=\sqrt{2+\cos^2 x}$. **10.** $3\lg^3(1+t)+2\lg(1+t)$.

三、解答题

1. (1) $(-2,3)$; (2) $[-2,-1)\cup(-1,1)\cup(1,+\infty)$; (3) $[-1,3]$.
2. (1) $x=0$ 和 $x=1$; (2) $(-\infty,2]$; (3) -3; (4) 如图所示.
3. (1) 有界；(2) 无界；(3) 有界 $0<y\leqslant 1$; (4) 有界.
4. (1) $y=\sqrt{u}$, $u=3x-1$; (2) $y=\sin u$, $u=3x$; (3) $y=e^u$, $u=x^2$;
 (4) $y=2^u$, $u=\ln x$; (5) $y=u^5$, $u=1+\ln x$; (6) $y=u^3$, $u=\cos v$, $v=5-2x$;
 (7) $y=\sqrt{u}$, $u=\ln v$, $v=\sqrt{x}$; (8) $y=\sqrt{u}$, $u=\cos v$, $v=3x-1$;
 (9) $y=u^2$, $u=\ln v$, $v=\arccos w$, $w=x^3$; (10) $y=u^2$, $u=\sin v$, $v=\ln x$;
 (11) $y=\ln u$, $u=x+v$, $v=\sqrt{w}$, $w=x^2-a^2$.

5. (1) 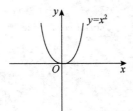 (2) 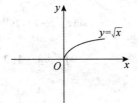 (3)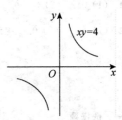

(4) 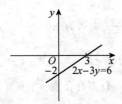 (5) 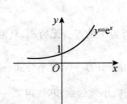 (6)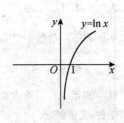

(7) 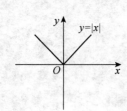   (8)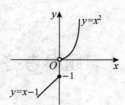

6. 0，390，1370．

习 题 1.2

一、选择题

1. C． **2.** A． **3.** C． **4.** C． **5.** C． **6.** A． **7.** C． **8.** C． **9.** D．

10. D． 提示 $\dfrac{|x|}{x}=\begin{cases}1, & x>0,\\ -1, & x<0.\end{cases}$

二、填空题

1. 5；x_0；0．   **2.** 0；1；1．   **3.** 不存在；不存在；不存在．   **4.** $\dfrac{\pi}{2}$；$-\dfrac{\pi}{2}$；不存在．

5. $+\infty$；0；$-\infty$．   **6.** $+\infty$；0；不存在．   **7.** 0；$+\infty$；不存在．   **8.** $+\infty$；0；不存在．

三、解答与作图题

1. 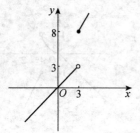 1，不存在．

2. $\lim\limits_{x\to 0}f(x)$ 不存在，$\lim\limits_{x\to 1}f(x)=2$，$\lim\limits_{x\to -\infty}f(x)=-\infty$，$\lim\limits_{x\to +\infty}f(x)=0$．   **3.** $k=1$．

4. (1) 无穷大； (2) 无穷大； (3) 无穷小； (4) 无穷小； (5) 无穷小； (6) 无穷小．

四、计算题

1. (1) 0；   (2) 0．

2. (1) ∞； (2) 0． 提示 原式 $=\lim\limits_{x\to +\infty}\dfrac{1}{e^x}(\sin x+\cos x)$，其中 $\lim\limits_{x\to +\infty}\dfrac{1}{e^x}=0$，$|\sin x+\cos x|<2$．

习 题 1.3

(A)

一、选择题

1. A． **2.** B． **3.** C．

4. B． 提示 判断 $x\to 0^+$ 时 $\varphi(x)$ 是否为 x 的等价无穷小，只需判断 $\lim\limits_{x\to 0^+}\dfrac{\varphi(x)}{x}$ 是否为 1．

5. D． **6.** B． 提示 当 $x\to 3$ 时，由于分母 $\to 0$，整个分式 $\to\dfrac{1}{4}$，故必须分子 $\to 0$． **7.** C．

8. D． 提示 A，C 均为有界变量与无穷小量的乘积，B 用第一个重要极限．D 不符合第一个重要极限使用条件，是错误的．

习题参考答案 279

二、填空题

1. $0;3;+\infty$. 2. $-2;0;\infty$. 3. $\infty;+\infty;\dfrac{1}{2}$. 4. $7;\dfrac{1}{3};0$. 5. $0;2;2$. 6. $e^4;\dfrac{1}{3};\dfrac{1}{2}$.

7. $e;e^2;\dfrac{1}{e}$. 8. $a=0;b=4$. 9. $2;0;\infty$.

三、计算题

1. (1) 24; (2) 0; (3) 5/3; (4) ∞; (5) $-1/2$; (6) 0; (7) ∞;

(8) $\dfrac{1}{3}$; (9) 0; (10) ∞; (11) $\dfrac{1}{2^{20}\cdot 3^{10}}$.

2. (1) 5. (2) $\dfrac{2}{3}$. (3) 0. (4) 6.

(5) 0. 提示 分子、分母同除以 x, 得 $\lim\limits_{x\to 0}\dfrac{x-\sin x}{x+\sin x}=\lim\limits_{x\to 0}\dfrac{1-\dfrac{\sin x}{x}}{1+\dfrac{\sin x}{x}}$, 再用定理 1.5. (6) $\dfrac{1}{2}$. (7) 4.

(8) $\dfrac{1}{2}$. 提示 $1-\cos x=2\sin^2\dfrac{x}{2}$ 或利用等价无穷小替换, 当 $x\to 0$ 时, $1-\cos x\sim\dfrac{1}{2}x^2$. (9) $\sqrt{2}$.

3. (1) $1/e$. (2) e^4. (3) $1/e$. (4) $e^{-8/3}$. (5) e^3.

(6) e^2. 提示 原式 $=\lim\limits_{x\to\infty}\left(\dfrac{1+x}{x}\right)^{2x-1}=\lim\limits_{x\to\infty}\left(1+\dfrac{1}{x}\right)^{2x-1}$.

(7) e^2. 提示 $\lim\limits_{x\to\infty}\left(\dfrac{x+1}{x-1}\right)^x=\lim\limits_{x\to\infty}\left(1+\dfrac{2}{x-1}\right)^{x-1}=\lim\limits_{x\to\infty}\left[\left(1+\dfrac{2}{x-1}\right)^{\frac{x-1}{2}}\right]^2$, 根据定理 1.5 的推论 1, 有

原式 $=\left[\lim\limits_{x\to\infty}\left(1+\dfrac{2}{x-1}\right)^{\frac{x-1}{2}}\right]^2$.

或令 $\dfrac{2}{x-1}=u$.

(8) e^2. (9) e^2.

(B)

一、选择题

1. C. 2. A. 3. C.

二、填空题

1. $2e$. 2. 0. 3. e^4. 4. e^{-3}.

习 题 1.4

(A)

一、选择题

1. A. 2. A. 3. D. 4. B.

二、填空题

1. $(-\infty,-1)\cup(-1,3)\cup(3,+\infty)$. 2. $x=0$ 和 $x=3$. 3. 第一类. 4. e^a.

5. $\dfrac{1}{4}$. 提示 $\lim\limits_{x\to 0}\dfrac{\sqrt{1+x}-1}{\sin kx}=\lim\limits_{x\to 0}\dfrac{(\sqrt{1+x}-1)(\sqrt{1+x}+1)}{(\sqrt{1+x}+1)\sin kx}=\lim\limits_{x\to 0}\dfrac{x}{\sin kx}\cdot\dfrac{1}{\sqrt{1+x}+1}=\dfrac{1}{2k}$.

三、解答题

1. 不连续, 如下图(a)所示. 2. (1) $a=-1,b$ 为任意实数; (2) $a=-1,b=-2$.

3. 连续, 如下图(b)所示.

280 习题参考答案

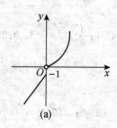
(a)

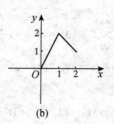
(b)

四、计算题

1. $\sqrt{5}$. 2. e^2. 3. 0. 4. 2.

（B）

一、选择题

1. C. 2. D.

二、填空题

1/2.

三、解答题

1. $a=2$. 2. 1/4.

综合练习一

一、选择题

1. A. 2. A. 3. B. 4. D. 5. C. 6. B. 7. D. 8. D. 9. B. 10. D.

二、填空题

1. $0; -\dfrac{1}{2}; \infty$. 2. $-\dfrac{1}{2}; 0; \infty$. 3. $k; \dfrac{a}{b}; k; \dfrac{a}{b}; \dfrac{a}{b}$.

三、计算题

1. 1/2. 2. ∞. 3. 1/2. 4. $-1/4$. 5. 3.

6. 0. **提示** 注意体会(1)与(2)的极限过程不同.

7. $\dfrac{1}{2}$. **提示** $\lim\limits_{x\to 1}\dfrac{\sin(1-x)}{x^2-4x+3}=\lim\limits_{x\to 1}\dfrac{\sin(1-x)}{(x-1)(x-3)}=\lim\limits_{x\to 1}\dfrac{\sin(1-x)}{1-x}\cdot\lim\limits_{x\to 1}\dfrac{1}{3-x}$.

8. e^{-3}. 9. e^{16}. 10. 1/2.

11. 1. **提示** 分子、分母同乘以 $\sqrt{1+\sin x}+\sqrt{1-\sin x}$，再用第一个重要极限.

12. 0. **提示** 无穷小量与有界变量乘积. 13. 0. **提示** 原式 $=\lim\limits_{x\to 0}\dfrac{x}{\sin x}\left(x\sin\dfrac{1}{x}\right)=1\times 0$.

14. -2. **提示** 利用对数运算性质，原式 $=\lim\limits_{x\to 0}\ln(1-2x)^{1/x}=\ln\lim\limits_{x\to 0}(1-2x)^{1/x}$.

15. 3. **提示** 利用对数运算性质，原式 $=\lim\limits_{x\to +\infty}x\ln\dfrac{x+3}{x}=\lim\limits_{x\to +\infty}\ln\left(\dfrac{x+3}{x}\right)^x=\ln\lim\limits_{x\to +\infty}\left(1+\dfrac{3}{x}\right)^x$.

四、解答题

1. (1) 1/2.

   (2) $a=-2, b=-3$. **提示** 根据分母$\to 0$，分式$\to 4$，分子一定能分解为$(x-3)(x+1)=x^2-2x-3$. 根据对应项系数相等，得 a, b.

   (3) $a=1, b=-1$.

2. 1. 3. 1. 4. (1) 任意实数；(2) 1. 5. $x=0$. **提示** 用无穷小量与有界变量的乘积.

6. $x=-1, x=4$.

习题参考答案

自测题一

一、选择题

1. C. **2.** C. **3.** C. **4.** C. **5.** B.

二、填空题

6. -1, $(-\infty, +\infty)$. **7.** $2xh+h^2$. **8.** $3^{\tan^2 x}$. **9.** $0, 10$.

10. $(-\infty, -1), (-1, 4)$ 和 $(4, +\infty)$. **11.** $1-\dfrac{1}{e^2}$. **12.** $\ln 2; x_0; 0; \infty$.

13. $0; +\infty;$ 不存在$; 1$. **14.** $1; 0; 1/3; 0$. **15.** $5; 7/2; e^2; 1/e$. **16.** $1/2; +\infty; 0; 0$.

三、解答与作图题

17. (1)　　　　　(2)　　　　　(3)

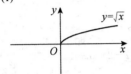 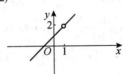 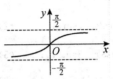

18. (1) 基本初等函数；(2) 简单函数；(3) 简单函数；(4) 基本初等函数；

(5) 基本初等函数；(6) 复合函数；(7) 简单或复合函数 $y=\dfrac{1}{u}, u=x+1$；(8) 复合函数.

19. (1) $y=u^{10}, u=2x+1$; (2) $y=e^u, u=-2x$; (3) $y=\cos u, u=x^2$; (4) $y=u^3, u=\sin x$;

(5) $y=e^u, u=\sqrt{v}, v=2x+1$; (6) $y=\ln u, u=\arctan v, v=1+x^2$.

20. 连续区间为 $(-\infty, 0), (0, +\infty)$, $x=0$ 是间断点.

21. (1) $\lim\limits_{x \to 0} f(x) = 1$; (2) 不连续.

四、计算题

22. (1) 4；(2) ∞；(3) $3/5$；(4) 7；(5) $1/e$；(6) e^3.

习题 2.1

一、选择题

1. A. **2.** B. **3.** D.

二、填空题

1. $y-f(x_0)=f'(x_0)(x-x_0)$. **2.** 0. **3.** $-1/2$. **4.** $0; 0$. **5.** $-\sin x; -\sqrt{2}/2$.

三、解答题

1. $2x$.　　　　　　　　**2.** 连续且可导, $f'(0)=1$.

3. (1) $\dfrac{\sqrt{2}}{2}, -1$;　(2) $0, -1$.　**4.** $x-y-1=0$.

习题 2.2

(A)

一、选择题

1. D. **2.** D. **3.** D. **4.** D. **5.** D. **6.** C. **7.** B.

二、填空题

1. $100x^{99}, \dfrac{2}{3}x^{-1/3}, 0$. **2.** $3\cos 3x, \dfrac{1}{x^2}\sin\dfrac{1}{x}, \sin(3-x)$. **3.** $\dfrac{x}{\sqrt{x^2+a^2}}, \ln 3 \cdot \sec^2 x \cdot 3^{\tan x}, \dfrac{1}{x}$.

4. $4e^{4x}, -2xe^{-x^2}, \dfrac{1}{2\sqrt{x}}e^{\sqrt{x}}$. **5.** $\ln x + 1, \dfrac{1}{x-2}, \dfrac{2x}{x^2+1}$.

三、计算题

1. (1) $6x-1$. (2) $\dfrac{3x+1}{\sqrt{2x}}$. (3) $x-\dfrac{4}{x^3}$. (4) $-\dfrac{1}{2}x^{-3/2}-\dfrac{5}{2}x^{3/2}$.

   (5) $9x^8+9^x\ln 9$. (6) $3x^2\cdot 3^x+\ln 3\cdot x^3\cdot 3^x$. (7) $x\cos x$. (8) $2e^x\sin x$.

   (9) $-\dfrac{2}{(x-1)^2}$. (10) $-\dfrac{1}{1-\cos x}$. 提示 $-\dfrac{1+\cos x}{\sin^2 x}=-\dfrac{1}{1-\cos x}$.

   (11) $\dfrac{1-\cos x-x\sin x}{(1-\cos x)^2}$. (12) $\dfrac{\sin x+x}{1+\cos x}$.

2. (1) $\ln 2\cdot 2^{2x+2}$; (2) $\dfrac{1}{2}\cos\dfrac{x}{2}$; (3) $\dfrac{x}{\sqrt{x^2-a^2}}$; (4) $2(1-x)e^{-x^2+2x+1}$; (5) $\dfrac{x}{x^2+a^2}$;

   (6) $6\cos^2(5-2x)\sin(5-2x)$; (7) $\dfrac{1}{x\ln x\ln(\ln x)}$; (8) $\dfrac{1}{\sqrt{x^2-a^2}}$.

3. (1) $2x\cos x^2+2\cos x\sin x$; (2) $\dfrac{4(2x-1)(x-5)}{3\sqrt[3]{x+1}}$; (3) $2x\sin\dfrac{1}{x}-\cos\dfrac{1}{x}$;

   (4) $-e^{-x}(\cos 3x+3\sin 3x)$; (5) $x(3x-7)e^{3x}$; (6) $e^{-2x}(2x\ln x+x-2x^2\ln x)$.

4. (1) $12x-18$; (2) e^x-e^{-x}; (3) $\dfrac{10}{9}x^{-1/3}$; (4) $6(x^2-1)(5x^2-1)$;

   (5) $\dfrac{2}{x^3}$; (6) $\dfrac{2x^3-6x}{(1+x^2)^3}$; (7) $12x^2-36x+24$; (8) $-\dfrac{5}{9}\sqrt[3]{2}$.

(B)

一、选择题

1. A.   2. D.   3. B.   4. D.   5. B.   6. C.   7. A.   8. D.   9. C.

二、填空题

1. $2(x+3)$.   2. $2e^{x-1}$.   3. $\cos(x+2)$.   4. 1.   5. $6x$.   6. $y=4x-2$.

7. $2e^2$.   8. -1.   9. $(2x+x^2)e^x$.   10. $-\sin x$.

三、计算题

$e^x(1+x)$.

习 题 2.3

(A)

一、选择题

1. C.   2. B.

二、计算题

1. (1) $\dfrac{2x-y}{x-2y}$; (2) $\dfrac{ay}{y-ax}$; (3) $\dfrac{y}{y-1}$; (4) $\dfrac{e^{x+y}-y}{x-e^{x+y}}$; (5) $-\dfrac{1}{2\pi}$.

2. (1) $x^x(1+\ln x)$; (2) $\dfrac{x(x^2+1)}{\sqrt{1-x^2}}\left(\dfrac{1}{x}+\dfrac{2x}{x^2+1}+\dfrac{x}{1-x^2}\right)$; (3) $(\sin x^2)^{\cos x}(-\sin x\ln\sin x^2+2x\cos x\cot x^2)$.

3. (1) $4t$; (2) $\dfrac{e^{2t}}{1-t}$; (3) $\dfrac{\sin t}{1-\cos t}$.

三、解答题

$x+2y-4=0$.

(B)

计算题

1. $-\dfrac{2x+1}{12y^3+2}$.   2. $\dfrac{3}{2}$.

习 题 2.4

(A)

一、选择题

1. B.　　2. C.　　3. D.　　4. B.

二、填空题

1. $3x$，x^2，$\sin x$.　　2. $\dfrac{1}{x}$，$\sqrt{x}$.　　3. $-\dfrac{1}{3}\cos 3x$，$\dfrac{1}{2}e^{2x}$，$x+\dfrac{1}{2}e^{2x}$.　　4. $2\sin x$，$2\sin x\cos x$.

5. $\dfrac{1}{2x-1}$，$\dfrac{2}{2x-1}$，$\ln|x|$.　　6. $\cos x^2$，$-e^{\cos x^2}\sin x^2$，$-2xe^{\cos x^2}\sin x^2$.

三、计算题

1. (1) $\left(6x+\dfrac{1}{x}\right)dx$；　(2) $-e^{-x}(\cos x+\sin x)dx$.

2. (1) $-\dfrac{1}{3y^2}dx$；　(2) $\dfrac{y^2-4xy}{2x^2-2xy+3y^2}dx$；　(3) $-\dfrac{(1+xy)e^{xy}}{1+x^2e^{xy}}dx$.

(B)

一、选择题

1. B.　　2. A.　　3. B.　　4. B.

二、填空题

1. $\dfrac{1}{x}dx$.　　2. $e^{x-3}dx$.

综合练习二

一、选择题

1. B.

2. A.　提示　将 $y'=\dfrac{1}{2\sqrt{x}}(e^{\sqrt{x}}-e^{-\sqrt{x}})$，$y''=\dfrac{1}{4x}(e^{\sqrt{x}}+e^{-\sqrt{x}})+\dfrac{1}{4x\sqrt{x}}(e^{-\sqrt{x}}-e^{\sqrt{x}})$ 分别代入.

3. C.　　4. A.　　5. C.

二、填空题

1. $-\dfrac{1}{x^2}e^{1/x}$；$\dfrac{2x}{x^2+2}$；$-2x\sin x^2$；$\dfrac{3}{2\sqrt{3x-1}}$.　　2. $2xdx$；$-\dfrac{1}{x^2}dx$；$\dfrac{1}{2\sqrt{x}}dx$；$\dfrac{1}{x}dx$.

3. $-e^{-x}dx$；$3e^{3x}dx$；$2xe^{x^2}dx$；$\dfrac{1}{2\sqrt{x}}e^{\sqrt{x}}dx$.

4. $2x\cos x^2 dx$；$-3\sin(3x+1)dx$；$\cos(x-1)dx$；$\dfrac{1}{\sqrt{x-x^2}}$.

5. x^2+C；$\ln|x|+C$；$-\dfrac{1}{x}+C$；$2\sqrt{x}+C$.　　6. $\sin x+C$；$-\cos x+C$；e^x+C；$-e^{-x}+C$.

三、计算题

1. (1) $\dfrac{4}{(e^x+e^{-x})^2}$；　(2) $\dfrac{\ln x}{x\sqrt{1+\ln^2 x}}$；　(3) $\dfrac{1}{x\ln x\ln\ln x}$；　(4) $2\sin x\cos x\sin x^2+2x\sin^2 x\cos x^2$；

　(5) $\dfrac{1}{x^2}\tan\dfrac{1}{x}$；　(6) $\dfrac{1+2\sqrt{x}}{4\sqrt{x}\cdot\sqrt{x+\sqrt{x}}}$.

2. (1) $x^{\sin x}\left(\cos x\cdot\ln x+\dfrac{\sin x}{x}\right)$；　(2) $(x+1)(x+2)^2(x+3)^3\left(\dfrac{1}{x+1}+\dfrac{2}{x+2}+\dfrac{3}{x+3}\right)$.

3. (1) $-\dfrac{2x+y}{x+2y}$; (2) $\dfrac{2y}{e^y-2x}$; (3) $-\dfrac{1+2x\sin(x^2+y)}{\sin(x^2+y)}$. **4.** (1) t; (2) $\dfrac{\cos t-\sin t}{\sin t+\cos t}$.

5. (1) $6xe^{x^2}+4x^3 e^{x^2}$; (2) $\dfrac{1}{x}$; (3) $x^x(\ln x+1)^2+x^{x-1}$.

6. (1) $\dfrac{2}{2x+1}\mathrm{d}x$; (2) $2x\cos x^2 \cdot e^{\sin x^2}\mathrm{d}x$; (3) $e^{-x}(2\cos 2x-\sin 2x)\mathrm{d}x$.

四、解答题

1. $2a^2$. 提示 切线斜率为 $k=-\dfrac{a^2}{x_0^2}$, 切线方程为 $a^2 x+x_0^2 y-2a^2 x_0=0$, 其横截距为 $2x_0$, 纵截距为 $\dfrac{2a^2}{x_0}$.

2. 在点 $x=0$ 处连续但不可导.

自 测 题 二

一、选择题

1. C. **2.** B. **3.** C. **4.** B. **5.** D.

二、填空题

6. 2. **7.** -4. **8.** $f'(x_0)$. **9.** $x-y-1=0$.

10. $\dfrac{1}{2\sqrt{x}}e^{\sqrt{x}}$; $3\cos(3x-1)$; $-\dfrac{1}{1-x}$; $-\dfrac{x}{\sqrt{1-x^2}}$.

11. $5\mathrm{d}x$; $-5\sin 5x\mathrm{d}x$; $3x+C$; $-\dfrac{1}{3}\cos(3x-2)+C$. **12.** $\sqrt{x}+C$; $\dfrac{1}{x}+C$.

13. $\ln|1+x|+C$; $-e^{-u}+C$; $e^{x^2}+C$; $\dfrac{1}{2}\ln(x^2+1)+C$. **14.** $-\dfrac{x^2}{y^2}$; $\dfrac{e^t}{2}$.

三、计算题

15. (1) $6x^2-18x+12$, 18; (2) $-\dfrac{x}{\sqrt{1-x^2}}$; (3) $\ln x+1$, $\dfrac{1}{x}$; (4) $(6x+1)e^{2x}$, $4(3x+2)e^{2x}$;

(5) $-6\cos(3x-2)\sin(3x-2)$, $18\sin^2(3x-2)-18\cos^2(3x-2)$; (6) $-e^{-x}(\cos 3x+3\sin 3x)\mathrm{d}x$;

(7) $-\dfrac{y}{e^y+x}\mathrm{d}x$; (8) $\dfrac{1}{\sqrt{x^2+a^2}}\mathrm{d}x$.

四、解答题

16. $2x-y=0$. **17.** 在点 $x=0$ 处不连续, 不可导.

习 题 3.2

(A)

一、选择题

1. D. **2.** A. **3.** B.

二、计算题

1. 2. **2.** -2. **3.** $1/6$. **4.** ∞. **5.** 1. **6.** 2. **7.** $1/2$. **8.** 0.
9. 0. **10.** 1. **11.** 0. **12.** 0. **13.** $-1/4$. **14.** $1/2$.

(B)

计算题

1. 0. **2.** $1/2$. **3.** 2. **4.** -2.

习 题 3.3

(A)

一、选择题

1. B.   2. B.   3. D.   4. A.   5. D.

二、填空题

驻，一阶导数不存在的.

三、解答题

1. (1) 在区间 $\left(-\infty,\dfrac{3}{2}\right)$ 内单调递减，在区间 $\left(\dfrac{3}{2},+\infty\right)$ 内单调递增，$f\left(\dfrac{3}{2}\right)=-\dfrac{107}{16}$ 是极小值，无极大值；

   (2) 在区间 $\left(0,\dfrac{1}{2}\right)$ 内单调递减，在区间 $\left(\dfrac{1}{2},+\infty\right)$ 内单调递增，$f\left(\dfrac{1}{2}\right)=\dfrac{1}{2}+\ln 2$ 是极小值，无极大值；

   (3) 在区间 $(-\infty,1)$ 内单调递增，在区间 $(1,+\infty)$ 内单调递减，$f(1)=2$ 是极大值，无极小值.

2. (1) $f(0)=7$ 是极大值，$f(2)=3$ 是极小值；

   (2) $f(-1)=-\dfrac{5}{12}$，$f(2)=-\dfrac{8}{3}$ 是极小值，$f(0)=0$ 是极大值；

   (3) $f(1)=\dfrac{1}{e}$ 是极大值，无极小值； (4) $f(2)=1$ 是极大值，无极小值；

   (5) $f(-1)=-2$ 是极大值，$f(1)=2$ 是极小值； (6) 没有极值.

(B)

一、填空题

$(-1,1)$.

二、解答题

1. $f(-1)=7$ 为极大值；$f(1)=3$ 为极小值.

2. 在区间 $(0,1)$ 内单调递减，在区间 $(1,+\infty)$ 内单调递增.

3. $x=-1$ 是极小值点，$f(-1)=-\dfrac{1}{e}$ 是极小值.

4. $f(-1)=5$ 是极大值.

习 题 3.4

一、选择题

B.

二、计算题

1. 最大值 $f(2)=9$，最小值 $f(1)=0$.   2. 最大值 $f(5)=32$，最小值 $f(1)=2$.

三、解答题

1. $a^2/4$.

2. 长为 $15\,\mathrm{m}$，宽为 $7.5\,\mathrm{m}$ 时面积最大.

3. 截去的小正方形的边长为 $4\,\mathrm{cm}$.   **提示** 设截去的小正方形边长为 x，则所做成的方匣的容积为
$$y=x(24-2x)^2, \quad x\in(0,12).$$

4. 底半径为 $\sqrt[3]{\dfrac{150}{\pi}}\,\mathrm{m}$，高为 $2\sqrt[3]{\dfrac{150}{\pi}}\,\mathrm{m}$.   **提示** 设蓄水池底半径为 x，高为 h，周围造价为 a，总造价为 y，则
$$y=2\pi a x^2+\dfrac{600a}{x}, \quad x\in(0,+\infty).$$

习 题 3.5

(A)

一、选择题

1. A. 2. A. 3. D. 4. D. 5. A. 6. B. 7. D.

二、填空题

1. 上凹. 2. $y=0, x=0$.

三、解答与作图题

1. (1) 在区间 $(-\infty,1)$, $(2,+\infty)$ 内上凹, 在区间 $(1,2)$ 内下凹, 拐点是 $(1,1)$, $(2,0)$;

   (2) 在区间 $(-\infty,0)$ 内下凹, 在区间 $(0,+\infty)$ 内上凹, 拐点是 $(0,0)$;

   (3) 在区间 $(-\infty,0)$ 内下凹, 在区间 $(0,+\infty)$ 内上凹, 无拐点.

2. (1) 直线 $x=-1$ 为垂直渐近线;

   (2) 直线 $y=1$ 为水平渐近线, 直线 $x=-3$ 和 $x=1$ 为垂直渐近线;

   (3) 直线 $y=0$ 为水平渐近线, 直线 $x=1$ 为垂直渐近线.

综合练习三

一、选择题

1. C. 2. D. 提示 $f'(x)=3x(kx+2k-2)$, 由 $f'(4)=0$ 得 $6k-2=0$.

3. B. 4. C. 5. B.

6. B. 提示 设 $f(x)=x^4-4x^3-2+a$, 因 $f'(x)=4x^3-12x^2=4x^2(x-3)$, 故得 $x=3$ 是其唯一极小值点, 且为最小值点. 所以 $f(3)=-29+a$ 为最小值. 若要 $x^4-4x^3>2-a$, 即要 $f(3)=-29+a>0$, 亦即 $a>29$.

7. C. 提示 设 $f(x)=e^x-ex$, 因在 $[1,+\infty)$ 上, $f'(x)=e^x-e\geq 0$, 故 $f(x)$ 单调递增, 且 $f(1)=0$. 所以 $f(x)\geq f(1)$, 即 $e^x-ex\geq 0$, 亦即 $e^x\geq ex$.

8. A. 提示 $f'(x)=6x^2-12x=6x(x-2)$, $x=0$ 是其唯一极大值点, 且为最大值点, 故 $f(0)=m=3$.

二、计算题

1. 1/6. 2. 1. 3. 1. 4. $-1/2$. 5. 0. 6. e.

三、解答与作图题

1. (1) 在区间 $(-\infty,1)$ 内单调递减, 在区间 $(1,+\infty)$ 内单调递增, $f(1)=-1$ 是极小值, 无极大值; 在区间 $\left(0,\dfrac{2}{3}\right)$ 内下凹, 在区间 $(-\infty,0)$, $\left(\dfrac{2}{3},+\infty\right)$ 内上凹, 拐点是 $\left(\dfrac{2}{3},-\dfrac{16}{27}\right)$.

   (2) 在区间 $(-\infty,0)$, $\left(0,\dfrac{1}{2}\sqrt[3]{4}\right)$ 内单调递减, 在区间 $\left(\dfrac{1}{2}\sqrt[3]{4},+\infty\right)$ 内单调递增, $f\left(\dfrac{1}{2}\sqrt[3]{4}\right)=\dfrac{3}{2}\sqrt[3]{2}$ 是极小值, 无极大值; 在区间 $(-1,0)$ 内下凹, 在区间 $(-\infty,-1)$, $(0,+\infty)$ 内上凹, 拐点是 $(-1,0)$.

   (3) 在区间 $(-\infty,0)$ 内单调递减, 在区间 $(0,+\infty)$ 内单调递增, $f(0)=0$ 是极小值, 无极大值; 在区间 $(-\infty,-1)$, $(1,+\infty)$ 内下凹, 在区间 $(-1,1)$ 内上凹, 拐点是 $(-1,\ln 2)$, $(1,\ln 2)$.

2. 长为 6 cm, 宽为 3 cm, 高为 4 cm.

3. (1) 直线 $x=0$ 为垂直渐近线; (2) 直线 $y=-1$ 为水平渐近线.

4. 提示 在区间 $(-\infty,+\infty)$ 内单调递增, 无极值, 在区间 $(-\infty,0)$ 内上凹, 在区间 $(0,+\infty)$ 内下凹, 拐点是 $\left(0,\dfrac{1}{2}\right)$, 直线 $y=0, y=1$ 为水平渐近线.

习题参考答案　287

自测题三

一、选择题

1. A.　2. A.　3. A.　4. D.　5. D.

二、填空题

6. $\infty \cdot 0$, 2.　7. $-\dfrac{9}{2}$, 6, 大, 小.　8. 2, $\sqrt{3}$.　9. 不存在, 不存在, $f(a)$, $f(b)$.

10. $(-\infty, +\infty)$, $(-\infty, 0)$.　11. $(e^{3/2}, +\infty)$, $(0, e^{3/2})$, $\left(e^{3/2}, \dfrac{3}{2e^{3/2}}\right)$.　12. $y=0$, $x=1$.

13. $\dfrac{4(1-x^2)}{(1+x^2)^2}$, $\dfrac{8x(x^2-3)}{(x^2+1)^3}$, 2, -2.

三、计算题

14. (1) ∞;　(2) 2;　(3) 2/3;　(4) 0.

四、解答题

15. 在区间$(-1,0)$内单调递减, 在$(0,+\infty)$内单调递增, 极小值 $f(0)=0$.

16. 在区间$(0,+\infty)$内下凹, 在区间$(-\infty,0)$内上凹, 无拐点.

17. 长为 4 m, 宽为 2 m, 最小长度为 8 m.

习题 4.1

一、选择题

1. B.　2. D.　3. D.　4. B.　5. D.

6. A.　提示　对 A, B, C, D 中的函数分别求导, 与 $(\sin^2 x)' = 2\sin x\cos x$ 进行比较.

7. D.　8. B.

二、填空题

1. 原函数, 不定积分, $\displaystyle\int f(x)\mathrm{d}x$, $F(x)+C$.　2. $3\cos 3x$.　3. $\arcsin\sqrt{x}+C$.

4. $\dfrac{\sin x}{x}$.　5. $-2xe^{-x^2}$.　6. $2\cos 2x$.　7. $-\dfrac{1}{x^2}\mathrm{d}x$.

三、计算题

1. $\dfrac{1}{4}x^4+C$.　2. $\dfrac{2^x}{\ln 2}+C$.　3. $-\cos x+C$.　4. $\tan x+C$.

5. $\sqrt{x}+C$.　6. $\dfrac{1}{x}+C$.　7. x^2+x+C.　8. $2\sin x+C$.

习题 4.2

(A)

一、选择题

1. D.　2. D.

二、计算题

1. (1) $x^4-\dfrac{2}{3}x^3+\dfrac{5}{2}x^2+3x+C$;　(2) $\dfrac{2}{3}\sqrt{x^3}+2\sqrt{x}-\dfrac{1}{x}+\ln|x|+C$;

(3) $\arcsin x - 2\arctan x + \dfrac{5}{x}+C$.

2. (1) $2e^x+3\ln|x|+C$;　(2) $e^x-2\sqrt{x}+C$;　(3) $\dfrac{(2e)^x}{1+\ln 2}-\dfrac{2^x}{\ln 2}+C$;　(4) e^x-2x+C;

(5) $\dfrac{9^x}{\ln 9}-\dfrac{2\cdot 6^x}{\ln 6}+\dfrac{4^x}{\ln 4}+C.$ 提示 $(3^x-2^x)^2=(3^x)^2-2\cdot 3^x\cdot 2^x+(2^x)^2=9^x-2\cdot 6^x+4^x.$

3. (1) $2x^2-4x+\ln|x|+C$; (2) $5\ln|x|-\dfrac{2}{\sqrt{x}}+C$; (3) $2x-2\arctan x+C$;

   (4) $\dfrac{1}{3}x^3-x+\arctan x+C$; (5) $-\dfrac{3}{x}-3\arctan x+C$; (6) $-\dfrac{2}{x}-\arctan x+C.$

4. (1) $\sin x-\tan x+\cos x+C$; (2) $\dfrac{t}{2}+\dfrac{1}{2}\sin t+C$; (3) $-\cot x-x+C$;

   (4) $\sin x-\cos x+C$; (5) $-\cot x+\tan x+C$ 或 $-2\cot 2x+C.$

(B)

一、选择题

1. D.   2. D.   3. B.   4. C.

二、填空题

1. $5\sin x+C$.   2. $\arctan x+C$.   3. $\dfrac{1}{4}x^4+x+C.$

三、计算题

$\dfrac{1}{3}x^3+\cos x+C.$

习题 4.3

(A)

一、选择题

1. D.   2. D.

二、填空题

1. $\dfrac{1}{2}x^2+C$; $\dfrac{1}{3}x^3+C$; $-3x+C.$ 2. $\ln|x|+C$; $-\dfrac{1}{x}+C$; $2\sqrt{x}+C.$

3. e^x+C; $-\cos x+C$; $\sin x+C.$ 4. $-\dfrac{1}{2}\cos 2x+C$; $\dfrac{1}{3}\sin 3x+C$; $-e^{-x}+C.$

5. $\arctan x+C$; $\dfrac{1}{2}\ln(1+x^2)+C$; $x-\arctan x+C.$

6. $\dfrac{1}{2}\ln\left|\dfrac{x-1}{x+1}\right|+C$; $\dfrac{1}{\sqrt{2}}\arctan\dfrac{x}{\sqrt{2}}+C$; $\arcsin\dfrac{x}{\sqrt{3}}+C.$ 7. $\dfrac{1}{a}(ax+b)^2+C.$

8. (1) $\dfrac{1}{a}F(ax+b)+C$; (2) $\dfrac{1}{2a}F(ax^2+b)+C$; (3) $2F(\sqrt{x})+C$;

   (4) $-F\left(\dfrac{1}{x}\right)+C$; (5) $\dfrac{1}{a}F(a\ln x+b)+C$; (6) $\dfrac{1}{ak}F(ke^{ax}+b)+C$;

   (7) $F(\sin x)+C$, $-F(\cos x)+C$; (8) $F(\arcsin x)+C$, $F(\arctan x)+C.$

9. $\ln|g(x)|+C$, $\dfrac{1}{2}g^2(x)+C$, $\arcsin g(x)+C$, $\arctan g(x)+C.$

三、计算题

1. (1) $\dfrac{1}{202}(2x+1)^{101}+C$; (2) $-\dfrac{1}{3(3y-2)}+C$; (3) $-\dfrac{1}{2}\ln|1-2x|+C$;

   (4) $-\dfrac{1}{6}\sqrt{(1-4x)^3}+C$; (5) $-\dfrac{1}{3}\sqrt{1-6x}+C$; (6) $\dfrac{1}{3}\cos(2-3x)+C$;

   (7) $\dfrac{1}{2}\sin(2t+5)+C$; (8) $-e^{-x}+C$; (9) $2t-2\ln|t+1|+C$;

(10) $\frac{3}{2}t^2-3t+3\ln|t+1|+C$; (11) $\frac{(3e)^{2x}}{2\ln(3e)}+C$; (12) $\frac{1}{6}\arctan\frac{2x}{3}+C$.

2. (1) $\frac{1}{20}(1+x^2)^{10}+C$; (2) $\frac{1}{10}\sqrt[4]{(4x^2-5)^5}+C$; (3) $\frac{1}{2}\sqrt{3+2x^2}+C$;

(4) $-\frac{1}{2}\ln|1-x^2|+C$; (5) $\frac{1}{6}e^{3x^2}+C$; (6) $\frac{1}{2}\sin(x^2+1)+C$;

(7) $\frac{1}{2}\ln(x^2+1)-\arctan x+C$; (8) $\frac{1}{3}\ln|1+x^3|+C$;

(9) $\frac{1}{3}\arctan x^3+C$. 提示 $\int\frac{x^2}{1+x^6}dx=\frac{1}{3}\int\frac{1}{1+(x^3)^2}dx^3$.

3. (1) $-2\cos\sqrt{x}+C$; (2) $-\sin\frac{1}{x}+C$; (3) $\frac{1}{2}\ln(1+x^2)+\arctan x+\frac{1}{2}(\arctan x)^2+C$.

4. (1) $\frac{1}{3}(\ln x)^3+C$; (2) $\ln|4+\ln x|+C$; (3) $-\frac{1}{2}(2-\ln x)^2+C$;

(4) $-\ln|\cos e^x|+C$; (5) $\arctan e^x+C$;

(6) $-\ln(1+e^{-x})+C$. 提示 $\int\frac{1}{e^x+1}dx=\int\frac{e^{-x}}{1+e^{-x}}dx=-\int\frac{d(1+e^{-x})}{1+e^{-x}}$.

5. (1) $e^{\sin x}+C$; (2) $-\frac{1}{3}\cos^3 x+C$; (3) $-\frac{1}{3\sin^3 x}+C$; (4) $\frac{1}{3}\cos^3 x-\cos x+C$;

(5) $\frac{1}{3}\sin^3 x-\frac{2}{5}\sin^5 x+\frac{1}{7}\sin^7 x+C$; (6) $\frac{1}{2}x-\frac{1}{16}\sin 8x+C$.

6. (1) $\frac{1}{8}\ln\left|\frac{x-4}{x+4}\right|+C$; (2) $\frac{1}{2}\ln|x^2+2x-3|-\frac{1}{4}\ln\left|\frac{x-1}{x+3}\right|+C$;

(3) $2\arctan\frac{x-3}{2}+C$; (4) $\ln(x^2+4x+8)-\frac{5}{2}\arctan\frac{x+2}{2}+C$.

7. (1) $\frac{2}{3}\sqrt{(x-2)^3}+4\sqrt{x-2}+C$; (2) $\frac{2}{5}\sqrt{(x+1)^5}-\frac{2}{3}\sqrt{(x+1)^3}+C$;

(3) $\sqrt{2x-3}-\ln(1+\sqrt{2x-3})+C$; (4) $\frac{3}{2}\sqrt[3]{(x+2)^2}-3\sqrt[3]{x+2}+3\ln|1+\sqrt[3]{x+2}|+C$;

(5) $x-1-2\sqrt{x-1}+2\ln(1+\sqrt{x-1})+C$;

(6) $\ln\frac{\sqrt{e^x+1}-1}{\sqrt{e^x+1}+1}+C$. 提示 设 $\sqrt{1+e^x}=t$, 即 $x=\ln(t^2-1)$, $dx=\frac{2t}{t^2-1}dt$.

8. (1) $8\arcsin\frac{x}{4}+\frac{x\sqrt{16-x^2}}{2}+C$; (2) $\frac{x}{\sqrt{1+x^2}}+C$; (3) $\sqrt{x^2-9}-3\arccos\frac{3}{x}+C$.

(B)

一、填空题

$\sin(x+2)+C$.

二、计算题

1. $x-\ln|1+x|+C$. 2. $\ln|x|-\ln|x+1|+C$.

习 题 4.4

一、选择题

1. A. 2. A.

二、填空题

1. -1; $-\frac{1}{3}$; 5. 2. $-\frac{1}{5}$; 2; $\frac{1}{4}$. 3. $\frac{1}{2}$; $\frac{1}{3}$; $\frac{1}{4}$.

三、计算题

1. (1) $-\dfrac{1}{3}xe^{-3x}-\dfrac{1}{9}e^{-3x}+C$; (2) $-\dfrac{1}{5}x\cos 5x+\dfrac{1}{25}\sin 5x+C$;

   (3) $\dfrac{1}{4}x\sin(4x+3)+\dfrac{1}{16}\cos(4x+3)+C$; (4) $-e^{-x}(x^2+2x+2)+C$;

   (5) $-2x^2\cos\dfrac{x}{2}+8x\sin\dfrac{x}{2}+16\cos\dfrac{x}{2}+C$; (6) $\dfrac{1}{4}x^2-\dfrac{1}{4}x\sin 2x-\dfrac{1}{8}\cos 2x+C$.

2. (1) $\dfrac{1}{3}x^3\ln x-\dfrac{1}{9}x^3+C$; (2) $-\dfrac{1+\ln x}{x}+C$; (3) $\dfrac{1}{2}x^2\ln^2 x-\dfrac{1}{2}x^2\ln x+\dfrac{1}{4}x^2+C$;

   (4) $\dfrac{1}{3}x^3\arctan x-\dfrac{1}{6}x^2+\dfrac{1}{6}\ln(1+x^2)+C$; (5) $x\arccos x-\sqrt{1-x^2}+C$.

3. $\dfrac{e^{2x}}{5}(2\sin x-\cos x)+C$. 4. $2\sqrt{x}\sin\sqrt{x}+2\cos\sqrt{x}+C$.

综合练习四

一、选择题

1. C.   2. B.   3. D.   4. B.   5. C.

二、填空题

1. $e^{-x}+C$, $-e^{-x}+C$.   2. $\dfrac{\cos x}{x}+C$, $\sin x^2$.   3. $\dfrac{1}{a}F(ax+b)+C$.

4. $\arcsin x+C$; $2\sqrt{1-x^2}+C$; $\ln\sqrt{1-x^2}+C$; $\dfrac{1}{2(1-x^2)}+C$. 提示 注意体会四个积分,虽被积函数相同,但由于积分变量不同,应选择不同的积分公式.

5. $f(x)dx$.   6. $e^{-x^2}+C$.   7. $\ln|f(x)|+C$.   8. $\arctan f(x)+C$.

三、计算题

1. $\dfrac{1}{2}\ln(x^2+4)+\dfrac{1}{2}\arctan\dfrac{x}{2}+C$.   2. $x-\sqrt{3}\arctan\dfrac{x}{\sqrt{3}}+C$.

3. $\ln|x|-\dfrac{1}{2}\ln(1+x^2)+C$. 提示 $\dfrac{1}{x(1+x^2)}=\dfrac{1}{x}-\dfrac{x}{1+x^2}$.

4. $\dfrac{1}{22}(2x-1)^{11}+C$.   5. $\ln|x+1|+C$.   6. $-\dfrac{1}{6}(2-3\ln x)^2+C$.

7. $-\dfrac{1}{4}\cos^4 x+C$.   8. $\dfrac{2}{5}(x-1)^{5/2}+\dfrac{2}{3}(x-1)^{3/2}+C$.   9. $2\sqrt{x}\ln x-4\sqrt{x}+C$.

10. $\arctan\ln x+C$.   11. $-\ln|1-\ln x|+C$.   12. $-\dfrac{2}{3}(\arccos x)^{3/2}+C$.

13. $2\sqrt{x}-4\ln(2+\sqrt{x})+C$.   14. $\dfrac{1}{2}\ln\left|\dfrac{e^x-1}{e^x+1}\right|+C$.   15. $\dfrac{1}{2}xe^{2x}-\dfrac{1}{4}e^{2x}+C$.

16. $\arcsin x+\sqrt{1-x^2}+C$.   17. $\dfrac{1}{2}x+\dfrac{1}{8}\sin 4x+C$.   18. $\ln|\ln x|+C$.

19. $x\ln(2x-1)-x-\dfrac{1}{2}\ln(2x-1)+C$.

20. $x\arctan x-\dfrac{1}{2}\ln(1+x^2)-\dfrac{1}{2}(\arctan x)^2+C$. 提示 $\dfrac{x^2}{1+x^2}\arctan x=\left(1-\dfrac{1}{1+x^2}\right)\arctan x$.

21. $\dfrac{1}{4}e^{4x}\left(x^2-\dfrac{1}{2}x+\dfrac{1}{8}\right)+C$.   22. $\ln\left|\cos\dfrac{1}{x}\right|+C$.   23. $\dfrac{1}{2}\tan 2x-x+C$.

24. $2e^{1+\sqrt{x}}+C$.   25. $-\sqrt{x}\cos 2\sqrt{x}+\dfrac{1}{2}\sin 2\sqrt{x}+C$.   26. $-\dfrac{1}{12}\ln\left|\dfrac{2x-3}{2x+3}\right|+C$.

27. $\dfrac{1}{2}\ln|x^2+4x-11|+C$.   28. $\dfrac{1}{2}\ln|x^2-4x+8|+\dfrac{3}{2}\arctan\dfrac{x-2}{2}+C$.

29. $\dfrac{1}{a^2+b^2}e^{ax}(a\sin bx - b\cos bx) + C.$

30. $2\arcsin\sqrt{x} + C.$ 提示 $\displaystyle\int\dfrac{1}{\sqrt{x-x^2}}dx = \int\dfrac{1}{\sqrt{x}}\cdot\dfrac{1}{\sqrt{1-(\sqrt{x})^2}}dx = \int\dfrac{2}{\sqrt{1-(\sqrt{x})^2}}d\sqrt{x}.$

31. $-\dfrac{1}{4}\ln(2+\cos^4 x) + C.$ 提示 $(2+\cos^4 x)' = -4\cos^3 x\sin x.$ **32.** $x\arcsin x + \sqrt{1-x^2} + C.$

33. $\dfrac{1}{2}e^{x^2}(x^2-1) + C.$ 提示 $\displaystyle\int x^3 e^{x^2}dx = \dfrac{1}{2}\int x^2 e^{x^2}dx^2 = \dfrac{1}{2}\int x^2 de^{x^2}.$

34. $\dfrac{1}{3}e^{x^3} + C.$ 提示 $e^{x^3+2\ln x} = e^{x^3}\cdot e^{\ln x^2} = x^2 e^{x^3}.$

自 测 题 四

一、选择题

1. C. **2.** D. **3.** B. **4.** B. **5.** D.

二、填空题

6. 2. **7.** $-4xe^{-4x^2}.$ **8.** $\dfrac{1}{2}(2x-5)^3 + C.$ **9.** $\dfrac{1}{2}f^2(x) + C.$ **10.** $f(\ln x) + C.$

三、计算题

11. $-\ln|1-x| - \dfrac{1}{1+x} + C.$ **12.** $\dfrac{1}{2}\ln(1+x^2) - \arctan x + C.$ **13.** $-\dfrac{2}{x} - \ln\left|\dfrac{x-1}{x+1}\right| + C.$

14. $\dfrac{1}{3}(x^2+1)^{3/2} + C.$ **15.** $\sqrt{2x-1} + C.$ **16.** $-e^{1/x} + C.$

17. $-2(\sqrt{x} + \ln|1-\sqrt{x}|) + C.$ **18.** $e^x(x^2-2x+2) + C.$ **19.** $\dfrac{1}{2}(1+\ln x)^2 + C.$

20. $\arcsin e^x + C.$ **21.** $\dfrac{1}{2}x\sin 2x + \dfrac{1}{4}\cos 2x + C.$ **22.** $-\dfrac{2}{3}(\cos x)^{3/2} + C.$

23. $\dfrac{x}{2} - \dfrac{1}{4}\sin 2x + C.$ **24.** $2\sin\sqrt{x} + C.$ **25.** $x\arctan 2x - \dfrac{1}{4}\ln(1+4x^2) + C.$

26. $x\ln x - x + C.$ 提示 由 $f(e^x) = x$ 解出 $f(x) = \ln x.$

习 题 5.1

一、选择题

1. D. **2.** C. **3.** D. **4.** C.

二、填空题

1. 0. **2.** 0. **3.** 3, 21, 8. **4.** $\pi/2.$ **5.** $\pi/2.$ **6.** 18.

习 题 5.2

(A)

一、选择题

1. B. **2.** A. **3.** A. **4.** A.

二、填空题

1. $\sqrt{1+x}.$ **2.** $-xe^{-x}.$ **3.** 3. **4.** $0; 0; 3\pi.$

三、计算题

1. (1) 4; (2) 5/6; (3) $2(1+\ln 2 - \ln 3).$

2. (1) $\dfrac{1}{2}$; (2) $\dfrac{1}{4}$; (3) $-\ln 2$; (4) $\dfrac{\sqrt{3}}{18}\pi$; (5) $\dfrac{1}{2}\ln 2$; (6) $\sqrt{2} - 1.$

3. (1) 3/2;　　(2) −3/2;　(3) 5;　　(4) 4;　　(5) 4/5.

4. (1) 4−2ln3.　(2) 3ln3.　(3) $\frac{4}{3}$.　(4) $2\left(1-\frac{\pi}{4}\right)$.

(5) 11−6ln3+6ln2.　提示　设 $\sqrt[6]{x}=t$, 即 $x=t^6$, 则 $\sqrt[3]{x}=t^2$, $\sqrt{x}=t^3$.　(6) $2\left(1-\frac{\pi}{4}\right)$.

5. (1) $\frac{\pi}{2}-1$;　(2) $2-\frac{5}{e}$;　(3) $\pi-2$;　(4) $\frac{\sqrt{3}}{6}\pi-\frac{1}{2}$;　(5) $\frac{\pi}{4}-\frac{1}{2}$;　(6) $\frac{1}{5}(e^{\pi}-2)$;　(7) $2e^2+2$.

(B)

一、选择题
1. A.　2. B.　3. C.　4. D.　5. D.

二、填空题
1. 2(e−1).　2. ln2.　3. 1.

三、计算题
2ln2.

习　题　5.3

(A)

解答题

1. (1) $\frac{64}{3}$;　　(2) $\frac{8}{3}$;　　(3) $\frac{32}{3}$;　　(4) $e+\frac{1}{e}-2$.

2. (1) $\frac{3}{2}-\ln2$;　(2) 5;　　(3) 1;　　(4) $\frac{9}{2}$.　3. (1) 2;　　(2) $\frac{7}{6}$.

4. (1) $\frac{\pi}{5}$;　　(2) $\frac{32}{3}\pi$;　(3) 4π;　(4) $\frac{256}{3}\pi$;　(5) $\frac{\pi}{2}(e^2+1)$;　(6) $\frac{2}{15}\pi$.

5. $\frac{2}{3}[(1+b)^{3/2}-(1+a)^{3/2}]$.　6. $10v_0+50a$.　7. 7526400J.

(B)

解答题

1. $\frac{2}{3}$.　2. $\frac{1}{3}$.　3. $\frac{1}{4}$, $\frac{4}{21}\pi$.

习　题　5.4

(A)

计算题

1. (1) 1/2;　(2) +∞ 发散;　(3) +∞ 发散;　(4) +∞ 发散;　(5) 1/2;　(6) π/2;

(7) 1;　　(8) 1. 提示 $\lim\limits_{b\to+\infty}be^{-b}\xlongequal{\infty\cdot 0}\lim\limits_{b\to+\infty}\frac{b}{e^b}\xlongequal{\frac{\infty}{\infty}}\lim\limits_{b\to+\infty}\frac{1}{e^b}=0$.

2. $\frac{1}{2}$.　提示　$\int_{-\infty}^{+\infty}f(x)\mathrm{d}x=\int_{-\pi/2}^{\pi/2}a\cos x\mathrm{d}x$.

3. 1.　提示　$\int_{-\infty}^{+\infty}xf(x)\mathrm{d}x=\int_{-\infty}^{0}0\mathrm{d}x+\int_{0}^{1}x^2\mathrm{d}x+\int_{1}^{2}x(2-x)\mathrm{d}x+\int_{2}^{+\infty}0\mathrm{d}x$.

(B)

填空题

e^{-1}.

综合练习五

一、选择题

1. D. **2.** D. **3.** C. **4.** D. **5.** B.

二、填空题

1. 0. **2.** 0. **3.** 0.

4. $\frac{\pi}{2}$, π, $\frac{9\pi}{4}$. 提示 按定积分的几何意义计算比较简单.

5. $f(x)$, 0. **6.** $\frac{\int_a^b f(x)\,dx}{b-a}$. **7.** 5. **8.** $\int_{-2}^0 (-x^3)\,dx + \int_0^2 x^3\,dx$, $\int_{-2}^2 \pi x^6\,dx$.

三、计算题

1. $\sin e - \sin 1$. **2.** 1. **3.** 0. **4.** $e - \sqrt{e}$.

5. $\ln(1+e) - \ln 2$. **6.** $\frac{1}{3}$. **7.** 2. **8.** $1 - \frac{2}{e}$.

9. $-\frac{\pi}{2}$. **10.** $1 - \frac{2}{e}$. **11.** 1. **12.** $\ln 2$.

13. 3/2. **14.** 1/4. **15.** $16\ln 2 - 8\ln 3 - 2$. **16.** 32/3.

17. $1 + 2\ln 3 - 2\ln 2$. **18.** $\frac{\pi}{4} - \frac{1}{2}\ln 2$. **19.** $\frac{\pi}{8}$. **20.** $\frac{\pi}{4}$.

21. 2π. **22.** $\frac{1}{2(e-1)}$. **23.** 1. **24.** $2 - \frac{2}{e}$. **25.** $-\frac{1}{2}$.

四、解答题

1. 1. **2.** $\frac{\pi}{2} - \ln 2$. **3.** $\frac{9}{2}$. **4.** $\frac{9}{2}$. **5.** $\frac{1}{2}(e^2 - 3)$.

6. $\frac{3}{2} - \ln 2$. **7.** 1. **8.** $\frac{9}{2}$. **9.** $\frac{\pi}{2}$. **10.** $\frac{8}{21}\pi$.

五、证明题

提示 $F(-x) = \int_a^{-x} f(t)\,dt$，作变量替换 $t = -u$.

自测题 五

一、选择题

1. A. **2.** D. **3.** D. **4.** D. **5.** D.

二、填空题

6. $\sin x^2$; 0. **7.** 0. **8.** $2a^{2x}\ln a$. **9.** 6. **10.** 4. **11.** 0.

12. 2. 提示 $\int_a^b f''(x)\,dx = f'(x)\Big|_a^b = f'(b) - f'(a)$. **13.** $\frac{\pi}{2}$. **14.** 1.

三、计算题

15. -6. **16.** $-\frac{2}{3}$. **17.** $\frac{1}{2}(\ln 2 - \pi)$. **18.** $-\frac{\pi}{4}$. **19.** $\frac{1}{4}(e^2 - 1)$.

20. 1. **21.** $2e^2 - 2e$. **22.** $1 + 2\ln 3 - 3\ln 2$. **23.** $\frac{\pi}{16}$. **24.** $\frac{1}{2}$.

四、解答题

25. $\frac{9}{2}$. **26.** $\frac{7}{3}$, $\frac{31}{5}\pi$.

习 题 6.1

(A)

一、选择题

1. B.　**2.** B.　**3.** D.　**4.** B.　**5.** A.　**6.** C.　**7.** D.　**8.** D.

二、填空题

1. 是.　**2.** 不是.　**3.** 一阶.　**4.** 一阶.

三、解答题

特解为 $y^* = -\dfrac{1}{2}\sin 2t + \cos 2t$.

(B)

选择题

1. A.　**2.** A.　**3.** B.

习 题 6.2

(A)

一、选择题

1. C.　**2.** B.　**3.** D.　**4.** C.

二、填空题

1. $\sin y + \cos x = C$.　　**2.** $y = -2\mathrm{e}^{-\frac{1}{2}x} + C$.　　**3.** $y = C\mathrm{e}^x$.　　**4.** $10^x + 10^{-y} = C$.

5. $x^2 + y^2 = C$.　　**6.** $y = C\mathrm{e}^{x^2}$.

三、解答题

1. (1) $y = 2\mathrm{e}^{2x}$;　　(2) $y = Cx$;　　(3) $y = \dfrac{1}{x}$ 或 $y = x$;　　(4) $\arctan y - \arctan x = C$;

(5) $x^2 + y^2 = 25$;　　(6) $y = \dfrac{C}{\sqrt{1+x^2}}$;　　(7) $y = \dfrac{1}{C + \ln\sqrt{1+x^2}}$;　　(8) $\ln y = C\mathrm{e}^{\arctan x}$;

(9) $y = \dfrac{3+x}{3-x}$;　　(10) $y = \dfrac{Cx}{1+Cx}$.

2. (1) $y = x^2\sin x + C\sin x$;　　(2) $y = \dfrac{C}{x^2} + \dfrac{x^5}{7}$;　　(3) $y = \dfrac{\arctan x}{x} + \dfrac{C}{x}$;　　(4) $y = \dfrac{3x-3}{x}$;

(5) $y = (x+C)\mathrm{e}^{-x}$;　　(6) $y = (\sin x + C)\mathrm{e}^{x^2}$;　　(7) $y = \dfrac{\mathrm{e}^x}{x} + \dfrac{C}{x}$;　　(8) $y = \left(\dfrac{1}{2}x^2 + 1\right)\mathrm{e}^{-x^2}$.

3. (1) $\mathrm{e}^{y^{x/2}} = \dfrac{C}{y}$;　　(2) $y^3 + y - 2x = 0$.

(B)

一、选择题

A.

二、填空题

1. $\dfrac{x^2}{2} + x + C$.　　**2.** $-\dfrac{1}{2}x^2 + C$.

习题 6.3

(A)

一、选择题

1. C.   2. D.   3. B.

二、填空题

1. $2y'' - y' - 6y = 0$.   2. $y''' - 3y'' + 2y' - 5y = 0$.   3. $y^* = Ax^2 + Bx + C$.   4. $y^* = x(Ax+B)$.

5. $y^* = Ae^{3x}$.   6. $y^* = x^2(Ax+B)e^x$.   7. $y^* = x(A\cos x + B\sin x)$.

三、解答题

1. (1) $y = C_1 e^{-3x} + C_2 e^{-x}$;   (2) $y = C_1 + C_2 e^{4x}$;   (3) $y = (C_1 x + C_2)e^{-2x}$;

   (4) $y = (C_1 x + C_2)e^{-\frac{1}{2}x}$;   (5) $y = e^{2x}(C_1 \cos x + C_2 \sin x)$;   (6) $y = C_1 \cos\sqrt{2}x + C_2 \sin\sqrt{2}x$.

2. $y = -4e^{-\frac{1}{4}x} + 4e^x$.

3. (1) $y = (C_1 + C_2 x)e^{2x} + 2x^2 + 4x + 3$;   (2) $y = C_1 + C_2 e^{-\frac{5}{2}x} + \frac{1}{3}x^3 - \frac{3}{5}x^2 + \frac{7}{25}x$;

   (3) $y = C_1 e^{2x} + C_2 e^{3x} + e^x$;   (4) $y = C_1 + C_2 e^{-2x} - \frac{3}{2}xe^{-2x}$;

   (5) $y = C_1 e^x + C_2 e^{6x} + \frac{7}{74}\cos x + \frac{5}{74}\sin x$;   (6) $y = -\frac{1}{4}\cos 2x + C_1 x + C_2$.

(B)

解答题

1. $y = (C_1 + C_2 x)e^x + \frac{1}{4}e^{-x}$.   2. $y = C_1 e^{-x} + C_2 e^{3x} - 1$.   3. $y = C_1 e^{-3x} + C_1 e^{3x}$.

4. $y = C_1 e^{-2x} + C_2 e^{2x} + e^x$.

习题 6.4

解答题

1. $y' = y$, $y\big|_{x=0} = 1$, 则有 $y = e^x$.

2. $s' = ks$ (k 为比例系数), $s\big|_{t=10} = 100$, $s\big|_{t=15} = 200$, 得 $s = 25e^{\frac{\ln 2}{5}t}$.

3. $-kv = mv'$ (k 为比例系数), $v\big|_{t=0} = 6$, $v\big|_{t=10} = 5$, 得 $v = 6e^{\frac{1}{10}\ln\frac{5}{6}\cdot t}$. 当 $t = 60$ 时, $v = 6 \times \left(\frac{5}{6}\right)^6 \approx 2$ (m/s).

4. 设 $F = k_1 v$, 阻力 $f = k_2 t$, 由牛顿第二定律有 $F - f = ma$, 所以 $k_1 v - k_2 t = mv'$, 即 $\dfrac{\mathrm{d}v}{\mathrm{d}t} - \dfrac{k_1}{m}v = -\dfrac{k_2}{m}t$. 解微分方程, 得 $v = Ce^{\frac{k_1}{m}t} + \dfrac{k_2}{k_1}t + \dfrac{k_2 m}{k_1^2}$. 当 $v\big|_{t=0} = 0$ 时, 得 $C = -\dfrac{k_2}{k_1^2}m$, 所以 $v = \dfrac{k_2}{k_1}\left(\dfrac{m}{k_1} + t - \dfrac{m}{k_1}e^{\frac{k_1}{m}t}\right)$.

*5. 因为 $u_C = -u_L = -L\dfrac{\mathrm{d}i}{\mathrm{d}t}$, 而 $i_C = i_L$, $i_C = C\dfrac{\mathrm{d}u_C}{\mathrm{d}t}$, 所以 $i_C' = Cu_C''$, $u_C = -LCu_C''$, 即 $u_C'' + \dfrac{1}{LC}u_C = 0$. 求出通解后, 将 $t = 0$ 时, $u_C = u_0$, $i(0) = Cu'(0) = 0$ 代入通解, 得

$$u = u_0 \cos\frac{t}{\sqrt{LC}}, \quad i = -u_0\sqrt{\frac{C}{L}}\sin\frac{t}{\sqrt{LC}}.$$

*6. 设钢球静止不动时的重心位置为原点, s 表示钢球上下振动的位移量. 当 $t = 0$ 时, $s' = v_0 = 0$. 由牛顿第二定律有 $ms'' = -ks$, 得出 $s = \pm\sqrt{\dfrac{mv_0^2}{k}}\sin\sqrt{\dfrac{k}{m}}t$.

*7. 根据牛顿第二定律,有 $F-f=ma$,得 $mg-ks'=ms''$. 因为 $s(0)=0$, $s'(0)=0$,所以有
$$s=\frac{m^2g}{k^2}(e^{\frac{k}{m}t}-1)+\frac{mg}{k}t.$$

综合练习六

解答题

1. (1) $x^2-y^2=C$; (2) $y=Ce^{\frac{1}{2}x^2}$; (3) $y=\frac{C-x}{1+x}$; (4) $3e^{-y^2}+2e^{3x}=C$;

   (5) $y=\frac{\sin x}{x}-\cos x+\frac{C}{x}$; (6) $y=\frac{-\cos x+C}{x^3}$; (7) $-2x\cos^2 x+\sin 2x+C\cos x$;

   (8) $y=(x+1)^n(e^x+C)$; (9) $x=y^2(C-\ln|y|)$; (10) $x=\arctan y+Ce^{-\arctan y}-1$.

2. (1) $y=C_1e^x+C_2xe^x+x+1$; (2) $y=C_1\cos 2x+C_2\sin 2x+\frac{3}{4}x$; (3) $y=C_1e^{-x}+C_2e^{6x}-\frac{1}{7}xe^{-x}$;

   (4) $y=x\left(-\frac{1}{2}x-1\right)e^{-2x}+C_1e^{-2x}+C_2e^{-x}$; (5) $y=-\frac{1}{3}\cos 2x+C_1\cos x+C_2\sin x$;

   (6) $y=-\frac{1}{2}x+\frac{1}{4}-\frac{3}{20}\cos 2x-\frac{1}{20}\sin 2x+C_1e^{-x}+C_2e^{2x}$; (7) $y=\frac{1}{9}e^{-3x}+C_1x+C_2$;

   (8) $y=C_1\cos\sqrt{2}x+C_2\sin\sqrt{2}x+\sin x$,特解为 $y^*=\sin x$.

3. $y'=2x+y$, $y(0)=0$,得 $y=2(e^x-x-1)$.

4. 取地心为原点 O, x 表示质点到地心的距离,地球半径为 R,于是有 $v\frac{dv}{dx}=-\frac{R^2g}{x^2}$,得 $v=-\sqrt{C+\frac{2R^2g}{x}}$,质点落到地面的时间为 $t=\frac{1}{R}\sqrt{\frac{s_0}{2g}}\left[s_0\operatorname{arccot}\sqrt{\frac{R}{s_0-R}}+\sqrt{R(s_0-R)}\right]$.

5. $\frac{di}{dt}+\frac{R}{L}i=\frac{E}{L}$,得 $i=\frac{E}{R}(1-e^{-\frac{R}{L}t})$.

自测题六

一、选择题

1. D. 2. A. 3. B. 4. A. 5. D.

二、填空题

6. $y^{(5)}+6y'''-2y''+y'+5y=0$. 7. $y=C_1+C_2e^{4x}$. 8. $y=Ax^2e^x$.

9. $y''-3y'=0$. 10. $y=\frac{1}{2}x^3+x^2+C_1x+C_2$.

三、解答题

11. $y=\frac{2}{x^2+C}$. 12. $y=Ce^x-(x^2+2x+2)$.

*13. 原方程对应的齐次方程的特征方程为 $r^2+4r+4=0$,特征根为 $r_1=r_2=-2$,所以齐次方程的通解为
$$S(x)=(C_1+C_2x)e^{-2x}.$$
因为非齐次方程 $y''+4y'+4y=2e^{-2x}$ 的自由项为 $f(x)=2e^{-2x}$,有 $\lambda=-2$ 是特征重根,所以设特解为 $y^*=x^2Ae^{-2x}$. 代入方程,得 $A=1$,即原方程的特解为 $y^*=x^2e^{-2x}$. 所以原方程的通解为
$$y=S(x)+y^*=(C_1+C_2x)e^{-2x}+x^2e^{-2x}=(C_1+C_2x+x^2)e^{-2x}.$$
又因为 $y'=(C_2+2x)e^{-2x}-2(C_1+C_2x+x^2)e^{-2x}$,由条件 $y(0)=0$, $y'(0)=1$,有
$$\begin{cases}C_1=0,\\ C_2-2C_1=1,\end{cases} \text{解得} \begin{cases}C_1=0,\\ C_2=1.\end{cases}$$

所以原方程满足初始条件的特解为 $y^* = (x+x^2)e^{-2x}$.

*14. 记链条悬挂时与钉子的接触点为 P,又设链条启动滑下后某一时刻 t 时,点 P 离开钉子的距离为 s. s 与时间 t 的函数关系为 $s=s(t)$. 当 $t=0$ 时,$s_0=0$,$s'(t)\big|_{t=0}=0$.

链条点 P 的受力:上阻力 f_1,下滑力 f_2. 设链条单位长度质量为 m,有
$$f_1 = (4-s)mg, \quad f_2 = 5mg + smg.$$
由牛顿第二定律有 $f_2 - f_1 = Ma$,而 $M = 9m$,$a = s''$,所以有
$$5mg + smg - (4-s)mg = 9ms'',$$
即 $s'' - \dfrac{2g}{9}s = \dfrac{g}{9}$. 解微分方程,得出 $t = \dfrac{3\ln(2s+1 \pm 2\sqrt{s^2+s})}{\sqrt{2g}}$. 当 $s=4$,$g=9.8$ 时,$t \approx 1.96(s)$.

习 题 7.1

(A)

填空题

1. 平面. 2. 过点 $(2,0,0)$ 与 x 轴垂直的平面. 3. 球心在 $(-1,0,0)$,半径为 3 的球面.
4. 球心在坐标原点,半径为 2 的上半球面. 5. 椭球面. 6. 圆柱面. 7. 圆锥面.
8. 抛物面. 9. 马鞍面. 10. 直线. 11. 在 $z=-1$ 平面上,圆心在 $(0,0,-1)$,半径为 3 的圆.
12. 在 $z=2$ 平面上,圆心在 $(0,0,2)$,半径为 3 的圆.
13. 在 $x=2$ 平面上,圆心在 $(2,0,0)$,半径为 2 的上半圆.
14. 圆心在坐标原点,半径为 1 的圆.

(B)

选择题

A.

习 题 7.2

一、选择题

1. B. 2. D.

二、填空题

1. $\{(x,y) \mid x^2 + y^2 < R^2\}$. 2. $\{(x,y) \mid (x-x_0)^2 + (y-y_0)^2 < \delta^2\}$. 3. $0, -\dfrac{12}{13}$.

三、计算与作图题

2. (1) -1; (2) $\dfrac{xy+x+y}{2xy(x+y)} = \dfrac{1}{2(x+y)} + \dfrac{1}{2xy}$.

3. (1) $D = \{(x,y) \mid x^2 + y^2 \neq 0\}$; (2) $D = \{(x,y) \mid x+y > 0\}$; (3) $D = \{(x,y) \mid 1 \leqslant x^2 + y^2 \leqslant 9\}$.

习 题 7.3

(A)

一、选择题

1. A. 2. D. 3. B.

二、填空题

1. ye^x, e^x. 2. $3x^2 + 6xy$, $6x$. 3. $\dfrac{x}{x+y}$, $-\dfrac{x}{(x+y)^2}$.

三、计算题

1. (1) $z_x = 3x^2y^2 - 3y^3 + y$, $z_y = 2x^3y - 9xy^2 + x$; (2) $z_x = -y\sin x$, $z_y = \cos x$;

(3) $z_x = y^x \cdot \ln y$, $z_y = x \cdot y^{x-1}$;   (4) $z_x = y e^{xy}$, $z_y = x e^{xy}$;

(5) $z_x = -\dfrac{y}{x^2+y^2}$, $z_y = \dfrac{x}{x^2+y^2}$;   (6) $u_x = -\dfrac{y}{x^2} - \dfrac{1}{z}$, $u_y = \dfrac{1}{x} - \dfrac{z}{y^2}$, $u_z = \dfrac{1}{y} + \dfrac{x}{z^2}$.

2. (1) $f_x(1,2) = 4$, $f_y(1,2) = 13$, $f_x(2,1) = 5$, $f_y(2,1) = 5$;

(2) $f_x(2,1,0) = \dfrac{1}{2}$, $f_y(2,1,0) = 1$, $f_z(2,1,0) = \dfrac{1}{2}$;   (3) $\left.\dfrac{\partial z}{\partial x}\right|_{(1,2)} = 2e^2 + 4$, $\left.\dfrac{\partial z}{\partial y}\right|_{(1,2)} = e^2 + 1$.

3. (1) $z_{xx} = 6x$, $z_{xy} = z_{yx} = -6y$, $z_{yy} = 6y - 6x$;

(2) $z_{xx} = -\sin x \cos y e^{\sin x} + \cos^2 x \cos y e^{\sin x}$, $z_{xy} = z_{yx} = -\cos x \sin y e^{\sin x}$, $z_{yy} = -\cos y e^{\sin x}$;

(3) $z_{xx} = \dfrac{e^{x+y}}{(e^x + e^y)^2}$, $z_{xy} = z_{yx} = -\dfrac{e^{x+y}}{(e^x + e^y)^2}$, $z_{yy} = \dfrac{e^{x+y}}{(e^x + e^y)^2}$.

(B)

一、选择题

1. C.   **2.** B.   **3.** D.   **4.** A.

二、填空题

1.

三、计算题

1. $z = 2xy + e^y \cos x$.   **2.** $2x - 3y^2$.

习 题 7.4

(A)

一、选择题

1. B.   **2.** B.

二、填空题

1. $2xy \mathrm{d}x + x^2 \mathrm{d}y$.   **2.** $\dfrac{1}{x+y^2} \mathrm{d}x + \dfrac{2y}{x+y^2} \mathrm{d}y$.

三、计算题

1. (1) $(3x^2 + 6xy)\mathrm{d}x + (3x^2 + 4y^3)\mathrm{d}y$;   (2) $e^x \sin y \mathrm{d}x + e^x \cos y \mathrm{d}y$;

(3) $[\cos(x+y) - x\sin(x+y)]\mathrm{d}x - x\sin(x+y)\mathrm{d}y$;   (4) $\ln y \mathrm{d}x + \dfrac{x}{y} \mathrm{d}y$;

(5) $-\dfrac{y}{x^2} \mathrm{d}x + \dfrac{1}{x} \mathrm{d}y$;   (6) $(y+z)\mathrm{d}x + (x+z)\mathrm{d}y + (x+y)\mathrm{d}z$.

2. (1) $6\mathrm{d}x + 5\mathrm{d}y$;   (2) $\dfrac{1}{3}\mathrm{d}x + \dfrac{2}{3}\mathrm{d}y$;   (3) $\left.\mathrm{d}z\right|_{(1,0)} = -\mathrm{d}x$, $\left.\mathrm{d}z\right|_{(0,1)} = \mathrm{d}x$.

(B)

一、选择题

C.

二、填空题

1. $y\mathrm{d}x + x\mathrm{d}y$.   **2.** $2x\mathrm{d}x - \mathrm{d}y$.   **3.** $2\mathrm{d}x + 2y\mathrm{d}y$.

习 题 7.5

计算题

1. $2x - 2y$.   **2.** $\dfrac{\partial z}{\partial x} = 2x + y$, $\dfrac{\partial z}{\partial y} = x + 2y$.

习题参考答案 299

3. $\dfrac{\partial z}{\partial u}=2u\ln v, \dfrac{\partial z}{\partial v}=\dfrac{u^2}{v}, \dfrac{\partial z}{\partial x}=\dfrac{2x}{y^2}\ln(3x-2y)+\dfrac{3x^2}{(3x-2y)y^2}, \dfrac{\partial z}{\partial y}=-\dfrac{2x^2}{y^3}\ln(3x-2y)-\dfrac{2x^2}{y^2(3x-2y)}.$

4. $\dfrac{\partial z}{\partial x}=e^{xy\cos\ln(x-y)}\left[y\cos\ln(x-y)-\dfrac{xy}{x-y}\sin\ln(x-y)\right],$

   $\dfrac{\partial z}{\partial y}=e^{xy\cos\ln(x-y)}\left[x\cos\ln(x-y)+\dfrac{xy}{x-y}\sin\ln(x-y)\right].$

5. $4\sin t \cdot \cos t = 2\sin 2t.$ 6. $\dfrac{-1-e^{2t}}{e^t}.$

7. (1) $\dfrac{\partial z}{\partial x}=2x^2y(x^2+y^2)^{xy-1}+y(x^2+y^2)^{xy}\cdot\ln(x^2+y^2),$

   $\dfrac{\partial z}{\partial y}=2xy^2(x^2+y^2)^{xy-1}+x(x^2+y^2)^{xy}\cdot\ln(x^2+y^2);$

   (2) $\dfrac{\partial z}{\partial x}=y^2(1+xy)^{y-1}, \dfrac{\partial z}{\partial y}=xy(1+xy)^{y-1}+(1+xy)^y\cdot\ln(1+xy).$

8. (1) $\dfrac{\partial z}{\partial x}=\dfrac{2yz}{e^z-2xy}, \dfrac{\partial z}{\partial y}=\dfrac{2xz}{e^z-2xy};$ (2) $\dfrac{\partial z}{\partial x}=z, \dfrac{\partial z}{\partial y}=\dfrac{z}{y};$ (3) $\dfrac{\partial z}{\partial x}=-\dfrac{c^2x}{a^2z}, \dfrac{\partial z}{\partial y}=-\dfrac{c^2y}{b^2z}.$

习 题 7.6

(A)

一、选择题

1. B. 2. D. 3. C.

二、解答题

1. (1) $(-6,-3)$ 是极小值点,极小值为 -9； (2) $(3,3)$ 是极大值点,极大值为 27.

2. 长为 $2\sqrt{10}$ m,宽为 $3\sqrt{10}$ m. 3. 长为 2 m,宽为 2 m,高为 2m. 4. 直角边长为 $\dfrac{\sqrt{2}}{2}L.$

(B)

填空题

0.

习 题 7.7

计算题

1. $9\pi.$ 2. $2\pi.$ 3. $8\pi.$ 4. $12.$ 5. $1/2.$ 6. $1.$

习 题 7.8

(A)

一、选择题

1. C. 2. A. 3. C. 4. B.

二、填空题

1. $1/4.$ 2. $\{(x,y)\mid 0\leqslant x\leqslant 1, 0\leqslant y\leqslant x\}.$

3. $\int_1^2 dx\int_{x^2}^4 f(x,y)dy, \int_1^4 dy\int_1^{\sqrt{y}} f(x,y)dx.$ 4. $\int_0^{2\pi}d\theta\int_0^{\sqrt{2}} f(r\cos\theta,r\sin\theta)rdr.$

三、计算题

1. (1) $\int_1^2 dx\int_1^x f(x,y)dy=\int_1^2 dy\int_y^2 f(x,y)dx;$ (2) $\int_0^1 dx\int_{1-x}^{\sqrt{1-x^2}} f(x,y)dy=\int_0^1 dy\int_{1-y}^{\sqrt{1-y^2}} f(x,y)dx;$

(3) $\int_0^4 dx \int_x^{2\sqrt{x}} f(x,y)dy = \int_0^4 dy \int_{y^2/4}^y f(x,y)dx$;

(4) $\int_1^2 dy \int_{1/y}^y f(x,y)dx = \int_{1/2}^1 dx \int_{1/x}^2 f(x,y)dy + \int_1^2 dx \int_x^2 f(x,y)dy$;

(5) $\int_{-1}^0 dx \int_x^{x^3} f(x,y)dy + \int_0^1 dx \int_x^{x^3} f(x,y)dy = \int_{-1}^0 dy \int_{\sqrt[3]{y}}^y f(x,y)dx + \int_0^1 dy \int_y^{\sqrt[3]{y}} f(x,y)dx$.

2. (1) 2; (2) $\dfrac{8}{3}$; (3) $(e-1)^2$; (4) $\dfrac{15}{8} - \dfrac{1}{2}\ln 2$; (5) $\dfrac{3}{4}$; (6) $e^2 - 2e$.

3. (1) $\dfrac{15}{4}\pi$; (2) $\pi(e^4-1)$.

4. (1) -2. (2) $\dfrac{5}{6}$. (3) $-\dfrac{1}{3}e^{-1} + \dfrac{1}{3}$. 提示 $\int_0^1 dy \int_0^{y^2} e^{-y^3} dx$. (4) $\dfrac{\pi}{2}(4-\sqrt{7})$. (5) 25π.

5. $\int_0^{\pi/2} d\theta \int_0^R f(r) r dr$.

四、解答题

1. 8π.   2. 3.

(B)

一、填空题

1. π.   2. 3π.

二、计算题

1. $\dfrac{1}{15}$.   2. $\dfrac{1}{6}$.   3. $\dfrac{1}{3} - \dfrac{\sqrt{2}}{6}$.   4. $\dfrac{1}{14}$.

综合练习七

一、选择题

1. A.   2. B.
3. C. 提示 令 $u = xy, v = x+y$, 则 $f(u,v) = v^2 - u$, 即 $f(x,y) = y^2 - x$.
4. B.   5. D.

二、填空题

1. $\{(x,y) | x^2 + y^2 \neq 0\}$, $\{(x,y) | x^2 + y^2 < 4\}$.   2. 0, $\dfrac{x^2-y^2}{2(x^2+y^2)}$.   3. e^y, xe^y.

4. $\dfrac{2x}{x^2+y}, \dfrac{1}{x^2+y}$.   5. $2x+y$, 2.   6. $\cos(x+y)$, $-\sin(x+y)$.   7. 无关.

8. 连续, 偏导数不存在.   9. 一定.   10. $(2,-2)$.   11. $\dfrac{1}{y}dx - \dfrac{x}{y^2}dy$.   12. 1.

13. $\{(x,y) | 0 \leqslant x \leqslant 2, 0 \leqslant y \leqslant x^2\}$.   14. $\int_0^{2\pi} d\theta \int_0^2 f(r\cos\theta, r\sin\theta) r dr$.

三、计算题

1. (1) $z_x = y^2\cos(xy^2)$, $z_y = 2xy\cos(xy^2)$;   (2) $z_x\big|_{(1,0)} = 1$, $z_y\big|_{(1,0)} = 0$;

(3) $\dfrac{\partial z}{\partial x} = 4x^2(x^2+y^2)^{2x-1} + 2(x^2+y^2)^{2x}\ln(x^2+y^2)$, $\dfrac{\partial z}{\partial y} = 4xy(x^2+y^2)^{2x-1}$;

(4) $\dfrac{\partial z}{\partial x} = \dfrac{2x - yz^3}{3xyz^2}$, $\dfrac{\partial z}{\partial y} = \dfrac{3y^2 - xz^3}{3xyz^2}$.

2. (1) $f_{xx}(x,y) = 6xy$, $f_{xy}(x,y) = f_{yx}(x,y) = 2y + 3x^2$, $f_{yy}(x,y) = 2x$;

(2) $\dfrac{\partial^2 z}{\partial y \partial x}\bigg|_{(0,1)} = -2$, $\dfrac{\partial^2 z}{\partial y^2} = \dfrac{2(x-y^2)}{(x+y^2)^2}$.

3. (1) $[\sin(x+y)+x\cos(x+y)]dx+x\cos(x+y)dy$; (2) dy.

4. (1) $\dfrac{20}{3}$; (2) $\dfrac{(2\ln 2-1)\pi}{4}$.

四、解答题

1. 极大值为 $f(0,0)=16$,极小值为 $f(2,2)=8$.

2. 长、宽、高均为 4 m.

自 测 题 七

一、选择题

1. A. **2.** D. **3.** D. **4.** D. **5.** D.

二、填空题

6. $4<x^2+y^2<9$. **7.** $-\dfrac{y}{x^2}\cos\dfrac{y}{x}$, $\dfrac{1}{x}\cos\dfrac{y}{x}$. **8.** $2y(2x+1)^{y-1}$, $(2x+1)^y\ln(2x+1)$.

9. $yx^{y-1}dx+x^y\ln x\,dy$. **10.** 8π.

三、计算题

11. $\dfrac{1}{2}(dx+dy)$. **12.** $-\dfrac{e^{x+y}}{(e^x+e^y)^2}$. **13.** $e^{xy}[x\sin(x-y)-\cos(x-y)]$.

14. $\dfrac{2x-yze^{xyz}}{xye^{xyz}}$. **15.** $\int_0^2 dy\int_{y/2}^y f(x,y)dx=\int_0^1 dx\int_x^{2x} f(x,y)dy+\int_1^2 dx\int_x^2 f(x,y)dy$.

16. $\dfrac{13}{5}$. **17.** 1. 提示 $\int_{\pi/2}^{\pi}dy\int_0^y \dfrac{\sin y}{y}dx$. **18.** $\pi(1-e^{-9})$.

四、解答题

19. 极小值为 $f(2,2)=-8$. **20.** 长为 2 m,宽为 2 m,高为 1 m.

习 题 8.1

(A)

一、选择题

1. D. **2.** C.

3. C. 提示 因为 $\sum\limits_{n=0}^{\infty}\dfrac{2n+1}{n!}=2\sum\limits_{n=0}^{\infty}\dfrac{n}{n!}+\sum\limits_{n=0}^{\infty}\dfrac{1}{n!}=2\sum\limits_{n=1}^{\infty}\dfrac{1}{(n-1)!}+\sum\limits_{n=0}^{\infty}\dfrac{1}{n!}=2e+e=3e$,所以选择 C.

4. A. **5.** D.

二、填空题

1. $\dfrac{1}{2n-1}$. **2.** $(-1)^{n-1}\dfrac{1}{2^{n-1}}$. **3.** $\dfrac{2n-1}{1+n^2}$. **4.** $\dfrac{4}{9}$. **5.** aS.

6. $\dfrac{1}{1-q}$. **7.** 3. **8.** 0. **9.** 0.

三、解答题

1. (1) 公比 $q=-\dfrac{1}{2}$,收敛,$s=\dfrac{1}{1-\left(-\dfrac{1}{2}\right)}=\dfrac{2}{3}$; (2) 收敛,$s=1+\dfrac{1}{2}=\dfrac{3}{2}$;

(3) $s_n=\dfrac{1}{3}\left[\left(1-\dfrac{1}{4}\right)+\left(\dfrac{1}{4}-\dfrac{1}{7}\right)+\cdots+\left(\dfrac{1}{3n-2}-\dfrac{1}{3n+1}\right)\right]=\dfrac{1}{3}\left(1-\dfrac{1}{3n+1}\right)$,$\lim\limits_{n\to\infty}s_n=\dfrac{1}{3}$,收敛;

(4) $s_n=\sqrt{n+2}-\sqrt{n+1}-\sqrt{2}+1=\dfrac{1}{\sqrt{n+2}+\sqrt{n+1}}-\sqrt{2}+1$,$\lim\limits_{n\to\infty}s_n=1-\sqrt{2}$,收敛;

(5) $s_n=\dfrac{n(n+1)}{2}$,$\lim\limits_{n\to\infty}s_n=\infty$,发散.

2. (1) $\frac{1}{2n-1} > \frac{1}{2n}$,发散; (2) $\frac{1}{n(n+1)} < \frac{1}{n^2}$,收敛; (3) $\frac{1}{n^2+1} < \frac{1}{n^2}$,收敛;

(4) $\sin\frac{\pi}{2^n} < \frac{\pi}{2^n}$,收敛; (5) $\frac{1+n}{1+n^2} > \frac{1+n}{1+2n+n^2} > \frac{1}{1+n}$,发散;

(6) $u_n = \frac{(n!)^2}{(2n)!} = \frac{n!}{(n+1)(n+2)\cdots 2n} = \frac{1}{\left(\frac{n}{1}+1\right)\left(\frac{n}{2}+1\right)\cdots\left(\frac{n}{n}+1\right)} < \frac{1}{\frac{n}{1}\cdot\frac{n}{2}\cdots\frac{n}{n}} = \frac{n!}{n^n}$,

$\sum_{n=1}^{\infty}\frac{n!}{n^n}$ 收敛,原级数收敛;

(7) 因为 $\sum_{n=1}^{\infty}\frac{1}{\sqrt{n^3}}$ 收敛,而 $\frac{1}{\sqrt{n^3+n}} < \frac{1}{\sqrt{n^3}}$,所以原级数收敛;

(8) $\frac{1}{\sqrt{(2n-1)(2n+1)}} > \frac{1}{\sqrt{(2n+1)^2}} = \frac{1}{2n+1}$,发散.

3. (1) $u_n = \frac{n+2}{2^n}$, $\lim_{n\to\infty}\left(\frac{n+1+2}{2^{n+1}}\Big/\frac{n+2}{2^n}\right) = \lim_{n\to\infty}\frac{n+3}{2(n+2)} = \frac{1}{2} < 1$,收敛;

(2) $\lim_{n\to\infty}\frac{5^{n+1}}{(n+1)!}\cdot\frac{n!}{5^n} = \lim_{n\to\infty}\frac{5}{n+1} = 0 < 1$,收敛; (3) $\lim_{n\to\infty}\frac{n+1}{10} = \infty$,发散; (4) 收敛; (5) 发散;

(6) $\lim_{n\to\infty}\frac{2}{\left(1+\frac{1}{n}\right)^n} = \frac{2}{e} < 1$,收敛; (7) $\lim_{n\to\infty}\frac{(n+1)^2}{(2n+1)(2n+2)} = \frac{1}{4} < 1$,收敛;

(8) $\lim_{n\to\infty}\frac{2n-1}{4(2n+1)} = \frac{1}{4} < 1$,收敛; (9) $\lim_{n\to\infty}\frac{2n(n+1)}{(n+1)(n+2)} = 2 > 1$,发散;

(10) $\lim_{n\to\infty}\frac{(n+1)!}{3^{n+1}+2}\cdot\frac{3^n+2}{n!} = \infty$,发散.

4. (1) 因为 $\int_2^{+\infty}\frac{1}{x\ln x}dx$ 发散,所以 $\sum_{n=2}^{\infty}\frac{1}{n\ln n}$ 发散; (2) 因为 $\int_2^{+\infty}\frac{1}{x\ln^3 x}dx$ 收敛,所以 $\sum_{n=2}^{\infty}\frac{1}{n\ln^3 n}$ 收敛;

(3) $\lim_{n\to\infty}\sqrt[n]{n\left(\frac{3}{4}\right)^n} = \lim_{n\to\infty}\sqrt[n]{n}\cdot\frac{3}{4} = \frac{3}{4} < 1$,收敛; (4) $\lim_{n\to\infty}\frac{(n+1)^4}{(n+1)!}\cdot\frac{n!}{n^4} = \lim_{n\to\infty}\frac{(n+1)^4}{(n+1)n^4} = 0 < 1$,收敛;

(5) $\lim_{n\to\infty}\left(\frac{1}{n}\Big/\frac{1}{an+b}\right) = \lim_{n\to\infty}\frac{an+b}{n} = a$ $(0 < a < +\infty)$,发散;

(6) $\lim_{n\to\infty}\frac{u_{n+1}}{u_n} = \lim_{n\to\infty}\frac{2n+1}{3n+2} = \frac{2}{3} < 1$,收敛; (7) $u_n < \frac{n}{2^n}\left(\frac{n\pi}{3}\right)^2 = \frac{\pi^2}{9}\cdot\frac{n^3}{2^n}$,收敛;

(8) $\lim_{n\to\infty}\frac{u_{n+1}}{u_n} = \lim_{n\to\infty}\frac{3}{\left(1+\frac{1}{n}\right)^n} = \frac{3}{e} > 1$,发散; (9) 收敛; (10) $\frac{1}{e} < 1$,收敛.

5. (1) 因为 u_n 单调, $u_n \to 0$,收敛,而 $|(-1)^{n-1}u_n| = \frac{1}{\sqrt{n}}$,发散,所以原级数条件收敛;

(2) 因为 $|(-1)^{n-1}u_n| = \frac{1}{(2n-1)^2}$,收敛,所以原级数绝对收敛;

(3) 因为 u_n 单调, $u_n \to 0$,收敛,而 $|(-1)^{n-1}u_n| = \frac{1}{\ln(n+1)} > \frac{1}{n+1}$,发散,所以原级数条件收敛;

(4) $\lim_{n\to\infty}u_n \neq 0$,发散; (5) $|u_n| = \frac{n^{100}}{2^n}$,收敛,原级数绝对收敛.

(B)

填空题

3/2.

习 题 8.2

(A)

一、选择题

1. D.   **2.** D.

3. A.   提示   由题意可知 $a_n>0\ (n=1,2,\cdots)$,所以

$$\frac{1}{R}=l=\lim_{n\to\infty}\left|\frac{a_{n+1}}{a_n}\right|=\lim_{n\to\infty}\frac{a_{n+1}}{a_n}=\lim_{n\to\infty}\frac{a_n+a_{n-1}}{a_n}=1+\lim_{n\to\infty}\frac{a_{n-1}}{a_n}=1+\frac{1}{l}=1+R,$$

即 $R^2+R-1=0$. 解出 $R=\dfrac{-1+\sqrt{5}}{2}\left(\dfrac{-1-\sqrt{5}}{2}\text{舍去}\right)$,所以选择 A.

4. A.   **5.** B.   提示   考虑幂级数 $\displaystyle\sum_{n=0}^{\infty}x^{n+1}=\frac{x}{1-x}\ (-1<x<1)$,有

$$\left(\sum_{n=0}^{\infty}x^{n+1}\right)'=\sum_{n=0}^{\infty}(n+1)x^n=\left(\frac{x}{1-x}\right)'=\frac{1}{(1-x)^2}.$$

当 $x=\dfrac{1}{2}$ 时,$\displaystyle\sum_{n=0}^{\infty}\frac{n+1}{2^n}=4$. 所以选择 B.

二、填空题

1. $R=3$.   **2.** $R=+\infty$.   **3.** $(-1,1)$.   **4.** $(-2,2)$.

三、解答题

1. (1) $(-1,1)$;   (2) $(-\infty,+\infty)$;   (3) $\left(-\dfrac{1}{2},\dfrac{1}{2}\right)$;   (4) $(-\infty,+\infty)$;   (5) $(-3,3)$;

(6) $(-2,0)$;   (7) $(4,6)$;   (8) $(-1,1)$;   (9) $\left(-\dfrac{4}{3},-\dfrac{2}{3}\right)$;   (10) $\left(-\dfrac{1}{4},\dfrac{1}{4}\right)$.

2. (1) 因为 $\dfrac{1}{1-x}=1+x+x^2+\cdots+x^n+\cdots,|x|<1$,所以

$$\frac{1}{1-x^2}=1+x^2+\cdots+x^{2n}+\cdots,$$

$$\int_0^x\frac{1}{1-x^2}\mathrm{d}x=x+\frac{1}{3}x^3+\cdots+\frac{1}{2n+1}x^{2n+1}+\cdots,$$

$$\sum_{n=1}^{\infty}\frac{x^{2n+1}}{2n+1}=\int_0^x\frac{1}{1-x^2}\mathrm{d}x-x=\frac{1}{2}\ln\left|\frac{1+x}{1-x}\right|-x,\quad |x|<1.$$

(2) 因为 $\dfrac{1}{1-x}=1+x+x^2+\cdots+x^n+\cdots,|x|<1$,所以

$$\left(\frac{1}{1-x}\right)'=\frac{1}{(1-x)^2}=1+2x+3x^2+\cdots+nx^{n-1}+\cdots,$$

$$\frac{1}{(1-x)^2}-\frac{1}{1-x}=\frac{x}{(1-x)^2}=x+2x^2+\cdots+nx^n+\cdots=\sum_{n=1}^{\infty}nx^n,\quad |x|<1.$$

(3) 因为 $\dfrac{1}{1-x}=1+x+x^2+\cdots+x^n+\cdots,|x|<1$,所以

$$\left(\frac{1}{1-x}\right)'=\frac{1}{(1-x)^2}=1+2x+3x^2+\cdots+nx^{n-1}+(n+1)x^n+\cdots,$$

$$\left(\frac{1}{1-x}\right)''=\frac{2}{(1-x)^3}=2+3\cdot 2x+4\cdot 3x^2+\cdots+(n+1)nx^{n-1}+\cdots,$$

$$\sum_{n=1}^{\infty}\frac{n(n+1)}{2}x^{n-1}=\frac{1}{(1-x)^3},\quad |x|<1.$$

(4) 因为 $-\ln(1-x) = \frac{x}{1} + \frac{x^2}{2} + \cdots + \frac{x^n}{n} + \cdots$, $|x| < 1$, 所以

$$-\ln\left(1 - \frac{x^2}{2}\right) = \frac{x^2}{2} + \frac{x^4}{4 \cdot 2} + \cdots + \frac{x^{2n}}{2^n \cdot n} + \cdots,$$

$$\left[-\ln\left(1 - \frac{x^2}{2}\right)\right]' = \frac{2x}{2 - x^2} = \frac{2x}{2} + \frac{4x^3}{4 \cdot 2} + \cdots + \frac{2nx^{2n-1}}{2^n \cdot n} + \cdots,$$

$$\left(\frac{2x}{2 - x^2}\right)' = 1 + \frac{4 \cdot 3x^2}{4 \cdot 2} + \cdots + \frac{2n(2n-1)x^{2n-2}}{2^n \cdot n} + \cdots,$$

$$\frac{2 + x^2}{(2 - x^2)^2} = \sum_{n=1}^{\infty} \frac{(2n-1)x^{2n-2}}{2^n}, \quad |x| < \sqrt{2},$$

$$\sum_{n=1}^{\infty} \frac{2n-1}{2^n} = 3.$$

(5) 因为 $\frac{1}{1-x} = 1 + x + x^2 + \cdots + x^n + \cdots$, $|x| < 1$, 所以

$$\frac{1}{1+x} = 1 - x + x^2 - \cdots + (-1)^{n-1}x^{n-1} + \cdots,$$

$$\frac{1}{1+x^2} = 1 - x^2 + x^4 - \cdots + (-1)^{n-1}x^{2n-2} + \cdots,$$

$$\int_0^x \frac{1}{1+x^2} dx = \arctan x = x - \frac{1}{3}x^3 + \cdots + (-1)^{n-1}\frac{1}{2n-1}x^{2n-1} + \cdots$$

$$= \sum_{n=1}^{\infty} \frac{(-1)^{n-1}}{2n-1} x^{2n-1}, \quad |x| < 1,$$

$$\sum_{n=1}^{\infty} \frac{(-1)^{n-1}}{2n-1}\left(\frac{3}{4}\right)^n = \arctan \frac{3}{4}.$$

(B)

一、选择题

1. B.   **2.** B.

二、填空题

1.

习 题 8.3

(A)

解答题

1. (1) 因为 $\sin x = x - \frac{1}{3!}x^3 + \cdots + (-1)^{n-1}\frac{1}{(2n-1)!}x^{2n-1} + \cdots$ $(-\infty < x < +\infty)$, 所以

$$f(x) = x\sin x = x^2 - \frac{1}{3!}x^4 + \cdots + (-1)^{n-1}\frac{1}{(2n-1)!}x^{2n} + \cdots \quad (-\infty < x < +\infty);$$

(2) 因为 $\frac{1}{1-x} = 1 + x + x^2 + \cdots + x^n + \cdots$ $(-1 < x < 1)$, 所以

$$f(x) = \frac{1}{3+x} = \frac{1}{3} \cdot \frac{1}{1 - \left(-\frac{x}{3}\right)}$$

$$= \frac{1}{3}\left[1 + \left(-\frac{x}{3}\right) + \left(-\frac{x}{3}\right)^2 + \cdots + \left(-\frac{x}{3}\right)^n + \cdots\right] \quad (-3 < x < 3);$$

(3) 因为 $e^x = 1 + x + \frac{x^2}{2!} + \cdots + \frac{x^n}{n!} + \cdots$, $e^{-x} = 1 - x + \frac{x^2}{2!} + \cdots + (-1)^n\frac{x^n}{n!} + \cdots$, 所以

$$f(x) = \frac{e^x - e^{-x}}{2} = x + \frac{x^3}{3!} + \cdots + \frac{x^{2n-1}}{(2n-1)!} + \cdots \quad (-\infty < x < +\infty);$$

(4) $f(x) = a^x = e^{x\ln a} = 1 + x\ln a + \frac{x^2}{2!}\ln^2 a + \cdots + \frac{x^n}{n!}\ln^n a + \cdots \ (-\infty < x < +\infty);$

(5) $f(x) = \ln(x+a) = \ln a + \ln\left(1 + \frac{x}{a}\right)$
$= \ln a + \frac{x}{a} - \frac{x^2}{a^2} + \cdots + (-1)^{n-1}\frac{x^n}{a^n} + \cdots \ (-a < x < a, a > 0);$

(6) $f(x) = \cos^2 x = \frac{1+\cos 2x}{2} = \frac{1}{2} + \sum_{n=0}^{\infty} \frac{(-1)^n 2^{2n-1}}{(2n)!} x^{2n} \ (-\infty < x < +\infty);$

(7) $f(x) = (1+x)\ln(1+x) = x + \sum_{n=1}^{\infty} \frac{(-1)^{n+1}}{n(n+1)} x^{n+1} \ (-1 < x < 1);$

(8) $f(x) = \frac{x}{1+x-2x^2} = \frac{x}{3}\left(\frac{1}{1-x} + \frac{2}{1+2x}\right) = \sum_{n=0}^{\infty} \frac{1+(-1)^n 2^{n+1}}{3} x^{n+1} \ \left(-\frac{1}{2} < x < \frac{1}{2}\right).$

2. (1) $f(x) = e^x = e\left[1 + \frac{1}{1!}(x-1) + \frac{1}{2!}(x-1)^2 + \cdots + \frac{1}{n!}(x-1)^n + \cdots\right]$
$= e\sum_{n=0}^{\infty} \frac{(x-1)^n}{n!} \ (-\infty < x < +\infty);$

(2) $f(x) = \frac{1}{x} = \frac{1}{1-(1-x)} = \sum_{n=0}^{\infty}(1-x)^n = \sum_{n=0}^{\infty}(-1)^n(x-1)^n \ (0 < x < 2);$

(3) $f(x) = \frac{1}{3+x} = \frac{1}{4} \cdot \frac{1}{1-\left(\frac{1-x}{4}\right)} = \frac{1}{4}\sum_{n=0}^{\infty}\left(\frac{1-x}{4}\right)^n = \sum_{n=0}^{\infty}\frac{(-1)^n}{4^{n+1}}(x-1)^n \ (-3 < x < 5).$

3. $f(x) = \ln\frac{1}{x^2+2x+2} = -\ln[1+(1+x)^2] = -\sum_{n=1}^{\infty}\frac{(-1)^{n-1}}{n}(1+x)^{2n}$
$= \sum_{n=1}^{\infty}\frac{(-1)^n}{n}(1+x)^{2n} \ (-2 < x < 0).$

4. $f(x) = \ln\sqrt{\frac{1+x}{1-x}} = \sum_{n=1}^{\infty}\frac{x^{2n-1}}{2n-1} \ (-1 < x < 1).$

5. $\frac{1}{(1+x)^m} = 1 + mx + \frac{m(m-1)}{2!}x^2 + \cdots + \frac{m(m-1)\cdots(m-n+1)}{n!}x^n + \cdots \ (-1 < x < 1).$
（注：此式也是当 m 为任意实数时的展开式）

（B）

解答题

$\sum_{n=0}^{\infty} 5^n x^n, x \in \left(-\frac{1}{5}, \frac{1}{5}\right).$

综合练习八

解答题

1. (1) 收敛；(2) 收敛；(3) 收敛；(4) 收敛；(5) 发散；(6) 收敛.

2. (1) 条件收敛；(2) 绝对收敛；(3) 条件收敛；(4) 发散.

3. (1) $R=1/2$；(2) $R=2$；(3) $R=+\infty$；(4) $R=1/\sqrt{2}.$

4. (1) $\left(-\frac{1}{2}, \frac{1}{2}\right)$；(2) $(-3,3)$；(3) 仅在 $x=0$ 处收敛；(4) $(0,2)$；(5) $(-4,0).$

5. 当 $p \leqslant 0$ 时,收敛区间为 $(-1,1)$；当 $0 < p \leqslant 1$ 时,收敛区间为 $(-1,1)$；当 $p > 1$ 时,收敛区间为 $(-1,1).$

6. (1) $\frac{1}{2-x}, (-2,2)$；(2) $(1-x)\ln(1-x)+x, (-1,1)$；

(3) 因为 $\ln(1+x)-\ln(1-x)=2\left(x+\dfrac{1}{3}x^3+\cdots+\dfrac{1}{2n-1}x^{2n-1}+\cdots\right)$ $(-1<x<1)$，所以

$$x+\dfrac{1}{3}x^3+\dfrac{1}{5}x^5+\dfrac{1}{7}x^7+\cdots=\dfrac{1}{2}\ln\dfrac{1+x}{1-x} \quad (-1<x<1).$$

7. (1) 因为 $\ln(4+x^2)=\ln 4\left(1+\dfrac{x^2}{4}\right)=2\ln 2+\ln\left(1+\dfrac{x^2}{4}\right)$，所以

$$\ln(4+x^2)=2\ln 2+\sum_{n=1}^{\infty}\dfrac{(-1)^{n-1}}{n\cdot 4^n}x^{2n} \quad (-2<x<2);$$

(2) $\cos\sqrt{x}=\sum_{n=0}^{\infty}(-1)^n\dfrac{1}{(2n)!}x^n$，$(0,+\infty)$；　(3) $\dfrac{x}{2-x}=\sum_{n=0}^{\infty}\dfrac{1}{2^{n+1}}x^{n+1}$，$(-2,2)$；

(4) $\dfrac{x}{1+x^2}=\sum_{n=0}^{\infty}(-1)^n x^{2n+1}$，$(-1,1)$.

8. 因为

$$\ln x=\ln(2+x-2)=\ln 2\left(1+\dfrac{x-2}{2}\right)=\ln 2+\ln\left(1+\dfrac{x-2}{2}\right)$$
$$=\ln 2+\sum_{n=1}^{\infty}\dfrac{(-1)^{n-1}}{n\cdot 2^n}(x-2)^n \quad (0<x<4),$$

当 $x=3$ 时，$\ln 3=\ln 2+\sum_{n=1}^{\infty}\dfrac{(-1)^{n-1}}{n\cdot 2^n}$，所以 $\sum_{n=1}^{\infty}\dfrac{(-1)^{n-1}}{n\cdot 2^n}=\ln\dfrac{3}{2}$.

自 测 题 八

一、选择题

1. C.

2. D.　提示　因为 $\lim\limits_{n\to\infty}\left(\dfrac{\sqrt{n+1}}{n^p}\Big/\dfrac{1}{n^{p-\frac{1}{2}}}\right)=\lim\limits_{n\to\infty}\dfrac{\sqrt{n+1}}{\sqrt{n}}=1$，而级数 $\sum_{n=1}^{\infty}\dfrac{1}{n^{p-\frac{1}{2}}}$ $\begin{cases}\text{收敛，当 }p-\dfrac{1}{2}>1\text{ 时,}\\ \text{发散，当 }p-\dfrac{1}{2}\leqslant 1\text{ 时.}\end{cases}$ 由比较判别法的极限形式可知，当 $p>\dfrac{3}{2}$ 时，级数 $\sum_{n=1}^{\infty}\dfrac{\sqrt{n+1}}{n^p}$ 收敛；当 $p\leqslant\dfrac{3}{2}$ 时，级数 $\sum_{n=1}^{\infty}\dfrac{\sqrt{n+1}}{n^p}$ 发散. 所以选 D.

3. A.　4. D.　5. D.

二、填空题

6. $|q|<1$，$|q|\geqslant 1$.　　7. 3/4.　　8. a_n 单调递减趋于 0.

9. 余项 $R_n(x)\to 0$（当 $n\to\infty$ 时）.　　10. $\ln(1-x)=-x-\dfrac{x^2}{2}-\cdots-\dfrac{x^n}{n}-\cdots$ $(-1<x<1)$.

三、解答题

11. (1) 收敛. 提示　因为交错级数的一般项 $u_n=\sqrt{n+1}-\sqrt{n}=\dfrac{1}{\sqrt{n+1}+\sqrt{n}}$，显然 u_n 单调递减且趋于 0，所以收敛.
    (2) 收敛. (3) 发散.

12. (1) $R=2$，$-2<x<2$.
    (2) $R=0$，仅 $x=0$ 收敛. 提示　因为

$$1+\dfrac{1}{3}x+\dfrac{2}{5}x^2+\dfrac{6}{7}x^3+\dfrac{24}{9}x^4+\cdots=\sum_{n=0}^{\infty}\dfrac{n!}{2n+1}x^n,$$

所以 $R=0$，仅在 $x=0$ 收敛.

13. (1) $\dfrac{1}{4}\ln\dfrac{1+x}{1-x}+\dfrac{1}{2}\arctan x-x$ $(-1<x<1)$.　　提示　因为

$$\frac{1}{1-x} = 1 + x + x^2 + \cdots + x^n + \cdots \quad (-1 < x < 1),$$

$$\frac{1}{1-x^4} = 1 + x^4 + x^8 + \cdots + x^{4n} + \cdots \quad (-1 < x < 1),$$

两边积分,得

$$\int_0^x \frac{1}{1-x^4} dx = x + \frac{1}{5}x^5 + \frac{1}{9}x^9 + \cdots + \frac{1}{4n+1}x^{4n+1} + \cdots = \sum_{n=0}^{\infty} \frac{x^{4n+1}}{4n+1},$$

所以

$$\sum_{n=0}^{\infty} \frac{x^{4n+1}}{4n+1} = \frac{1}{4}\ln\frac{1+x}{1-x} + \frac{1}{2}\arctan x - x \quad (-1 < x < 1).$$

(2) 因为

$$\frac{1}{1-x} = 1 + x + x^2 + \cdots + x^n + \cdots \quad (-1 < x < 1),$$

$$\left(\frac{1}{1-x}\right)'' = \frac{2}{(1-x)^3} = 2 + 2 \cdot 3x + 3 \cdot 4x^2 + \cdots + (n-1)nx^{n-2} + \cdots,$$

所以

$$1 \cdot 2x + 2 \cdot 3x^2 + 3 \cdot 4x^3 + 4 \cdot 5x^4 + \cdots = \frac{2x}{(1-x)^3} \quad (-1 < x < 1).$$

14. $f(x) = \dfrac{1}{(x-1)(x+2)} = \dfrac{1}{3}\left(\dfrac{1}{x-1} - \dfrac{1}{x+2}\right) = \dfrac{1}{3}\left[\dfrac{-1}{1-x} - \dfrac{1}{2} \cdot \dfrac{1}{1-\left(-\dfrac{x}{2}\right)}\right]$

$= \dfrac{1}{3}\sum_{n=0}^{\infty}\dfrac{(-1)^{n+1} - 2^{n+1}}{2^{n+1}}x^n \quad (-1 < x < 1).$

习 题 9.2

1. (1) 490.2361484.   (2) 12.1016552.   提示 N[π²+Sin[30°]+Tan[π/3],9].
   (3) 3.67769.

2. (1) $6 + 5e^2 + 3(6+3e)$;   (2) -8.32933562983394155.

3. $6x^2 - 17x + 7$, $(2x-1)(3x-7)$.

4. 16,8.   5. 6,0,7.   提示 g[x_]:=Which[x≤0, x²+x, x>0, Log[x]+6].

6. $-\dfrac{3}{7}, e, \dfrac{1}{2}$.

习 题 9.3

1. (1) {{x→-3},{x→1},{x→4}};   (2) $\left\{\left\{x\to\dfrac{5}{4}\right\}\right\}$.

2. (1) {{x→1, y→-1}};   (2) $\left\{\left\{x\to\dfrac{2}{5}, y\to-\dfrac{11}{5}\right\},\{x\to2, y\to1\}\right\}$.

3. (1) 提示 Plot[x²-x-2,{x,-2,3}];   (2) 提示 Plot[2Cos[3x],{x,-π,π}].

4. 提示 g[x_]:=Which[x<0, Sin[x], 0≤x≤2, $\sqrt[3]{2x-x^2}$, x>2, x-2].
   0.798957, 0.7.

5. 提示 Plot$\left[\dfrac{Sin[x]}{x}, \{x,-4\pi,4\pi\}, AxesLabel\to\{x,y\}, PlotLabel\to"y=\dfrac{sin(x)}{x}"\right]$.

7. (1) 提示 Plot3D[x²,{x,-2,2},{y,-2,2}];
   (2) 提示 z[x_,y_]:=x²y², Plot3D[z[x,y],{x,-2,2},{y,-2,2}], z[-1,2].

习 题 9.4

1. (1) $\frac{1}{2}$;　(2) e^4;　(3) 1.

2. (1) $\frac{1}{\sqrt{1+x^2}}$;　(2) $y'=\frac{x^2-x-1}{(1-2x)^2}, y''=\frac{10}{(2x-1)^3}$;

   (3) $y'=-e^{-x}(2\sin(2x)+\cos(2x)), y''=e^{-x}(4\sin(2x)-3\cos(2x))$;

   (4) $4051e$;　(5) $-\frac{1}{2\sqrt{1-x^2}}$.　提示 Simplify[%,$-1<x\leqslant 1$].

3. $ye^{xy}\sin(x+y^2)+e^{xy}\cos(x+y^2), xe^{xy}\sin(x+y^2)+2ye^{xy}\cos(x+y^2)$.

4. $z_{xx}=\frac{-12x^4y^4-25}{x^2(2x^2y^2+5)^2}, z_{xy}=z_{yx}=\frac{4xy}{(2x^2y^2+5)^2}, z_{yy}=-\frac{4x^2(2x^2y^2-5)}{(2x^2y^2+5)^2}$.

5. (1) $e^{3x}x(3x+2)dx$;　(2) $dx(2x\cos(x^2)-3\sin(3x))$;

   (3) $ydx(2xy^2+\cos(xy))+xdy(3xy^2+\cos(xy))$;　(4) $\frac{dx}{x}+\frac{2dy}{y}+\frac{4dz}{z}$.

习 题 9.5

1. (1) $x+\frac{4\sqrt{x^{\frac{3}{2}}}}{x}$;　(2) $\frac{2\sin\left(\frac{x}{2}\right)}{\cos\left(\frac{x}{2}\right)+\sin\left(\frac{x}{2}\right)}$;

   (3) $\frac{1}{6}(-9\cos(x)-\cos(3x)+9\sin(x)-\sin(3x))$;

   (4) $-x-\cot(x)-\cot(x)\log(\sin(x))$;　(5) $\frac{1}{3}x^3\tan^{-1}(x)-\frac{x^2}{6}+\frac{1}{6}\log(x^2+1)$.

2. (1) $\frac{\pi}{2}$;　(2) $\frac{1}{6}$;　(3) $3+\log(16)$.　　3. (1) $-\frac{1}{2}$;　(2) $\frac{\pi}{2}$.

4. $\frac{64}{3}, \frac{2048\pi}{15}$.　　5. $\frac{9}{2}, \frac{72\pi}{5}$.　　6. $\frac{1}{3}-\frac{1}{3e}$.　　7. $\frac{6}{35}$.

习 题 9.6

1. $\{\{y(x)\to-\sqrt{2c_1-x^2}\},\{y(x)\to\sqrt{2c_1-x^2}\}\}$.　2. $\left\{\left\{y(x)\to-\frac{2}{2c_1-\log(x^2+1)}\right\}\right\}$.

3. $\{\{y(x)\to c_1\sin(x)+x^2\sin(x)\}\}$.　　4. $\left\{\left\{y(x)\to\frac{x^4}{6}\right\}\right\}$.

5. (1) $\frac{1}{6}n(n+1)(2n+1)$;　(2) $\log(2)$;　(3) e^{-x};　(4) $x\cos(x)$.

6. $x^2-2x^3+2x^4-\frac{4x^5}{3}+\frac{2x^6}{3}-\frac{4x^7}{15}+O(x^8)$.

7. $-8-20(x-2)-26(x-2)^2-27(x-2)^3-27(x-2)^4-27(x-2)^5+O((x-2)^6)$.

8. $3+14(x-1)+51(x-1)^2+164(x-1)^3+495(x-1)^4+O((x-1)^5), \sqrt{2}$.